U0191017

本书配有以下教学资源：电子课件，视频资料、思考题与习题解答

普通高等教育"十一五"国家级规划教材

"十二五"江苏省高等学校重点教材

供配电工程

第 2 版

莫岳平
翁双安　编著
胡敏强　主审

机械工业出版社

本书是普通高等教育"十一五"国家级规划教材和"十二五"江苏省高等学校重点教材（教材编号为：2013-1-146），是为适应高等学校"卓越工程师教育培养计划"的专业教学需要，在第1版的基础上修订的。

本书在内容阐述上，强调以工程综合应用为目的，突出培养学生掌握工程设计的理念、规范要求和实际应用中所需的知识及能力，根据国家注册电气工程师（供配电）专业考试大纲的要求安排章节内容及深度，充分体现供配电工程技术的新发展和国家标准规范的新要求，并努力与国际标准接轨。全书共分十章，内容包括绪论、负荷计算与无功功率补偿、供配电系统的一次接线、短路电流的计算与高低压电器的选择、供配电系统的继电保护、供配电系统的二次接线及自动化、电线电缆的选择与敷设、低压配电线路的保护与电击防护、防雷及过电压保护与接地、电能质量的提高等。书中例题与习题大多精心选自于工程实际和注册电气工程师考试试题。

为提高实践教学效果，本书配套有课程设计和毕业设计实践教学教材《供配电工程设计指导》，书中含有大量工程设计示例和常见问题分析的内容，立足为培养卓越的供配电工程设计师服务。

本书既可作为高等学校电气工程及其自动化、建筑电气与智能化及相近专业的教材，也可作为供配电工程设计、监理、安装和运行技术人员的培训和参考用书。

本教材配有电子课件，欢迎选用本教材的老师发邮件到 jinacmp@163.com 索取，或登录 www.cmpedu.com 下载。

图书在版编目（CIP）数据

供配电工程/莫岳平，翁双安编著. —2版. —北京：机械工业出版社，2015.8（2024.6重印）

普通高等教育"十一五"国家级规划教材 "十二五"江苏省高等学校重点教材

ISBN 978-7-111-50904-2

Ⅰ.①供… Ⅱ.①莫…②翁… Ⅲ.①供电-高等学校-教材②配电系统-高等学校-教材 Ⅳ.①TM72

中国版本图书馆 CIP 数据核字（2015）第 156599 号

机械工业出版社（北京市百万庄大街 22 号 邮政编码 100037）
策划编辑：吉 玲 责任编辑：吉 玲 韩 静 刘丽敏
封面设计：鞠 杨 责任校对：陈秀丽 李锦莉
责任印制：单爱军
北京虎彩文化传播有限公司印刷
2024 年 6 月第 2 版·第 9 次印刷
184mm×260mm·23 印张·566 千字
标准书号：ISBN 978-7-111-50904-2
定价：59.80 元

电话服务 网络服务
客服电话：010-88361066 机 工 官 网：www.cmpbook.com
010-88379833 机 工 官 博：weibo.com/cmp1952
010-68326294 金 书 网：www.golden-book.com
封底无防伪标均为盗版 机工教育服务网：www.cmpedu.com

前　言

本书是普通高等教育"十一五"国家级规划教材和"十二五"江苏省高等学校重点教材，是为适应高等学校"卓越工程师教育培养计划"的专业教学需要，在第1版的基础上修订的。本书既可作为高等学校电气工程及其自动化、建筑电气与智能化及相近专业的教材，也可作为供配电工程设计、监理、安装与运行技术人员的培训和参考用书。

本书以供配电工程设计和技术应用为主线，论述工业与民用供配电系统的基本理论、工程设计方法和运行管理基本知识。全书共分十章，内容包括绪论、负荷计算与无功功率补偿、供配电系统的一次接线、短路电流的计算与高低压电器的选择、供配电系统的继电保护、供配电系统的二次接线及自动化、电线电缆的选择与敷设、低压配电线路的保护与电击防护、防雷及过电压保护与接地、电能质量的提高等。书中例题与习题大多精心选自于工程实际和注册电气工程师考试试题。

本书具有以下特点：

（1）特别注重基本理论与工程设计相结合，体现工程应用特色。本书是编写组成员结合多年专业教学经验、科研成果和工程设计实践编写而成的。在内容阐述上，在进行工程科学分析的同时，强调以工程综合应用为目的，突出培养学生掌握工程设计的理念、规范要求和实际应用中所需的知识及能力。

（2）知识结构满足国家注册电气工程师（供配电）专业考试大纲的要求。2004年国家开始实行注册电气工程师执业资格考试制度，同时将注册电气工程师分为发输变电和供配电两大专业。本书根据注册电气工程师（供配电）专业考试大纲的要求安排章节内容及深度，强调电气安全，重视节能和工程经济分析，以适应社会对人才培养目标的要求。

（3）特别注重技术内容的先进性和专业术语的标准化。本书内容充分体现供配电工程技术的新发展和国家标准规范的新要求，并努力与国际标准接轨。书中所述技术措施、标准规范要求、电气图形和文字符号、设计技术数据、设备选型资料等均为目前最新的。尤其是专业术语定义大多摘自 GB/T 2900《电工术语》最新系列标准，部分与 IEC 标准接轨的专业术语还加注了英文。

（4）注重教材配套建设。为提高实践教学效果，本书配套有课程设计和毕业设计实践教学教材《供配电工程设计指导》，书中含有大量工程设计示例和常见问题分析的内容，立足为培养卓越的供配电工程设计师服务。

本书由扬州大学莫岳平、翁双安共同编著，莫岳平编著第一、二、十章并负责制定编写大纲，翁双安编著第三～九章并负责统稿工作。东南大学胡敏强教授任本书第 2 版主审，中国航空工业规划设计研究院任元会研究员和中国航天建筑设计研究院卞铠生研究员审阅了本书第 1 版，他们对本书提出了宝贵的意见，在此深表感谢！

本书在编写过程中参考了许多相关的教材、手册、专著、标准规范和标准图集，在此向所有作者表示诚挚的谢意！

本书由扬州大学教材出版基金资助出版。

由于供配电工程的现行国家标准、规范在不断修订之中，加之编著者学识水平有限，书中可能有不足和错漏之处，敬请使用本书的广大师生和工程技术人员指正。

编著者

本书常用文字符号与图形符号

一、电气设备常用项目种类的字母代码

项目种类	设备、装置和元件名称	参照代号的字母代码		旧字母代码
		主类代码	含子类代码	
两种或两种以上的用途或任务	35kV 开关柜　35kV switchgear		AH	AH
	20kV 开关柜　20kV switchgear		AJ	AH
	10kV 开关柜　10kV switchgear		AK	AH
	6kV 开关柜　6kV switchgear		—	AH
	低压配电柜　LV switchgear		AN	AA
	并联电容器屏（箱）shunt capacitor cubicle		ACC	ACC
	直流电源屏　DC power supply cabinet		AD	AD
	保护屏　protection panel		AR	AR
	电能计量柜　electric energy measuring cabinet	A	AM	AM
	信号箱（屏）　signal box（panel）		AS	AS
	电源自动切换箱（柜）power automatic transfer board		AT	AT
	电力配电箱　power distribution board		AP	AP
	应急电力配电箱　emergency power distribution board		APE	APE
	控制箱（操作箱）　control box		AC	AC
	照明配电箱　lighting distribution board		AL	AL
	应急照明配电箱　emergency lighting distribution board		ALE	ALE
	电能表箱　watt hour meter box		AW	AW
把某一输入变量（物理性质、条件或事件）转换为供进一步处理的信号	热过载继电器　thermal（over-load）relay		BB	KH
	保护继电器　protection relay		BB	KP
	电流互感器　current transformer		BE	TA
	电压互感器　voltage transformer		BE	TV
	量度继电器　measuring relay		BE	K
	接近开关（位置开关）proximity switch（position switch）	B	BG	SQ
	接近传感器　proximity sensor		BG	BG
	压力传感器　pressure sensor		BP	BP
	温度传感器　temperature sensor		BT	BT
	电流继电器　current relay		BE	KC
	电压继电器　voltage relay		BE	KV
材料、能量或信号的存储	电容器　capacitor		CA	C
	线圈　coil	C	CB	L
	存储器　memory		CF	D
提供辐射能或热能	荧光灯　fluorescent lamp		EA	E
	电热器　electrical heater	E	EB	EH
	照明灯　lamp for lighting		—	EL

（续）

项目种类	设备、装置和元件名称	参照代号的字母代码		旧字母代码
		主类代码	含子类代码	
直接防止（自动）能量流、信息流、人身或设备发生危险的或意外的情况，包括用于防护的系统和设备	熔断器　fuse		FA	FU
	微型断路器　micro circuit-breaker		FB	QF
	电涌保护器　surge protective device	F	FC	FC
	热过载脱扣器　thermal（over-load）release		FD	FR
	避雷器　arrester		FE	FV
启动能量流或材料流，产生用作信息载体或参考源的信号	发电机　generator		GA	G
	柴油发电机　diesel-engine generator		GA	GD
	蓄电池、干电池　battery、dry battery		GB	GB
	燃料电池　fuel cell	G	GB	G
	太阳电池　solar cell		GC	G
	信号发生器　signal generator		GF	GF
	不间断电源　uninterrupted power system		GU	GU
处理（接收、加工和提供）信号或信息（用于保护目的的项目除外，见F类）	有或无继电器　all-or-nothing relay		KF	K
	时间继电器　time relay		KF	KT
	控制器　controller		KF	K
	瞬时接触继电器　instantaneous contactor relay	K	KA	KA
	信号继电器　signal relay		KS	KS
	气体继电器　gas relay		KB	KB
	压力继电器　pressure relay		KPR	KPR
提供驱动用机械能（旋转或线性机械运动）	电动机　motor		MA	M
	电磁驱动　electromagnetic drive		MB	Y
	励磁线圈　field coil	M	MB	—
	弹簧力驱动　spring force drive		ML	—
提供信息	打印机　printer		PF	—
	测量仪表　meter		PG	P
	指示灯　indicator lamp		PG	HL
	电铃、电笛　bell、buzzer		PG	HA
	红色指示灯　indicator lamp, red		PGR	HR
	绿色指示灯　indicator lamp, green		PGG	HG
	黄色指示灯　indicator lamp, yellow	P	PGY	HY
	白色指示灯　indicator lamp, white		PGW	HW
	电压表　voltmeter		PV	PV
	电流表　ammeter		PA	PA
	功率表　watt meter		PW	PW
	电能表（有功电能表）　watt hour meter		PJ	PJ
	无功电能表　var-hour meter		PJR	PJR
	功率因数表　power-factor meter		PPF	PPF

（续）

项目种类	设备、装置和元件名称	参照代号的字母代码		旧字母代码
		主类代码	含子类代码	
受控切换或改变能量流、信号流或材料流（对于控制电路中的开/关信号，见 K 类或 S 类）	断路器　circuit breaker		QA	QF
	接触器　contactor		QA	QC
	晶闸管　thyristor		QA	—
	起动器　starter		QA	QST
	隔离器、隔离开关　isolator、isolating switch		QB	QS
	熔断器式隔离器　fuse-isolator	Q	QB	QFS
	熔断器式隔离开关　fuse-switch		QB	QFS
	负荷开关　switch；load-breaking switch		QB	QL
	接地开关　earthing switch		QC	QE
	旁路断路器　bypass circuit breaker		QD	QF
	切换开关　change-over switch		QCS	QCS
	剩余电流断路器　residual current circuit breaker		QR	QR
限制或稳定能量、信息或材料的运动	电阻器　resistor		RA	R
	二极管　diode		RA	V
	电抗线圈　reactance coil	R	RA	L
	电感器　inductor；reactor		RA	L
	电磁锁　electromagnetic lock		RL	—
把手动操作转变为进一步处理的特定信号	控制开关　control switch		SF	SA
	按钮　push-button		SF	SB
	选择开关（多位开关）　selector switch	S	SAC	SA
	电压表切换开关　voltmeter change-over switch		SV	SV
保持能量性质不变的能量变换，已建立的信号保持信息内容不变的转换；材料形态或现状的变换	变频器　frequency changer		TA	U
	电力变压器　power transformer		TA	TM
	DC/DC 转换器　DC/DC converter		TA	U
	整流器、逆变器　rectifier、inverter		TB	U
	隔离变压器　isolating transformer	T	TF	TI
	电压互感器　voltage transformer		TV	TV
	电流互感器　current transformer		TA	TA
	整流变压器　rectifier transformer		TR	TR
保护物体在一定的位置	绝缘子　insulator	U	UB	—
	电缆梯架（托盘）　cable ladder（tray）		UB	—

VI

（续）

项目种类	设备、装置和元件名称	参照代号的字母代码		旧字母代码
		主类代码	含子类代码	
从一地到另一地导引或输送能量、信号、材料或产品	高压母线　HV bus；HV bus-bar	W	WA	WB
	高压配电缆、导体　HV cable、conductor		WB	W
	低压母线　LV bus；LV bus-bar		WC	WB
	低压配电缆、导体　LV cable、conductor		WD	W
	接地导体　earthing conductor		WE	W
	数据总线　data bus		WF	W
	控制电缆、数据线　control line、data line		WG	WC
	光缆、光纤　optical cable、optical fibers		WH	W
	信号线路　*signal line*		*WS*	WS
	电力线路　*power line*		*WP*	WP
	照明线路　*lighting line*		*WL*	WL
	应急电力线路　*emergency power line*		*WPE*	WPE
	应急照明线路　*emergency lighting line*		*WLE*	WLE
	滑触线　*trolley wire*		*WT*	WT
连接物	高压端子、接线箱　HV terminal、connecting box	X	XB	X
	高压电缆头　HV cable terminal		XB	X
	低压端子、接线盒　LV terminal、connecting box		XD	XT
	低压电缆头　LV cable terminal		XD	X
	插座　socket		XD	XS
	接地端子　earthing terminal		XE	X
	连接片　link		XG	XB
	插头　plug		XG	XP

注：1. 本表依据 GB/T 5094.2—2003/IEC 61346—2：2000、GB/T 20939—2007/IEC PAS 62400：2005 和 GB/T 50786—2012 编制。其中斜体部分为制图方便供国内电气工程设计时参考使用的补充符号。

2. 旧字母代码是指依据 GB/T 5094—1985（已废止）、GB/T 7159—1987 编制的"项目种类字母代码"，为便于对照，列于表中。

3. 参照代号的字母代码优先采用单字母。只有当用单字母代码不能满足设计要求时，可采用多字母，以便较详细和具体地表达电气设备、装置和元器件。

二、主要物理量下角标文字符号

文 字 符 号	中 文 含 义	英 文 含 义	文 字 符 号	中 文 含 义	英 文 含 义
a	年	annual	min	最小的	minimum
a	动作	action	N	中性	neutral
a	空气	air	n	标称（系统）	nominal
al	允许	allowable	n	数目	number
av	平均	average	oh	架空	over-head
b	开断	break	OL	过负荷	over-load
b	制动	brake	op	动作	operate
C	电容	capacitance	p	有功功率	active power
C	电容器	capacitor	p	保护	protection
c	计算	calculate	p；pk	峰值	peak
c	容量	capacity	PE	保护	protective
c	持续	continuous	ph	相	phase
cab	电缆	cable	pv	现值	present value
cr	临界	critical	q	无功功率	reactive power
Cu	铜损	copper loss	qb	速断	quick break
d	基准	datum	r	额定（元器件）	rated
d	需要	demand	re	返回	disengage，return
d	天	day	re	实际	reactive
d	差动	differential	rel	可靠	reliability
d	相对地	line-to-earth	res	残留，剩余	residual
DC	直流	direct current	R	电阻	resistance
dsq	不平衡	disequilibrium	S	系统	system
e	设备	equipment	s	灵敏	sensitivity
e	有效的	efficient	st	起动	start
e	电能	energy	T	变压器	transformer
ec	经济的	economic	t	时间	time
eq；e	等效的	equivalent	t	接触	touch
Fe	铁损	iron loss	t	分接头	tap
h	谐波	harmonic	u	利用	utilization
h	水平	horizontal	u	电压	voltage
i	电流	current	v	垂直	vertical
i	任一数目	arbitrary number	w	接线	wiring
ima	假想的	imaginary	w	工作	work
imp	冲击	impulse	W	母线、线路	bus、line
k	短路	short-circuit	x	某一数值	a number
K	继电器	relay	θ	温度	temperature
L	电感	inductance	Σ	总和	total；sum
L	电抗器	reactor	0	空载	empty
L	线（相）	line	0	周围（环境）	ambient
L	负荷，负载	load	0	每（单位）	per（unit）
m；max	幅值，最大的	maximum	0	零序	zero-sequence
m	关合	make	1	正序	positive-sequence
M	电动机	motor	2	负序	negative-sequence

三、常用电气简图用图形符号

序号	图形符号	名　称	序号	图形符号	名　称
1		基本符号	2.7		插头和插座
1.1	形式1　--- 形式2　DC	直流，右边可示出电压	2.8		接通的连接片
			2.9		断开的连接片
1.2	形式1　∼ 形式2　AC	交流，右边可示出频率	2.10		电缆密封终端（多芯电缆） 本符号表示带有一根三芯电缆
1.3	+	正极性			
1.4	—	负极性			
1.5	N	中性（中性导体）	2.11		接线盒（单线表示） 本符号用单线表示带 T 型连接的三根导线
1.6	M	中间导体			
1.7		接地，地，一般符号	3		基本无源元件
1.8		功能性接地	3.1		电阻器，一般符号
1.9	形式1 形式2	功能等电位联结	3.2	U	压敏电阻器
			3.3		带分流和分压端子的电阻器
1.10		保护等电位联结	3.4		加热元件
			3.5		电容器，一般符号
2		导体和连接件	3.6		线圈，绕组，电感器
2.1		连线（导线、电线、电缆）	4		半导体器件
2.2	形式1 形式2　3	导线组（示出导线数）	4.1		半导体二极管
			4.2		无指定形式的三极晶体闸流管
2.3	●	连接点			
2.4	○	端子	4.3		发光二极管
2.5	形式1 形式2	T 型连接	4.4		三端双向晶体闸流管
			5		电能的发生与转换
2.6	形式1 形式2	导线的双 T 连接	5.1	＊	电机的一般符号，符号内的星号用下述字母之一代替： G　发电机 M　电动机

（续）

序号	图 形 符 号	名 称	序号	图 形 符 号	名 称
5.2	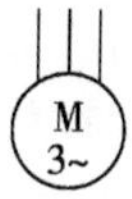 M 3~	三相笼型异步电动机	5.8	形式1 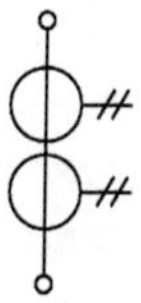 形式2 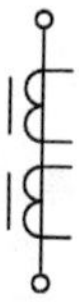	具有两个铁心，每个铁心有一个一次绕组的电流互感器
5.3	形式1 形式2	双绕组变压器	5.9		整流器
			5.10		逆变器
			5.11	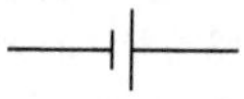	原电池或蓄电池组
5.4	形式1 形式2	三绕组变压器	6	开关、控制和保护器件	
			6.1		动合（常开）触点开关，一般符号
			6.2		动断（常闭）触点
5.5		电抗器	6.3		延时闭合的动合触点（当带该触点的器件被吸合时，此触点延时闭合）
5.6	形式1 形式2	电流互感器，一般符号	6.4		延时闭合的动断触点（当带该触点的器件被释放时，此触点延时断开）
			6.5	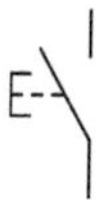	自动复位的按钮开关
5.7	形式1 形式2	电压互感器	6.6		无自动复位的旋转开关
			6.7		带动合触点的位置开关

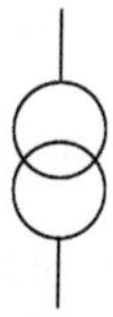

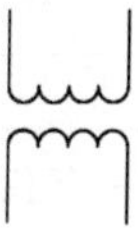

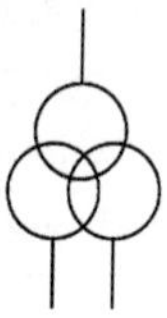

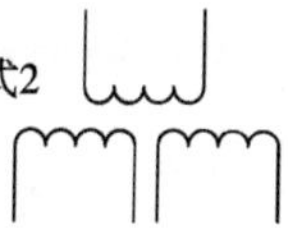

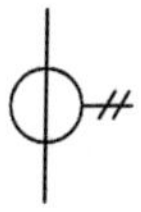

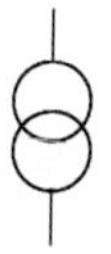

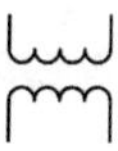

XI

（续）

序号	图形符号	名　　称	序号	图形符号	名　　称
6.8		带动断触点的位置开关	6.22		（低压）熔断器式隔离开关组合电器
6.9		接触器 接触器的主动合触点	6.23		火花间隙
6.10		断路器	6.24		避雷器
6.11		（高压）隔离开关；隔离器	7		测量仪表、灯和信号器件
6.12		（低压）隔离开关；负荷隔离开关	7.1	※	指示仪表 符号内的星号用下述字母之一代替： A　电流表 V　电压表 W　功率表 $\cos\varphi$　功率因数表
6.13		驱动器件的一般符号 继电器线圈的一般符号	7.2	※	积算仪表，如电能表 符号内的星号用下述字母之一代替： Wh　有功电能表 varh　无功电能表
6.14		热继电器驱动器件			
6.15	$I >$	过流继电器			
6.16	$U <$	欠压继电器	7.3	Wh	复费率电能表
6.17	$I >$	过流继电器（反时限特性）	7.4	⊗	灯，一般符号 信号灯，一般符号
6.18		瓦斯保护器件；气体继电器	7.5		报警器
6.19		熔断器的一般符号	7.6		音响信号装置一般符号
			7.7		蜂鸣器
6.20		熔断器；撞击式熔断器	8		建筑安装平面布置
			8.1		发电站，规划的
6.21		熔断器式隔离开关；熔断器式隔离器	8.2		发电站，运行的或未规定的

（续）

序号	图形符号	名　称	序号	图形符号	名　称
8.3	○	变电站、配电所，规划的	8.22	LP	避雷线、避雷带、避雷网（组合符号）
8.4	⊘	变电站、配电所，运行的或未规定的	8.23	●	避雷针
8.5	≡	地下线路	8.24	▭	设备，元器件，功能单元
8.6	≡E	接地极（组合符号）	8.25		配电中心 符号表示带五路配线
8.7	E	接地导体（组合符号）			
8.8	○	套管线路	8.26	○	盒，一般符号
8.9		电缆桥架线路（组合符号）	8.27		用户端，供电引入设备 符号表示带配线
8.10		电缆沟线路（组合符号）			
8.11	▭	人孔，用于地井	8.28		（电源）插座，一般符号
8.12		中性导体	8.29		带保护极的（电源）插座
8.13		保护导体			
8.14		保护导体和中性导体共用线	8.30		开关，一般符号
8.15		带中性导体和保护导体的三相线路	8.31	◎	按钮
8.16		向上配线；向上布线	8.32		荧光灯，一般符号
8.17		向下配线；向下布线	8.33	⊗	投光灯，一般符号
8.18		垂直通过配线；垂直通过布线	8.34	✕	专用电路上的应急照明灯
8.19	A C B D C E D A E B	用单根线表示线组线（线束）	8.35	⊠	自带电源的应急照明灯
			8.36	⊘	热水器 符号表示带配线
8.20	A B C D E	单根连接线汇入线束示例	8.37		带设备盒（箱）固定分支的直通段 星号以设备符号代替或省略
8.21	5 2 3	连线示例			

注：1. 本表根据 GB/T 4728.2—2018/IEC 60617、GB/T 4728.3—2018/IEC 60617、GB/T 4728.4—2018/IEC 60617、GB/T 4728.5—2018/IEC 60617、GB/T 4728.6—2008/IEC 60617、GB/T 4728.7—2008/IEC 60617、GB/T 4728.8—2008/IEC 60617、GB/T 4728.11—2008/IEC 60617、GB/T 6988.1—2008/IEC 61082—1：2006 和 GB/T 50786—2012 编制。

2. 图形符号可根据需要缩小或放大，图形符号示出的方位不是强制的，在不改变符号含义的前提下，符号旋转或取其镜像形态时，其文字和指示方向不应倒置。

目　　录

XVI

第一章　绪　论

第一节　电力系统的基本概念

一、电力系统的构成

电力系统（electrical power system）是发电、输电及配电的所有装置和设备的组合。它包括不同类型的发电厂（站）、各种电压等级的电力网（输电、变电和配电）及广大电力用户。

（一）发电厂（站）

发电厂（站）（electrical generating station）是由建筑物、能量转换设备和全部必要的辅助设备组成的生产电能的工厂。发电就是将其他形式的能转变为电能的过程。按照所利用能源形式的不同，发电站的类型可分为：火力发电站、水电站、核电站、地热电站、潮汐电站、太阳能电站、风力电站等。其中火力发电站、核电站、地热电站都属于将热能转变为电能的热力发电站（thermal power station）。

火力发电站（conventional thermal power station）是由燃煤或碳氢化合物获得热能的热力发电站。其发电过程为：燃料充分燃烧后，使锅炉内的水变成高温高压的蒸汽，推动汽轮机转动，带动与之联轴的发电机旋转发电。一般火力发电站（厂）的热效率较低，只有40%左右，采用热电联产的热电站的热效率可达60%～70%。火力发电至今仍然是世界上最主要的电能生产方式，当今我国火力发电设备的装机容量在电能生产中约占总装机容量的65%。

水电站（hydroelectric power station）是将水流能量转变为电能的电站。其发电过程为：有落差的水流冲动水轮机，带动与之联轴的发电机旋转发电。按水流形成的方式不同，水电站又可分成径流式水电站（河水直接流入电站进行发电）、短期调节水电站（由径流量向水库蓄水，时间不超过几个星期）、蓄水式水电站（由径流量向水库蓄水，时间超过若干星期）和抽水蓄能电站（利用上水库和下水库的水循环进行抽水和发电）。水力发电的生产效率高，一般大、中型水电站的发电效率可达80%～90%，小型水电站的发电效率也可达60%～70%。水力发电利用的是可再生能源，发电成本较低，一般只有火力发电的1/3～1/4，而且水力发电不产生污染。尽管水力发电站建设时一次投资大，但工程建成后同时又兼有防洪、灌溉和航运的综合效益，因而具有较高的开发价值。

核电站（nuclear power station）是由核反应获得热能的热力发电站。核能发电的生产过程与火力发电基本相同，只是其热能不是由燃料的化学能产生的，而是由反应堆（又称为原子锅炉）中的核燃料发生核裂变时释放出的能量而获得。核能发电可以节省大量的煤、石油、天然气等自然资源，1kg 铀裂变所产生的热量相当于 2.7×10^6 kg 标准煤所产生的热量。自 2011 年 3 月日本福岛第一核电站发生核泄漏事故以来，核电的安全问题再次成为全世界的关注焦点。随着科学技术的发展和人们对核电站安全控制手段的提高，核能发电将成为最清洁、经济、安全的发电方式。

除上述三种主要的电能生产方式外，直接利用太阳辐射的光伏效应或间接利用太阳辐射的热能发电的太阳能电站（solar power station）、利用风力涡轮发电系统发电的风力电站（wind power station）、利用地壳适当部位抽取热能发电的地热电站（geothermal power station）和利用潮汐水位差发电的潮汐电站（tidal power station）等生产电能的方式，正得到不断的研究、开发和应用，具有广阔的应用前景，其中太阳能电站和风力电站在我国已初具规模。

（二）电力网

电力网（electrical power network）是输电、配电的各种装置和设备、变电站、电力线路或电缆的组合。电力网各部分的范围可视具体情况（如地理位置、所有权和电压等级等）确定。

电力线路（electric line）是电力系统两点间用于输配电的导线、绝缘材料和附件组成的设施。电力线路可为架空线路、地下电缆和气体绝缘线路等。

变电站（所）（substation）是电力系统的一部分，它集中在一个指定的地方，主要包括输电或配电线路的终端、开关及控制设备、建筑物和变压器。通常包括电力系统安全和控制所需的设施（例如保护装置）。如果有开关设备、通常还包括母线，但没有电力变压器的变电站称为开关站（switching substation）。用变压器将两个或多个不同电压等级的电网连接起来的变电站称为（变压）变电站（transformer substation），包括升压变电站（step-up substation）和降压变电站（step-down substation）。根据其在电力系统中的地位和作用，变电站可以分为枢纽变电站、区域（地方）变电站、终端变电站和用户变电站。

电力网是电力系统的重要组成部分，承担着输电（从发电站向用电地区输送电能）和配电（在一个用电区域内向用户供电）的任务。因而，电力网又分为输电网（三相交流330～1000kV或直流±500～±1100kV）和配电网（三相交流220kV及以下）。不同用电区域的配电网之间通过输电网发生联系。为实现大容量、远距离、低损耗的电力输送，2009年1月我国第一个1000kV特高压交流输电试验示范工程（晋东南—南阳—荆门，线路全长645km）通电试运行，首次实现了华北、华中两大电网联网运行。2018年6月我国又建成世界上第一个±1100kV直流输电工程（新疆昌吉—安徽古泉，线路全长3324km）并于年底投运，在世界上树立了直流输电领域新的里程碑。

（三）电力用户

一般由配电网供电的电能使用者称为电力用户（electrical power consumer）。电力用户按其性质不同可分为工业用户、商业用户、农业用户、城镇居民用户等。电力用户的用电设备按其使用功能不同又可分为电力设备、电制热（冷）设备、照明设备等。不同形式的用电设备将电能分别转换成机械能、热能、光能等各种适用于生产和生活需要的能量形式。

（四）电力系统的构成

一个典型的电力系统构成示意图如图1-1所示。

大型远距离发电厂中的发电机经过升压变电站将电压升高至330～500kV（或1000kV）进行长距离输电，经过枢纽变电所与电力系统中某一个用电区域110～220kV配电网相连，该区域内发电厂的发电机经由升压变电站可直接进入本区域配电网。大型用户由总降压变电所将公用配电网35～110kV电压变成用户内部6～10kV配电电压，最后经6～10/0.38kV变电所变成220/380V的低压电能，供用电设备使用。中小型用户则将配电网提供的10kV（或20kV）配电电压，经由用户变电所变成220/380V的低压后使用。

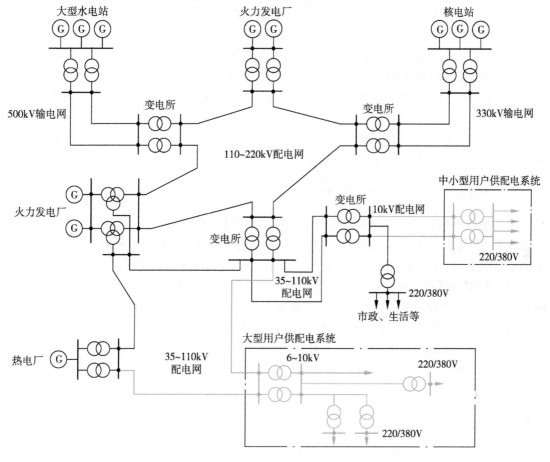

图1-1　电力系统的构成示意图

二、电力系统运行的特点与要求

（一）电力系统运行的特点

（1）电力系统发电与用电之间的动态平衡　由于电能不能大容量储存，导致电能的生产和使用是同步进行的。因此，为避免造成系统运行的不稳定，电力系统必须保持电能的生产、输送、分配和使用处于一种动态平衡的状态。

（2）电力系统的暂态过程十分迅速　由于电能的传输具有极高的速度，电力系统中开关的切换、电网的短路等暂态过渡过程的持续时间十分短暂。因而，在设计电力系统的自动化控制、测量和保护装置时，应充分考虑其灵敏性和速动性。

（3）电力系统的影响重大　随着社会的进步和电气化程度的提高，电能对国民经济和人民生活具有重要影响，任何原因引起的供电中断或供电不足都有可能给国民经济和人民生活造成重大损失。

（4）电力系统的地区性特色明显　前已叙及，电能可由各种不同形式的能量转化而来。不同地区的能源结构具有一定的差异。因此，需要因地制宜，充分利用地方资源，尽量减少能源的运输工作量，降低电能成本。

（二）对电力系统运行的要求

（1）安全　在电能的生产、输送、分配和使用中，应确保人身和设备安全。电力系统应具备在发生故障情况下、在规定的时刻执行其供电功能的能力。

（2）可靠　电力系统应具备在规定的条件下和规定的时间内完成其供电功能的能力，避免发生不必要的供电中断，满足用户对供电可靠性的要求。

（3）优质　电力系统的供电技术参数不应低于国家规定指标，以满足用户对供电质量的要求。

（4）经济　在保证安全可靠和优质的前提下，应加强电力系统预测管理，实现电网在供电成本率低或发电能源消耗率及网损率最小的条件下运行。

三、现代电力系统的发展趋势

（1）能源结构的多样性和互补性　现代电力系统按照因地制宜的原则，结合各地不同的自然资源特点，科学合理地开发一次能源，使电能生产和配置得到充分的优化，尤其鼓励利用清洁能源和可再生能源的分布式电源发展。

（2）控制和调度手段的先进性　随着控制技术和通信技术的发展，现代电力系统的控制和调度朝着自动化、集散化和网络化的方向发展。21 世纪以来，我国正在打造的坚强智能电网就是以坚强网架为基础，以通信信息平台为支撑，以智能控制为手段，包含电力系统的发电、输电、变电、配电、用电和调度各个环节，覆盖所有电压等级，实现"电力流、信息流、业务流"的高度一体化融合，是坚强可靠、经济高效、清洁环保、透明开放、友好互动的现代电网。

（3）输电方式的新颖性　现代电力系统提出了"灵活交流输电与新型直流输电"的概念。灵活交流输电技术（Flexible AC Transmission System，FACTS）是指运用固态电子器件与现代自动控制技术对交流电网的电压、相位角、阻抗、功率以及电路的通断进行实时闭环控制，从而提高高压输电线路的输送能力和电力系统的稳定水平。新型直流输电技术是指应用现代电力电子技术的最新成果，改善和简化换流站（converter substation）（安装有换流器且主要用于将交流变换成直流或将直流变换成交流的电站）的设备，以降低换流站的造价等。

第二节　电力系统的电压

一、标准电压

（一）系统标称电压

系统标称电压（nominal voltage of a system）是用以标志或识别系统电压的给定值，是根据国民经济发展的需要和技术经济上的合理性，结合电气设备的制造水平等因素，经全面分析论证，由国家统一制订和颁布的。根据 GB/T 156—2017《标准电压》，我国电力系统的标称电压见表 1-1。

表 1-1 我国电力系统的标称电压

分 类	系统标称电压	设备最高电压	备 注
标称电压在 220~1000V 之间的交流三相四线或三相三线系统	220/380 380/660 1000(1140)		1. 表中数值为相电压/线电压，单位为 V 2. 1140V 仅用于某些行业内部系统使用
标称电压在 1~35kV 之间的交流三相系统	3(3.3) 6 10 20 35	3.6 7.2 12 24 40.5	1. 表中数值为线电压，单位为 kV 2. 括号中的数值为用户有要求时使用 3. 表中前两组数值不得用于公共配电系统
标称电压在 35~220kV 之间的交流三相系统	66 110 220	72.5 126(123) 252(245)	1. 表中数值为线电压，单位为 kV 2. 括号中的数值为用户有要求时使用
标称电压在 220~1000kV 之间的交流三相系统	330 500 750 1000	363 550 800 1100	表中数值为线电压，单位为 kV
高压直流输电系统	±500 ±800 ±1100		表中数值单位为 kV

（二）电气设备额定电压

电气设备额定电压（rated voltage）是由制造商对某一电气设备在规定的工作条件下所规定的电压。其电压等级应与电力系统标称电压等级相对应。根据电气设备在系统中的作用和位置，电气设备的额定电压分为以下几种。

1. 用电设备的额定电压

用电设备的额定电压 U_r 与所连接系统的标称电压 U_n 一致。由于电网有电压损失，致使各点实际运行电压（operating voltage of a system）与系统标称电压存在偏差。为了保证用电设备的良好运行，国家对各级电网系统标称电压的偏差均有严格规定。对接于 1000V 以上系统中的设备，还规定其最高电压（表示设备绝缘及其他特性的电压）应与所接系统最高电压（highest voltage of a system）（系统正常运行的任何时间，系统中任何地点上所出现的最高运行电压值）一致，见表 1-1。

2. 发电机的额定电压

用电设备的电压一般允许在额定电压的 ±5% 以内变化，而电网的电压损失一般控制在 10% 以内。因此，为保证用电设备在电网上各处都能正常运行，应使电网首端电压比系统标称电压 U_n 高 5%，而末端电压则比 U_n 低 5%，如图 1-2 所示。由于发电机处于电网的首端，所以发电机的额定电压 $U_{r.G}$ 规定为比所连电网的系统标称电压 U_n

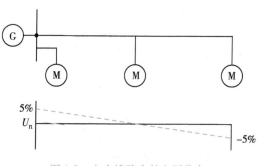

图 1-2 电力线路中的电压分布

高 5%。

我国三相交流发电机的额定电压等级有 400V、690V、3150V、6300V、10500V、13800V、15750V、18000V、20000V、22000V、24000V、26000V 等。

3. 电力变压器的额定电压

（1）电力变压器一次绕组的额定电压 $U_{1r.T}$　分为两种情形：①当电力变压器直接与发电机引出端相接时，如图 1-3 中的变压器 T1，其一次绕组的额定电压与发电机的额定电压相同；②当电力变压器直接与电网相连接时，如图 1-3 中的变压器 T2，在电网中相当于一个用电设备，其一次绕组的额定电压与同级电网的系统标称电压 U_n 相同。

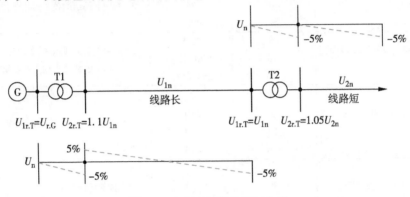

图 1-3　电力变压器的额定电压

（2）电力变压器二次绕组的额定电压 $U_{2r.T}$　分为两种情形：①当电力变压器二次侧所连电网输配电距离较短时，如二次侧直接配电给附近高压用电设备或者接入低压电网，此时只需要考虑补偿负载时的内部电压损失，因此，电力变压器二次侧的额定电压只比同级电网的系统标称电压 U_n 高 5%；②当电力变压器二次侧所连电网输配电距离较长时，例如高压输配电网，此时除了要考虑二次绕组负载时内部 5% 的电压损失之外，还应补偿较长电网线路的电压损失，电力变压器二次绕组的额定电压比同级电网的系统标称电压 U_n 高 10%。

二、电力系统中各级标称电压的适用范围

在传输功率 S 一定的条件下，若提高电力线路的输电电压 U，则通过输电线路的电流 I 会减小，进而得到的好处是线路有功损耗和电压损失降低，线路导体截面积可以减小，能有效地节省有色金属消耗量和线路本身的投资。因此，线路传输功率越大，传输距离越远，则所选择的电压等级也应越高。

在我国目前的电力系统中，330 ~ 1000kV 电压等级主要用于长距离输电网，110 ~ 220kV 电压等级主要用于区域配电网。10 ~ 110kV 为一般电力用户的高压供电电压，具体电压等级主要根据用户用电容量、用电设备特性、供电距离、供电线路的回路数、当地公共电网现状及其发展规划等因素，经过技术经济比较来确定。目前有些负荷密度较高的地区推广使用 20kV 代替 10kV 作为一般中小容量用户高压供电电压，因为 20kV 电压等级的技术经济指标高于 10kV。当供电电压大于等于 35kV 时，用户的一级配电电压宜采用 10kV；当 6kV 用电设备的总容量较大，选用 6kV 经济合理时，宜采用 6kV；低压配电电压宜采用 220/380V，工矿企业也可采用 660V。660V 电压在国内煤矿、钢铁等行业已有应用。

第三节 电力系统的中性点接地方式

电力系统中，作为供电电源的三相发电机或变压器的绕组为星形联结时的中性点称为电力系统的中性点。电力系统的中性点与（局部）地之间的连接方式称为电力系统的中性点接地方式（neutral point treatment）。电力系统的中性点接地方式是一个综合性的技术问题，它与系统的供电可靠性、人身安全、过电压保护、继电保护、通信干扰及接地装置等因素有密切的关系。

我国电力系统的中性点接地方式有中性点不接地、中性点谐振接地、中性点经电阻（阻抗）接地和中性点直接接地等。中性点不接地、中性点谐振接地和中性点经电阻接地也称为中性点非有效接地方式；中性点直接接地和中性点低阻抗接地也可称为中性点有效接地方式。

一、中性点不接地系统

中性点不接地系统（isolated neutral system）是指除保护或测量用途的高阻抗接地以外，中性点不接地的系统，又称为中性点绝缘系统。

（一）运行特点分析

电力系统中，三相线导体（或称相导体）之间以及线导体与地之间都有电容分布，这种电容值是沿导体全长的分布参数。为方便研究，假设三相系统是对称的，各线导体间的分布电容数值较小，可以忽略不计，则各相对地均匀分布的电容可由一个集中电容参数 C 来表示，如图 1-4 所示（图中三相代号按我国 GB 和 IEC 标准分别为 L1、L2、L3。本书为叙述方便，有时采用代号 A、B、C 代替）。

系统正常运行时，各相电源电压 $\dot{U}_A$、$\dot{U}_B$、$\dot{U}_C$ 以及对地电容都是对称的，各相对地电压即为相电压。各相对地电容电流 $\dot{I}_{C0.A}$、$\dot{I}_{C0.B}$、$\dot{I}_{C0.C}$ 也是三相对称的，其有效值为 $I_{C0} = \omega C U_{ph}$（U_{ph} 为各相相电压有效值），其相量和为零，即地中没有电容电流通过，此时电源中性点与地等电位。

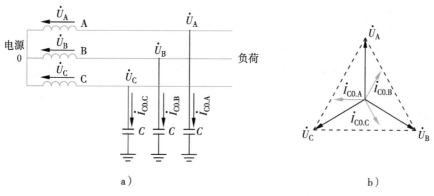

图 1-4 正常运行时的中性点不接地系统
a）电路原理图 b）电压、电流相量图

当任何一相导体（以 C 相为例）因绝缘损坏而导致接地故障时，该相对地电容被短接，如图 1-5a 所示，各相电源对中性点的电压 $\dot{U}_A$、$\dot{U}_B$、$\dot{U}_C$ 以及输配电导体的线电压 $\dot{U}_{AB}$、$\dot{U}_{BC}$、$\dot{U}_{CA}$ 仍保持不变，但各相对地电压 $\dot{U}_{A1}$、$\dot{U}_{B1}$、$\dot{U}_{C1}$，各相对地电流 $\dot{I}_{C1.A}$、$\dot{I}_{C1.B}$、$\dot{I}_{C1.C}$，中性点对地电压 $\dot{U}_0$ 均发生了改变，相量图如图 1-5b 所示。

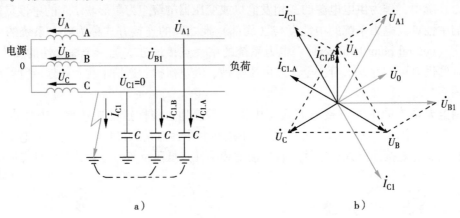

图 1-5　单相接地时的中性点不接地系统
a）电路图　b）相量图

各相及中性点对地电压满足下列关系：

$$\begin{cases} \dot{U}_{C1} = 0 \\ \dot{U}_0 = -\dot{U}_C = \dot{U}_A e^{-j60°} \\ \dot{U}_{A1} = \dot{U}_A + \dot{U}_0 = \sqrt{3}\dot{U}_A e^{-j30°} \\ \dot{U}_{B1} = \dot{U}_B + \dot{U}_0 = \sqrt{3}\dot{U}_A e^{-j90°} \end{cases} \quad 即 \begin{cases} U_{C1} = 0 \\ U_0 = U_{ph} \\ U_{A1} = \sqrt{3}U_{ph} \\ U_{B1} = \sqrt{3}U_{ph} \end{cases}$$

各相电容电流满足下列关系：

$$\begin{cases} \dot{I}_{C1.A} = \dot{U}_{A1} \cdot jB = \sqrt{3}B\,\dot{U}_A e^{j60°} \\ \dot{I}_{C1.B} = \dot{U}_{B1} \cdot jB = \sqrt{3}B\,\dot{U}_A e^{j0°} \\ \dot{I}_{C1} = -(\dot{I}_{C1.A} + \dot{I}_{C1.B}) = 3B\,\dot{U}_A e^{-j150°} \end{cases} \quad 即 \begin{cases} I_{C1.A} = \sqrt{3}BU_{ph} = \sqrt{3}I_{C0} \\ I_{C1.B} = \sqrt{3}BU_{ph} = \sqrt{3}I_{C0} \\ I_{C1} = 3BU_{ph} = 3I_{C0} \end{cases}$$

式中　B——电力线路的对地电纳（Ω），$B = 2\pi f C$。

从上述关系可知，中性点不接地系统发生单相接地故障时，非故障相的对地电压升至电源相电压的 $\sqrt{3}$ 倍，非故障相的电容电流为正常工作时的 $\sqrt{3}$ 倍，而故障相的对地电容电流将升至正常工作时的 3 倍。

电力线路的每相分布电容 C 可按下式计算：

$$C = cl = \frac{0.0241 \times 10^{-6}}{\lg \dfrac{D_{av}}{D_i}} l \tag{1-1}$$

式中　l——电力线路的长度（km）；

　　　c——电力线路每相单位长度的分布电容（F/km）；

　　　D_{av}——三相线导体的几何均距（cm），$D_{av} = \sqrt[3]{D_1 D_2 D_3}$，$D_1$、$D_2$、$D_3$ 分别为三相线导体
　　　　　　各两相间的中心距离，若三相线路为等边三角形排列，则 $D_{av} = D$；若三相线路

为水平等距排列，则 $D_{av} = \sqrt[3]{2}D = 1.26D$；

D_i——导体自几何均距或等效半径（cm），对于圆形截面导体按其直径 d 计算，$D_i = 0.389d$；对于压紧扇形截面导体按其截面积 S 计算，$D_i = 0.439\sqrt{S}$。

电力线路的每相对地分布电容（零序电容）的计算公式要比式（1-1）复杂许多，一般也难以根据理论公式精确计算出电力线路各相对地电容电流的大小。

在工程上，当数据不详时，电力线路单相接地故障电容电流可采用下述经验公式来估算：

$$I_{C1} = U_n[(2.7 \sim 3.3)l_{oh} \times 10^{-3} + 0.1l_{cab}] \tag{1-2}$$

式中 I_{C1}——电力线路的单相接地故障电容电流（A）；

U_n——系统的标称电压（kV）；

l_{oh}——同一电压 U_n 具有电路联系的架空线路总长度（km），l_{oh} 前面的系数 2.7 用于线路无避雷线时，系数 3.3 用于线路有避雷线时；

l_{cab}——同一电压 U_n 具有电路联系的地下电缆总长度（km）。

在计算系统单相接地故障电容电流时，还应计及变电所电气装置增加的接地电容电流值（参见参考文献 [5]）。

（二）适用范围

从图 1-5 中可以看到，对于中性点不接地系统，发生单相接地故障时，由于系统线电压未发生变化，所以三相负载仍能正常工作，因而该接地形式在我国被广泛用于 6～66kV 系统，特别是 6～20kV 系统中。但当该系统发生单相接地故障时，若接地电流较大时，则有可能在接地点引起不能自行熄灭的断续电弧，引起回路中电感和电容之间产生高频振荡，从而在线路上出现为相电压峰值 2.5～3.5 倍的操作过电压。由于这种过电压持续时间长、涉及范围广，在整个电网某处存在绝缘薄弱点时，即在该处造成绝缘闪络或击穿，有可能造成两相接地短路，使故障扩大。因此，GB/T 50064—2014《交流电气装置的过电压保护和绝缘配合设计规范》规定：

1）35kV、66kV 系统和不直接连接发电机、由钢筋混凝土或金属杆塔的架空线路构成的 6～20kV 系统，当单相接地故障电容电流不大于 10A 时，可采用中性点不接地方式；当大于 10A 又需在接地故障条件下运行时，应采用中性点谐振接地方式。

2）不直接连接发电机、由电缆线路构成的 6～20kV 系统，当单相接地故障电容电流不大于 10A 时，可采用中性点不接地方式；当大于 10A 又需在接地故障条件下运行时，宜采用中性点谐振接地方式。

6～35kV 主要由电缆线路构成的配电系统、发电厂厂用电系统、风力发电厂集电系统和除矿井外的工业企业供电系统，当单相接地故障电容电流较大时，可采用中性点低电阻接地方式。6～10kV 配电系统以及发电厂厂用电系统，单相接地故障电容电流不大于 7A 时，为防止谐振、间歇性电弧接地过电压等对设备的损害，可采用中性点高电阻接地方式，故障总电流不应大于 10A。

二、中性点谐振接地系统

中性点谐振接地系统（resonant earthed neutral system）是指一个或多个中性点通过具有感抗的器件接地的系统。这些器件在单相对地短路时能大体上补偿线路的电容效应，又称为消弧线圈，故中性点谐振接地系统也称为中性点经消弧线圈接地系统（arc-suppression-coil-earthed neutral system）。

（一）运行特点分析

消弧线圈是一个具有较小电阻和较大感抗的铁心线圈，其外形与小型电力变压器相似，所不同的是为了防止铁心磁饱和，消弧线圈的铁心柱中有许多间隙，间隙中填充着绝缘材料，从而可以得到较稳定的感抗值，使得消弧线圈的补偿电流 I_L 与电源中性点的对地电压 U_0 成正比关系，保持有效的消弧作用。电力系统正常工作时，由于三相系统是对称的，电源中性点对地电压 U_0 为零，流过消弧线圈的电流 I_L 也为零。如图 1-6a 所示，当发生单相接地故障时，加在消弧线圈上的电压即为电源相电压 $\dot{U}_C$，在消弧线圈上产生电感电流 $\dot{I}_{L1}$，$\dot{I}_{L1}$ 应滞后 $\dot{U}_C 90°$，接地点流过的总电流应是故障相的接地电容电流 $\dot{I}_{C1}$ 和流过消弧线圈的电流 $\dot{I}_{L1}$ 之和。从图 1-6b 可知，$\dot{I}_{C1}$ 超前 $\dot{U}_C 90°$，因而，$\dot{I}_{L1}$ 与 $\dot{I}_{C1}$ 正好方向相反，在接地点处得到相互补偿，总的接地电流减小，可以有效地避免电弧的产生。有关的相量分析如图 1-6b 所示。

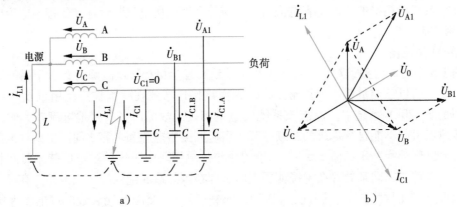

a)   b)

图 1-6　单相接地时的中性点经消弧线圈接地的电力系统
a) 电路原理图　b) 相量分析图

为减少正常工作时中性点的位移，消弧线圈一般工作在稍微过补偿的状态，使经消弧线圈补偿后的故障点接地残余电流（感性电流）不超过 10A。现代的电力系统已应用微机型消弧线圈调谐控制器来实现自动跟踪补偿。

需要指出，与电源中性点不接地系统类似，电源中性点经消弧线圈接地的电力系统（中性点谐振接地系统），在发生单相接地故障后，非故障相对地电压也将升至电源相电压的 $\sqrt{3}$ 倍。同时，为避免向异相接地故障发展，需使用接地选线装置及时准确判断出故障线路并在规定时间内排除故障。

（二）消弧装置的配置

中性点经消弧线圈接地的电网，在正常情况下长时间中性点位移电压不应超过系统相电压的 15%。中性点位移电压可按下式计算：

$$U_0 = \frac{U_{bd}}{\sqrt{d^2 + \nu^2}} \tag{1-3}$$

式中 U_0——中性点位移电压（kV）；

U_{bd}——消弧线圈投入前电网中性点不对称电压（kV）；可取 0.8% 相电压；

d——阻尼率，一般 35kV 及以下架空线路取 5%，电缆线路取 2% ~ 4%；

ν——脱谐度，一般不大于 10%（绝对值），消弧线圈分接头不宜少于 5 个。

实际运行时脱谐度可按下式计算：

$$\nu = \frac{I_C - I_L}{I_C} \tag{1-4}$$

式中 I_C——电网的电容电流（A）；

I_L——消弧线圈的电感电流（A）。

消弧线圈的补偿容量可按下式计算：

$$Q_r = KI_C U_n / \sqrt{3} \tag{1-5}$$

式中 Q_r——补偿容量（kV·A）；

K——系数，接于配电网的变压器中性点的消弧线圈应采用过补偿方式，此系数取 1.35；

U_n——电网的标称线电压（kV）。

为便于运行调谐，宜选用容量接近于计算值的消弧线圈，并根据系统远景发展规划确定。

在选择消弧装置的台数和安装地点时，应保证系统在任何运行方式下，断开一、二次侧回路时，仍不致失去补偿；不宜将多套自动跟踪消弧装置集中安装在系统的同一位置；如电源变压器无中性点或中性点未引出，应装设专用接地变压器以连接自动跟踪消弧装置。

三、中性点经电阻接地系统

中性点经电阻接地系统（resistance-earthed neutral system）是指系统中至少有一个中性点通过具有电阻的器件接地以限制接地故障电流的系统。

（一）运行特点分析

以美国为主的一些国家，在 6 ~ 35kV 中压电网采用电源中性点经电阻接地的运行方式。我国过去一直采用电源中性点经消弧线圈接地的运行方式，但近年来，电源中性点经电阻接地的运行方式在我国的某些城市电网和工业企业的配电网中开始得到应用。

中性点经电阻接地系统发生单相接地故障时的分析如图 1-7 所示，其中，R_0 为连接电源中性点与大地之间的电阻。以 C 相发生接地故障为例，$\dot{I}_R$ 为流经接地电阻的接地故障电流，也是电网接地故障电流的有功分量；$\dot{I}_{C1}$ 为故障点的电容电流之和，也称全网电容电流。由于 R_0 的存在，使得中性点对地电位 $\dot{U}_0$ 较小，未发生故障的 A、B 两相对地电位上升幅度不大，基本维持在原有的相电压水平，从而抑制了电网的过电压，使变压器绝缘水平要求降低。中性点经电阻接地可以消除中性点不接地系统的缺点，即能减少电弧接地过电压的危险性。另一方面，由于中性点接地电阻 R_0 的作用，这种系统的接地电流比电源中性点直接接地系统小，故对邻近通信线路的干扰也就较弱。

中性点经电阻接地系统在发生单相接地故障后要求迅速切断故障线路。为了获得快速选择性继电保护所需的足够动作电流，就必须降低电阻器的电阻值，一般选择的中性点接地电阻的值较小。但电流越大，电阻器的功率要求就越大，同时也会带来电气安全方面的一些问题。

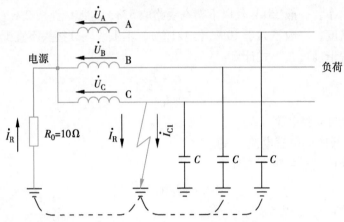

图 1-7　单相接地时的中性点经电阻接地系统

（二）接地电阻的选择

系统中性点经电阻接地的方式，可根据系统单相对地电容电流值来确定。当接地电容电流小于规定值（≤7A）时，可采用高电阻接地方式，当接地电容电流值大于规定值（≥100~150A）时，可采用低电阻接地方式。

电阻的额定电压按下式确定：

$$U_{rR} \geqslant \frac{1.05 U_n}{\sqrt{3}} \tag{1-6}$$

式中　U_{rR}——电阻的额定电压（kV）；

U_n——电网的标称线电压（kV）。

经高电阻接地时，电阻值按下式确定：

$$R = \frac{U_n}{\sqrt{3} I_R} \times 10^3 = \frac{U_n}{\sqrt{3} K I_C} \times 10^3 \tag{1-7}$$

式中　R——中性点接地电阻值（Ω）；

I_R——电阻电流（A）；

I_C——电网的电容电流（A）；

K——单相对地短路时电阻电流与电容电流的比值，一般取 1.1~1.5。

经低电阻接地时，电阻值按下式确定：

$$R = \frac{U_n}{\sqrt{3} I_d} \times 10^3 \tag{1-8}$$

式中　R——中性点接地电阻值（Ω）；

I_d——选定的单相对地短路电流（A），可取 400~1000A。

电阻消耗的功率按下式确定：

对高电阻　　　　　　　$P_r \geqslant U_{rR} I_R$　　　　　　　　　　　　　　　(1-9)

对低电阻　　　　　　　$P_r \geqslant U_{rR} I_d$　　　　　　　　　　　　　　　(1-10)

式中 P_r——接地电阻消耗的功率（kW）。

接地电阻的容量应按流过电阻的工作电流和持续时间来确定，在该时间内电阻应保持足够的热稳定。当采用高电阻接地时，持续时间可达数小时；当采用低电阻接地方式时，由于单相接地保护装置动作于跳闸，接地电流的持续时间按 10s 考虑即可满足要求。

四、中性点直接接地系统

中性点直接接地系统（solidly earthed neutral system）是指系统中至少有一个中性点直接接地的系统。

在正常工作条件下，中性点直接接地系统三相电源和各相线路对地电容电流均为对称，因而流经中性点接地线的电流为零。

中性点直接接地系统在发生单相接地故障后，故障相电源经大地、接地中性线形成短路回路，其电路原理如图 1-8 所示。单相对地短路电流 $\dot{I}_d$ 的值很大，将使线路上的断路器、熔断器或继电保护装置动作，从而切除短路故障。

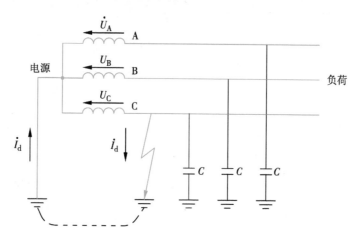

图 1-8 单相接地时的中性点直接接地系统

中性点直接接地系统由于在发生单相接地故障时，非故障相的对地电压保持不变，仍为相电压，因而系统中各线路和电气设备的绝缘等级只需按相电压设计，绝缘等级的降低可以降低电网和电气设备的造价。在我国，110kV 及以上的超高压系统采用电源中性点直接接地的运行方式，其目的是降低超高压系统电气设备的绝缘水平和造价，防止超高压系统发生接地故障后引起的过电压。1kV 以下的低压配电系统一般也采用电源中性点直接接地的运行方式，是为了满足低压电网中额定电压为相电压的单相设备的正常工作，便于低压电气设备的保护接地。

五、低压配电系统导体的配置与系统接地

（一）载流导体的配置

低压配电系统中，除线导体（三相代号分别为 L1、L2、L3）外，还有中性导体（代号 N）、保护导体（代号 PE）或保护接地中性导体（代号 PEN）。线导体是正常运行时带电并

用于输电或配电的导体，但不是中性导体；中性导体是电气上与中性点连接并能用于配电的导体；保护导体是为安全目的，如电击防护中设置的导体。在电气装置（electrical installation）中，保护导体通常指保护接地导体（protective earthing conductor）。电气装置的外露可导电部分（exposed-conductive-part）即装置中能触及的可导电部分，它在正常运行下不带电，但是在基本绝缘损坏时会带电，因此，应与保护导体可靠连接。PEN 导体是兼有保护接地导体与中性导体功能的导体。

中性导体与线导体一起统称为带电导体，保护导体不是带电导体。PEN 导体按惯例也不是带电导体，只是承载正常工作电流的导体。

在正常运行下载流导体的配置方式有单相二线制（见图 1-9a）、单相三线制（见图 1-9b）、二相三线制（见图 1-9c）、三相三线制（见图 1-9d）和三相四线制（见图 1-9e）等。

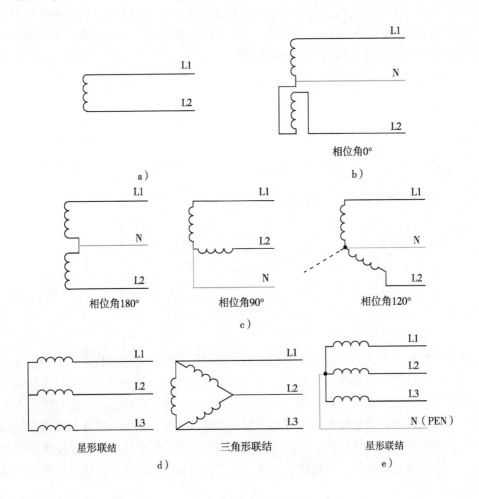

图 1-9　低压配电系统导体的配置

a) 单相二线制　b) 单相三线制　c) 二相三线制　d) 三相三线制　e) 三相四线制

（二）系统接地的型式

低压配电系统的接地型式有 TN 系统、TT 系统和 IT 系统。

1. TN 系统

TN 系统在电源端处一点（中性点）直接接地，而装置的外露可导电部分是利用保护导体连接到那个接地点上的。按照中性导体与保护导体的配置，TN 系统又分为三种类型：

（1）TN-S 系统 在整个 TN-S 系统中，全部采用单独的 PE 导体，典型示例如图 1-10a 所示。正常情况下，除微量对地泄漏电流外，PE 导体不通过工作电流，它只在发生接地故障时通过故障电流，其电位接近地电位，因此对连接 PE 导体的信息技术设备不会产生电磁干扰，也不会对地打火，比较安全。TN-S 系统现已广泛应用在对安全要求及抗电磁干扰要求较高的场所，如重要办公楼、实验楼和居民住宅楼等民用建筑。在内部设有配电变电所的建筑物中，采用 TN-S 系统也是最好的选择。

（2）TN-C 系统 在整个 TN-C 系统中，N 导体的功能与 PE 导体的功能合并在一根导体中（PEN 导体），典型示例如图 1-10b 所示。TN-C 系统与 TN-S 系统相比，因节省了一根导体，比较经济。但在正常运行时，PEN 导体因有工作电流而产生电压降，从而使所接电气装置外露可导电部分对地带电位。此电位可能对信息技术设备产生电磁干扰，也可能对地打火，不利于安全。且该系统不能采用灵敏性高的剩余电流保护器来防止人员遭受电击（见第八章）。因此，TN-C 系统不适用于对抗电磁干扰和安全要求较高的场所。

（3）TN-C-S 系统 在 TN-C-S 系统中的某些部分，N 导体的功能与 PE 导体的功能合并在一根导体中，典型示例如图 1-10c 所示。此系统多用于配电变电所设置在建筑物外部的场合。TN-C-S 系统自电源到建筑物内电气装置之间采用较经济的 TN-C 形式，对安全要求及抗电磁干扰要求较高的建筑物内部则采用 TN-S 形式配电。虽然，PEN 导体产生的电压降会使整个建筑物电气装置对地电位有所升高，但由于建筑物内设有第九章所述的总等电位联结，且在电源接线点后 PE 导体即和 N 导体分开，在建筑物电气装置内并没有出现电位差，因此，它的安全水平与 TN-S 系统是相仿的。但要注意的是，采用 TN-C-S 系统时，当 PE 导体与 N 导体从某点分开后不应再合并，且 N 导体不应再接地。

对 TN 系统，在同一电源供电的范围内，所有的 PE 导体或 PEN 导体都是连通的，因此，在 TN 系统内 PE 导体或 PEN 导体上的故障电压可在各个装置间互串，对此需要采取等电位联结措施加以防范，以免故障电压的传导引起事故。正因为如此，各类 TN 系统不宜用于路灯、施工场地、农业用电等无等电位联结的户外场所。

2. TT 系统

TT 系统电源只有一点（中性点）直接接地，而电气装置的外露可导电部分则是被接到独立于电源系统接地的接地极上，典型示例如图 1-11 所示。由于装置的 PE 导体与电源端的系统接地无关，因此，当电源侧发生接地故障时，其故障电压不会像 TN 系统那样沿 PE 导体或 PEN 导体在电气装置间传导和互串，这是 TT 系统优于 TN 系统之处。正因为如此，TT 系统的电气装置能在用电设备现场安装接地极，引出地电位的 PE 导体，它不依赖等电位联结来消除由别处 PE 导体传导来的故障电压引起的电气事故，所以在无等电位联结作用的户外装置（如路灯装置）中，应采用 TT 系统来供电。

但 TT 系统内发生接地故障时，故障电流通过保护接地和系统接地两个接地电阻返回电源，由于这两个接地电阻的限制，故障电流不足以使过电流保护电器有效动作，而必须使用动作灵敏性高的剩余电流动作保护电器来切断电源，这使系统保护电器的设置复杂化。

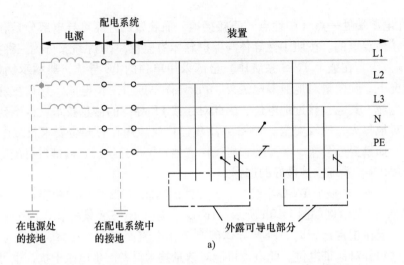

a)

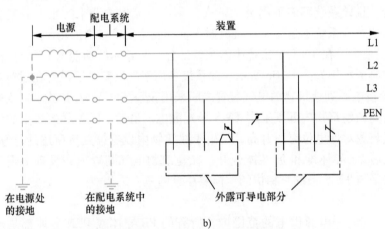

b)

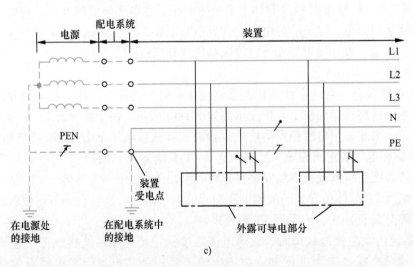

c)

图 1-10　低压 TN 系统

a) TN-S 系统　b) TN-C 系统　c) TN-C-S 系统

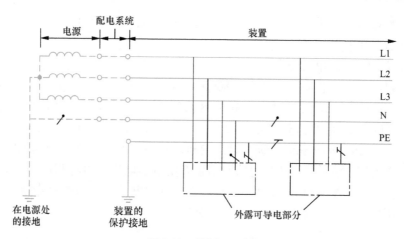

图 1-11　低压 TT 系统

3. IT 系统

IT 系统电源的所有带电部分都与地隔离，或有一点（中性点）通过阻抗接地，电气装置的外露可导电部分被单独或集中地接地，典型示例如图 1-12 所示。在发生一个接地故障时，由于不具备故障电流返回电源的通路，其故障电流仅为两非故障相的对地电容电流的相量和，其值甚小，因此对地故障电压很低，不致引发人身电击、电气爆炸和火灾等事故，所以 IT 系统适用于这类电气危险大的特殊场所。IT 系统在发生一个接地故障时不需要切断电源，因此它也适用于对供电不间断要求高的电气装置，如医院手术室、矿井下等。但 IT 系统一般不建议引出中性导体，需要设置 380/220V 降压变压器来提供照明、控制等用的 220V 电源，使线路结构复杂化。

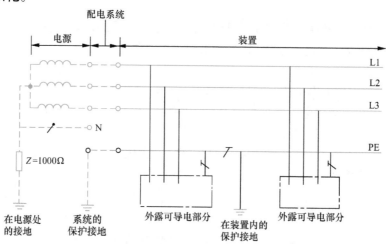

图 1-12　低压 IT 系统

第四节　用户供配电系统及供电要求

一、用户供配电系统的组成

电力用户的供配电系统（power supply system）由外部电源进线、用户变电所或配电所、高低压配电线路和用电设备组成，某些用户还具有自备电源。按供电容量的不同，电力用户可分为大型、中型和小型。

1. 大型电力用户供配电系统

大型电力用户的供配电系统，容量在 8000 ~ 30000kV·A 时，一般采用 35kV 电压等级供电；容量在 30000kV·A 以上时，一般采用 110kV 电压等级供电（特大型企业已采用 220kV 电压等级供电）。用户需要设置总降压变电所（main step-down substation）和配电变电所（distribution transformer substation）两级变压。总降压变电所将进线电压降为 6 ~ 10kV 的内部高压配电电压，然后经高压配电线路引至各配电变电所，再将高压变为 220/380V 的低压供用电设备使用。图 1-13 所示为大型电力用户供配电系统，图中总降压变电所高压母线上还接有高压用电设备及高压无功功率补偿装置。

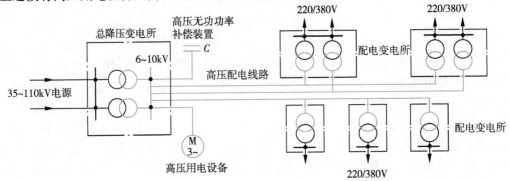

图 1-13　大型电力用户供配电系统

某些厂区环境和设备条件许可的大型电力用户也有采用 35kV 直降的供配电方式，即 35kV 的进线电压直接一次降为 220/380V 的低压配电电压。

2. 中型电力用户供配电系统

中型电力用户的供配电系统，容量在 8000kV·A（16000kV·A）及以下者，一般采用 10kV（20kV）电压等级供电。若周边无 35kV 电源时，用户容量在 8000（16000）~ 30000kV·A 时，可采用多回路（2 ~ 4 回）10kV（20kV）电压等级供电。用户通过设置高压配电所（high-voltage distribution station）和 10kV 用户内部高压配电线路馈电给各配电变电所，再将电压变换成 220/380V 的低压电压供负载使用。高压配电所通常与某个主要配电变电所合建，如图 1-14 所示。

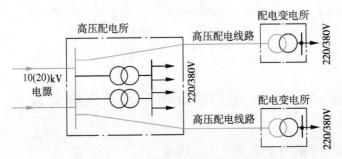

图 1-14　中型电力用户供配电系统

3. 小型电力用户供配电系统

小型电力用户的供配电系统，由于容量小且低压配电距离不长，通常只设置一座配电变电所，安装 1~4 台配电变压器。容量特别小（<160kV·A）的用户，则可不设专用变电所，由公用变电所采用低压 220/380V 直接供电。

二、用电负荷分级及供电要求

（一）用电负荷分级

根据 GB 50052—2009《供配电系统设计规范》的规定，用电负荷根据对供电可靠性的要求及中断供电在对人身安全、经济损失上所造成的影响程度，分为一级负荷、二级负荷和三级负荷。

1. 一级负荷

一级负荷（first grade load）是指中断供电将造成人身伤害，或将在经济上造成重大损失，或将影响重要用电单位的正常工作等后果的用电负荷。

在一级负荷中，当中断供电将造成人身伤亡或重大设备损坏或发生中毒、爆炸和火灾等情况的负荷，以及特别重要场所的不允许中断供电的负荷，应视为一级负荷中特别重要的负荷（vital load in first grade load）。

2. 二级负荷

二级负荷（second grade load）是指中断供电将引起在经济上造成较大损失，或将影响较重要用电单位的正常工作等后果的用电负荷。

3. 三级负荷

三级负荷（third grade load）是指不属于一、二级负荷的用电负荷。

用电负荷分级的意义，在于正确地反映它对供电可靠性要求的界限，以便恰当地选择符合实际水平的供电方式，提高投资的经济效益，保护人员生命安全。负荷分级主要从安全和经济损失两个方面来确定。

由于各个行业的负荷特性不一样，GB 50052—2009 只能对负荷的分级作原则性规定，不同行业负荷分级的具体确定原则参见相关行业规范。

在一个区域内，当用电负荷中一级负荷占大多数时，本区域的负荷作为一个整体可以认为是一级负荷；在一个区域内，当用电负荷中一级负荷所占的数量和容量都较少，而二级负荷所占的数量和容量较大时，本区域的负荷作为一个整体可以认为是二级负荷。在确定一个区域的负荷特性时，应分别统计特别重要负荷、一、二、三级负荷的数量和容量，并研究在电源出现故障时需向该区域保证供电的程度。

（二）各级负荷对供电电源的要求

1. 一级负荷对供电电源的要求

一级负荷应由双重电源（duplicate supply）供电，当一电源发生故障时，另一电源不应同时受到损坏。这里指的双重电源可以是分别来自不同电网的电源，或来自同一电网但在运行时电路相互之间联系很弱，或者来自同一个电网但其间的电气距离较远，一个电源系统任意一处出现异常运行时或发生短路故障时，另一个电源仍能不中断供电，这样的电源都可视为双重电源。双重电源可一用一备（正常电源＋备用电源），也可同时工作，各供一部分负荷，互为备用。所谓备用电源（stand-by electric source）是指在正常电源断电时，由于非安全原因用来维持电气装置或其某些部分所需的电源。

一级负荷中的特别重要负荷，除应采用双重电源供电外，尚需增设应急电源（electric source for safety services，安全设施电源），并不得将其他负荷接入应急供电系统，而且，设备的供电电源的切换时间，应满足设备允许中断供电的要求。

常用的应急电源有以下几类：

（1）独立于正常电源的发电机组 适用于允许中断供电时间为15s以上的重要负荷。常用的快速自起动柴油发电机组能在15s内自起动完毕，通过自动切换装置向重要负荷供电。

（2）供电网络中独立于正常电源的专用馈电线路 适用于允许中断供电时间大于双电源自动转换装置的动作时间的重要负荷。专用独立馈电线路平时处于待命状态，当正常供电电源发生故障时，由双电源自动转换装置启用该应急电源。

（3）蓄电池、UPS或EPS装置 适用于允许中断供电时间为毫秒（ms）级的重要负荷。由于蓄电池装置供电稳定、可靠、切换时间短，因此容量不大的特别重要负荷且可采用直流电源者，可由蓄电池装置作为应急电源。如果特别重要负荷要求交流电源供电，且容量不大的，可采用不间断电源（Uninterruptable Power Supply，UPS）装置（通常适用于计算机等电容性负载）供电。对于应急照明负荷，可采用应急电源（Eemergency Power Supply，EPS）装置（通常适用于电感及电阻性负载）供电。

UPS装置一般为在线式，其单机功率一般为0.7~1500kV·A，其组成原理如图1-15所示。在电网正常时，交流电输入经由整流器整流为直流，然后再逆变为交流电输出给负载使用，而充电器同时保持蓄电池处于浮充状态，一旦电网异常或停电时，逆变器由蓄电池作为直流输入供电。所以，在线式UPS在正常工作时，负载全部由逆变器供电，因此电网转由蓄电池供电时，其转换时间为零。静态开关为智能型大功率无触点开关，其作用是当逆变器过载或发生故障时，自动转换控制逆变器停止输出，由电网经旁路直接向负载供电。

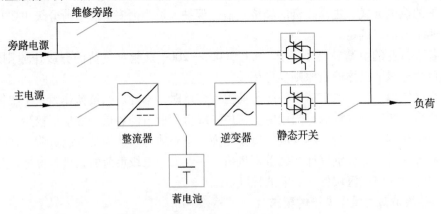

图 1-15　在线式 UPS 的组成原理

EPS装置能在电网正常状态下，由电网供电，当电网故障时，自动由蓄电池组通过 IGBT 逆变后提供220/380V应急电源；当电网恢复正常时，又自动转为电网供电。与UPS电源相比，EPS具有节电、低噪声、长寿命、负载适应性广等优点，尤其适用于应急照明系统、消防用电动机等电感性负载和各种混合用电负载。

应急电源与正常电源之间应采取可靠措施防止并列运行，以保证应急电源的专用性，防止正常电源系统故障时应急电源向正常电源系统负荷送电而失去作用。

2. 二级负荷对供电电源的要求

二级负荷的供电系统宜由两回线路供电。两回线路与双重电源略有不同，二者都要求线路有两个独立部分，而后者还强调电源的相对独立。

在负荷较小或地区供电条件困难时，二级负荷可由一回 6kV 及以上专用的架空线路供电。当线路自配电所引出采用电缆线路时，应采用两回线路。这是考虑电缆发生故障后，有时检查故障点和修复需时较长，而一般架空线路修复方便。

3. 三级负荷对供电电源的要求

三级负荷对供电方式无特殊要求。但在不增加投资或经济允许的情况下，也应尽量提高供电可靠性。

需要两回电源线路的用户，宜采用同级电压供电。同级电压可以互为备用，提高设备利用率。如能满足一、二级负荷供电要求时，也可采用不同电压等级供电。

第五节 分布式电源的应用

电力系统所属的大型电厂，其单位功率的投资少，发电成本低，而一般用户的自备中小型电厂则相反。因此，用户供电电源应首先从公用电网获得，只有在需要设置自备电源作为一级负荷中的特别重要负荷的应急电源时，或第二电源不能满足一级负荷的条件时，或设置自备电源较经济合理时，用户才宜设置自备电源。当用户设置自备电源时，应首推环保、高效、灵活的分布式电源。

一、分布式电源的概念

分布式电源（Distributed Resource，DR）或分布式发电（Distributed Generation，DG）是相对于传统的集中式供电电源而言的，通常是指为满足用户需求，发电功率在数千瓦至数十兆瓦，小型模块化且分散布置在用户附近的，能源利用率高、与环境兼容、安全可靠的发电设施。

分布式电源与常规的柴油发电机组自备电源和中小型燃煤热电厂有本质的区别。分布式电源的一次能源包括风能、太阳能和生物质能等可再生能源，也包括天然气等不可再生的清洁能源；二次能源可为分布在用户端的热电冷联产，实现以直接满足用户多种需求为目标的能源梯级利用，提高了能源的综合利用效率。

分布式电源主要有以下几类：

1. 光伏电池技术

太阳能电池是直接利用太阳辐射的光伏效应（photovoltaic effect）生产电能的一种发电装置。由于它利用的是可再生的太阳能，因此发展较快、应用较广。理论上讲，光伏电池技术可以用于任何需要电源的场合，上至航天器，下至家用电源，大到兆瓦级电站，小到玩具，光伏电源无处不在。

2. 风力发电技术

风力发电技术通过风力发电机实现，利用风力带动风车叶片旋转，再通过增速机将旋转的速度提升，来促使发电机发电。在风力发电中，风速的变化会使原动机输出机械功率发生变化，从而使发电机输出功率产生波动而使电能质量下降。应用储能装置是改善发电机输出电压和频率质量的有效途径，同时增加了风力发电机组与电网并网运行时的可靠性。适合风力发电系统且有应用前景的储能方式主要有蓄电池储能、超级电容器储能、超导储能、压缩空气储能等几种形式。

风力发电形式可分为离网型和并网型。并网型风力发电是大规模开发风电的主要形式，也是近几年来风电发展的主要趋势。并网型风力发电通常由多台容量较大的风力发电机组构成风力发电机群，称其为风电场。因此风电场具有机组大型化、集中安装和控制的特点。风电场的主设备为风力发电机组，发电机经变压器升压后与电力系统相连。

3. 微型燃气轮机技术

微型燃气轮机是以天然气、甲烷等为主要燃料的超小型汽轮机，其发电效率可达30%，如实行热电联产，效率可提高到75%。微型燃气轮机的特点是体积小、质量轻、发电效率高、污染小、运行维护简单，它是目前最成熟、最具有商业竞争力的分布式电源。

4. 燃料电池技术

燃料电池是一种不经燃烧直接将燃料的化学能转换为电能和热能的电化学装置。其工作原理是富含氢的燃料（如天然气、甲醇）与空气中的氧气结合生成水，氢氧离子的定向移动在外电路形成电流，类似于电解水的逆过程。通常，燃料电池系统主要由三部分组成：燃料处理部分、电池反应堆部分、电力电子换流控制部分。目前技术成熟且已商业化的燃料电池为磷酸型燃料电池（Phosphoric Acid Fuel Cell，PAFC）。

燃料电池具有巨大的潜在优点：①其副产品是热水和少量的二氧化碳，通过热电联产或联合循环综合利用热能，燃料电池的发电效率几乎是传统发电厂发电效率的两倍；②排废量小（几乎为零）、清洁无污染、噪声低；③安装周期短、安装位置灵活，可以省去配电系统的建设。

5. 生物质能发电技术

生物质能来源于生物质，如农业、林业和工业废弃物，包括城市垃圾。生物质能发电是首先将生物质能转化为可驱动发电机的能量形式（如燃气、燃油、酒精等），再按照通用的发电技术发电。

一般而言，分布式电源直接接入用户低压或高压配电系统。分布式电源所发电力应以就近消化为主，原则上不允许向电网返送功率，但利用可再生能源发电的分布式电源除外。随着应用技术的不断完善和相关政策的大力支持，分布式电源将是未来大型电网的有力补充和有效支撑，具有广阔的应用前景。

二、太阳能光伏电源系统的应用

我国是太阳能资源相当丰富的国家，全国总面积的 2/3 以上年太阳辐射总量高于 $1389kW \cdot h/m^2$，年日照时数大于 2200h，具有利用太阳能的良好条件。特别是西部地区，人口稀少、居住分散、交通不便，太阳能资源的利用前景相当可观。

光伏电源系统由太阳能电池方阵、蓄电池组、充放电控制器、逆变器、交流配电柜、太阳跟踪控制系统等设备组成，如图 1-16 所示。

1. 太阳能电池方阵

太阳能电池方阵由太阳能电池片经串并联组合形成不同规格的电池板。在光伏效应的作用下，太阳能电池片的两端产生电动势，将光能转换成电能。太阳能电池片一般为硅电池，分为单晶硅、多晶硅和非晶硅三种，大多都选用光电转换效能、性价比较好的多晶硅太阳能电池。

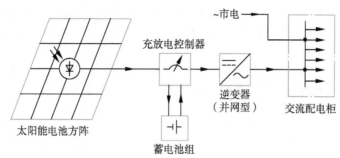

图 1-16 太阳能电源系统的组成

2. 蓄电池组

蓄电池组的作用是储存太阳能电池方阵受光照时发出的电能并可随时向负载供电。太阳能光伏电源系统对所用蓄电池组的基本要求是：自放电率低、使用寿命长、深放电能力强、充电效率高、少维护或免维护、工作温度范围宽、价格低廉。

3. 充放电控制器

充放电控制器是能自动防止蓄电池过充电和过放电的设备。由于蓄电池的循环充放电次数及放电深度是决定蓄电池使用寿命的重要因素，因此能控制蓄电池组过充电或过放电的充放电控制器是必不可少的设备。

4. 逆变器

逆变器是将直流电转换成交流电的设备。由于太阳能电池和蓄电池是直流电源，而当负载是交流负载时，逆变器是必不可少的。逆变器按运行方式，可分为独立运行逆变器和并网逆变器。独立运行逆变器用于独立运行的太阳能光伏电源系统，为独立负载供电。并网逆变器用于并网运行的太阳能光伏电源系统。逆变器按输出波形可分为方波逆变器和正弦波逆变器。方波逆变器电路简单，造价低，但谐波分量大，一般用于几百瓦以下和对谐波要求不高的系统。正弦波逆变器成本高，但可以适用于各种负载。

5. 太阳跟踪控制系统

一年四季和每天的日升日落会使太阳的光照角度时时刻刻都在变化，采用太阳跟踪控制系统，可将太阳能电池板时刻正对太阳，使其发电效率达到最佳状态。

太阳能光伏电源系统有离网型（独立运行系统）和并网型两种。并网型光伏电源系统是与电网相连并向电网输送电力的光伏电源系统，可带蓄电池或不带蓄电池。带有蓄电池的并网型光伏电源系统具有可调度性，可以根据需要并入或退出电网，还具有备用电源的功能，当电网因故停电时可紧急供电。带有蓄电池的并网型光伏电源系统常常安装在民用建筑上，不带蓄电池的并网型光伏电源系统不具备可调度性和备用电源的功能，一般安装在较大型的系统上。

虽然光伏电源系统与常规发电相比有技术条件的限制，如投资成本高、系统运行的随机性等，但由于它利用的是可再生的太阳能，因此其前景依然被看好。

思考题与习题

1-1　火力发电站、水电站及核电站的电力生产和能量转换过程有何异同？

1-2　电力系统由哪几部分组成？各部分有何作用？电力系统的运行有哪些特点与要求？

1-3　简述确定用户供配电系统电压等级的原则。为什么说在负荷密度较高的地区，20kV 电压等级的技术经济指标比 10kV 电压等级高？

1-4　电力系统中性点接地方式主要有哪几种？试分析当系统发生单相接地时在接地电流、非故障相电压、设备绝缘要求、向异相接地故障发展的可能性、接地故障的继电保护、接地故障时的供电中断情况等方面的特点。

1-5　什么是低压配电 TN 系统、TT 系统和 IT 系统？各有什么特点？各适用于什么场合？

1-6　如何区别 TN-S 和 TN-C-S 系统？为什么当电源采用 TN 系统时，从建筑物总配电箱起供电给本建筑物内的配电线路应采用 TN-S 系统？

1-7　为什么采用 TN-C-S 系统时，当 PE 导体与 N 导体从某点分开后不应再合并，且 N 导体不应再接地？

1-8　电力负荷分级的依据是什么？各级电力负荷对供电有何要求？

1-9　常用应急电源有几种？各适用于什么性质的重要负荷？

1-10　应急电源与备用电源有什么不同？为什么 GB 50052—2009 规定备用电源的负荷严禁接入应急供电系统？

1-11　什么是分布式电源？与一般中小型燃煤电厂有何区别？

1-12　简述光伏电源系统的关键技术及其在我国的应用情况。

1-13　试确定图 1-17 所示电力系统中各变压器一次、二次绕组的额定电压。

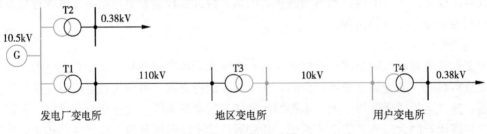

图 1-17　习题 1-13 图

1-14　试确定图 1-13 所示大型用户供配电系统中总降压变压器和配电变压器一次、二次额定电压。

1-15　某 110/10kV 变电站 10kV 系统中性点不接地，现进行 10kV 电网改造，规划建设钢筋混凝土杆塔的架空线路（无避雷线）总长度约 20km、电缆线路总长度约 20km，试估算该系统在线路发生单相接地故障时的接地电容电流，并判断其中性点是否需要改为谐振接地方式。设变电站 10kV 电气装置增加的接地电容电流值约为线路计算值的 16%。

1-16　当上题 110/10kV 变电站 10kV 系统采用谐振接地方式时，试确定消弧线圈容量。若再考虑变电站用电 100kV·A，则需要装设的连接消弧线圈的专用接地变压器（兼作站用变压器）的容量是多少？

1-17　某城市 110/20kV 变电站 20kV 系统全部由电缆线路构成，中性点采用低电阻接地方式，接地电阻为 20Ω。试计算该 20kV 电网的单相接地电流和接地电阻消耗的功率是多少？

参 考 文 献

[1]　莫岳平，翁双安. 供配电工程 [M]. 北京：机械工业出版社，2011.

[2]　刘笙. 电气工程基础：上册 [M]. 2 版. 北京：科学出版社，2008.

［3］ 全国电压电流等级和频率标准化技术委员会. GB/T 156—2017/IEC 60038：2009，MOD 标准电压
［S］. 北京：中国标准出版社，2017.

［4］ 要焕年，曹梅月. 电力系统谐振接地 ［M］. 2 版. 北京：中国电力出版社，2009.

［5］ 刘屏周. 工业与民用供配电设计手册 ［M］. 4 版. 北京：中国电力出版社，2016.

［6］ 中国电力企业联合会. GB/T 50064—2014 交流电气装置的过电压保护和绝缘配合设计规范 ［S］.
北京：中国计划出版社，2014.

［7］ 全国建筑物电气装置技术委员会. GB/T 16895.1—2008/IEC 60364-1：2005 低压电气装置 第 1 部
分 基本原则、一般特性评估和定义 ［S］. 北京：中国标准出版社，2008.

［8］ 中国机械工业联合会. GB 50052—2009 供配电系统设计规范 ［S］. 北京：中国计划出版社，2010.

［9］ 殷桂，杨丽君，王珺. 分布式发电技术 ［M］. 北京：机械工业出版社，2008.

25

第二章 负荷计算与无功功率补偿

第一节 概 述

一、计算负荷的概念

电力系统中的各种用电设备由供配电系统汲取的功率（电流）视为电力负荷（power load）。实际负荷通常是随机变动的，故通常选取一个假想的持续性的负荷，在一定时间间隔和特定效应上与实际负荷相等，这一计算过程就是负荷计算，这一假想的持续性的负荷就称为计算负荷（calculated load）。计算负荷在各个具体情况下，分别代表有功功率、无功功率、视在功率和计算电流。

导体通过恒定电流达到稳定温升的时间大约为 $3 \sim 4\tau$（τ 为发热时间常数），如果取 $\tau = 10\text{min}$（对应截面积为 $3 \times 16\text{mm}^2$ 的导体），载流导体大约经 30min 后可达到稳定的温升值。因此，通常取"半小时最大负荷"作为计算负荷。

计算负荷可作为按发热条件选择供配电系统中各元件的依据，按计算负荷选择的电力变压器、高低压电器和电线电缆，当系统在正常持续运行时，其发热温度不会超出允许值，或不影响其使用寿命。

计算负荷是供配电系统设计计算（如选择电器与导体，计算线路电压损失、电压偏差和网络损耗）的基本依据。如果计算负荷过大，将使设备和导线选择偏大，造成投资和有色金属的浪费；如果计算负荷过小，又将使设备和导线选择偏小，造成运行时过热，增加电能损耗和电压损失，甚至使设备和导线烧毁，造成事故。可见，正确确定计算负荷具有重要意义。负荷情况很复杂，影响计算负荷的因素很多，它与设备的性能、生产的组织及能源供应的状况等多种因素有关，因此，准确确定计算负荷十分困难，负荷计算也只能力求接近实际。

二、用电设备的工作制及设备功率的计算

电器载流导体的发热与用电设备的工作制关系较大，因为在不同的工作制下，载流导体发热的条件不同。

（一）用电设备的工作制

用电设备（如旋转电机）的工作制（duty）是指电机所承受的一系列负载状况的说明，包括起动、电制动、空载、停机和断能及其持续时间和先后顺序等。工作制可以分为连续、短时、周期性或非周期性几种类型。

1. 连续工作制

连续工作制（continuous running duty）是指设备在无规定期限的长时间内恒载的工作制，在恒定负载下连续运行达到热稳定状态，如图 2-1a 所示。此类设备有通风机、水泵、

空气压缩机、电动扶梯等，电炉和照明器也属于连续工作制。

2. 短时工作制

短时工作制（short-time duty）是指设备在恒定负载下按制定的时间运行，在未达到热稳定前即停机和断能，其时间足以使电机或冷却器冷却到与最终冷却介质温度之差在 2K 以内，如图 2-1b 所示。此类设备有机床上的某些辅助电动机（如进给电动机、升降电动机）等。

3. 周期工作制

周期工作制（periodic duty）是指工作周期以规律性时间间隔重复的工作制。周期性工作制包括一种或多种规定了持续时间的恒定负载。如断续周期工作制是指设备按一系列相同的工作周期运行，每一周期由一段恒定负载运行时间和一段停机并断能时间所组成。周期工作制设备在每一周期内的运行时间较短，不足以使电机达到热稳定，如图 2-1c 所示。此类设备工作周期一般不超过 10min，如电焊机和起重机械等。

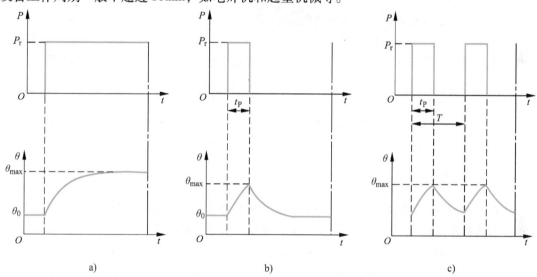

图 2-1　用电设备的工作制与发热

a）连续工作制　b）短时工作制　c）断续周期工作制

P_r—额定功率　θ_{max}—导体达到的最高温度　θ_0—周围介质温度

周期工作制的设备，可用负载持续率（cyclic duration factor）来表征其工作特性。负载持续率 ε 为工作周期中的负载（包括起动与制动在内）持续时间 t_p 与整个周期的时间 T 之比，以百分数表示，即

$$\varepsilon = \frac{t_p}{T} \times 100\% \tag{2-1}$$

（二）设备功率的计算

1. 连续工作制的设备功率

连续工作制的设备功率 P_e，一般取所有设备（不含备用设备）的额定功率（铭牌功率）P_r 之和。当用电设备的额定值为视在功率时，应换算为有功功率，即 $P_r = S_r \cos\varphi$。

照明器的设备功率为光源的额定功率加上附属设备（如镇流器）的功耗。统计总设备功率时，正常不工作的建筑消防设备与火灾时必然切除的设备取其大者计入总设备功率，季节性负荷（如空调制冷设备与采暖设备）取其大者计入总设备功率。

2. 周期工作制和短时工作制的设备功率

由图 2-1 可知，周期工作制和短时工作制设备在其工作时间内，导体的发热达不到热稳定状态，应把这些设备的额定功率换算为与其发热等效的连续工作制设备的有功功率，才能与其他负荷相加。

按发热等效的原则，可以导出设备功率与负载持续率的二次方根值成反比，即

$$P_e = P_r \sqrt{\frac{\varepsilon_r}{\varepsilon}} \tag{2-2}$$

当设备功率 P_e 统一换算到 $\varepsilon = 100\%$ 时，则

$$P_e = P_r \sqrt{\frac{\varepsilon_r}{\varepsilon_{100}}} = P_r \sqrt{\varepsilon_r} \tag{2-3}$$

式中　P_r——额定负载持续率下的额定功率；

　　　ε_r——额定负载持续率。

当采用需要系数法计算负荷时，起重机的设备功率曾要求换算到 $\varepsilon = 25\%$ 下，即

$$P_e = P_r \sqrt{\frac{\varepsilon_r}{\varepsilon_{25}}} = 2P_r \sqrt{\varepsilon_r} \tag{2-4}$$

这是因当年统计起重机类负荷的需要系数时按此换算。无论是利用系数法还是需要系数法，全换算到 $\varepsilon = 100\%$ 下了。

三、负荷曲线

调查研究表明，相同性质的用电设备，其用电规律也大致相同。设计中的供配电系统用电设备组计算负荷的确定，就可以利用现有的负荷曲线及其有关系数。

负荷曲线（load curve）是观察到的或期望的负荷变化，作为时间函数的图形化表示。它绘在直角坐标上，纵坐标表示负荷功率，横坐标表示负荷变化所对应的时间。负荷曲线按负荷对象分，有工厂的、车间的或某台设备的负荷曲线；按负荷的功率性质分，有有功负荷曲线和无功负荷曲线；按所表示的负荷变动时间分，有年的、月的、日或最大负荷工作班的负荷曲线。图 2-2 所示是一班制工厂的日有功负荷曲线。

为了便于确定计算负荷，绘制负荷曲线采用的时间间隔 Δt 为 30min。这是考虑到对于较小截面积（$3 \times 16\text{mm}^2$ 左右）的载流导体而言，30min 的时间已能使之接近稳定温升，对于较大截面积的导体发热，显然有足够的裕量。另外，计算负荷的有关系数一般依据用电设备组最大负荷工作班的负荷曲线来确定，所谓最大负荷工作班并不是指偶然出现的，而是每月应出现 2～3 次。

年负荷曲线通常是根据典型的冬日和夏日负荷曲线来绘制的。这种曲线的负荷从大到小依次排列，反映了全年负荷变动与对应的负荷持续时间（全年按 8760h 计）的关系。这种年负荷曲线

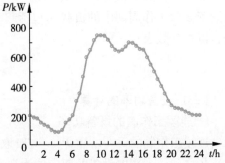

图 2-2　一班制工厂的日有功负荷曲线

全称为年负荷持续时间曲线（load duration curve），如图 2-3a 所示。另一种年负荷曲线，是按全年每日的最大半小时平均负荷来绘制的，又称为年每日最大负荷曲线，如图 2-3b 所示。这种年负荷曲线，主要用来确定经济运行方式，即用来确定何段时间宜多投入变压器台数而另一段时间又宜少投入变压器台数，使供配电系统的能耗达到最小，以获得最大的经济效益。

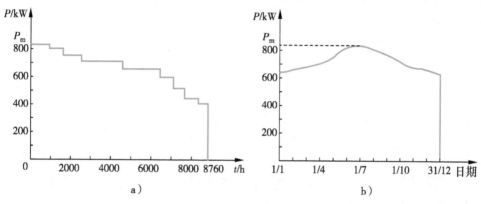

图 2-3　年负荷曲线

a）年负荷持续时间曲线　b）年每日最大负荷曲线

根据年负荷曲线可以查得年最大负荷 P_{m}，即全年中有代表性的最大负荷班的半小时最大负荷，因此也可用 P_{30} 表示。从发热等效的观点来看，计算负荷实际上与年最大负荷是基本相当的。所以，有功计算负荷 P_{c} 也可以认为就是年最大有功负荷，即 $P_{\mathrm{c}} = P_{\mathrm{m}} = P_{30}$。

年平均负荷 P_{av} 就是电力负荷在全年时间内平均耗用的有功功率，即

$$P_{\mathrm{av}} = \frac{W_{\mathrm{a}}}{8760} \tag{2-5}$$

式中　W_{a}——全年时间内耗用的有功电能。

通常将平均负荷 P_{av} 与最大负荷 P_{m} 的比值，定义为负荷曲线填充系数，简称负荷系数，用 α 表示（也可以表示为 K_{L}），即

$$\alpha = \frac{P_{\mathrm{av}}}{P_{\mathrm{m}}} \tag{2-6}$$

负荷曲线填充系数表征了负荷曲线不平坦的程度，即负荷变动的程度。从发挥整个电力系统效能来说，就是要将起伏波动的负荷曲线"削峰填谷"，尽量设法提高 α 值，因此系统在运行中必须实行负荷调整。

四、确定计算负荷的系数

根据负荷曲线，可以求出用于确定计算负荷的有关系数。

1. 需要系数

需要系数 K_{d} 定义为

$$K_{\mathrm{d}} = \frac{P_{\mathrm{m}}}{P_{\mathrm{e}}} \tag{2-7}$$

式中　P_{m}——某最大负荷工作班组用电设备的半小时最大有功负荷（kW）；

P_e——某最大负荷工作班组用电设备的设备功率（kW）。

需要系数的大小取决于用电设备组中设备的负荷率、设备的平均效率、设备的同时利用系数以及电源线路的效率等因素。实际上，人工操作的熟练程度、材料的供应、工具的质量等随机因素，都对 K_d 有影响。所以 K_d 只能靠测量统计确定。

附录表 1~4 列出了部分用电设备组的需要系数 K_d 及相应的 $\cos\varphi$、$\tan\varphi$ 值，供参考。

2. 利用系数

利用系数 K_u 定义为

$$K_u = \frac{P_{av}}{P_e} \tag{2-8}$$

式中　P_{av}——用电设备组在最大负荷工作班消耗的平均有功功率（kW）；

　　　P_e——该用电设备组的设备功率（kW）。

附录表 5 为工厂用电设备组的利用系数及功率因数值。

3. 年最大负荷利用小时数

年最大负荷利用小时数 T_{max} 是假设电力负荷按年最大有功负荷 P_m 持续运行时，在此时间内电力负荷所耗用的有功电能恰与电力负荷全年实际耗用的有功电能相同，如图 2-4 所示。因此年最大负荷利用小时数是一个假想时间，按下式计算：

$$T_{max} = \frac{W_a}{P_m} \tag{2-9}$$

式中　W_a——全年实际耗用的电能(kW·h)。

年最大负荷利用小时数是反映电力负荷时间特征的重要参数，它与工厂的生产班制有关，例如一班制工厂，$T_{max} = 1800 \sim 3000h$；两班制工厂，$T_{max} = 3500 \sim 4500h$；

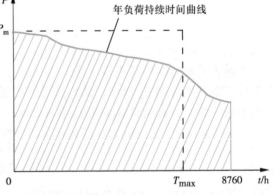

图 2-4　年最大负荷利用小时数

三班制工厂，$T_{max} = 5000 \sim 7500h$。附录表 7 列出了不同行业的年最大负荷利用小时数 T_{max} 与年最大负荷损耗小时数 τ。

第二节　三相用电设备组计算负荷的确定

一、单位指标法

单位指标法以实用指标积累为基础，对设备功率不明确的各类项目，可采用相应的指标直接求出计算负荷。

1. 单位产品耗电量法

单位产品耗电量法用于工业企业工程。有功计算负荷计算公式为

$$P_c = \frac{\omega N}{T_{max}} \tag{2-10}$$

式中　P_c——有功计算负荷（kW）；

ω——每一单位产品电能消耗量，可查有关设计手册；

N——企业的年生产量。

2. 单位面积功率法和综合单位指标法

单位面积功率法和综合单位指标法主要用于民用建筑工程。有功计算负荷计算公式为

$$P_c = \frac{p_e S}{1000} \quad \text{或} \quad P_c = \frac{p_e' N}{1000} \tag{2-11}$$

式中　p_e——单位面积功率（W/m² 或 V·A/m²）；

S——建筑面积（m²）；

p_e'——单位指标功率（W/户、W/人或 W/床）；

N——单位数量。

各类建筑物的单位面积功率见附录表8，住宅每户的用电指标见附录表9。采用单位指标法确定计算负荷时，还应结合工程具体情况乘以适当的同时系数。对于住宅，同时系数（需要系数）参见附录表4。

二、需要系数法

需要系数法以负荷曲线为基础，从用电设备组负荷计算开始逐级向电源端计算。设备功率先乘以需要系数，再逐级乘以同时系数，求得计算负荷。

（一）一组用电设备的计算负荷

按需要系数法确定三相用电设备组计算负荷的基本公式为

有功计算负荷（kW）　　　　　$P_c = P_m = K_d P_e$　　　　　　　　　（2-12）

无功计算负荷（kvar）　　　　　$Q_c = P_c \tan\varphi$　　　　　　　　　（2-13）

视在计算负荷（kV·A）　　　　　$S_c = \dfrac{P_c}{\cos\varphi}$　　　　　　　　　（2-14）

计算电流（A）　　　　　$I_c = \dfrac{S_c}{\sqrt{3} U_n}$　　　　　　　　　（2-15）

式中　U_n——用电设备所在电网的标称电压（kV）。

必须指出：附录表中所列需要系数值，适用于设备台数多且容量差别不大的负荷。若设备台数较少时，则需要系数值宜适当取大。在仅确定该组用电设备计算负荷时，若只有4台设备，需要系数 K_d 取 0.9 进行计算；若只有 3 台及以下用电设备，K_d 可取为 1；若只有 1 台电动机，则此电动机的计算电流就取其额定电流。

例 2-1　已知某机修车间的金属切削机床组，拥有电压380V 的三相电动机：22kW 2 台，7.5kW 6 台，4kW 12 台，1.5kW 6 台。试用需要系数法确定其计算负荷 P_c、Q_c、S_c 和 I_c。

解：此机床组电动机的总容量为

$P_e = \sum P_{r.i} = 22\text{kW} \times 2 + 7.5\text{kW} \times 6 + 4\text{kW} \times 12 + 1.5\text{kW} \times 6 = 146\text{kW}$

查附录表1 "小批生产的金属冷加工机床" 项得 $K_d = 0.12 \sim 0.16$（取 0.16）、$\cos\varphi = 0.5$、$\tan\varphi = 1.73$。因此可得

有功计算负荷　　　　　$P_c = K_d P_e = 0.16 \times 146\text{kW} = 23.36\text{kW}$

无功计算负荷　　　　　$Q_c = P_c \tan\varphi = 23.36\text{kW} \times 1.73 = 40.41\text{kvar}$

视在计算负荷

$$S_c = \frac{P_c}{\cos\varphi} = \frac{23.36\text{kW}}{0.5} = 46.72\text{kV} \cdot \text{A}$$

计算电流

$$I_c = \frac{S_c}{\sqrt{3}U_n} = \frac{46.72\text{kV} \cdot \text{A}}{\sqrt{3} \times 0.38\text{kV}} = 70.98\text{A}$$

（二）多组用电设备的计算负荷

如图 2-5 所示，在确定拥有多组用电设备的配电干线上或变电所低压母线上的计算负荷时，应考虑各组用电设备的最大负荷不同时出现的因素。因此在确定低压配电干线上或低压母线上的计算负荷时，可结合具体情况对其有功计算负荷和无功计算负荷计入一个同时系数（又称参差系数）K_Σ。

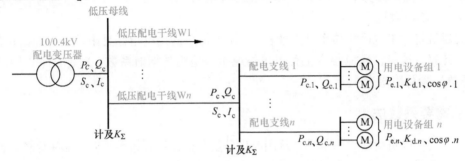

图 2-5　多组用电设备的配电系统图

对于配电干线，可取 $K_{\Sigma p} = 0.80 \sim 1.0$；$K_{\Sigma q} = 0.85 \sim 1.0$。

对于低压母线，由用电设备组的计算负荷直接相加来计算时，可取 $K_{\Sigma p} = 0.75 \sim 0.92$，$K_{\Sigma q} = 0.80 \sim 0.95$。若由配电干线的计算负荷直接相加来计算时，可取 $K_{\Sigma p} = 0.90 \sim 1.0$，$K_{\Sigma q} = 0.93 \sim 1.0$。

同时系数的具体大小应根据计算范围及具体工程性质不同而相应选择。根据设计经验，计算民用建筑多组用电设备负荷时所取同时系数值一般比计算工业企业多组用电设备负荷时所取同时系数值相应低些。

总的有功计算负荷

$$P_c = K_{\Sigma p}\Sigma P_{c.i} \tag{2-16}$$

总的无功计算负荷

$$Q_c = K_{\Sigma q}\Sigma Q_{c.i} \tag{2-17}$$

总的视在计算负荷

$$S_c = \sqrt{P_c^2 + Q_c^2} \tag{2-18}$$

总的计算电流按式（2-15）计算。

各组用电设备的有功计算负荷 $P_{c.i}$ 和无功计算负荷 $Q_{c.i}$ 分别按式（2-12）和式（2-13）计算。需要系数值 K_d 按附录表中所列选取。

由于各组设备的 $\cos\varphi$ 不一定相同，因此总的视在计算负荷或计算电流不能用各组的视在计算负荷或计算电流直接相加来计算。

例 2-2　某生产厂房内 380V 线路上接有冷加工机床电动机 50 台，共 305kW，另有生产用通风机 15 台，共 45kW；点焊机 3 台，共 19kW（$\varepsilon = 20\%$）；行车 1 台，10kW（$\varepsilon = 15\%$）。试确定该厂房总计算负荷 P_c、Q_c、S_c 和 I_c。

解：先求各组用电设备的计算负荷。

（1）机床电动机组　查附录表 1 得 $K_d = 0.17 \sim 0.20$（取 $K_d = 0.20$），$\cos\varphi = 0.50$，$\tan\varphi$

= 1.73，因此

$$P_{c.1} = K_{d.1}P_{e.1} = 0.20 \times 305\text{kW} = 61.0\text{kW}$$

$$Q_{c.1} = P_{c.1}\tan\varphi_1 = 61\text{kW} \times 1.73 = 105.5\text{kvar}$$

（2）通风机组 查附录表 1 得 $K_d = 0.75 \sim 0.85$（取 $K_d = 0.80$），$\cos\varphi = 0.80$，$\tan\varphi = 0.75$，因此

$$P_{c.2} = 0.8 \times 45\text{kW} = 36.0\text{kW}$$

$$Q_{c.2} = 36\text{kW} \times 0.75 = 27.0\text{kvar}$$

（3）点焊机组 设备台数虽然只有 3 台，但本题计算目的是确定厂房总计算负荷，为简化和统一，K_d 值仍按附录表 1 选取，得 $K_d = 0.35$，$\cos\varphi = 0.60$，$\tan\varphi = 1.33$。先求出在统一负荷持续率 $\varepsilon = 100\%$ 下的设备功率 $P_e = 19\sqrt{20\%}\text{kW} = 8.5\text{kW}$，因此

$$P_{c.3} = 0.35 \times 8.5\text{kW} = 3.0\text{kW}$$

$$Q_{c.3} = 3.0\text{kW} \times 1.33 = 4.0\text{kvar}$$

（4）行车 同理查附录表 1 得 $K_d = 0.30$，$\cos\varphi = 0.50$，$\tan\varphi = 1.73$。先求出在统一负荷持续率 $\varepsilon = 100\%$ 下的设备功率 $P_e = 10\sqrt{15\%}\text{kW} = 3.87\text{kW}$。因此

$$P_{c.3} = 0.30 \times 3.87\text{kW} = 1.2\text{kW}$$

$$Q_{c.3} = 1.2\text{kW} \times 1.73 = 2.1\text{kvar}$$

因此，总计算负荷（取 $K_{\Sigma p} = 0.92$；$K_{\Sigma q} = 0.95$）为

$$P_c = 0.92 \times (61.0 + 36.0 + 3.0 + 1.2)\text{kW} = 93.1\text{kW}$$

$$Q_c = 0.95 \times (105.5 + 27.0 + 4.0 + 2.1)\text{kvar} = 131.7\text{kvar}$$

$$S_c = \sqrt{93.1^2 + 131.7^2}\text{kV} \cdot \text{A} = 161.3\text{kV} \cdot \text{A}$$

$$I_c = 161.3\text{kV} \cdot \text{A}/(\sqrt{3} \times 0.38\text{kV}) = 245.2\text{A}$$

在供配电工程设计计算书中，为便于审核，常采用计算表格形式，见表 2-1。

表 2-1 例 2-2 的电力负荷计算表

序号	用电设备名称	台数	设备功率 P_e/kW	K_d	$\cos\varphi$	$\tan\varphi$	计算负荷 P_c/kW	Q_c/kvar	S_c/kV·A	I_c/A
1	机床电动机	50	305	0.20	0.50	1.73	61.0	105.5	—	—
2	通风机	15	45	0.80	0.80	0.75	36.0	27.0	—	—
3	点焊机	3	19(20%) 8.5(100%)	0.35	0.60	1.33	3.0	4.0	—	—
4	行车	2	10(15%) 3.87(100%)	0.30	0.50	1.73	1.2	2.1	—	—
	小计	—	—	—	—	—	101.2	138.6	—	—
	合计：取 $K_{\Sigma p} = 0.92$，$K_{\Sigma q} = 0.95$						93.1	131.7	161.3	245.2

例 2-3 某办公楼建筑面积约 30000m²，已知正常照明与办公设备功率 2500kW，应急照明 168kW（其中正常点亮 50kW），空调 1800kW，水泵与风机 350kW（其中消防设备 150kW），电梯 80kW（其中消防电梯 20kW）。试确定该办公楼总的计算负荷。

解：本题计算步骤同例 2-2，但要注意，统计总设备功率时，正常不工作的建筑消防设备不应计入，而正常点亮的应急照明 50kW 仍应计入，消防电梯平时均作为客梯使用，也不应扣除。查附录表 3，得到各用电设备组的需要系数和功率因数。本题所统计照明功率已包括附属设备功率。采用表格形式计算，见表 2-2。

该办公楼总的需要系数为 $K_d = \dfrac{P_c}{P_e} = \dfrac{2916.0\text{kW}}{4630\text{kW}} = 0.63$，该办公楼单位面积功率为 $P_e =$

$\dfrac{P_c \times 1000}{S} = \dfrac{2916\text{kW} \times 1000}{30000\text{m}^2} = 97.2\text{W/m}^2$

表 2-2　例 2-3 的电力负荷计算表

序号	用电设备名称	设备功率 P_e/kW	K_d	$\cos\varphi$	$\tan\varphi$	计算负荷			
						P_c/kW	Q_c/kvar	$S_c/\text{kV·A}$	I_c/A
1	正常照明与办公设备	2500	0.70	0.90	0.48	1750.0	847.6	—	—
2	应急照明	50	1	0.90	0.48	50.0	24.2	—	—
3	空调	1800	0.70	0.80	0.75	1260.0	945.0	—	—
4	水泵与风机	200	0.70	0.80	0.75	140.0	105.0	—	—
5	电梯	80	0.50	0.60	1.33	40.0	53.3	—	—
	小计	4630	—	—	—	3240.0	1975.1	—	—
	合计：取 $K_{\Sigma p} = 0.90$, $K_{\Sigma q} = 0.95$		0.63	—	—	2916.0	1876.4	3467.5	5270.6

三、利用系数法

利用系数法以概率论和数理统计为基础，把最大负荷 P_m（即计算负荷）分成平均负荷和附加差值两部分；后者取决于负荷与其平均值的方均根差，用最大系数中大于 1 的部分来体现。

最大系数 K_m 定义为

$$K_m = \frac{P_m}{P_{av}} \tag{2-19}$$

在通用的利用系数法中，最大系数 K_m 是平均利用系数和用电设备有效台数的函数。前者反映了设备的接通率；后者反映了设备台数和各台设备间的功率差异。

采用利用系数法时，不论计算范围大小，均按下述步骤确定计算负荷。

（1）求各用电设备组在最大负荷班内的平均负荷

有功功率

$$P_{av.i} = K_{u.i} P_{e.i} \tag{2-20}$$

无功功率

$$Q_{av.i} = P_{av.i} \tan\varphi_i \tag{2-21}$$

（2）求平均利用系数

$$K_{u.av} = \frac{\sum P_{av.i}}{\sum P_{e.i}} \tag{2-22}$$

（3）求用电设备的有效台数 n_{eq}

为便于分析比较，从导体发热的角度出发，不同容量的用电设备需归算为同一容量的用电设备，于是可得到其等效台数 n_{eq} 为

$$n_{eq} = \frac{(\Sigma P_{e.i})^2}{\Sigma P_{e.i}^2} \tag{2-23}$$

式中　$P_{e.i}$——用电设备组中各台用电设备的设备功率。

然后根据有效台数 n_{eq} 和平均利用系数 $K_{u.av}$，查附录表 6 求出最大系数 K_m。

（4）求计算负荷及计算电流

有功计算负荷　　　　　　　　　$P_c = K_m \Sigma P_{av.i}$　　　　　　　　　　(2-24)

无功计算负荷　　　　　　　　　$Q_c = K_m \Sigma Q_{av.i}$　　　　　　　　　　(2-25)

视在计算负荷按式（2-18）计算，计算电流按式（2-15）计算。

在实际工程中，若用电设备在 3 台及以下，则其有功计算负荷取设备功率总和；若有 3 台以上用电设备，而有效台数小于 4 时，有功计算负荷取设备功率总和，再乘以系数 0.9。

例 2-4　试用利用系数法来确定例 2-1 所示机床组的计算负荷。

解：（1）用电设备组在最大负荷班的平均负荷

对于机床电动机，查附录表 5 得 $K_u = 0.12$，$\tan\varphi = 1.73$，因此

$$P_{av} = K_u P_e = 0.12 \times 146kW = 17.52kW$$

$$Q_{av} = P_{av}\tan\varphi = 17.52kW \times 1.73 = 30.34kvar$$

（2）平均利用系数

因为只有 1 组用电设备，故 $K_{u.av} = K_u = 0.12$。

（3）用电设备的有效台数

$$n_{eq} = \frac{(\Sigma P_{e.i})^2}{\Sigma P_{e.i}^2} = \frac{146^2}{22^2 \times 2 + 7.5^2 \times 6 + 4^2 \times 12 + 1.5^2 \times 6} = 14.11 \quad （取 14）$$

（4）计算负荷及计算电流

利用 $K_{uav} = 0.12$ 及 $n_{eq} = 14$ 查附录表 6，通过插值求得 $K_m = 2$，得

$$P_c = K_m \Sigma P_{av.i} = 2 \times 17.52kW = 35.04kW$$

$$Q_c = K_m \Sigma Q_{av.i} = 2 \times 30.34kvar = 60.68kvar$$

$$S_c = \sqrt{P_c^2 + Q_c^2} = \sqrt{35.04^2 + 60.68^2}kV \cdot A = 70.07kV \cdot A$$

$$I_c = \frac{S_c}{\sqrt{3}U_n} = \frac{70.07kV \cdot A}{\sqrt{3} \times 0.38kV} = 106.46A$$

比较例 2-1 和例 2-4 的计算结果可以看出，按利用系数法计算的结果比按需要系数法计算的结果大，特别是在设备台数较少的情况下。供配电工程设计的经验表明，选择低压配电干线或支线时，特别是用电设备台数少而各台设备功率相差悬殊时，宜采用利用系数法。利用系数法的计算过程较繁琐，但利用计算机的统计运算功能，已不再困难。

第三节　单相用电设备组计算负荷的确定

一、计算原则

在用户供配电系统中，除了广泛应用三相用电设备外，还应用各种单相用电设备。单相设备接在三相线路中，应尽可能地均衡分配，使三相负荷尽可能地平衡。如果三相线路中单相设备的总功率不超过三相设备总功率的 15% 时，则不论单相设备如何分配，单相设备可

与三相设备综合按三相平衡负荷计算。如果单相设备功率超过三相设备功率的15%，则应将单相设备功率换算为等效三相设备功率，再与三相设备功率相加。对于单个功率小而数量多的灯具和用电器具，容易均衡地被分配到三相系统中，可视同三相设备。

二、单相设备组等效三相负荷的计算

1. 接于相电压的单相设备功率换算

按最大负荷相所接的单相设备功率 $P_{\text{e.mph}}$ 乘以 3 来计算其等效三相设备功率为

$$P_{\text{e}} = 3P_{\text{e.mph}} \tag{2-26}$$

2. 接于线电压的单相设备功率换算

由于容量为 $P_{\text{e.ph}}$ 的单相设备接在线电压上产生的电流 $I = P_{\text{e.ph}}/(U_{\text{n}}\cos\varphi)$，这一电流应与等效三相设备功率 P_{e} 产生的电流 $I' = P_{\text{e}}/(\sqrt{3}U_{\text{n}}\cos\varphi)$ 相等，因此其等效三相设备功率为

$$P_{\text{e}} = \sqrt{3}P_{\text{e.ph}} \tag{2-27}$$

3. 单相设备接于不同线电压时的计算

如图 2-6 所示，设 $P_1 > P_2 > P_3$，且 $\cos\varphi_1 \neq \cos\varphi_2 \neq \cos\varphi_3$，$P_1$ 接于 U_{AB}，P_2 接于 U_{BC}，P_3 接于 U_{CA}。按等效发热原理，可等效为图 2-6 所示三种接线的叠加：

1）U_{AB}、U_{BC}、U_{CA} 间各接 P_3，其等效三相设备功率为 $3P_3$。

2）U_{AB} 和 U_{BC} 间各接 $P_2 - P_3$，其等效三相设备功率为 $3(P_2 - P_3)$。

3）U_{AB} 间接 $P_1 - P_2$，其等效三相设备功率为 $\sqrt{3}(P_1 - P_2)$。

因此，P_1、P_2、P_3 接于不同线电压时的等效三相设备功率为

$$P_{\text{e}} = \sqrt{3}P_1 + (3 - \sqrt{3})P_2 \tag{2-28}$$

$$Q_{\text{e}} = \sqrt{3}P_1\tan\varphi_1 + (3 - \sqrt{3})P_2\tan\varphi_2 \tag{2-29}$$

等效三相计算负荷同样按需要系数法计算。

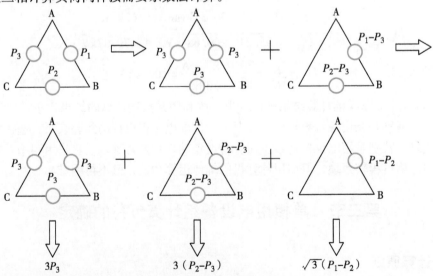

图 2-6 接于各线电压的单相负荷等效变换程序

4. 单相设备分别接于线电压和相电压时的负荷计算

首先应将接于线电压的单相设备功率换算为接于相电压的设备功率，然后分相计算各相

的设备功率,并按需要系数法计算其计算负荷,而总的等效三相有功计算负荷为其最大有功负荷相的有功计算负荷的 3 倍,总的等效三相无功计算负荷为其最大有功负荷相的无功计算负荷的 3 倍。

关于将接于线电压的单相设备功率换算为接于相电压的设备功率问题,可按下列换算公式进行换算:

A 相　　　　$P_A = p_{AB-A}P_{AB} + p_{CA-A}P_{CA}$；$Q_A = q_{AB-A}P_{AB} + q_{CA-A}P_{CA}$

B 相　　　　$P_B = p_{BC-B}P_{BC} + p_{AB-B}P_{AB}$；$Q_B = q_{BC-B}P_{BC} + q_{AB-B}P_{AB}$

C 相　　　　$P_C = p_{CA-C}P_{CA} + p_{BC-C}P_{BC}$；$Q_C = q_{CA-C}P_{CA} + q_{BC-C}P_{BC}$

式中　P_{AB}、P_{BC}、P_{CA}——接于 AB、BC、CA 间的有功设备功率;

$\quad\quad P_A$、P_B、P_C——换算为接于 A 相、B 相、C 相的有功设备功率;

$\quad\quad Q_A$、Q_B、Q_C——换算为接于 A 相、B 相、C 相的无功设备功率;

$\quad p_{AB-A}$、q_{AB-A} 等——接于 AB、…等相间设备功率换算为接于 A、…等相设备功率的有功和无功换算系数,具体可见附录表 10。

第四节　尖峰电流的计算

尖峰电流是指线路上只持续 1s 左右的短时最大负荷电流,可作为计算电压下降、电压波动、选择保护电器和保护元件等的依据。

单台用电设备（如电动机）的尖峰电流 I_{pk},就是其起动电流 I_{st},即

$$I_{pk} = I_{st} = k_{st}I_{r.M} \tag{2-30}$$

式中　$I_{r.M}$——用电设备的额定电流;

$\quad k_{st}$——用电设备的直接起动电流倍数,笼型异步电动机为 5 ~ 7,绕线转子异步电动机为 2 ~ 3,电焊变压器为 3 或稍大。

接有多台用电设备的线路,只考虑一台设备起动时的尖峰电流,按下列公式计算:

$$I_{pk} = I_{st.max} + I_{c(n-1)} \tag{2-31}$$

式中　$I_{st.max}$——起动电流最大的一台设备的起动电流;

$\quad I_{c(n-1)}$——除起动设备以外的线路计算电流。

两台及以上设备有可能同时起动时,尖峰电流按实际情况确定。

需要说明的是,按式（2-30）和式（2-31）计算的尖峰电流仅是起动电流的周期分量。在校验低压断路器瞬动元件时,还应考虑起动电流的非周期分量,详见第八章。

第五节　无功功率补偿

一般情况下,由于用户的大量负荷（如感应电动机、电焊机、气体放电灯等）都是感性负荷,需要从供配电系统吸收无功功率,因此使得其自然功率因数偏低。

图 2-7 表示采取无功功率补偿、提高功率因数与视在功率变化的关系（有功功率固定不变条件下）。当采取无功功率补偿使功率因数由 $\cos\varphi$ 提高到 $\cos\varphi'$ 时,无功功率 Q_c 和视在功率 S_c 将分别减小为 Q_c' 和 S_c'（P_c 不变条件下）,从而使负荷电流相应减小。这就可使供配电系统的电能损耗和电压损失降低,并可选用较小容量的电力变压器、开关设备和较小截面积

的电线电缆，减少投资和节约有色金属。因此采取无功功率补偿、提高功率因数对整个供配电系统大有益处。

一、功率因数的定义

功率因数（power factor）λ 是在周期状态下，有功功率 P 的绝对值与视在功率 S 的比值。在正弦周期电路中，功率因数等于电压与电流之间相位差的余弦值 $\cos\varphi$（有功因数）。

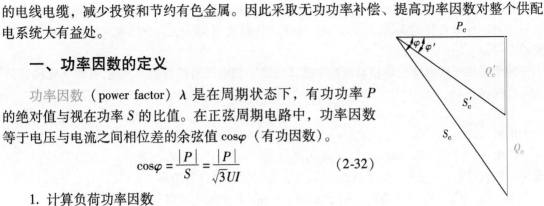

图 2-7　功率因数的提高与
无功功率和视在功率的变化

$$\cos\varphi = \frac{|P|}{S} = \frac{|P|}{\sqrt{3}UI} \tag{2-32}$$

1. 计算负荷功率因数

计算负荷功率因数是指在需要负荷或最大负荷时的功率因数，按下式计算：

$$\cos\varphi = \frac{P_c}{S_c} \tag{2-33}$$

我国《供电营业规则》规定：容量在 100kV·A 及以上高压供电的用户，最大负荷时的功率因数不得低于 0.9（注：国家电网公司要求不低于 0.95，参见参考文献 [9]）。如果达不到要求，则必须进行无功功率补偿（reactive power compensation）。因此，在进行供配电工程设计时，可用此功率因数来确定需要无功功率补偿的最大需要容量。

2. 平均功率因数

平均功率因数是指某一规定时间内（例如一个月内）功率因数的平均值，对已投入使用的用户，按下式计算：

$$\cos\varphi_{av} = \frac{W_p}{\sqrt{W_p^2 + W_q^2}} \tag{2-34}$$

式中　W_p——某一时间（例如一个月）内耗用的有功电能，由有功电能表读出；

　　　W_q——某一时间（例如一个月）内耗用的无功电能，由无功电能表读出。

我国供电企业每月向用户收取电费时，就规定要按月平均功率因数的高低来调整电费。平均功率因数低于一定标准时，要增加一定比例的电费，而高于供电标准时，可适当减少一定比例的电费。此措施用以鼓励用户设法提高功率因数，从而提高电力系统运行的经济性。

二、无功补偿容量的确定

当自然功率因数达不到要求时，需装设无功补偿装置。由图 2-7 可知，最大负荷时的无功补偿容量 $Q_{r.c}$ 应为

$$Q_{r.c} = Q_c - Q_c' = P_c(\tan\varphi - \tan\varphi') \tag{2-35}$$

需要说明的是，按式（2-35）计算出的无功补偿容量为最大负荷时所需容量，当负荷减小时，补偿容量也应相应减小，以免造成过补偿。因此，无功补偿装置通常装设无功功率自动补偿控制器，根据负荷的变化相应投切电容器组数，使功率因数、电压偏差等各项指标满足系统运行的要求。

在供配电系统方案设计时，若不具备计算条件，无功补偿容量也可按电力变压器容量的 15% ~30% 估算。

三、无功补偿装置的选择

（一）常规无功功率补偿装置

常规无功功率补偿装置主要为并联电容器和同步调相机。同步调相机（synchronous compensator）是运行于电动机状态，但不带机械负载，只向电力系统提供无功功率的同步电机，现已被淘汰。并联电容器（shunt capacitor）是并联于电力网中，主要用来补偿感性无功功率以改善功率因数的电容器。它具有安装简单、运行维护方便、有功损耗小，以及组装灵活、扩容方便等优点，因此在供配电系统中应用最为普遍。但是它有损坏后不便修复以及从电网中切除后有危险的残余电压等缺点，不过，电容器从电网中切除后的残余电压可通过放电来消除。而现在有一种金属化膜低压并联电容器，具有被击穿后能"自愈"的性能，即击穿电流使击穿点周围的金属层蒸发，介质迅速恢复绝缘性能。常用自愈式电容器（self-healing capacitor）的主要技术数据见附录表11，供参考。

高压并联电容器组宜采用单星形或双星形连接，以减小一相电容器组击穿时造成的危害。低压并联电容器组绝大多数是做成三相的，而且内部已接成三角形连接，因此其击穿的后果不严重。当在三相不平衡系统中需要分相补偿时，低压并联电容器应接成单星形连接。

并联电容器有手动投切和自动投切两种控制方式。对于补偿基本无功功率或常年稳定的无功功率的电容器组和投切次数较少的高压电容器组，宜采用手动投切；为避免过补偿或在轻载时电压过高，造成某些用电设备损坏等，宜采用自动投切。

低压并联电容器装置通常与低压配电屏配套制造安装，根据负荷变化相应循环投切的电容器组数一般有 4、6、8、10、12 组（取决于控制器的回路数）等。电容器分组时，应满足下列要求：①分组电容器投切时，不应产生谐振；②适当减少分组组数和加大分组容量；③应与配套设备的技术参数相适应；④应符合满足电压偏差的允许范围。

在按式（2-35）确定了装置最大补偿容量后，就可根据选定的电容器的组数来确定单组并联电容器容量 $q_{r.C}$：

$$q_{r.C} = \frac{Q_{r.C}}{n} \tag{2-36}$$

无功自动补偿的调节方式可根据下列情况选择：以节能为主进行补偿者，采用无功功率参数调节；当三相负荷平衡时，也可采用功率因数参数调节；为改善电压偏差为主进行补偿者，应按电压参数调节；当无功功率随时间稳定变化时，按时间参数调节。

电容器组应装设单独的控制和保护装置。低压电容器组应采用专用投切接触器、复合开关电器或半导体开关电器，以减少合闸冲击电流。复合开关电器和半导体开关电器具有电流过零投切电容器组特性，应优先采用。

（二）动态无功功率补偿装置

动态无功功率补偿装置主要用于急剧变动的冲击负荷，如炼钢电弧炉、轧钢机等的无功补偿。

动态无功功率补偿装置通常指静止无功补偿器（Static Var Compensator，SVC），它具有响应快（可小于10ms）、平滑调节性能好、补偿效率高、维修方便及谐波、噪声、损耗均小等优点，因此得到越来越广泛的应用。

静止无功补偿器由特殊电抗器和电容器组成，有的是两者之一采用晶闸管控制的，有的是两者都是可控的，是一种并联连接的无功功率发生器和吸收器。所谓静止，就是它不同于同步调相机，其主要元件是不旋转的。它具有电力电容器的结构优点，又具有同步调相机良好调节特性的优点。它可以迅速地按负荷的变化改变无功功率输出的大小和方向，调节或稳定系统的运行电压，尤其适合于冲击性负荷的无功补偿。

随着电力电子技术，特别是大功率可关断器件技术的发展和日益完善，国内外已研制、开发出一种更为先进的静止无功功率发生器（Static Var Generator，SVG），它的快速无功补偿性能更加优越，是现代无功功率补偿装置的发展方向。

关于 SVC 与 SVG 的原理与应用详见第十章。

四、无功补偿装置的装设位置

在供配电系统中，无功补偿装置的装设位置一般有三种：集中补偿（包括高压集中补偿和低压集中补偿）、分组补偿和末端（就地）补偿。以并联电容器为例，如图 2-8 所示。

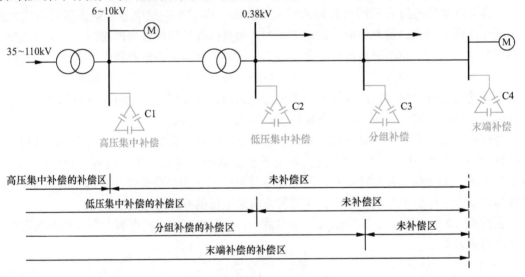

图 2-8　并联电容器的装设位置和补偿效果

（1）集中补偿　集中补偿是指将无功功率补偿装置安装在变电所配电母线上进行无功功率补偿的方式。集中补偿装置利用率高、便于运行维护管理，能对企业高压侧的无功功率进行有效补偿，以满足企业电源侧功率因数的要求。高压集中补偿主要用于补偿高压用电设备部分的无功功率，也用于补偿总降压变压器的无功功率损耗。低压集中补偿方式的效果较高压集中补偿方式好，可直接补偿低压侧的无功功率，特别是它能减少变压器的视在功率，从而可使主变压器容量选得较小，因而在实际工程中应用相当普遍。但集中补偿不能减少配电母线至用电设备端的无功电流引起的损耗。

（2）分组补偿　分组补偿是指将无功功率补偿装置安装在功率因数较低的用电单元或母线上对供配电系统中的一部分（区域）无功功率进行分段（区域）补偿的方式。分组补偿可降低配电线路的损耗，补偿效果优于集中补偿。不过对于供配电系统中基本无功功率的补偿，仍宜采用集中补偿的方式。只是采用分组补偿后，集中补偿装置的容量可相应降低。

（3）末端补偿　末端补偿是指将无功功率补偿装置直接安装在感性用电设备附近对其

单独就地进行无功功率补偿的方式。显然，末端补偿效果最好，应予以优先采用。但这种补偿方式总的投资较大，且电容器组在被补偿的设备停止运用时，它也将一并被切除，因此其利用率较低。这种就地补偿方式特别适用于负荷平稳、长期运行而容量又大的设备，如大型感应电动机、高频电炉等；也适用于容量虽小但数量多而分散且长期稳定运行的设备，如荧光灯、高压汞灯、高压钠灯等。

在供配电工程设计中，可综合采用上述各种补偿方式，以求经济合理地达到无功功率补偿要求，使系统电源进线处在最大负荷时的功率因数不低于规定值。

例 2-5 某用户 10kV 变电所低压侧计算负荷为 800kW + 580kvar。若欲使高压侧功率因数达到 0.9，则需在低压侧进行补偿的并联电容器无功自动补偿装置容量是多少？并选择电容器组数及每组容量。

解：（1）计算补偿前的视在计算负荷及功率因数

视在计算负荷 $\quad S_c = \sqrt{P_c^2 + Q_c^2} = \sqrt{800^2 + 580^2}\text{kV} \cdot \text{A} = 988.1\text{kV} \cdot \text{A}$

功率因数 $\quad\quad\quad \cos\varphi = \dfrac{P_c}{S_c} = \dfrac{800\text{kW}}{988.1\text{kV} \cdot \text{A}} = 0.81$

（2）确定无功补偿容量 考虑变压器的无功功率损耗远大于有功功率损耗，欲使高压侧功率因数达到 0.9，若在低压侧进行无功补偿，则应使低压侧功率因数达到 0.92。则低压侧无功补偿容量为

$$Q_{r.C} = P_c(\tan\varphi - \tan\varphi')$$
$$= 800 \times (\tan\arccos 0.81 - \tan\arccos 0.92)\text{kvar}$$
$$= 238.4\text{kvar}$$

（3）选择电容器组数及每组容量 考虑到无功自动补偿控制器可控制电容器投切的回路数为 4、6、8、10、12 等。故选择成套并联电容器屏，可安装的电容器组数为 12 组。则需要安装的电容器单组容量为

$$q_{r.C} = \frac{Q_{r.C}}{n} = \frac{238.4\text{kvar}}{12} = 19.9\text{kvar}$$

查附录表 11，选择 BSMJ0.4—20-3 型自愈式并联电容器，每组容量 $q_{r.C} = 20\text{kvar}$，则总容量为 $12 \times 20\text{kvar} = 240\text{kvar}$。实际最大负荷时的补偿容量为 $12 \times 20\text{kvar} = 240\text{kvar}$。

（4）验算补偿后的视在计算负荷及功率因数

视在计算负荷 $\quad S_c = \sqrt{P_c^2 + (Q_c - Q_{r.C})^2} = \sqrt{800^2 + (580-240)^2}\text{kV} \cdot \text{A} = 869.3\text{kV} \cdot \text{A}$

功率因数 $\quad\quad\quad \cos\varphi = \dfrac{P_c}{S_c} = \dfrac{800\text{kW}}{869.3\text{kV} \cdot \text{A}} = 0.92$

满足要求。

第六节 供配电系统的计算负荷

一、供配电系统的功率损耗

电力线路和变压器具有电阻和电抗，在传送电能时会产生有功和无功损耗。在确定总计算负荷时，应计入这部分损耗。

（一）电力线路的功率损耗

假设三相供配电线路参数三相对称，则有功功率损耗 ΔP_W（kW）、无功功率损耗 ΔQ_W（单位为 kvar）分别按下式计算：

$$\begin{cases} \Delta P_W = 3 I_c^2 R \times 10^{-3} \\ \Delta Q_W = 3 I_c^2 X \times 10^{-3} \end{cases} \tag{2-37}$$

式中　R——线路带负荷运行时的每相电阻（Ω），$R = rl$；

　　　X——线路每相电抗（Ω），$X = xl$；

　　　l——线路每相计算长度（km）；

　r、x——线路每相单位长度电阻和电抗（Ω/km）。

电力线路每相单位长度的电阻按下式计算：

$$r = K_1 K_2 r_\theta = K_1 K_2 \rho_\theta c \frac{1}{S} \tag{2-38}$$

式中　r_θ——线路带负荷运行时的单位长度直流电阻（Ω）；

K_1，K_2——因交流电趋肤效应、相邻导体间的邻近效应使导体电流密度分布不均匀而引入的附加系数，K_1 恒大于 1，K_2 一般也大于 1；

　　　c——绞入系数，单股导线为 1，多股导线为 1.02；

　　　S——线路导体的截面积（mm^2）；

　　　ρ_θ——导体温度为 θ 时的电阻率，$\rho_\theta = \rho_{20}[1 + \alpha(\theta - 20)]$；

　　　ρ_{20}——导体温度为 20℃时的电阻率，铝导体为 $28.2 \times 10^{-9}\Omega \cdot m$，铜导体为 $17.2 \times 10^{-9}\Omega \cdot m$；

　　　α——电阻温度系数，铝和铜都取 0.004；

　　　θ——导体实际工作温度（℃）；它与通过的电流大小有密切关系。

电力线路每相单位长度的电抗按下式计算：

$$x = 2\pi f L' = 0.1445 \lg \frac{D_{av}}{D_i} \tag{2-39}$$

式中　f——频率（Hz），取 50Hz；

　　　L'——电线电缆每相单位长度的电感量（H/km）；

　　　D_{av}——三相导体几何均距（cm）；

　　　D_i——导体自几何均距或等效半径（cm）。

在工程设计中，通常将电力线路每相单位长度的电阻、电抗预先计算出来制成表格（见附录表 13），以方便查用。

（二）电力变压器的功率损耗

1. 变压器的有功功率损耗

（1）铁心中的有功功率损耗（俗称铁损）　它在变压器一次绕组的外施电压和频率不变的条件下是固定不变的，与负荷无关。铁损可由变压器空载实验测定。变压器的空载损耗 ΔP_0 可认为就是铁损 ΔP_{Fe}，因为变压器的空载电流 I_0 很小，在一次绕组中产生的有功功率损耗可略去不计。

（2）一、二次绕组中的功率损耗（俗称铜损）　它与负荷电流（或功率）的二次方成正比。铜损可由变压器短路实验测定。变压器的负载损耗（又称短路损耗）ΔP_k 可认为就是

铜损 ΔP_{Cu}，因为变压器二次侧短路时，一次侧的短路电压（又称阻抗电压）U_k 很小，在铁心中产生的有功功率损耗可略去不计。

因此，变压器的有功功率损耗为

$$\Delta P_T = \Delta P_{Fe} + \Delta P_{Cu}\beta_c^2 \approx \Delta P_0 + \Delta P_k\beta_c^2 \tag{2-40}$$

式中　β_c——变压器的计算负荷系数，$\beta_c = S_c/S_{r.T}$；

　　　$S_{r.T}$——变压器的额定容量；

　　　S_c——变压器的计算负荷。

2. 变压器的无功功率损耗

（1）用来产生磁通的励磁电流的一部分无功功率　它只与一次绕组电压有关，与负荷无关。它与励磁电流或近似地与空载电流成正比，即

$$\Delta Q_0 \approx \frac{I_0\%}{100}S_{r.T} \tag{2-41}$$

式中　$I_0\%$——变压器空载电流占额定一次电流的百分值。

（2）消耗在变压器一、二次绕组电抗上的无功功率　它与负荷电流（或功率）的二次方成正比。额定负荷下的这部分无功损耗用 ΔQ_k 表示。由于变压器的电抗远大于电阻，因此 ΔQ_k 近似地与阻抗电压（短路电压）成正比，即

$$\Delta Q_k \approx \frac{U_k\%}{100}S_{r.T} \tag{2-42}$$

式中　$U_k\%$——变压器阻抗电压占额定一次电压的百分值。

因此，变压器的无功损耗为

$$\Delta Q_T = \Delta Q_0 + \Delta Q_k\beta_c^2 \approx \left(\frac{I_0\%}{100} + \frac{U_k\%}{100}\beta_c^2\right)S_{r.T} \tag{2-43}$$

式（2-40）～式（2-43）中的 ΔP_0、ΔP_k、$I_0\%$ 和 $U_k\%$ 等均可从有关技术标准或产品样本中查得。10kV 普通双绕组无励磁调压电力变压器技术参数可查附录表 14 和附录表 15。

在负荷计算中，当变压器技术数据不详时，变压器的功率损耗在负荷率不大于 85% 时可采用简化公式估算，即 $\Delta P_T \approx 0.01S_c$；$\Delta Q_T \approx 0.05S_c$，此式适用于推广应用的 S11、SC(B)10 等型及以上型低损耗节能型电力变压器。

二、供配电系统计算负荷的确定

在进行施工图设计时，供配电系统计算负荷的确定，一般采用逐级计算法，由用电设备组开始逐级向电源进线侧计算。各级计算点的选取，一般为各级配电箱（屏）的出线和进线、变电所低压出线、变压器低压母线、高压进线等处。确定变配电所的计算负荷时，应计入较长配电干线的功率损耗以及变压器的功率损耗，并且取无功补偿后的负荷进行计算。

（一）配电变电所高压侧计算负荷的确定

配电变电所高压侧计算负荷计算公式为

有功计算负荷　　　　　$$P_{c.1} = P_{c.2} + \Delta P_T \tag{2-44}$$

无功计算负荷　　　　　$$Q_{c.1} = (Q_{c.2} - Q_{r.C}) + \Delta Q_T \tag{2-45}$$

视在计算负荷　　　　　$$S_{c.1} = \sqrt{P_{c.1}^2 + Q_{c.1}^2} \tag{2-46}$$

计算电流
$$I_{c.1} = \frac{S_{c.1}}{\sqrt{3}U_{1n}}$$
(2-47)

式中　$P_{c.2}$、$Q_{c.2}$——变压器低压母线有功、无功计算负荷；

$\quad\quad\quad Q_{r.C}$——变压器低压母线无功补偿装置容量；

$\quad\quad\quad U_{1n}$——变压器高压侧电网标称电压。

(二)　配电所或总降压变电所计算负荷的确定

配电所或总降压变电所计算负荷由各配电变电所计算负荷（计入高压配电线路的功率损耗）相加计算，计算公式同式（2-19）~式（2-21）。对配电所的 $K_{\Sigma p}$ 和 $K_{\Sigma q}$，分别取 0.85 ~1.0 和 0.95 ~1.0；对总降压变电所的 $K_{\Sigma p}$ 和 $K_{\Sigma q}$，分别取 0.80 ~0.90 和 0.93 ~0.97。同理，计算总降压变电所变压器高压侧的计算负荷时，应计入总降压变压器的功率损耗。

例2-6　一个民用建筑供配电系统如图2-9所示，其负荷①~⑧的数据列于表2-3中，求系统中 A~G 各点的计算负荷。

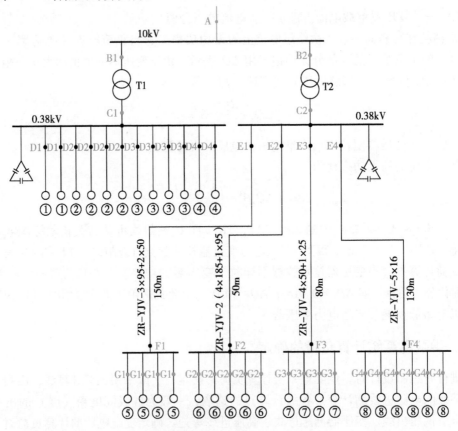

图2-9　某民用建筑供配电系统简图

表2-3　负荷①~⑧的数据

负荷编号	①	②	③	④	⑤	⑥	⑦	⑧
负荷名称	冷冻机组	冷冻水泵	冷却水泵	冷却塔	电梯	商场照明	办公照明	客房照明
设备功率/kW	156	30	22	7.5	30	100	30	20
功率因数	0.75	0.8	0.8	0.8	0.6	0.85	0.85	0.9
回路数/个	2	4	4	2	4	5	4	6
备注		两用两备	两用两备					

解： 1. 确定变压器 T1 的计算负荷

（1）确定 D1 ~ D4 点的计算负荷　确定这一级计算负荷的目的是为了选择给各用电设备配电的导线截面积及其开关电器、确定低压母线（C1 点）的计算负荷。这一级每个回路负荷均为单台设备，直接取其设备功率进行计算。计算结果见表 2-4。

表 2-4　计算点 D1 ~ D4 的负荷

计算点	设备功率 P_e/kW	功率因数 $\cos\varphi$	有功计算负荷 P_c/kW	无功计算负荷 Q_c/kvar	视在计算负荷 S_c/kV·A	计算电流 I_c/A
D1	①156	0.75	156.0	137.6	208.0	316.0
D2	②30	0.80	30.0	22.5	37.5	57.0
D3	③22	0.80	22.0	16.5	27.5	41.8
D4	④7.5	0.80	7.5	5.6	9.4	14.3

（2）确定 C1 点的计算负荷　确定这一级计算负荷的目的是为了选择低压母线及其开关电器、无功补偿容量 $Q_{r.C1}$ 和变压器 T1。这一级为多组用电设备的计算，分别由 1 台冷冻机组、1 台冷冻水泵、1 台冷却水泵和 1 台冷却塔组成两套成组用电设备，其中有 2 台冷冻水泵和 2 台冷却水泵为备用，不参与计算。同时在低压母线上设置无功自动补偿装置，补偿后的目标功率因数一般取 0.92，以使变压器高压侧的功率因数达到 0.9。计算结果见表 2-5。

表 2-5　计算点 C1 的负荷

计算点	成组设备 有功计算负荷 $\Sigma P_{c.i}$/kW	成组设备 无功计算负荷 $\Sigma Q_{c.i}$/kvar	同时系数	有功 计算负荷 P_c/kW	无功 计算负荷 Q_c/kvar	视在 计算负荷 S_c/kV·A	计算电流 I_c/A	功率因数 $\cos\varphi$
补偿前 C1 点 计算负荷	$2 \times (156.0 + 30.0 + 22.0 + 7.5) =$ 431.0	$2 \times (137.6 + 22.5 + 16.5 + 5.6) =$ 364.2	$K_{\Sigma p} = 0.95$ $K_{\Sigma q} = 0.97$	409.5	353.3	540.8	821.7	0.757
补偿容量 $Q_{r.C1}$/kvar								
$Q_{r.C1} = 409.5 \times (\tan\arccos 0.757 - \tan\arccos 0.92) = 179.0$					-180			
实际取 10 组 × 18kvar = 180kvar								
补偿后 C1 点的计算负荷				409.5	173.8	444.9	676.0	0.920

（3）确定 B1 点的计算负荷　确定这一级计算负荷的目的是为了选择变压器配电电缆及其开关电器和确定高压进线（A 点）的计算负荷。B1 点的计算负荷等于 C1 点计算负荷加上变压器 T1 的功率损耗，即 $P_{c.B1} = P_{c.C1} + \Delta P_{T1}$；$Q_{c.B1} = Q_{c.C1} + \Delta Q_{T1}$。根据 C1 点的视在计算负荷 $S_c = 444.9$kV·A，选择 SCB10-630/10 型变压器（变压器选择方法参见第三章），变压器额定容量 $S_{r.T} = 630$kV·A，其技术数据可查产品样本或附录表 15 得到。计算结果见表 2-6。

表 2-6　计算点 B1 的负荷

计算点	变压器功率损耗（$S_c = 444.9$kV·A, $S_{r.T} = 630$kV·A）						有功 计算负荷 P_c/kW	无功 计算负荷 Q_c/kvar	视在 计算负荷 S_c/kV·A	高压侧 计算电流 I_c/A	功率 因数 $\cos\varphi$
	ΔP_0/kW	ΔP_k/kW	I_0%	U_k%	ΔP_T/kW	ΔQ_T/kvar					
B1	1.18	5.12	0.8	4.0	3.7	17.6	413.2	191.4	455.4	26.3	0.907

2. 确定变压器 T2 的计算负荷

（1）确定 G1 ~ G4 点的计算负荷　确定这一级计算负荷的目的是为了选择给各用电设备配电的导线截面积及其开关电器、确定 F1 ~ F4 点的计算负荷。这一级每个回路负荷既有单台设备，又有单组用电设备。采用需要系数法进行计算。计算结果见表 2-7。

表 2-7　计算点 G1 ~ G4 的负荷

计算点	设备功率 P_e/kW	功率因数 $\cos\varphi$	需要系数 K_d	有功计算负荷 P_c/kW	无功计算负荷 $Q_c/kvar$	视在计算负荷 $S_c/kV \cdot A$	计算电流 I_c/A
G1	⑤30	0.60	1	30.0	40.0	50	76.0
G2	⑥100	0.85	0.85	85.0	52.7	100	151.9
G3	⑦30	0.85	0.8	24.0	14.9	28.2	42.8
G4	⑧20	0.90	0.4	8.0	3.9	8.9	13.5

（2）确定 F1 ~ F4 点的计算负荷　确定这一级计算负荷的目的是为了选择低压配电线路和确定 E1 ~ E4 点的计算负荷。这一级各个点都是范围更大的单组用电设备，同样可采用需要系数法进行计算。计算结果见表 2-8。

表 2-8　计算点 F1 ~ F4 的负荷

计算点	设备功率 P_e/kW	功率因数 $\cos\varphi$	需要系数 K_d	有功计算负荷 P_c/kW	无功计算负荷 $Q_c/kvar$	视在计算负荷 $S_c/kV \cdot A$	计算电流 I_c/A
F1	30×4=120	0.60	0.7	84.0	112.0	140.0	212.7
F2	100×5=500	0.85	0.80	400.0	248.0	470.6	715.0
F3	30×4=120	0.85	0.75	90.0	55.9	105.8	160.8
F4	20×6=120	0.90	0.3	36.0	17.6	40.1	60.9

（3）确定 E1 ~ E4 点的计算负荷　确定这一级计算负荷的目的是为了确定 C2 点的计算负荷。E1 ~ E4 各点的计算负荷等于 F1 ~ F4 点的计算负荷加上线路 W1 ~ W4 的功率损耗，即 $P_{c.Ei} = P_{c.Fi} + \Delta P_{Wi}$，$Q_{c.Ei} = Q_{c.Fi} + \Delta Q_{Wi}$，根据 F1 ~ F4 点的计算电流，线路可选择 ZR-YJV-0.6/1 型交联聚乙烯绝缘 5 芯电力电缆（电缆选择参见第四章），相线截面积分别为：W1 为 95mm²，W2 为 185mm²，两根电缆并联；W3 为 50mm²，W4 为 16mm²。其技术数据可查附录表 13 得到。计算结果见表 2-9。

表 2-9　计算点 E1 ~ E4 的负荷

计算点	线路功率损耗						有功计算负荷 P_c/kW	无功计算负荷 $Q_c/kvar$	视在计算负荷 $S_c/kV \cdot A$	计算电流 I_c/A
	$r_0/\Omega/km$	$x_0/\Omega/km$	l/km	I_c/A	$\Delta P_W/kW$	$\Delta Q_W/kvar$				
E1	0.229	0.077	0.15	212.7	4.7	1.6	88.7	113.6	144.1	219.0
E2	0.118	0.078	0.05	715.0/2=357.5	2.3×2	1.5×2	404.6	251.0	476.1	723.4
E3	0.435	0.079	0.08	160.8	2.7	0.5	92.7	56.4	108.5	164.9
E4	1.359	0.082	0.13	60.9	2.0	0.1	38	17.7	41.9	63.7

（4）确定 C2 点的计算负荷　确定这一级计算负荷的目的是为了选择低压母线及其开关电器、无功补偿容量 $Q_{c.C2}$ 和变压器 T2。这一级为多组用电设备的计算，同时在低压母线上设置无功自动补偿装置，补偿后的目标功率因数一般取 0.92，以使变压器高压侧的功率因

数达到 0.9。计算结果见表 2-10。

表 2-10　计算点 C2 的负荷

计算点	多组设备有功计算负荷 $\sum P_{c.i}/kW$	多组设备无功计算负荷 $\sum Q_{c.i}/kvar$	同时系数	有功计算负荷 P_c/kW	无功计算负荷 $Q_c/kvar$	视在计算负荷 $S_c/kV \cdot A$	计算电流 I_c/A	功率因数 $\cos\varphi$
补偿前 C2 点计算负荷	$88.7 + 404.6 + 92.7 + 38 = 624.0$	$113.6 + 251.0 + 56.4 + 17.7 = 438.7$	$K_{\Sigma p} = 0.9$ $K_{\Sigma q} = 0.93$	561.6	408.0	694.2	1054.8	0.809
补偿容量 $Q_{r.C2}/kvar$								
$Q_{r.C2} = 561.6 \times (\tan\arccos 0.809 - \tan\arccos 0.92) = 168.1$ 实际取 10 组 × 18kvar = 180kvar					−180			
补偿后 C2 点的计算负荷				561.6	228.0	606.1	920.9	0.927

（5）确定 B2 点的计算负荷　确定这一级计算负荷的目的是为了选择变压器配电电缆及其开关电器和确定高压进线（A 点）的计算负荷。B2 点的计算负荷等于 C2 点计算负荷加上变压器 T2 的功率损耗，即 $P_{c.B2} = P_{c.C2} + \Delta P_{T2}$，$Q_{c.B2} = Q_{c.C2} + \Delta Q_{T2}$。根据 C2 点的视在计算负荷 $S_c = 605.0 kV \cdot A$，选择 SCB10-800/10 型变压器（变压器选择方法参见第三章），变压器额定容量 $S_{r.T} = 800 kV \cdot A$，其技术数据可查产品样本或附录表 15 得到。计算结果见表 2-11。

表 2-11　计算点 B2 的负荷

计算点	变压器功率损耗（$S_c = 605.0 kV \cdot A, S_{r.T} = 800 kV \cdot A$）						有功计算负荷 P_c/kW	无功计算负荷 $Q_c/kvar$	视在计算负荷 $S_c/kV \cdot A$	高压侧计算电流 I_c/A	功率因数 $\cos\varphi$
	$\Delta P_0/kW$	$\Delta P_k/kW$	$I_0\%$	$U_k\%$	$\Delta P_T/kW$	$\Delta Q_T/kvar$					
B2	1.33	6.06	0.8	6.0	4.8	33.9	566.4	261.9	624.0	36.0	0.908

3. 确定 A 点的计算负荷

确定这一级计算负荷的目的是为了选择高压母线及其开关电器和高压进线电力电缆。A 点的计算负荷由 B1 点和 B2 点的计算负荷计算确定，见表 2-12。

表 2-12　计算点 A 的负荷

计算点	B1 与 B2 有功计算负荷 $\sum P_{c.i}/kW$	B1 与 B2 无功计算负荷 $\sum Q_{c.i}/kvar$	同时系数	有功计算负荷 P_c/kW	无功计算负荷 $Q_c/kvar$	视在计算负荷 $S_c/kV \cdot A$	高压侧计算电流 I_c/A	功率因数 $\cos\varphi$
A	$413.2 + 566.4 = 979.6$	$191.4 + 261.9 = 453.3$	$K_{\Sigma p} = 1$ $K_{\Sigma q} = 1$	979.6	453.3	1079.4	62.32	0.908

第七节　供配电系统的电能节约

一、年电能需要量的计算

年电能需要量又称年电能消耗量，是重要的技术指标之一。当已知有功计算负荷 P_c 及

无功计算负荷 Q_c 后，年有功电能消耗量（单位为 kW·h）及无功电能消耗量（单位为 kvar·h）的计算式如下：

1）用年平均负荷和年实际工作小时数计算：

$$W_p = \alpha P_c T_a \tag{2-48}$$

$$W_q = \beta Q_c T_a \tag{2-49}$$

式中　α、β——年平均有功、无功负荷系数，应采用同类型企业多年积累的统计数据；当缺乏此数据时，作为估算，α 值一般取 0.70~0.75，β 值取 0.76~0.82；

　　　　T_a——年实际工作小时数，一班制可取 1860h，二班制可取 3720h，三班制可取 5580h。

2）用年最大负荷和年最大负荷利用小时数计算时可参见式（2-9）。

3）用单位产品耗电量法计算时可参见式（2-10）。

二、供配电系统的电能损耗

（一）电力线路的电能损耗

线路上全年的有功电能损耗是由于电流通过线路电阻产生的，可按下式计算：

$$\Delta W_a = 3I_c^2 R_W \tau \tag{2-50}$$

式中　I_c——通过线路的计算电流（A）；

　　　　R_W——线路每相的电阻（Ω）；

　　　　τ——年最大负荷损耗小时（h）。

年最大负荷损耗小时 τ，是假设供配电系统元件（含线路）持续通过计算电流（即最大负荷电流）I_c 时，在此时间 τ 内所产生的电能损耗恰与实际负荷电流全年在此元件（含线路）上产生的电能损耗相等。年最大负荷损耗小时 τ 与年最大负荷利用小时 T_{max} 有一定关系，如图 2-10 所示。已知 T_{max} 和 $\cos\varphi$，可由相应的曲线查得 τ。

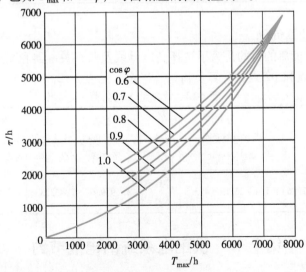

图 2-10　τ—T_{max} 关系曲线

（二）电力变压器的电能损耗

变压器的有功电能损耗包括铁损和铜损两部分：

1）全年的铁损 ΔP_{Fe} 产生的电能损耗可按下式计算：

$$\Delta W_{a1} = \Delta P_{Fe} \times 8760 \approx \Delta P_0 \times 8760 \tag{2-51}$$

2）全年的铜损 ΔP_{Cu} 产生的电能损耗可按下式计算：

$$\Delta W_{a2} = \Delta P_{Cu} \beta_c^2 \tau \approx \Delta P_k \beta_c^2 \tau \tag{2-52}$$

由此可得变压器全年的有功电能损耗为

$$\Delta W_a = \Delta W_{a1} + \Delta W_{a2} \approx \Delta P_0 \times 8760 + \Delta P_k \beta_c^2 \tau \tag{2-53}$$

式中　τ——变压器的年最大负荷损耗小时，可通过查图2-10所示的曲线得出。

三、电能节约的技术措施

（一）电能节约的一般措施

用户供配电系统的电能节约主要从降低配电变压器、配电线路及配电电器的能耗以及用电设备（如电动机、照明电器等）的能耗几方面着手，提高能源利用率。

1. 变压器的节能措施

1）合理选择变压器容量和台数，使变压器运行在高效负荷率附近。

2）选用符合国家标准能效指标的高效节能型变压器，有条件时选择卷制铁心变压器或非晶合金变压器。

3）加强运行管理，根据负荷的变化，及时调整变压器投运台数，实现变压器经济运行。

2. 配电线路的节能措施

1）合理设计供配电系统和选择配电电压，减少配电级数。

2）变电所尽量接近负荷中心，以缩短低压供电半径。

3）按经济电流密度合理选择导线及电缆截面积。

4）提高功率因数，减少线路和变压器的电能损耗。

3. 配电电器的节能措施

选用国家推荐的、节能的新产品，接触器吸引线圈采用直流接线等。

4. 电动机的节能措施

1）采用高效率电动机。

2）根据负荷特性合理选择电动机功率，避免"大马拉小车"。

3）轻载电动机采取减压运行，提高电动机运行效率及其自然功率因数。

4）需要根据机械负载变化调节电动机的转速。

5. 照明的节能措施

1）采用高效光源和高效灯具。

2）选用合理的照明方案，严格控制功率密度值。

3）合理设计照明灯的控制方式，减少不必要的点灯时间。

4）合理设计照明配电线路，保证照明电源运行在光效较高的工作电压范围内。

5）气体放电灯采用低能耗高功率因数的电子镇流器，或选择节能型电感镇流器及单灯或线路无功补偿的方案，补偿后的功率因数不小于0.9。

（二）电力变压器的经济运行

电力变压器的经济运行（economical operation for power transformer）是指在确保安全可

靠运行及满足供电量需求的基础上，通过对变压器进行合理配置，对变压器运行方式进行优化选择，对变压器负荷实施经济调整，从而最大限度地降低变压器的电能损耗。

1. 单台双绕组变压器的经济运行

根据 GB/T 13462—2008《电力变压器经济运行》，变压器经济运行的条件是：在一定时间内（一周、一月、一季度等），变压器的综合功率损耗率最小，即变压器综合功率损耗与其输入的有功功率 P_1 之比的百分数最小。

对于单台变压器，其综合功率损耗为

$$\Delta P \approx \Delta P_T + K_q \Delta Q_T \approx \Delta P_0 + K_q \Delta Q_0 + (\Delta P_k + K_q \Delta Q_k) \beta_{av}^2 K_T \tag{2-54}$$

式中　K_q——无功经济当量，它表示变压器无功损耗每增加或减少 1kvar 时引起受电网有功功率损耗增加或减少的量，对于一般用户，可取 0.1，当功率因数已补偿至 0.9 及以上时，取 0.04；

β_{av}——在一定时间内，变压器的平均负荷系数；

K_T——在一定时间内，负荷波动损耗系数，等于负荷波动条件下的变压器负载能耗与平均负载能耗之比。按下式计算：

$$K_T = T \frac{\Sigma \Delta W_i^2}{(\Sigma \Delta W_i)^2}$$

式中　T——统计时间（h）；

ΔW_i——每小时内变压器的能耗计量值（kW·h）。

变压器的综合功率损耗率为

$$\Delta P\% = \frac{\Delta P}{P_1} \times 100\%$$

令 $\dfrac{\mathrm{d}\Delta P\%}{\mathrm{d}\beta} = 0$，可得到满足经济运行条件的变压器综合功率经济负荷系数 β_{ec}

$$\beta_{ec} = \sqrt{\frac{\Delta P_0 + K_q \Delta Q_0}{K_T(\Delta P_k + K_q \Delta Q_k)}} \tag{2-55}$$

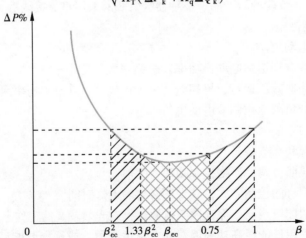

图 2-11　双绕组变压器综合功率运行区间划分

变压器的综合功率损耗率与其平均负荷系数的关系曲线如图 2-11 所示。变压器综合功率运行区间的范围划分：经济运行区为 $\beta_{ec}^2 \leqslant \beta_{av} \leqslant 1$；最佳经济运行区为 $1.33\beta_{ec}^2 \leqslant \beta_{av} \leqslant 0.75$；

非经济区为 $0 \leqslant \beta_{av} \leqslant \beta_{ec}^2$。当变压器的空载损耗和负载损耗达到能效标准规定，通过负荷调整、规范经济运行管理，使变压器运行在最佳经济运行区后，则认为变压器为经济运行。

2. 并列运行的两台双绕组变压器的经济运行

关于两台变压器的经济运行，不但要研究变压器本身的技术参数，还要研究负荷的变化规律，应按综合功率损耗最小的条件投运变压器。根据单台及两台变压器并列运行时综合功率损耗相等，可导出单台与两台并列运行方式之间的临界负荷计算公式，如图 2-12 所示。对于两台同型号同容量的双绕组变压器，临界负荷 S_{cr} 的计算公式为

$$S_{cr} = S_{r.T}\sqrt{\frac{2(\Delta P_0 + K_q \Delta Q_0)}{K_T(\Delta P_k + K_q \Delta Q_k)}} \tag{2-56}$$

从图 2-12 中可以看出，当实际负荷小于临界负荷时，则因一台变压器的综合功率损耗小，故宜于一台变压器运行；当实际负荷大于临界负荷时，则因两台变压器的综合功率损耗小，故宜于两台变压器运行。

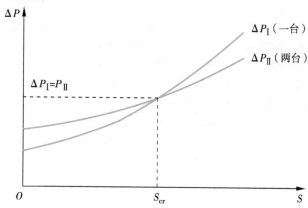

图 2-12　两台并列运行变压器间综合功率损耗特性曲线

思考题与习题

2-1　用电设备按工作制分哪几类？各有何工作特点？如何确定设备功率？

2-2　什么是负载持续率？为什么断续周期工作制设备功率与负载持续率有关？

2-3　什么是计算负荷？确定计算负荷的有关系数有哪些？

2-4　试比较需要系数法、利用系数法和单位指标法的算法基础、特点、步骤、精度及适用场合。

2-5　什么是尖峰电流？尖峰电流与计算电流同为最大负荷电流，各在性质上和用途上有哪些区别？

2-6　在供配电系统中，无功功率补偿的方式有哪几种？各种补偿方式有何特点？

2-7　通过哪些技术措施可降低供配电系统的电能损耗？

2-8　某设备机房共有 11 台 380V 的水泵，其中 2 台 7.5kW、3 台 5kW、6 台 15kW，试求该水泵设备组的计算负荷 P_c、Q_c、S_c 和 I_c。

2-9　某高校实训车间 380V 线路上，接有小批生产的金属冷加工机床 40 台共 100kW，通风机 5 台共 7.5kW，电阻炉 5 台共 8kW，试用需要系数法确定该车间配电线路的计算负荷 P_c、Q_c、S_c 和 I_c。

2-10　有一生产车间，拥有大批生产的金属冷加工机床电动机 52 台，共 200kW；桥式起重机 4 台，共 20.4kW（$\varepsilon = 15\%$）；通风机 10 台，共 15kW；点焊机 12 台，共 42.0kW（$\varepsilon = 65\%$）。车间采用 220/380V 三相四线制供电。试用需要系数法确定该车间的计算负荷 P_c、Q_c、S_c 和 I_c。

2-11　某公寓楼 200 户，每户设备功率按 6kW 计，另有公共照明 20kW，会所中央空调 40kW × 3 套

（通常用 2 套，最热月可能用 3 套），生活水泵 20kW×3 台（其中 1 台备用），电梯 10kW×2 套。试用需要系数法确定该公寓楼的计算负荷 P_c、Q_c、S_c 和 I_c。

2-12 两组用电设备均为一般工作制小批量生产金属切削机床，总额定功率均为 180kW。第一组单台容量相同，每台为 4.5kW；第二组为 30kW×4 台，20kW×1 台，10kW×2 台，5kW×4 台。试用利用系数法分别求这两组用电设备的计算负荷 P_c、Q_c、S_c 和 I_c。并分析两组用电设备总额定功率相同而计算负荷不同的原因。

2-13 现有 9 台单相电烤箱，其中 1kW×4 台，1.5kW×3 台，2kW×2 台。试合理分配上述各电烤箱于 220/380V 的线路上，并计算其等效三相计算负荷 P_c、Q_c、S_c 和 I_c。

2-14 某 6 层住宅楼有 4 个单元，每单元有 12 户，每户设备功率按 8kW 计，每户采用单相配电，每单元采用三相配电。试用需要系数法计算各户、各单元及整栋楼的计算负荷 P_c、Q_c、S_c 和 I_c。

2-15 某用户拟建一座 10/0.38kV 变电所，装设一台变压器。已知变电所低压侧有功计算负荷为 750kW，无功计算负荷为 720kvar。为了使变电所高压侧功率因数不低于 0.9，如果在低压侧装设并联电容器补偿时，需装设多少补偿容量？并选择电容器组数及每组容量。无功补偿前与无功补偿后变电所高压侧的计算负荷 P_c、Q_c、S_c 和 I_c 各为多少？

2-16 某 35/10kV 总降压变电所，10kV 母线上接有下列负荷：1#车间配电变电所 1700kW + j800kvar；2#车间配电变电所 1840kW + j900kvar；3#车间配电变电所 1560kW + j760kvar；4#车间配电变电所 1760kW + j840kvar。5#空压机房有 4 台 10kV 空气压缩机，共 1000kW（$K_d = 0.75$，$\cos\varphi = 0.80$）。10kV 母线侧安装的无功补偿装置容量为 1200kvar。试计算该总降压变电所 35kV 侧的计算负荷 P_c、Q_c、S_c 和 I_c。

2-17 已知题 2-15 中变电所的变压器型号为 S11-1000/10，Dyn11 联结。变压器技术数据见附录表 14。若该变电所年最大负荷利用小时数 $T_{max} = 5000h$，试求该变压器在无功补偿前后的年有功电能损耗。

2-18 某变电所有两台 Dyn11 联结的 SCB10-1000/10 型变压器并列运行，而目前变电所负荷只有 800kV·A。问是采用一台变压器运行还是两台运行较为经济合理（取 $K_q = 0.04$）？

参 考 文 献

[1] 莫岳平，翁双安. 供配电工程 [M]. 北京：机械工业出版社，2011.

[2] 中国电器工业协会. GB 755—2008/IEC/TR 60034-1：2004 旋转电机 定额和性能 [S]. 北京：中国标准出版社，2008.

[3] 刘屏周. 工业与民用供配电设计手册 [M]. 4 版. 北京：中国电力出版社，2016.

[4] 同向前，余建明，苏文成. 供电技术 [M]. 5 版. 北京：机械工业出版社，2017.

[5] 刘介才. 工厂供电 [M]. 3 版. 北京：机械工业出版社，2016.

[6] 任元会. 注册电气工程师执业资格考试专业考试复习指导书（供配电专业）[M]. 北京：中国电力出版社，2007.

[7] 卞铠生. 注册电气工程师执业资格考试专业考试习题集（供配电专业）[M]. 北京：中国电力出版社，2008.

[8] 中国机械工业联合会. GB 50052—2009 供配电系统设计规范 [S]. 北京：中国计划出版社，2010.

[9] 国家电网公司. Q/GDW 212—2008 电力系统无功补偿配置技术原则 [S]. 北京：中国电力出版社，2009.

[10] 全国能源基础与管理标准化技术委员会. GB/T 13462—2008 电力变压器经济运行 [S]. 北京：中国标准出版社，2008.

第三章 供配电系统的一次接线

第一节 概　　述

一、一次接线的概念

所谓一次接线（primary connection）是指由电力变压器、各种开关电器及配电线路按一定顺序连接而成的用于电能输送和分配的电路，也称主电路（main circuit）。一次接线是供配电系统的主体，对系统的安全、可靠、优质、灵活、经济运行起着重要作用。一次接线包括变配电所电气主接线和高低压配电系统（网）接线两方面。

一次接线的图形表示称为一次接线图，它是一种概略图（overview diagram），是把国家标准电气简图用图形符号按电流通过顺序排列，概略地表达供配电系统、电气装置的基本组成和连接关系等全面特性的简图。工程上也称其为系统图。由于交流供配电系统通常是三相对称的，故一次接线图一般绘制成单根线条表示多相系统的单线图（single-line diagram）。

二、对一次接线的基本要求

概括地说，对一次接线的基本要求包括安全、可靠、优质、灵活、经济等方面。

安全包括设备安全及人身安全。一次接线应符合国家标准有关技术规范的要求，正确选择电气设备及其监视、保护系统，采取各种安全技术措施。

可靠就是一次接线应符合一、二级负荷对供电可靠性的要求。可靠性不仅和一次接线的形式有关，还和电气设备的技术性能、运行管理的自动化程度等因素有关，因此，对一次接线可靠性的评价应客观、科学、全面和发展。目前，对一次接线可靠性的评价不仅可以定性分析，而且可以进行定量的可靠性计算。

优质就是一次接线应保证供电电压偏差、电压波动和闪变、高次谐波、三相电压不平衡等技术参数不低于国家规定指标，满足用户对电能质量的要求（详见第十章）。

灵活是用最少的切换来适应各种不同的运行方式，如变压器经济运行方式、电源线路备用方式等；检修时操作简便，不致过多影响供电可靠性；另外，还应能适应负荷的发展，便于扩建。

经济是一次接线在满足上述技术要求的前提下，尽量做到接线简化、占地少、总拥有费用最小。一次接线的可靠性与经济性之间往往是一对矛盾，必须综合考虑，协调处理好两者之间的关系。

第二节　电力变压器的选择

电力变压器（power transformer）是将一个电力系统的交流电压和电流值变为另一个电

力系统的电压和电流值，借以输送电能的变压器。由较高电压降至末级配电电压、直接做配电用的电力变压器又可称为配电变压器（distribution transformer）。电力变压器是供配电系统中的关键设备，对变电所电气主接线的形式及其可靠性与经济性有着重要影响。所以，正确合理地选择电力变压器的型式、台数和容量，乃是电气主接线设计中的一个主要问题。

一、电力变压器的型式选择

电力变压器型式选择是指确定电力变压器的相数、调压方式、绕组型式、绝缘及冷却方式、联结组别等，并应优先选用技术先进、高效节能、免维护的新产品。

电力变压器按相数分，有单相和三相两种。用户变电所一般采用三相电力变压器。当单台单相负荷容量较大时，相电压将发生很大波动，会严重影响照明光源的寿命和照明质量，则应采用单相变压器供电。对负荷分散且无三相供电需求的住宅用电、道路及广告牌照明等，为降低低压电网的电能损耗，可采用单相变压器供电。

电力变压器按调压方式分，有无励磁调压变压器（off-circuit-tap-changing transformer）（装有无励磁分接开关且只能在无励磁的情况下进行调压的变压器）和有载调压变压器（on-load-tap-changing transformer）（装有有载分接开关且能在负载下进行调压的变压器）两种。配电变压器一般采用无励磁调压方式；35kV 总降压变电所的主变压器在电压偏差不能满足要求时和 110kV 总降压变电所的主变压器应采用有载调压方式。

电力变压器按绕组型式分，有双绕组变压器、三绕组变压器和自耦变压器等。用户变电所一般采用双绕组电力变压器。在具有三种电压等级的变电所中，当通过主变压器各侧绕组的功率达到该变压器额定容量的 15% 以上时，宜采用三绕组电力变压器。

电力变压器按绝缘及冷却方式分，有液浸式变压器（liquid-immersed type transformer）（采用矿物油液体时又称油浸式变压器）、干式变压器（dry-type transformer）和充气式变压器（SF_6 气体绝缘）等。液浸式变压器的铁心和绕组都浸入绝缘液体中，其冷却方式有自冷式、风冷式、水冷式和强迫油循环冷却式等。干式变压器的冷却方式有自冷式和风冷式两种，采用风冷可提高干式变压器的过载能力。高层主体建筑内变电所应选用不燃（如干式、SF_6 气体绝缘）变压器或难燃型液浸式变压器；多层建筑物内变电所和防火、防爆要求高的车间内变电所，宜选用不燃变压器或难燃型液浸式变压器。当干式变压器与高低压配电装置在同一配电室（车间）内相互靠近布置时，还应具有不低于 IP2X（IP3X）的防护外壳（注：电气设备外壳防护等级的分类代号见附录表 12）。

35～110kV 总降压电力变压器的联结组标号一般为 YNd11，20kV 及以下配电变压器有Yyn0 和 Dyn11 两种常见联结组，如图 3-1 所示。由于 Dyn11 联结组变压器具有低压侧单相接地故障电流大（有利于接地故障切除）、承受单相不平衡负荷的负载能力强和高压侧三角形联结有利于抑制零序谐波电流注入电网等优点，从而在低压为 TN 及 TT 系统接地型式的电网中得到越来越广泛的应用。对多雷地区及土壤电阻率较高的山区，考虑到防雷要求的提高，宜选用联结组标号为 Yzn11 的防雷变压器。

随着科技的进步，电力变压器新产品不断涌现。例如，为延长使用寿命、做到免维护，油浸式电力变压器采用全密封结构；为降低空载损耗，电力变压器采用卷制铁心结构和非晶合金铁心；为提高抗短路冲击能力，电力变压器低压侧采用铜箔绕组等。

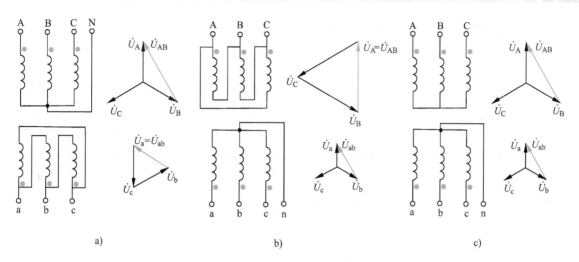

图 3-1 电力变压器的联结组标号

a) YNd11 联结组 b) Dyn11 联结组 c) Yyn0 联结组

二、电力变压器的台数与容量选择

（一）台数选择

电力变压器的台数一般根据地区供电条件、负荷性质、用电容量和运行方式等条件综合确定。当符合下列条件之一时，宜装设两台及以上变压器：

（1）有大量一级负荷或二级负荷 在变压器出现故障或检修时，多台变压器可保证一、二级负荷的供电可靠性。当仅有少量二级负荷时，也可装设一台变压器，但变电所低压侧必须有足够容量的联络电源作为备用。

（2）季节性负荷变化较大 根据实际负荷的大小，相应投入变压器的台数，可做到经济运行、节约电能。

（3）集中负荷容量较大 虽为三级负荷，但一台变压器供电容量不够，也应装设两台及以上变压器。

在一般情况下，动力与照明宜共用变压器，以降低投资。但在某些情况下，应设专用变压器。如当照明负荷容量较大，或动力和照明采用共用变压器供电会严重影响照明质量及光源寿命时，应设照明专用变压器；当冲击性负荷（如短路试验设备、电焊机群或大型电焊设备等）较大，严重影响电能质量时，应设冲击负荷专用变压器等。

（二）容量选择

1）电力变压器的容量 $S_{r.T}$ 首先应保证在最大负荷 S_c 下变压器能长期可靠运行。

对仅有一台变压器运行的变电所，变压器容量应满足下列条件：

$$S_{r.T} > S_c \tag{3-1}$$

考虑到节能和留有裕量，变压器的最大负荷率一般取 70% 为宜，既不宜低于 60%，也不宜超过 85%。

装有两台及以上变压器的变电所，当任意一台变压器断开时，其余变压器的容量应能满足全部一、二级负荷用电的需求。对有两台变压器运行的变电所，通常采用等容量的变压器，每台容量应同时满足以下两个条件：

①满足总计算负荷70%的需要，即

$$S_{\text{r.T}} \approx 0.7 S_{\text{c}} \tag{3-2}$$

②满足全部一、二级负荷 $S_{\text{c(I+II)}}$ 的需要，即

$$S_{\text{r.T}} \geqslant S_{\text{c(I+II)}} \tag{3-3}$$

条件①是考虑到两台变压器运行时，每台变压器各承受总计算负荷的50%，负载率为0.7，此时变压器效率较高。而在事故情况下，一台变压器承受总计算负荷时，只过载40%，可继续运行一段时间。在此时间内，完全有可能调整生产，可切除三级负荷。条件②是考虑在事故情况下切除一台变压器后，另一台变压器仍能保证对一、二级负荷的供电。

当选用不同容量的两台变压器时，每台变压器的容量可按下列条件选择：

$$S_{\text{r.T1}} + S_{\text{r.T2}} > S_{\text{c}} \tag{3-4}$$

且

$$S_{\text{r.T1}} \geqslant S_{\text{c(I+II)}}, \quad S_{\text{r.T2}} \geqslant S_{\text{c(I+II)}} \tag{3-5}$$

2）电力变压器的容量应满足大型电动机及其他冲击负荷的起动要求。

大型电动机及其他冲击负荷起动时，会导致变压器配电母线电压下降，而下降幅度则与变压器容量及设备起动方式有关。一般规定电动机非频繁起动时母线电压不宜低于额定电压的85%，这就要求变压器容量应与起动设备容量及其起动方式相配合（参见第十章）。

3）低压为0.4kV的单台配电变压器容量不宜大于1250kV·A。

这是基于两方面的考虑：一方面是选用1250kV·A及以下的配电变压器对一般用户的负荷密度来说更能接近负荷中心；另一方面，配电变压器高压侧可选用负荷开关—熔断器组合电器，低压侧馈线的保护电器的分断能力也容易满足。当用电设备容量较大、负荷集中且运行合理时，也可选用较大容量的配电变压器。

4）电力变压器容量应满足今后5~10年负荷增长的需要。

负荷总是在增长的，电力变压器容量宜至少留有15%~25%的裕量。

必须指出：电力变压器台数和容量的最后确定，应在对负荷资料进行分析、调整的基础上，结合一次接线方案的设计，做出合理选择。

例3-1 某工业企业拟建造一座10/0.38kV变电所，所址设在厂房建筑内。已知总计算负荷为1800kV·A，其中一、二级负荷为900kV·A，$\cos\varphi = 0.8$。试选择其配电变压器的型式、台数和容量。

解：（1）选择变压器的型式 考虑到变电所在厂房建筑内，故选用低损耗的SCB10型10/0.4kV三相干式双绕组电力变压器。变压器采用无励磁调压方式，分接头±5%，联结组标号为Dyn11，带风机冷却并配置温控仪自动控制，带IP2X防护外壳。

（2）选择变压器台数 因有较多的一、二级负荷，故选择两台变压器。

（3）选择每台变压器的容量 变压器容量是根据无功补偿后的计算负荷确定的。由于负荷自然功率因数未达到供电部门的规定，故需采取低压无功补偿方式将功率因数提高到0.92，以使高压侧功率因数达到0.9。

无功补偿后的总计算负荷 $S_{\text{c}} = P_{\text{c}}/\cos\varphi = 1800\text{kV·A} \times 0.8/0.92 = 1565\text{kV·A}$，其中一、二级负荷 $S_{\text{c(I+II)}} = 900\text{kV·A} \times 0.8/0.92 = 783\text{kV·A}$。

每台变压器容量 $S_{\text{r.T}} \approx 0.7 \times 1565\text{kV·A} \approx 1096\text{kV·A}$，且 $S_{\text{r.T}} \geqslant 783\text{kV·A}$，因此选择每台变压器容量为1000kV·A。

当负荷平均分配时，每台变压器最大负荷率 $\beta_c = S_c/S_{r.T} = 1565\text{kV} \cdot \text{A} \times 0.5/1000\text{kV} \cdot \text{A} = 0.78$。

三、电力变压器的过负荷运行

（一）过负荷分析

1. 正常过负荷

变压器的绝缘寿命通常为 20～30 年，在此期间变压器可承受电力系统中的各种过电压、过电流和长时间运行电压。变压器绝缘的老化与负荷和冷却介质温度有密切的关系：变压器负荷高或冷却介质温度高，会导致绝缘的温度高、绝缘老化加速、绝缘寿命缩短。变压器在运行中，负荷和冷却介质温度随着时间和季节的变化而波动。特别是负荷曲线上的高峰时段，有可能出现过负荷运行，过负荷运行时间一般较短。所谓正常过负荷，就是在正常周期性负载中（一个周期通常是 24h），在某段时间内施加了超过额定负载的电流，此时绝缘寿命的过度损失可由其他时间内施加低于额定负载的电流来补偿。从热老化的观点出发，只要热老化率大于 1 的诸周期中的老化值能被热老化率低于 1 的老化值所补偿，那么，这种周期性负载可认为是与正常环境温度下施加额定负载时等效的，变压器可长期安全运行。需要说明的是，变压器在过负荷运行状态下，负载损耗增加，不利于节能。

2. 事故过负荷

电力系统中发生事故或并列运行的两台变压器因故障切除一台时，由于系统中的负荷重新分配，将有可能出现部分变压器的负荷严重超过额定值（短期急救负载）或过负荷持续较长时间（长期急救周期性负载）的情况。这时，为了向电力用户输送不间断的电力，变压器的绝缘寿命可能会有一个短时间的加速损耗，但只要不导致变压器的故障，这种"加速损耗"是允许的。变压器的事故过负荷会牺牲绝缘的部分"正常寿命"，不能作为变压器的正常过负荷能力。

（二）过负荷限值

1. 油浸式电力变压器

根据 GB/T 1094.7—2008《电力变压器 第 7 部分：油浸式电力变压器负载导则》，各类负载状态下的负载电流和温度限值见表 3-1，当制造厂有关于超额定电流运行的明确规定时，应遵守制造厂的规定。实际工程中，在各类负载运行方式下，超额定电流运行时，具体允许的负载系数和时间可按 GB/T 1094.7—2008 的要求确定。

表 3-1 油浸式变压器的负载电流和温度限值

负 载 类 型		配电变压器	中型电力变压器	大型电力变压器
正常周期性负载	负载电流标幺值	1.5	1.5	1.3
	热点温度与绝缘材料接触的金属部件温度	140℃	140℃	120℃
	顶层油温	105℃	105℃	105℃
长期急救周期性负载	负载电流标幺值	1.8	1.5	1.3
	热点温度与绝缘材料接触的金属部件温度	150℃	140℃	130℃
	顶层油温	115℃	115℃	115℃

（续）

负 载 类 型		配电变压器	中型 电力变压器	大型 电力变压器
短期急救 负载	负载电流标幺值	2.0	1.8	1.5
	热点温度与绝缘材料接触的金属部件温度	注2	160℃	160℃
	顶层油温		115℃	115℃

注：1. 表中温度与电流限值不同时适用。电流可比表中限值低一些，以满足温度限值的要求；相反地，温度可比表中限值低一些，以满足电流限值的要求。

2. 表中未规定短期急救负载的顶层油温和热点温度，是因为在配电变压器上控制急救负载的持续时间通常是不现实的。应当注意到：当热点温度超过140℃时，可能产生气泡，从而使变压器的绝缘强度下降。

长期急救周期性负载下运行时，将在不同程度上缩短变压器的寿命，应尽量减少出现这种运行方式的机会；必须采用时，应尽量缩短超额定电流运行的时间，降低超额定电流的倍数，有条件时（按制造厂规定）投入备用冷却装置。长期急救周期性负载运行时，平均相对老化率可大于1甚至远大于1。

短期急救负载下运行时，相对老化率远大于1，绕组热点温度可能大到危险程度〔在出现这种情况时，应投入包括备用在内的全部冷却器（制造厂有规定的除外），并尽量减少负载、减少运行时间〕。这种负载允许时间小于整个变压器的热时间常数，并且它也与过负载前的运行温度有关。一般来说，它小于半小时。

当变压器有较严重的缺陷（如冷却系统不正常、严重漏油、有局部过热现象、油中溶解气体分析结果异常等）或绝缘有弱点时，不宜超额定电流运行。

2. 干式电力变压器

根据 GB/T 1094.12—2013《电力变压器 第12部分：干式电力变压器负载导则》，对正常周期性负载，干式电力变压器负载电流不超过1.5倍的额定值。热点温度限制在各自绝缘系统等级所规定的值，见表3-2。

表3-2　干式变压器的温度限值

绝缘系统的温度等级/℃	绕组热点温度/℃	
	额定值	最高允许值
120（E）	110	145
130（B）	120	155
155（F）	145	180
180（H）	170	205

干式电力变压器的正常周期性负载和急救负载的运行要求，应遵守制造厂的规定和相应导则的要求。

第三节　高低压电器概述

电器（apparatus）是器件或多个器件的组合，它能作为实现特定功能的独立单元使用。在供配电系统中使用着各种高低压电器。本章主要介绍各种高低压电器的有关概念，电器的相关技术参数及其选择将在第四章讲述。

一、电器的有关知识

（一）电器的功能及要求

在供配电系统中，电器的主要功能如下。

1）通断：按工作要求来接通（关合）、分断（开断）主电路，如各种高低压断路器、高压负荷开关、低压隔离开关等。

2）保护：对供配电系统进行过电流和过电压等保护，如高低压熔断器、低压断路器、避雷器、保护继电器等。

3）控制：控制电路和控制系统的通断，如接触器、控制继电器、控制开关等。

4）变换：按供配电系统工作的要求来改变电压和电流，如电压互感器、电流互感器等。

5）调节：调节供配电系统的电压和功率因数等参数，如电压调节器、无功功率补偿装置等。

为了保证供配电系统的安全可靠运行，高低压电器应满足的共性要求有：

（1）安全可靠的绝缘　电器应能长期耐受最高工作电压和短时耐受相应的大气过电压和操作过电压。在这些电压的作用下，电器的触头断口间、相间以及导电回路对地之间均不应发生闪络或击穿。表征电器绝缘性能的参数有额定电压、最高工作电压、工频试验电压和冲击试验电压等。

（2）必要的载流能力　电器的载流件应能允许长期通以额定电流，而其各部分的温升不超过标准规定的极限值；同时还应允许短时通过故障电流，既不致因其热效应使温度超过标准规定的极限值，又不致因其电动力效应使之遭到机械损伤。表征电器载流能力的参数有额定电流、额定短时耐受电流（热稳定电流）和额定峰值耐受电流（动稳定电流）等。

（3）较高的通断能力　除高压隔离开关外，一般的开关电器均应能可靠地接通和分断额定电流及一定倍数的过载电流。其中断路器还应能可靠地接通和分断短路电流，有的还要求能满足重合闸的要求。表征电器通断能力的参数有额定开断电流和额定关合电流等。

（4）良好的力学性能　电器触头的断口在分合时应满足同期性的要求，运动部件能经受规定的通断次数而不致发生机械故障或损坏，即具有一定的机械寿命。

（5）必要的电气寿命　开关电器的触头在规定的条件下应能承受规定次数的通断循环而不致损坏，即具有一定的电气寿命。

（6）完善的保护功能　凡保护电器以及具有保护功能的电器，必须能准确地检测出故障状况，及时地作出判断并可靠地且有选择性地切除故障。

随着科学技术的进步，新技术、新材料、新工艺不断出现，高低压电器不断更新换代，目前正向着高性能、高可靠、小型化、模块化和组合化、电子化和智能化方向发展。

（二）开关电器中的电弧

开关电器（switching device）是用于接通或分断一个或多个电路电流的电器。机械式开关电器在利用其触头的位移来开断电路的瞬间，其动静触头间会出现弧光放电——电弧。开断回路的电压越高、开断电流越大，电弧燃烧越强烈。

电弧（electric arc）是一种自持气体导电（gas conduction），其大多数载流子为一次电子发射所产生的电子。触头金属表面因一次电子发射（如热离子发射、场致发射或光电发射）导致电子逸出，间隙中气体原子或分子会因电离（如碰撞电离、光电离和热电离）而产生电子和离子。另外，电子或离子轰击发射表面又会引起二次电子发射。当间隙中离子浓度足够大时，间隙被电击穿（electric breakdown）而发生电弧。当然，气体在发生电离过程的同时，也会因载流子的复合和扩散而伴随着去电离过程。

电弧对电力系统的安全运行有很大的影响。首先，电弧延长了电路开断的时间。如果电弧是短路电流产生的，电弧的存在就意味着短路电流还存在，从而使短路电流危害的时间延长。其次，电弧的高温可能烧损开关触头、烧毁电器、电线电缆，甚至引起火灾和爆炸事故。因此，开关电器在结构设计上要保证其操作时电弧能迅速地熄灭。

由于交流电流每半个周期要经过零值一次，而电流过零时，电弧将暂时熄灭，所以交流电弧每一个周期要暂时熄灭两次。电弧熄灭的瞬间，弧隙温度骤降，热电离中止，去电离（主要为复合）大大增强。这时弧隙虽然仍处于电离状态，但阴极附近空间差不多立刻获得很高的绝缘强度。随后弧隙的电场强度又可能使之再击穿，电弧重燃。但由于触头的迅速断开，电场强度的迅速降低，一般交流电弧经过几次的熄灭、重燃的反复，最终会完全熄灭。

开关电器常用的灭弧方法有：迅速拉长和冷却电弧；利用气体、电磁力等外力吹弧；利用钢栅片将长弧分短灭弧；利用石英砂等狭缝灭弧；采用真空灭弧或六氟化硫（SF_6）气体灭弧等。在现代的开关电器中，常根据具体情况综合运用上述某几种灭弧方法来达到迅速灭弧的目的。

二、高压电器

高压电器（high-voltage apparatus）一般是指用于标称电压在 1kV 以上的电路中起关合、开断、保护、控制、变换和调节作用的电器。

（一）高压断路器

断路器（circuit-breaker）是一种能够关合、承载和开断正常回路电流，并能关合、在规定的时间内承载和开断异常回路条件（如短路电流）下的电流的机械开关设备。高压断路器除具有通断电路功能外，还可在继电保护装置作用下自动跳闸，保护电路。

高压断路器按其采用的灭弧介质分，有油断路器、六氟化硫（SF_6）断路器、真空断路器以及压缩空气断路器等类型。目前 110kV 及以下供配电系统中主要采用真空断路器和六氟化硫断路器。

1. 真空断路器

真空断路器（vacuum circuit-breaker）是指触头在真空中关合、开断的断路器。由于真空中不存在气体电离的问题，所以这种断路器的触头断开时很难发生电弧。但是在感性电路中，灭弧速度过快，瞬间切断电流 i 将使 di/dt 极大，从而使电路出现截流过电压（$u_L = Ldi/dt$），这对电气设备的纵绝缘是不利的。因此，这"真空"（气压为 $10^{-2} \sim 10^{-6} Pa$）不能是绝对的真空，实际上能在触头断开时因高电场发射和热电发射产生一点电弧，这电弧称为"真空电弧"，它能在电流第一次过零时，就因介质强度恢复的速度大于弧隙电压恢复的速度，从而熄灭。这样，燃弧时间既短（至多半个周期），又不致产生很高的过电压。目前，户内真空断路器多采用弹簧操动机构和真空灭弧室部件前后布置组成统一整体的结构形式，以达到小型化、高性能、高可靠的要求。

2. 六氟化硫断路器

六氟化硫断路器（SF$_6$ circuit – breaker）是指触头在 SF$_6$ 气体中关合、开断的断路器。SF$_6$ 气体是无色、无臭、不燃烧的惰性气体，它的比重是空气的 5.1 倍。SF$_6$ 分子有个特殊的性能，它能在电弧间隙的电离气体中吸附自由电子，在分子直径很大的 SF$_6$ 气体中，电子的自由行程是不大的，在同样的电场强度下产生碰撞电离的机会减少了，因此 SF$_6$ 气体有优异的绝缘及灭弧性能，其绝缘强度约为空气的 3 倍，其绝缘强度恢复的速度约比空气快 100 倍。因此，采用 SF$_6$ 作电器的绝缘介质或灭弧介质，既可以大大缩小电器的外形尺寸，减少占地面积，又可利用简单的灭弧结构达到很大的开断能力。此外，电弧在 SF$_6$ 中燃烧时电弧电压特别低，燃弧时间也短，因而 SF$_6$ 断路器每次开断后触头烧损很轻微，不仅适用于频繁操作，同时也延长了检修周期。由于具有这些优点，SF$_6$ 断路器发展很快。

3. 高压断路器的操动机构

操动机构（operating device）是操作开关设备使之合、分的装置。操动机构一般由合闸机构、分闸机构和保持合闸机构三部分组成。操动机构的辅助开关还可以指示开关设备工作状态及实现联锁作用。目前高压断路器的动力操动机构有弹簧操动机构、永磁操动机构和电磁操动机构等。

（二）高压熔断器

熔断器（fuse）是一种当电流超过给定值足够时间时，通过熔化一个或几个特殊设计的组件（即熔体），开断电流以分开其所接入回路的装置。熔断器一词包括了构成完整装置的所有部件，如熔断器动作后需要更换的包含熔体（fuse-element）在内的部件——熔断件（fuse-link）。交流高压熔断器主要用来对交流高压线路和高压电气设备进行短路保护，有的也具有过负荷保护的功能。

熔断器开断故障电流时的整个过程大致可分为三个阶段：

（1）从熔体中出现短路（或过载）电流使熔体熔断　此阶段时间 t_1 与熔体材料、截面积、流经熔体的电流以及熔体的散热情况有关，t_1 长到几小时，短到几毫秒甚至更短。

（2）从熔体熔断到产生电弧　这段时间 t_2 很短，一般在毫秒以下。熔体熔断后，熔体先由固体金属材料熔化为液态金属，接着又汽化为金属蒸气。由于金属蒸气的温度不是太高，电导率远比固体金属材料的电导率低，因此，熔体汽化后的电阻突然增大，电路中的电流被迫突然减小。由于电路中有电感存在，电流突然减小将在电感及熔体两端产生很高的过电压，导致熔体熔断处的间隙击穿，出现电弧。出现电弧后，由于电弧温度高，热电离强烈，维持电弧所需的电弧电压并不太高。$t_1 + t_2$ 称为熔断器的弧前时间（熔化时间）。

（3）从电弧产生到电弧熄灭　此阶段时间 t_3 称为燃弧时间，它与熔断器灭弧装置的原理和结构以及开断电流的大小有关。一般为几十毫秒，短的可到几毫秒。弧前时间与燃弧时间之和称为熔断器的动作时间（全开断时间）。

高压户内熔断器为限流式熔断器（current-limiting fuse），在规定电流范围内且在它的动作期间和动作结束之前，将短路电流限制到远低于预期短路电流峰值，从而使被保护设备或线路免受较大的短路电动力及热效应的影响。某些熔断器的熔断件还装有撞击器或指示装置，用于与负荷开关联动操作或指示熔体状态。

（三）高压隔离开关

隔离开关（switch-disconnector）是一种在分位置时触头间有符合规定要求的绝缘距离和

明显的断开标志，在合位置时能承载正常回路条件下的电流及在规定时间内异常条件（如短路）下的电流的开关设备。

高压隔离开关主要用来隔离高压电源以保证其他设备的安全检修。它没有专门的灭弧装置，因此不允许带负荷操作。但它可以用来通断一定的小电流，如励磁电流不超过2A的空载变压器、电容电流不超过5A的空载线路以及电压互感器和避雷器等电路。

高压隔离开关一般采用手力操动机构，当有遥控操作要求时，也可配置电动操动结构。

（四）高压负荷开关

负荷开关（switch）是一种能够在正常的回路条件或规定的过载条件下关合、承载和开断电流以及在异常的回路条件（如短路）下在规定的时间内承载电流的开关设备。按照需要，负荷开关也可具有关合短路电流的能力。

高压负荷开关的结构按不同灭弧介质可分为压缩空气、有机材料产气、SF_6气体和真空负荷开关四种。高压负荷开关一般采用手力弹簧操动机构，当有遥控操作要求时，也可配置电动弹簧操动结构。

（五）高压负荷开关—熔断器组合电器

组合电器（composite apparatus）是一种将两种或两种以上的高压电器，按电力系统主接线要求组成一个有机的整体而各电器仍保持原规定功能的装置。高压负荷开关—熔断器组合电器（switch-fuse combination）是一种包括一组三极负荷开关及三个带撞击器的熔断器，任何一个撞击器动作，应使负荷开关三极全部自动分闸的组合电器。在此组合电器中，熔断器与负荷开关协调配合，各司其职。装入熔断器提高了组合电器的开断能力。安装撞击器既为了依靠熔断器的动作使三相负荷开关自动分开，又可在故障电流大于最小熔化电流、小于熔断器最小开断电流时正确动作。

高压负荷开关—熔断器组合电器广泛用在环网供电单元、箱式变电站中，其原因有两个：一是结构简单，造价低；二是保护特性好。在配电变电所中，采用高压负荷开关—熔断器组合电器作为中小容量变压器的配电单元也是很好的选择。

（六）高压金属封闭开关设备和控制设备

开关设备和控制设备（switchgear and controlgear）是指开关电器及与其相关的控制、测量、保护、调节设备的组合，以及与这些装置和设备相关的电气连接辅件、外壳和支持件及其内部连接所构成的设备的总称。金属封闭开关设备和控制设备（metal-enclosed switchgear and controlgear）则是除外部连接外，其余完全被封闭在接地金属外壳内的开关设备和控制设备。因其采用柜式结构，故又俗称开关柜。

高压金属封闭开关设备和控制设备按结构型式分为：①铠装式，即主要组成部件（例如断路器、母线、互感器、电缆终端等）分别装在接地的用金属隔板隔开的隔室中；②间隔式，即与铠装式一样，其某些元件也分装于单独的隔室内，但具有一个或多个符合一定防护等级的非金属隔板；③箱式，即具有金属外壳，但间隔的数目少于铠装式和间隔式，隔板防护等级低或无隔板；④充气式（SF_6气体），即金属封闭开关设备的隔室具有可控的、或封闭的、或密封的压力系统来保持气体压力。由于隔室的相间和相对地绝缘采用了SF_6气体（不同于前三者采用的空气绝缘），因而体积大大缩小。由于SF_6气体被列为受限制的六种温室气体之一，近年来又出现了固体绝缘环网柜，即采用硅橡胶绝缘母线、真空开关与高压带电部件采用环氧树脂进行整体浇注，以环氧树脂固封作为带电体对地及相间绝缘。相对于

SF$_6$气体绝缘环网柜，具有不排放任何有毒物质、无漏气爆炸与内部燃弧隐患等优点。

高压金属封闭开关设备和控制设备按高压开关电器安装方式分为：①移开式，即高压开关（如断路器）采用手车结构，手车落地推入柜内或装于开关柜中部（中置式）；②固定式，即高压开关固定安装于柜内。

高压金属封闭开关设备和控制设备的功能单元（单台开关柜）可以完成某一预定的功能，如进线单元、馈线单元、电能计量单元、电压测量单元、母线分段单元、母线隔离单元等。可以根据设计好的电气主接线进行组合装配，构成满足工程需要的高压配电系统。

为防止误操作，保证人员与设备安全，高压金属封闭开关设备和控制设备还设置了可靠的机械联锁装置，并可根据需要装设电气联锁，从而具备五防功能：①防止误拉、合断路器；②防止带负荷拉、合隔离开关；③防止带接地开关（或接地线）送电；④防止带电关合接地开关（或接地线）；⑤防止人员误入带电间隔。

（七）气体绝缘金属封闭开关设备

气体绝缘金属封闭开关设备（Gas Insulated metal-enclosed Switchgear, GIS）是一种至少有一部分采用高于大气压的气体（如 SF$_6$ 气体）作为绝缘介质的金属封闭开关设备。它通常将断路器、隔离开关、接地开关、电流和电压互感器、避雷器和连接母线等封闭在充以 SF$_6$ 气体的金属壳体内，构成组合电器。由于它既封闭又组合，故占地面积小，占用空间少，不受外界环境条件的影响，不产生噪声和无线电干扰，运行安全可靠且维护工作量少，目前主要用于 66kV 及以上系统中。

三、互感器

互感器（instrument transformer）是一种旨在向测量仪器、仪表和保护或控制装置或者类似电器传递信息信号的变压器或装置。互感器的功能有两个：一是将二次电路及设备与高压一次电路隔离，保障了二次设备与人身安全；二是将任意高的电压变换成标准的低电压（如电压互感器）或将任意大的电流变换成标准的小电流（如电流互感器），以使二次侧的测量仪器、仪表、继电器等标准化。

（一）电流互感器

电流互感器（Current Transformer, CT）是一种在正常使用条件下其二次电流与一次电流实际成正比且在连接方法正确时其相位差接近于零的互感器。

电流互感器的结构特点是：一次绕组匝数很少（有的利用一次导体穿过其铁心，只有一匝），导体相当粗；而二次绕组匝数很多，导体较细。它接入电路的方式是：其一次绕组串联接入一次电路；而其二次绕组则与仪表、继电器等的电流线圈串联，形成一个闭合回路。由于二次仪表、继电器等的电流线圈阻抗很小，所以电流互感器工作时二次回路接近于短路状态。根据电磁感应原理，电流互感器一次、二次绕组电流之比与其绕组匝数之比成反比。二次绕组的额定电流一般为 5A（或 1A）。

电流互感器一次绕组的匝数有单匝式（包括母线式、心柱式、套管式）和多匝式（包括线圈式、线环式、串级式）。电流互感器的用途有测量用和保护用两种。测量用电流互感器的标准准确级为 0.1、0.2（0.2S）、0.5（0.5S）、1、3 和 5，110kV 及以下系统保护用电流互感器的标准准确级为 5P 和 10P。

高压电流互感器一般制成两个铁心和两个或多个二次绕组，其中准确级低的二次绕组接保护装置，其铁心不应饱和，使二次电流能成比例增长，以适应保护灵敏度的要求。准确级高的二次绕组接测量（计量）仪表，其铁心易饱和，使仪表受短路电流的冲击小。

电流互感器在工作时其二次侧不得开路，否则：①铁心过热，有可能烧毁互感器，并且产生剩磁，大大降低准确度。②在二次侧感应出危险的高电压，危及设备和调试人员的安全。另外，互感器的二次侧有一端必须接地；在接线时，还应保证其端子的极性正确。

（二）电压互感器

电压互感器（Voltage Transformer，VT）是一种在正常使用条件下其二次电压与一次电压实际成正比、且在连接方法正确时其相位差接近于零的互感器。常用的有电磁式电压互感器、电容式电压互感器等。

电磁式电压互感器（inductive voltage transformer）的结构特点是：一次绕组匝数很多，而二次绕组匝数较少，相当于降压变压器。它接入电路的方式是：其一次绕组并联在一次电路中；二绕组则并联仪表、继电器的电压线圈。由于二次仪表、继电器等的电压线圈阻抗很大，所以电压互感器工作时二次回路接近于空载状态。根据电磁感应原理，电压互感器一次、二次绕组电压之比与其绕组匝数之比成正比。二次绕组的额定电压一般为 100V 或 100/$\sqrt{3}$V。

电容式电压互感器（capacitor voltage transformer）是一种由电容分压器和电磁单元组成的电压互感器，多用于 110kV 及以上电力系统中。

电磁式电压互感器广泛采用环氧树脂浇注绝缘的干式结构。其相数有单相式和三相式；其绕组数量有双绕组和多绕组等；测量用电压互感器的标准准确级为 0.1、0.2、0.5、1 和 3，保护用电压互感器的标准准确级为 3P 和 6P。

电压互感器在工作时其二次侧不能短路，否则会发生短路烧毁互感器，或影响一次电路的正常运行。另外，互感器的二次侧有一端必须接地；在接线时，还应保证其端子的极性正确。

（三）电子式互感器简介

常规的电磁互感器在运行中暴露出一系列缺点：如互感器的绝缘结构复杂、体积大、造价高，电磁式互感器所固有的磁饱和、铁磁谐振、动态范围小等，已难以满足目前电力系统对设备小型化和在线检测、高准确度故障诊断、数字传输等的要求。因此，国内外都在研制新型电子式互感器（electronic instrument transformer），并取得了较大进展。

电子式互感器由连接到传输系统和二次转换器的一个或多个电流或电压互感器组成，用于传输正比于被测量的量，以供给测量仪器、仪表和继电保护或控制装置。如适用于超高压系统的采用光—电变换或磁—光变换原理的光传感器，它具有抗电磁干扰、不饱和、测量范围大、体积小、质量小及便于数字传输等优点，现已开始进入商业运行。另外，还有适用于 GIS 和开关柜用的新型互感器，如无铁心的空心线圈（罗戈夫斯基线圈）电流互感器、带铁心的低功率电流互感器、电阻分压或阻容分压的电压互感器等。这些互感器与常规互感器较近似，又称半常规互感器。它们体积小、质量小、暂态响应和运行性能好，可靠性高，已开始在新型中低压开关柜或 GIS 中使用。

四、低压电器

低压电器（low-voltage apparatus）是指用于标称电压不超过 1000V 的交流工频电路或标称电压不超过 1500V 的直流电路中起通断、保护、控制、转换和调节作用的电器。

（一）低压断路器

（机械式的）断路器［circuit-breaker（mechanical）］是一种能接通、承载以及分断正常电路条件下的电流，也能在所规定的非正常条件下（例如短路条件下）接通、承载一定时间和分断电流的一种机械开关电器。低压断路器用来对低压电路进行正常通断，并可在其本体内安装的各种脱扣器或控制器的作用下自动跳闸，保护电路。

低压断路器按安装方式分有固定式、插入式和抽屉式；按用途分有配电用、电动机保护用、照明用和剩余电流保护用断路器。配电用低压断路器常用的有空气式、塑料外壳式和微型断路器等。

1. 空气式断路器

空气式断路器（Air Circuit-Breaker，ACB）是指触头在大气压力的空气中断开和闭合的断路器。通常以具有绝缘衬垫的框架结构底座将所有构件组成一个整体，并具有多种结构变化方式、用途，所以又称框架式（万能式）断路器（conventional circuit-breaker）。空气式断路器通常采用电动弹簧储能操作机构。空气式断路器主要安装在低压配电柜中作为进线开关、母联开关和大电流出线开关，用于通断和保护低压配电回路。

2. 塑料外壳式断路器

塑料外壳式断路器（Moulded Case Circuit-Breaker，MCCB）是指具有一个用模压绝缘材料制成的外壳作为断路器整体部件的断路器，又称塑壳式断路器。在壳盖中央有一个操作手柄，该操作手柄可以直接操作，也可配以手力操作机构或电动操作机构。塑料外壳式断路器通常装设在低压配电装置之中，作为配电线路或电动机回路的通断与保护开关。

3. 微型断路器

微型断路器（Micro Circuit-Breaker，MCB）是用来作为住宅及其类似建筑物内的、供非熟练人员使用的断路器。其结构适用于非熟练人员使用，且不能自行维修，整定电流不能自行调节。微型断路器大量应用于配电线路末端，对有关电路和用电设备进行配电、控制和保护等。

有些低压断路器设计成限流断路器（current-limiting circuit-breaker），利用短路电流电动拆力使其动、静触头快速分开，利用钢制灭弧栅片增加其电弧阻抗来降低短路电流峰值并迅速熄灭电弧。限流断路器的分断时间只有几毫秒，时间短得足以阻止短路电流达到预期短路电流峰值（所需时间为10ms）。利用限流断路器可降低预期短路电流对低压配电线路、设备和断路器本身的危害。

（二）低压熔断器

低压熔断器（fuse）是一种当电流超过规定值足够长的时间后，通过熔断一个或几个特殊设计的相应的部件（即熔体），断开其所接入的电路并分断电源的电器。熔断器包括组成完整电器的所有部件。熔断体（fuse-link）是带有熔体的熔断器部件，在熔断器熔断后可以更换。低压熔断体具有限流作用，按分断能力范围可分为以下两类。

（1）"g"熔断体（全范围分断能力熔断体）　"g"熔断体指在规定条件下，能分断使熔体熔化的电流至额定分断能力之间的所有电流的限流熔断体；主要用作配电线路的短路保护和过负载保护。

（2）"a"熔断体（部分范围分断能力熔断体）　"a"熔断体指在规定条件下，能分断示于熔断体熔断时间—电流特性曲线上的最小电流至额定分断能力之间的所有电流的限流熔断体，通常作电动机和电容器等设备的短路保护。由于低倍过负载不能使这种熔断体熔断，故还需另外配置热继电器等过负载保护元件。

低压熔断器按结构型式分为：①刀形触头熔断器；②螺栓连接式熔断器；③螺旋式熔断器；④圆筒帽式熔断器等。

（三）低压开关、隔离器、隔离开关和熔断器组合电器

（机械式的）**开关** ［switch（mechanical）］是一种在正常电路条件下（包括规定的过载工作条件），能够接通、承载和分断电流，并在规定的非正常电路条件下（例如短路），能在规定时间内承载电流的机械开关电器。开关可以接通但不能分断短路电流。

隔离器（disconnector）是一种在断开状态下能符合规定的隔离功能要求的机械开关电器。隔离功能要求是指满足距离、泄漏电流的要求，以及具有断开位置指示可靠性和加锁等附加要求。隔离电器用来隔离低压电源，以便安全维护、测试和检修设备。可用作隔离电器的电器有：单极或多极隔离器、隔离开关或隔离插头；插头与插座；连接片；不需要拆除导线的特殊端子；熔断器；具有隔离功能的断路器等。

隔离开关（switch-disconnector）是一种在断开状态下能符合隔离器的隔离要求的开关，具有开关和隔离电器的功能。

熔断器组合电器（fuse-combination unit）是一种由制造厂或按其说明书将机械开关电器与一个或数个熔断器组装在同一个单元内的组合电器。包括：开关熔断器组（开关的一极或多极与熔断器串联构成的组合电器）；熔断器式开关（用熔断体或带有熔断体载熔件作为动触头的一种开关）；隔离器熔断器组（隔离器的一极或多极与熔断器串联构成的组合电器）；熔断器式隔离器（用熔断体或带有熔断体的载熔件作为动触头的一种隔离器）；隔离开关熔断器组（隔离开关的一极或多极与熔断器串联构成的组合电器）；熔断器式隔离开关（用熔断体或带有熔断体的载熔件作为动触头的一种隔离开关）。

（四）自动转换开关电器

自动转换开关电器（Automatic Transfer Switching Equipment，ATSE）是一种用一个（或几个）转换开关电器和其他必需的电器组成，用于监测电源电路，并将一个或几个负载电路从一个电源自动转换至另一个电源的电器。

自动转换开关电器按功能分为：①PC级，能够接通、承载，但不用于分断短路电流；②CB级，配备过电流脱扣器，它的主触头能够接通并用于分断短路电流。

（五）接触器

接触器（contactor）有机电式接触器和半导体接触器两大类。广泛用于需频繁操作的电动机、电容器、道路照明等主电路和较大容量的控制电路中。

（机械式的）接触器是仅有一个休止位置，能接通、承载和分断正常电路条件（包括过载运行条件）下的电流的一种非手动操作的机械开关电器。机电式接触器按执行部件驱动力分有电磁接触器、气动接触器、电气气动接触器等。

半导体接触器是依靠改变电路的导通状态和截止状态而完成电气操作的接触器。主要利用半导体器件（晶闸管）的可控导电性能来完成接触器的功能。半导体接触器可以实现电路接通、分断时刻的准确控制，可以消除接触器在接通、分断电路时产生的涌流和电弧。

（六）低压成套开关设备和控制设备

低压成套开关设备和控制设备（low-voltage switchgear and controlgear assembly）是由一

个或多个低压开关器件和与之相关的控制、测量、信号、保护、调节等设备，以及所有内部的电气和机械的连接及结构部件构成的组合体。

低压成套开关设备按用途分类，有低压配电柜（屏）、动力配电（控制）箱、照明配电箱、住宅楼层配电（计量）箱、户用电表箱等。按开关（断路器）安装方式分为：①固定式，结构简单、价格便宜，但故障维修时容易影响其他回路；②抽屉式，操作安全、易于检修及维护，可以缩短停电时间；③插拔式，仅主要元件（断路器）采用抽出式或插入式安装，其他元器件固定安装；④组合式，采用抽屉、插拔组合的形式，小开关用抽屉式、大开关用插拔式。

第四节　变配电所的电气主接线

一、电气主接线的基本形式

变配电所的电气主接线（main electrical connection）是以电源进线和引出线为基本环节，以母线为中间环节构成的电能输配电路。其基本形式按有无母线通常分为有母线接线和无母线接线两大类。

（一）有母线接线

母线（busbar）是大电流低阻抗导体，可以在其上分开的各点接入若干个电路。母线在配电装置中起着汇集电流和分配电流的作用，又称汇流排。在用户变配电所中，有母线的主接线按母线设置的不同，又有单母线接线、分段单母线接线和双母线接线等几种形式。

1. 单母线接线

典型的单母线接线（single-bus configuration）如图 3-2 所示。图 3-2a 为一路电源进线的情况，图 3-2b 为两路电源进线一用一备（又称明备用）的情况。在这种接线中，所有电源进线和引出线都连接于同一组母线上。为便于投入与切除，每路进出线上都装有断路器并配

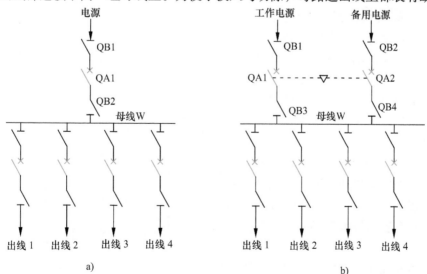

图 3-2　单母线接线

a）一路电源进线　b）两路电源进线

置继电保护装置，以便在线路或设备发生故障时自动跳闸。而且为便于设备与线路的安全检修，紧靠母线处都装有隔离开关。高压系统中的隔离开关与断路器必须实行操作联锁，以保证隔离开关"先通后断"，不带负荷操作。图 3-2b 采用两路电源进线，可以提高供电可靠性，但两个进线断路器必须实行操作联锁，只有在工作电源进线断路器 QA1 断开后，备用电源进线断路器 QA2 才能接通，以保证两路电源不并列运行。

单母线接线的优点是简单、清晰、设备少、运行操作方便且有利于扩建，但可靠性与灵活性不高（如母线故障或检修，会造成全部出线停电）。单母线接线适用于出线回路少的小型变配电所，一般供三级负荷，两路电源进线的单母线可供二级负荷。

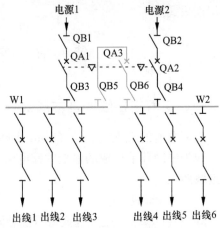

2. 分段单母线接线

当出线回路数较多且有两路电源进线时，可用断路器将母线分段，成为分段单母线接线（sectionalized single-bus configuration），如图 3-3 所示，QA3 为母线分段断路器。母线分段后，可提高供电的可靠性和灵活性。在正常工作时，分段断路器可接通也可断开运行。两路电源进线一用一备时，分段断路器接通运行，此时，任一段母线故障，分段断路器与故障段进线断路器便在继电保护装置作用下自动断开，将故障段母线切除后，非故障段母线便可

图 3-3　分段单母线接线

继续工作。而当两路电源同时工作互为备用（又称暗备用）时，分段断路器则断开运行，此时，任一电源（如电源 1）故障，电源进线断路器（QA1）自动断开，分段断路器 QA3 可自动投入，保证给全部出线或重要负荷继续供电。

如将图 3-3 接线中的母线分段断路器 QA3 及其两侧隔离开关取消，则构成不联络的分段单母线接线，两段母线各自独立运行。

分段单母线接线保留了单母线接线的优点，又在一定程度上克服了它的缺点，如缩小了母线故障的影响范围，分别从两段母线上引出两路出线可保证对一、二级负荷的供电等。

当变配电所具有三个及以上电源时，可采用多分段的单母线接线。

3. 双母线接线

双母线接线（double-bus configuration）是针对单母线分段接线母线故障造成部分出线停电的缺点而提出的。典型的双母线接线如图 3-4 所示。双母线接线与单母线接线相比，从结构上而言多设置了一组母线，同时每个回路经断路器和两组隔离开关分别接到两组母线 W1、W2 上，两组母线之间可通过母线联络断路器 QA3 连接起来。正常工作时一组母线工作（如

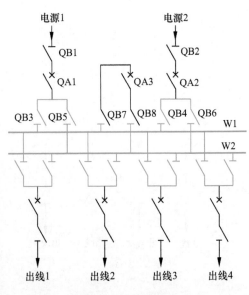

图 3-4　双母线接线

W1)，另一组母线备用（如 W2），各回路中连接在工作母线上的隔离开关接通，而连接在备用母线上的隔离开关均断开。若 W1 故障或检修，可通过倒闸操作（即运行中变更主接线方式的操作），将所有出线转移到 W2 上来，从而保证所有出线的供电可靠性。

双母线接线的优点是可靠性高、运行灵活、扩建方便，缺点是设备多、操作繁琐、造价高。一般仅用于有大量一、二级负荷的大型变电所。如 35～66kV 线路为 8 回及以上时，可采用双母线接线。110kV 线路为 6 回及以上时，宜采用双母线接线。

（二）无母线的主接线

无母线主接线的特点是：在电源与出线或变压器之间没有母线连接。在电力系统终端变电所和用户变电所中，无母线的主接线有线路—变压器组单元接线和桥式接线两种常见形式。

1. 线路—变压器组单元接线

图 3-5 为线路—变压器组单元接线（line-transformer unit configuration）的几种典型形式。其特点是接线简单，设备少、经济性好、适于一路电源进线且只有一台主变压器的小型变电所。

图 3-5a 中，在变压器高压侧设置断路器和隔离开关，当变压器故障时，继电保护装置动作于断路器 QA 跳闸。采用断路器操作简便，故障后恢复供电快，易与上级保护相配合，易实现自动化。

图 3-5b 与图 3-5a 的区别在于，采用负荷开关—熔断器组合电器代替价格较高的断路器，变压器的短路保护则由熔断器实现。为避免因熔断器一相熔断造成变压器断相运行，熔断器配有熔断撞针，可作用于负荷开关跳闸。负荷开关除用于变压器的投入与切除外，还可用来隔离高压电

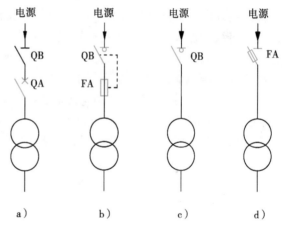

图 3-5　线路—变压器组单元接线

源，以便变压器的安全检修。所接变压器容量，对干式变压器不大于 1250kV·A，对油浸式变压器不大于 630kV·A。

图 3-5c 中变压器的高压侧仅设置负荷开关，而未设保护装置。这种接线仅适于距上级变配电所较近的车间变电所采用，此时，变压器的保护必须依靠安装在线路首端的保护装置来完成。当变压器容量较小时，负荷开关也可采用隔离开关代替，但需注意的是，隔离开关只能用来切除空载运行的变压器。

图 3-5d 是户外杆上变电台的典型接线形式，电源线路架空敷设，小容量变压器安装在电杆上，户外跌落式熔断器 FA 作为变压器的短路保护，也可用来切除空载运行的变压器。这种接线简单经济，但可靠性差。随着城市电网改造和城市美化的需要，架空线改为电缆线，户外杆上变电台逐步被预装式变电站或组合式变压器所取代。

线路—变压器组单元接线可靠性不高，只可供三级负荷。采用环网电源供电时，可靠性相应提高，可供少量二级负荷。

当有两路电源进线和两台主变压器时，变压器一次侧可采用双回线路—变压器组单元接

线，再配以变压器二次侧的单母线分段接线，则可靠性大大提高，如图 3-6 所示。正常运行时，两路电源及主变压器同时工作，变压器二次侧母联断路器 QA3 断开运行。一旦任一主变压器或任一电源进线故障或检修时，主变压器两侧断路器就在继电保护装置的作用下自动断开，变压器二次侧母联断路器 QA3 自动投入，即可恢复整个变电所的供电。双回线路—变压器组单元接线可供一、二级负荷。35～110kV 变电所在其进线为两回及以下时，宜采用线路—变压器组单元接线。

双回线路—变压器组单元接线的缺点是某回路电源线路或变压器任一元件发生故障，则该回路中另一元件也不能投入工作，即故障情况下，设备得不到充分利用。采用桥式接线可弥补这一缺陷。

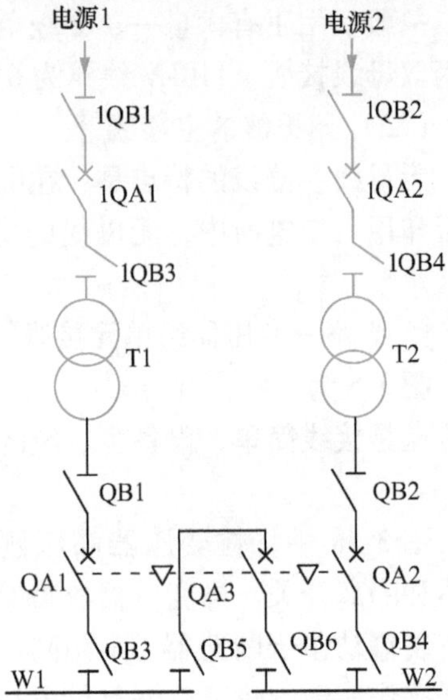

2. 桥式接线

桥式接线（bridge-scheme configuration）分内桥和外桥两种，如图 3-7 所示。其共同特点是在两台变压器一次侧进线处用一个桥路断路器 QA3 将两回进线相连，桥路连在进线断路器之下靠近变压器侧称为内桥，连在进线断路器之上靠近电源线路侧称为外桥。两种桥式接线都能实现电源线路和变压器的充分利用，如变压器 T1 故障，可以将 T1 切除，由电源 1 和电源 2 并列

图 3-6 双回线路—变压器组单元接线

（满足并列运行条件时）给 T2 供电以减少电源线路中的能耗和电压损失；若电源 1 线路故障，可以将电源 1 切除，由电源 2 同时给变压器 T1 和 T2 供电，以充分利用变压器并减少其能耗。

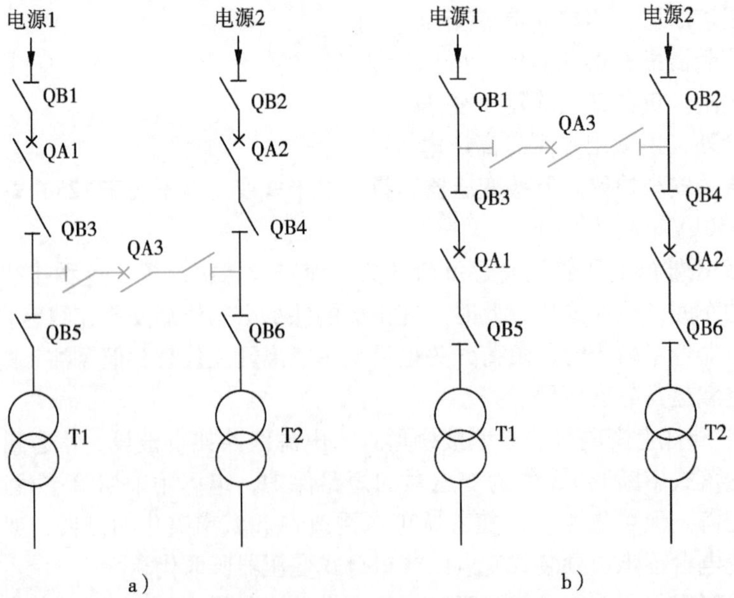

a)   b)

图 3-7 桥式接线
a) 内桥 b) 外桥

内桥接线的运行特点是：电源线路投入和切除时操作简便，变压器故障时操作较复杂。当电源 1 线路故障或检修时，先将进线 QA1 和 QB3 断开，然后将桥路断路器 QA3 接通（QA3 两侧隔离开关先接通）即可恢复对变压器 T1 的供电。但当变压器 T1 故障时，则需先将 QA1 和 QA3 断开，未故障电源 1 供电受到影响，断开 QB5 后，再接通 QA1 和 QA3，方可恢复电源 1 的供电。正常运行时的切换操作也是如此。所以，内桥接线适于电源线路较长、变压器不需经常切换操作的情况。

外桥接线的运行特点正好和内桥接线相反，电源线路投入和切除时操作较复杂，变压器故障时操作简便。如变压器故障时仅其两侧断路器自动跳闸即可，不影响电源线路的继续运行。所以，外桥接线适于电源线路较短、变压器需经常切换操作的情况。当系统中有穿越功率通过变电所高压侧时或两回电源线路接入环形电网时，也可采用外桥接线。

桥式接线接线简单，使用设备少（相对于分段单母线接线少用两台断路器），造价低，有一定的可靠性与灵活性，易发展。因此，35～110kV 变电所在其电源进线为两回及以下，具有两台主变压器时，宜采用桥式接线。当变电所具有三台主变压器时，可采用具有两个桥路的扩大桥式接线。

二、变配电所电气主接线示例

（一）变配电所电气主接线的设计与绘制

1. 电气主接线的设计

变配电所电气主接线设计是供配电工程设计中一项最重要的内容，必须依据供电电源情况、生产要求、负荷性质、用电容量和运行方式等条件综合确定，在满足安全可靠和灵活方便的前提下，做到经济合理；必须遵守现行国家标准 GB 50053—2013《20kV 及以下变电所设计规范》、GB 50059—2011《35kV～110kV 变电站设计规范》和电力行业的有关管理规定。电气主接线设计采用的电气设备，应符合国家或行业的产品技术标准，并应优先选用技术先进、经济适用和节能的成套设备和定型产品，不得采用淘汰产品。

变配电所电气主接线设计内容繁杂，为保证设计的有条不紊和方案的科学合理，一般应遵循下列步骤：

1）根据已知条件确定供电电源电压及其进线回路数。

2）根据负荷大小与性质选择主变压器的台数、容量及结构型式。

3）拟定可能采用的主接线形式。

4）考虑所用电与操作电源的取得。

5）由公用电网供电还需确定电能计量方式。

6）确定对负荷的配电方式和无功补偿方式。

7）选择高低压开关电器。

8）通过各方案的技术经济比较，确定最终方案。

9）确定相应的配电装置布置方案。

2. 电气主接线图的绘制

变配电所主接线中的各进线、出线、测量（计量）、无功补偿等开关设备及其连接关系，通常做成标准高压开关柜和低压配电屏以供选用，因而主接线图的绘制应与柜、屏的实际布局相对应。绘制主接线图时，所有电气设备符号均表示处于不带电状态。

通常，变电所主接线图按主变压器的一次侧与二次侧分别绘制，当主接线较为简单或在方案设计阶段时，也可绘制在一起。

（二）20kV 及以下变电所电气主接线示例

1. 一路外供电源、装有一台变压器的 10kV 变电所

典型电气主接线如图 3-8 所示，变压器一次侧采用线路—变压器组单元接线，二次侧采用单母线接线。

该方案变压器一次侧电气系统由 4 个功能单元柜（采用固定式开关柜）组合而成。按规定，在高压侧设有电能计量柜并设置在电源进线主开关之前（也可设置在电源进线主开关之后，按当地供电部门的要求定），计量柜中设有专用的、准确级为 0.2s 级的电流互感器与 0.2 级的电压互感器，且不得与保护、测量回路共用。变压器的控制及保护采用负荷开关—熔断器组合电器，而未采用高压断路器，以降低投资和简化二次接线。为测量高压侧电压和提供交流操作电源，高压侧还设置了电压测量柜。10kV 及以下变电所一般不设所用变压器，所用电（指变电所工作照明与检修用电、应急照明和操作电源用电等）电源直接由主变压器低压侧取得。

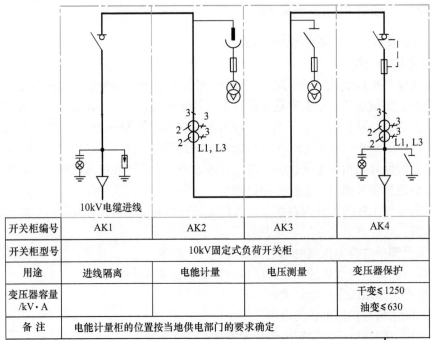

开关柜编号	AK1	AK2	AK3	AK4
开关柜型号	10kV固定式负荷开关柜			
用途	进线隔离	电能计量	电压测量	变压器保护
变压器容量 /kV·A				干变≤1250 油变≤630
备注	电能计量柜的位置按当地供电部门的要求确定			

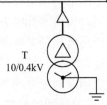

a)

图 3-8　10kV 变电所电气主接线示例（一）

a）变压器一次侧电气主接线

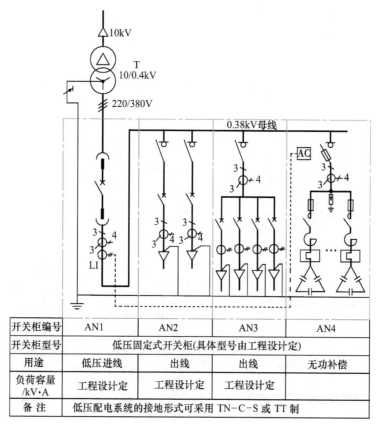

开关柜编号	AN1	AN2	AN3	AN4
开关柜型号	低压固定式开关柜(具体型号由工程设计定)			
用途	低压进线	出线	出线	无功补偿
负荷容量/kV·A	工程设计定	工程设计定	工程设计定	
备注	低压配电系统的接地形式可采用 TN-C-S 或 TT 制			

b)

图 3-8 10kV 变电所电气主接线示例 (一) (续)

b) 变压器二次侧电气主接线

注：图中两相或三相电流互感器的接线画法按建筑电气制图标准符号绘制。

变压器二次侧电气系统也由 4 个功能单元柜（采用固定式开关柜）组合而成。该变电所负荷采用了低压集中补偿方式，选用低压成套三相共补无功自动补偿装置，无功自动补偿控制器电流采样用电流互感器安装在低压进线柜中。低压进线总开关和低压出线开关均采用低压断路器（注：出线开关也可采用熔断器式开关组合电器）。

限于篇幅，图 3-8 中未注明高低压电器的型号规格。若变压器容量在 400kV·A 及以下时，高压接线还可进一步简化，如将电能计量柜设置在变压器低压侧，取消电压测量柜等。

2. 一路外供电源、装有两台变压器的 10kV 变电所

典型电气主接线如图 3-9 所示，变压器一次侧采用单母线接线，二次侧采用分段单母线接线。

该方案高压开关柜采用中置式手车柜（共 5 个功能单元柜），其手车触头起到隔离作用，柜内配置真空断路器作为开关电器。为测量高压侧电压和提供交流操作电源而设置的电压互感器，安装于进线主开关柜体内，放置在进线断路器之前，以便在操作进线断路器时就提供操作电源（当变电所采用直流操作电源时，也可在进线开关柜之后高压母线上设置 1 台电压互感器+避雷器柜）。高压电能计量柜的设置及要求、所用电取得等同图 3-8 给出的方案。

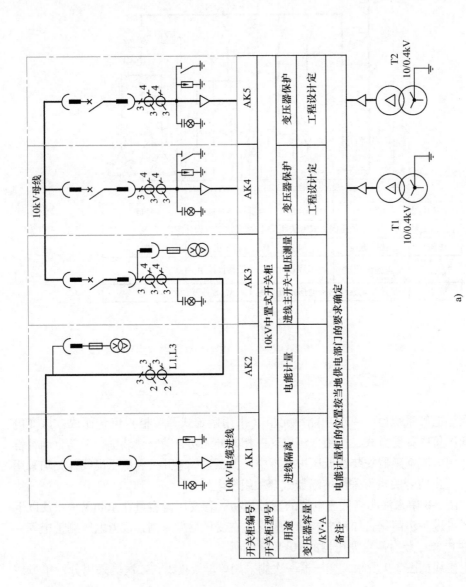

开关柜编号	AK1	AK2	AK3	AK4	AK5
开关柜型号			10kV中置式开关柜		
用途	进线隔离	电能计量	进线主开关+电压测量	变压器保护	变压器保护
变压器容量 /kV·A				工程设计定	工程设计定
备注	电能计量柜的位置按当地供电部门的要求确定				

a)

图 3-9　10kV 变电所电气主接线示例（二）

a）变压器一次侧电气主接线

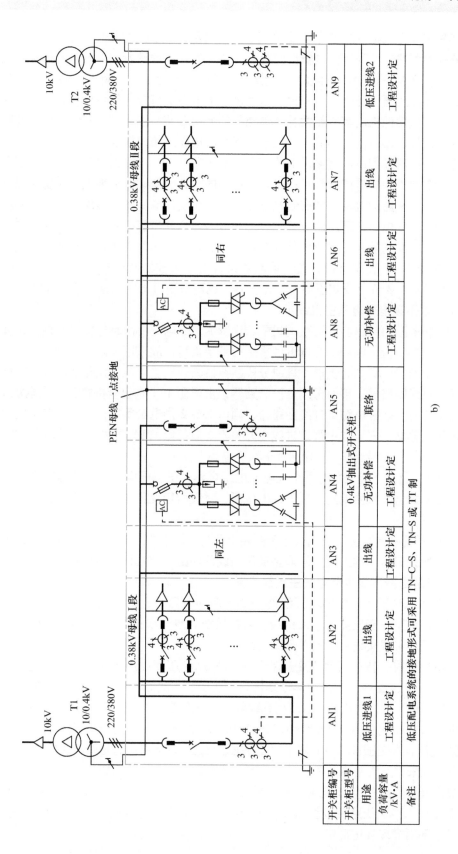

图 3-9 10kV 变电所电气主接线示例（二）（续）
b) 变压器二次侧电气主接线

　　低压配电屏采用抽出式柜（共 9 个功能单元柜），其插接头可起到隔离作用，柜内配置空气式或塑料外壳式断路器作为开关电器。两台变压器互为备用运行方式，正常运行时，低压母联断路器断开；当有一台变压器故障或因负荷较轻而退出运行时，断开其两侧的断路器，将低压母联断路器接通，此时由另一台变压器供电给重要负荷或全部轻负荷。所不同的是，本方案无功补偿选用低压成套三相共补 + 单相分补无功自动补偿装置，安装在低压进线柜中的无功自动补偿控制器电流采样需用 3 只电流互感器接成三相式接线。

　　由用户总降压变电所或配电所直接供电的配电变电所的电气主接线相对简单：一是不由公共电网供电，不需装设高压电能计量柜；二是高压侧的开关电器、保护装置和测量仪表等一般都安装在高压配电线路的首端，即安装在总降压变电所或配电所的高压配电室内。采用高压放射式供电的配电变电所，高压侧电气主接线一般为线路变压器组接线，变压器一次侧一般只装设安全检修需要的隔离开关或负荷开关，参见图 3-5c。采用高压树干式或环式供电的配电变电所，高压侧一般装设负荷开关—熔断器组合电器来控制和保护变压器，参见图 3-5b。当配电变电所有重要负荷或变压器台数较多时，也可采用单母线或分段单母线接线。

（三）20kV 及以下配电所电气主接线示例

　　以两路 10kV 外供电源的配电所为例。如图 3-10 所示，配电所由两路外供电源供电，其中电源 1 容量可供全部负荷，电源 2 容量可供重要的一半负荷，故采用分段单母线接线。正常运行时，配电所由两路电源同时供电，母线分段断路器断开；当电源 2 线路故障或停电检修时，断开电源 2 进线断路器，接通母线分段断路器，由电源 1 供电给全部负荷；当电源 1 线路故障或停电检修时，断开电源 1 进线断路器，则由电源 2 供电给重要负荷；为监视电源电压而设置的电压互感器，安装在中置式进线主开关柜之后每段 10kV 母线上。图 3-10 中高压出线为 8 路（由具体工程设计定），分别接于两段母线上。

　　通常，用户 20kV 及以下配电所与某个配电变电所合建，所以配电所的所用电电源由变电所主变压器低压侧提供。重要或规模较大的配电所，宜设所用变压器，设置双回路所用电源并能自动切换。

　　图 3-10 所示的分段单母线接线图也可用于两路 10kV 外供电源、安装有 2 台及以上配电变压器的重要变电所，只需根据工程实际调整高压出线的回路名称及回路数即可。

（四）35～110kV 总降压变电所电气主接线示例

　　用户 35～110kV 总降压变电所的电源线路一般为两回及以下，电气主接线常见形式为主变压器一次侧采用线路—变压器组单元接线、内桥接线、单母线接线或分段单母线接线，主变压器二次侧采用单母线接线或分段单母线接线。

　　以一回架空电源进线、装有两台主变压器的 110kV 总降压变电所为例，其典型电气主接线如图 3-11 所示，变压器一次侧采用单母线接线，变压器二次侧采用分段单母线接线。

　　主变压器选用 110kV 低损耗双绕组自冷型有载调压油浸式变压器，安装于户外。变压器联结组标号为 YNd11，电压比为 （110 ± 8 × 1.25%)/10.5kV，正常方式为分列运行，以限制 10kV 线路的短路电流。主变压器 110kV 侧中性点根据系统运行的需要决定是否直接接地。

　　110kV 配电装置采用空气绝缘开关设备（AIS）户外布置，主开关为瓷柱式 SF_6 断路器，为安全检修，隔离开关还配置有双接地开关或单接地开关。除在 110kV 母线上设置了电压互感器外，是否还在 110kV 线路侧设置电压互感器用于对用户的电能计量，可根据工程具体情况和当地供电部门管理规定而定。

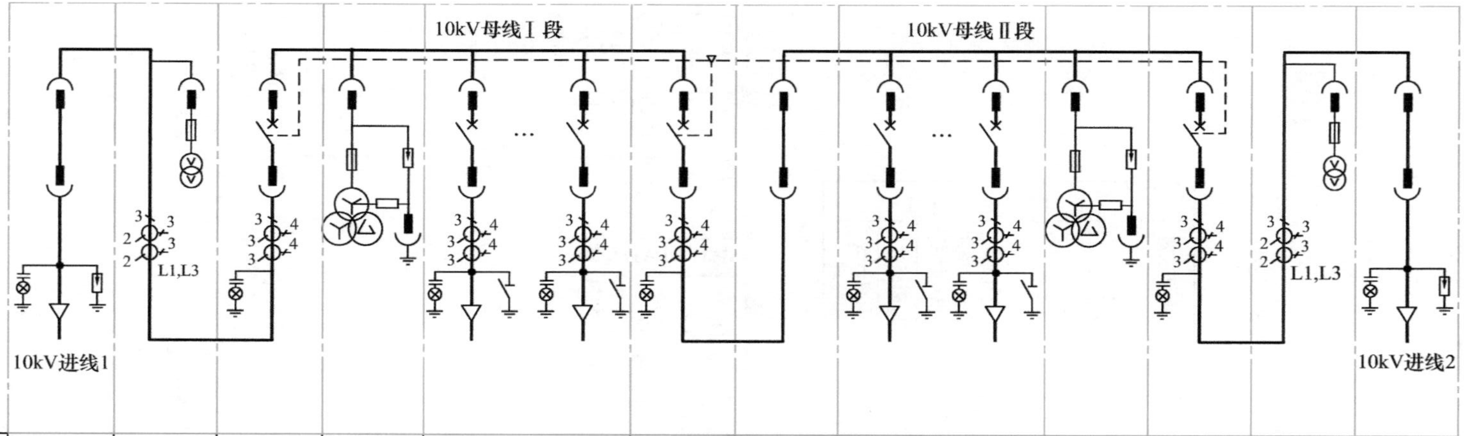

开关柜编号	AK1	AK2	AK3	AK4	AK5～AK8	AK9	AK10	AK11～AK14	AK15	AK16	AK17	AK18
开关柜型号	10kV中置式开关柜											
用途	进线1隔离	电能计量	进线主开关	电压测量	高压出线1～4	分段	隔离	高压出线5～8	电压测量	进线主开关	电能计量	进线2隔离
负荷容量/kV·A					工程设计定			工程设计定				
备注	电能计量柜的位置按当地供电部门的要求确定											

图 3-10 10kV 配电所电气主接线示例

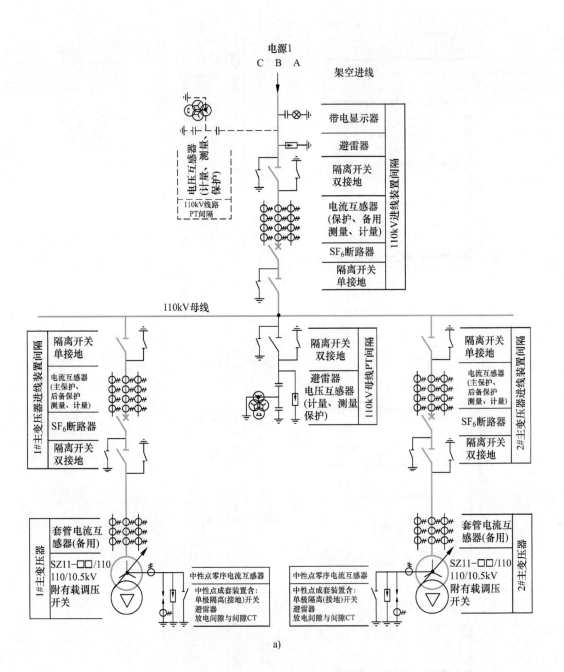

图 3-11　110kV 变电所电气主接线示例

a）主变压器一次侧电气主接线

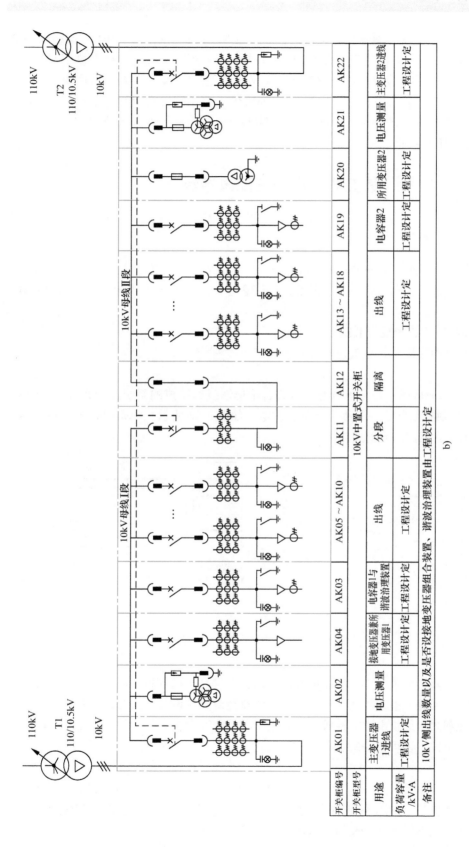

图 3-11　110kV 变电所电气主接线示例（续）

b）主变压器二次侧电气主接线

注：图中三相电流互感器的接线画法沿用电力行业标准符号绘制。

开关柜编号	AK01	AK02	AK04	AK03	AK05～AK10	AK11	AK12	AK13～AK18	AK19	AK20	AK21	AK22
开关柜型号							10kV中置式开关柜					
用途	主变压器1进线	电压测量	接地变压器兼所用变压器1	电容器1与谐波治理装置	出线	分段	隔离	出线	电容器2	所用变压器2	电压测量	主变压器2进线
负荷容量/kV·A	工程设计定		工程设计定	工程设计定	工程设计定			工程设计定	工程设计定	工程设计定		工程设计定
备注	10kV侧出线数量以及是否设接地变压器组合装置、谐波治理装置由工程设计定											

10kV 采用户内中置式金属封闭开关柜，主开关柜内配置真空断路器。10kV 馈线采用电缆线路，具体数量由工程设计确定。设 10kV 系统中性点采用谐振接地，在 Ⅰ 段 10kV 母线上配置接地变（兼所用变 1）出线柜。在 Ⅱ 段 10kV 母线上配置 10.5/0.4kV 所用变 2（容量在 50kV·A 及以下时可安装在开关柜内）。在 10kV 母线上还配置有 10kV 无功补偿电容器和（或）谐波治理装置出线柜。限于篇幅，图 3-11 中未示出接地变与消弧线圈组合装置、10kV 无功补偿与谐波治理装置接线。

第五节　高低压配电系统

一、高压配电系统

高压配电系统（high-voltage distribution system）是指从总降压变电所至配电变电所和高压用电设备受电端的高压电力线路及其设备，起着输送与分配高压电能的作用，又称高压配电网。

（一）高压配电系统的接线形式

高压配电系统的接线形式有放射式、树干式和环式等。

1. 放射式

放射式（radial system）是指单电源供电的若干单馈线路组成的系统或子系统（又称辐射系统）。每回放射式线路给一个负荷点单独供电，如图 3-12 所示。图 3-12a 为单回路放射式接线，图 3-12b 为双回路放射式接线。

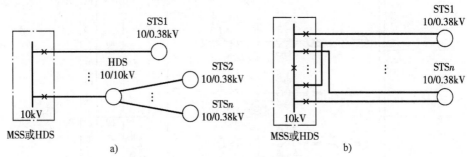

图 3-12　放射式接线

a）单回路放射式接线　b）双回路放射式接线

MSS—总降压变电所　HDS—高压配电所　STS—配电变电所（车间变电所）

放射式线路故障影响范围小，因而可靠性较高，而且易于控制和实现自动化，适于对重要负荷的供电。单回路放射式接线一般供二、三级负荷或专用设备，供二级负荷时宜有备用电源；双回路放射式接线供电可靠性较单回路放射式接线大大提高，可供二级负荷，若双回路来自两个独立电源，还可供一级负荷。

2. 树干式

树干式（treed system）是指有分支线的辐射系统。每回树干式线路可给同一方向不同位置的多个负荷点供电，如图 3-13 所示。图 3-13a 为单回路树干式接线，图 3-13b 为双回路树干式接线。高压电缆线路的分支通常采用专用电缆分支箱。

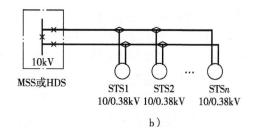

图 3-13　树干式接线

a）单回路树干式接线　b）双回路树干式接线

树干式线路及其开关电器数量少，投资小，但可靠性不高，不便实现自动化。单回路树干式只可供三级负荷，双回路树干式可靠性有所提高，可供二级负荷。为减少干线故障时的停电范围，每回线路连接的负荷点数不宜超过 5 个，总容量一般不超过 3000kV·A。

3. 环式

环式（ring feeder）是指由单电源供电组成环形网的馈电线路。环式馈线从一个供电点开始，接入许多负荷点后，返回至同一或不同的供电点，形成环网，如图 3-14 所示。环网线路的分支［即环网单元（ring-main unit）］通常采用由负荷开关或电缆插头组成的专用环网配电设备。为避免环式线路故障时影响整个电网和简化继电保护，环式接线一般采用开环运行。开环点根据系统具体情况设置在环式线路的末端或中部负荷分界处。环式接线供电可靠性较高，目前在城市配电网中应用越来越广。

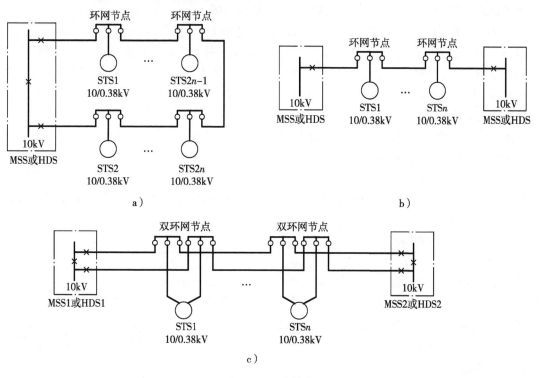

图 3-14　环式接线

a）普通环式　b）拉手环式　c）双线拉手环式

图 3-14a 为普通环式的结构，环式线路的两端接至同一变电所并宜分别接至两段母线上。当环中任一点发生故障时，只要查明故障点，经过短时"倒闸"操作，断开故障点两侧的负荷开关，即可恢复非故障部分的供电。普通环式可供二、三级负荷。

图 3-14b 为拉手环式的结构，环式线路的两端分别接至两个变电所的配电母线上。拉手环式比普通环式多了一侧电源，因而供电可靠性相应提高，可供二级负荷。

图 3-14c 为双线拉手环式的结构，是在拉手环式的基础上再增加一回线形成的。这种接线方式对重要负荷基本上可以做到不停电，可供一级负荷。

（二）高压配电系统的设计

高压配电系统的设计，应根据供电可靠性的要求、配电变电所配电变压器的容量、分布及地理环境等情况，相应选择某种接线形式或几种接线形式的组合。一般来讲，高压配电系统宜采用放射式，因为采用放射式供电可靠性高，便于管理，但线路和高压开关柜数量多。例如辅助生产区，多属三级负荷，供电可靠性要求较低，可用树干式，线路数量少，投资也少。负荷较大的高层建筑，多属二级和一级负荷，可用分区树干式或环式，以减少配电电缆线路和高压开关柜的数量，从而相应少占电缆竖井和高压配电室的面积。住宅区多属三级负荷，也有高层住宅二级和一级负荷，因此以环式或树干式为主，但根据线路路径等情况也可用放射式。

需要注意的是，配电系统接线应力求简单，层次不能过多，否则不仅浪费投资、维护不便，还会降低供电可靠性。因此，GB 50052—2009《供配电系统设计规范》规定："供配电系统应简单可靠，同一电压等级的配电级数高压不宜多于两级。"例如，由二次侧为 10kV 的总降压变电所或地区变电所配电至 10kV 配电所为一级，再从该配电所以 10kV 配电给配电变压器或高压用电设备，则认为 10kV 配电级数为两级。

例 3-2 某工厂设有一座 35/10kV 总降压变电所 MSS 和 4 座 10/0.38kV 车间变电所 STS1 ～ STS4。已知车间变电所 STS1 设置两台变压器，一、二级负荷占总计算负荷的 70%；车间变电所 STS2 设置一台变压器，主要为三级负荷，其中二级负荷仅占总负荷的 10%；车间变电所 STS3 和 STS4 处于同一方位，均设置一台变压器，为三级负荷。试设计该工厂高压配电系统接线图。

解： 车间变电所 STS1 设置两台变压器，一、二级负荷占总计算负荷的 70%，因此从总降压变电所 MSS 采用 10kV 双回路放射式配电。

车间变电所 STS2 设置一台变压器，主要为三级负荷，其中二级负荷仅占总负荷的 10%，因此从总降压变电所 MSS 采用 10kV 单回路放射式配电。为保证少量二级负荷的供电可靠性，可从车间变电所 STS1 处引来 1 路低压联络线，专供二级负荷。

车间变电所 STS3 和 STS4 处于同一方位，均设置一台变压器，为三级负荷，因此从总降压变电所 MSS 采用 10kV 单回路树干式配电。

该工厂高压配电系统接线图如图 3-15 所示。

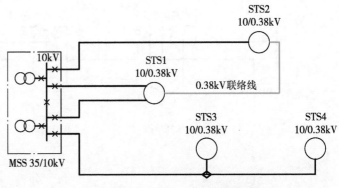

图 3-15　某工厂高压配电系统接线图

二、低压配电系统

低压配电系统（low-voltage distribution system）是指从车间变电所至低压用电设备受电端的低压电力线路及其设备，担负着直接向低压用电设备配电的任务，又称低压配电网。

（一）低压配电系统的接线形式

低压配电系统的接线同高压配电系统一样，也有放射式、树干式、环式等基本形式。

1. 放射式

放射式接线如图 3-16 所示。其中，图 3-16a 为单回路放射式；图 3-16b 为双回路放射式，配电箱采用双电源自动切换。

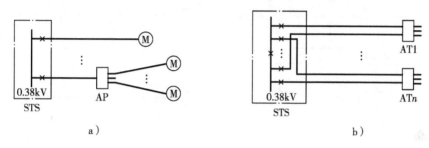

a）
b）

图 3-16　放射式接线
a）单回路放射式　b）双回路放射式

2. 树干式

树干式接线如图 3-17 所示。其中，图 3-17a 为单回路树干式；图 3-17b 为双回路树干式，配电箱采用双电源自动切换。

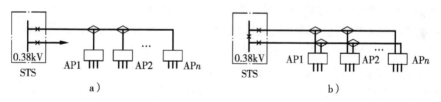

a）
b）

图 3-17　树干式接线
a）单回路树干式　b）双回路树干式

3. 环式

环式接线如图 3-18 所示，通过低压联络线相互连接构成环式。同高压环式一样，也采用开环运行。

4. 链式

如图 3-19 所示，链式（chain system）是一种变形的树干式，适用于从配电箱对彼此相距很近、容量很小的次要用电设备的配电，如生产线上的一组小容量电动机、一组照明灯具、一组电源插座等。链式线路只在线路首端设置一组总的保护，可靠性低。

（二）低压配电系统的设计

低压配电系统的设计应满足用电设备对供电可靠性和电能质量的要求，同时应注意接线简单、操作方便安全，具有一定的灵活性，能适应生产和使用上的变化及设备检修的需要。供配电系统应简单可靠，同一电压等级的配电级数低压不宜超过三级。例如，从车间变电所以低压配电至总配电箱为一级，再从总配电箱配电至分配电箱或低压用电设备，则认为低压配电级数为两级。根据 GB 50052—2009《供配电系统设计规范》的规定，低压配电系统的接线形式按下列原则确定：

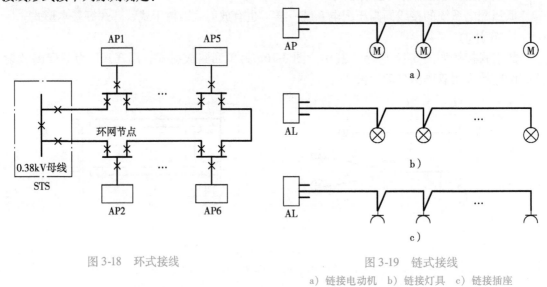

图 3-18   环式接线

图 3-19   链式接线

a）链接电动机   b）链接灯具   c）链接插座

1）正常环境的建筑物内，当大部分用电设备为中小容量，且无特殊要求时，宜采用树干式配电。

2）用电设备为大容量，或负荷性质重要，或在有特殊要求（指有潮湿、腐蚀性环境或有爆炸和火灾危险场所等）的建筑物内，宜采用放射式配电。

3）部分用电设备距供电点较远，而彼此相距很近、容量很小的次要用电设备，可采用链式配电，但每一回路环链设备不宜超过 5 台，其总容量不宜超过 10kW。容量较小用电设备的插座，采用链式配电时，每一条环链回路的设备数量可适当增加。

4）在多层建筑物内，由总配电箱至楼层配电箱宜采用树干式配电或分区树干式配电。对于容量较大的集中负荷或重要用电设备，应从配电室以放射式配电；楼层配电箱至用户配电箱应采用放射式配电。

在高层建筑物内，向楼层各配电点供电时，宜采用分区树干式配电；由楼层配电间或竖井内配电箱至用户配电箱的配电，应采取放射式配电；对部分容量较大的集中负荷或重要用电设备，应从变电所低压配电室以放射式配电。

5）平行的生产流水线或互为备用的生产机组，应根据生产要求，宜由不同的回路配电；同一生产流水线的各用电设备，宜由同一回路配电。

6）消防用电设备应采用专用的供电回路，当生产、生活用电被切断后，应仍能保证消防设备的供电。所谓专用的供电回路，是指从低压总配电室或分配电室至消防设备或消防设备室（如消防水泵房、消防控制室、消防电梯机房等）最末级配电箱的配电线路。以确保消防电源相对独立，提高消防用电设备电源的可靠性。

例3-3   某高层住宅楼地下 1 层，地上 24 层，屋顶局部机房层。用电负荷有：居民住宅用电、公共（应急）照明，地下室设有给水排水泵、消防水泵、水处理设备、排烟风机等，屋顶机房设有排烟风机、消防电梯、乘客电梯、机房照明及空调、大楼景观照明等，由设置在 1 层的 10/0.38kV 变电所配电。其中，住宅公共（应急）照明、排烟风机、给水排水泵、消防水泵、电梯等为一级负荷，其余为三级负荷。其中排烟风机、消防水泵、消防电梯、应急照明等为消防负荷，其余为非消防负荷。试设计该高层住宅楼的低压配电系统接线图。

解：设计高层住宅的低压配电系统时，应使照明、电力、消防及其他防灾用电负荷分别自成系统，以便控制、管理及计量。

住宅用电为三级负荷，每层设置 1 只电能表箱，共 24 只。由于其负荷容量较大，采用分区树干式配电，每 6 层为一树干式配电区域，从变电所低压柜共配出 4 路干线。

住宅公共（应急）照明为一级负荷，每 3 层设置 1 只公共（应急）照明双电源自动切换配电箱，共 8 只。公共照明包括楼梯、通道照明及疏散指示标志等，负荷容量小，采用双回路树干式配电，两路电源分别引自变电所低压侧两段母线。为保证供电可靠性，疏散指示标志自带蓄电池应急电源。

排烟风机、消防水泵、消防电梯、乘客电梯、给水排水泵为一级负荷，容量集中，就地设置双电源自动切换配电箱及控制箱，由变电所低压柜采用双回路放射式配电，在末端配电箱进行双电源自动切换。

水处理设备、大楼景观照明为三级负荷，容量集中，采用单回路放射式配电，便于控制。

屋顶机房照明容量小，但负荷重要，故接入公共（应急）照明配电线路中。屋顶机房空调为三级负荷，故接入住宅用电配电线路中。

该高层住宅楼的低压配电系统接线图如图 3-20 所示。

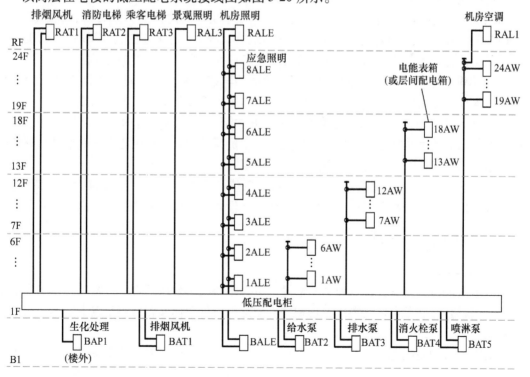

图 3-20　某高层住宅楼的低压配电系统接线图

第六节　变配电所与预装式变电站

一、变配电所的所址与型式

变配电所（substation and distribution station）是各级电压的变电所和配电所的总称。包括 35～110kV 总降压变电所、6～20kV 配电所、6～20kV 变电所及 35/0.38kV 直降变电所。6～20kV 配电变电所在工业企业内又称为车间变电所，用户配电所通常和邻近的变电所合建，又称为配变电所。

变配电所的位置宜接近负荷中心，以减小低压供电半径、降低电缆投资、节约电能损耗、提高供电质量，同时还要考虑进出线方便、设备运输方便、接近电源侧；为确保变电所安全运行，应避开有剧烈振动或高温、有污染源、经常积水或漏水、地势低洼、易燃易爆等区域。根据上述要求，经技术经济比较后确定。

35～110kV 总降压变电所一般为户外或户内独立式结构，110kV 配电装置可选用气体绝缘开关设备（GIS）、空气绝缘开关设备（AIS）、空气与气体绝缘混合开关设备（HGIS）。AIS 在户外敞开式中型布置，占地面积大，但经济性好；GIS 占地面积小，安全防护性能好，可布置在户内或户外，但造价高。HGIS 则综合了 AIS 和 GIS 的优点，正逐步得到推广应用。35kV 及以下配电装置多采用金属封闭开关设备布置在户内。6～20kV 电容器及谐波治理装置、接地变压器与消弧线圈组合装置可布置在户内或户外。35～110kV 主变压器多采用油浸式有载调压变压器，可布置在户内或户外，依据工程地理环境条件，因地制宜。

20kV 及以下变电所一般为户内变电所。户内变电所按其位置主要有以下几种类型：

（1）独立变电所　独立变电所为一独立建筑物。独立变电所建筑费用较高，低压馈电距离较长、损耗较大，主要用于负荷小而分散的工业企业和大中城市的居民区。

（2）附设变电所　附设变电所的一面或数面墙与建筑物共用，且变压器室的门向建筑物外开。附设变电所主要用于负荷较大的车间、站房和无地下室的大型民用建筑。

（3）车间内变电所　车间内变电所位于车间内部，且变压器室的门向车间内开。车间内变电所能最大程度地接近负荷中心，特别适用于负荷较大、负荷中心在车间中部且环境较好的多跨厂房。目前，车间内变电所多采用小型组合式成套变电站。

（4）地下变电所　变电所设于地下，通风散热、防水条件差，湿度较大，投资较大，很少单独采用。此外，高层民用建筑的变电所也常设置在其地下室非最底层内。

二、变配电所的布置

（一）基本要求

变配电所的总体布置是在其位置与数量、电气主接线、变压器型式数量及容量确定的基础上进行的，且与变配电所的型式密切相关。变配电所的总体布置应满足以下基本要求。

1. 便于运行维护与检修

如有人值班的变配电所，应设单独的值班室。当低压配电室兼作值班室时，低压配电室面积应适当增大。高压配电室与值班室应直通或经过通道相通。有人值班的独立变配电所，宜设有厕所和给水排水设施。变压器、高低压开关柜等电气装置（electrical installation）要有足够的安全净距和操作、维护通道。

2. 便于进出线

如高压架空进线，则高压配电室宜位于进线侧。变压器低压出线电流较大，一般采用封闭母线桥，因此，变压器的位置宜靠近低压配电室。低压配电室宜位于出线侧。

3. 保证运行安全

配电装置的长度超过 6m 时，其柜（屏）后通道应设两个通向本室或其他房间的出口；低压配电装置两个出口间的距离超过 15m 时，应增加出口。值班室应有直接通向户外或通向走道的门。长度大于 7m 的配电室应设两个出口，并宜布置在配电室的两端。变配电所应设置防止雨、雪和蛇、鼠类小动物从采光窗、通风窗、门、电缆沟等进入室内的设施。另外，变配电所还应考虑防火、通风等要求。

4. 节约土地与建筑费用

户内变电所的每台油量为 100kg 及以上的三相油浸式变压器，应设在单独的变压器室内。而干式电力变压器只要具有不低于 IP2X 的防护外壳，就可和高低压配电装置布置在同一配电室内。现代高压开关柜和低压配电屏均为金属封闭开关设备，防护等级不低于 IP3X 级，两者可以靠近布置。户内变电所宜选用小型化紧凑型电气设备。

5. 适应发展要求

高低压配电室内，宜留有适当数量配电装置的备用位置。变压器室应考虑到扩建时有更换大一级容量变压器的可能。

（二）总体布置方案

变配电所的总体布置方案应因地制宜，合理设计。布置方案应通过几个方案的技术经济比较后确定，并采用布置图（layout drawing）表达出变配电所电气装置的相对或绝对位置信息。

图 3-21 为某用户 10/0.38kV 变电所平面布置图，变电所为独立建筑物，设有高压配电室、低压变配电室、值班室和工具室等，由于选用的变压器为干式且带 IP4X 防护外壳，故与低压配电屏并排放置。低压配电屏为双列布置，两者之间采用架空封闭母线桥连接。高压电源进出线及低压出线均采用电力电缆，变配电装置下方及后面设有电缆沟，用于电缆敷设。为便于操作维护的方便与安全，变配电装置前面留有操作通道，后面留有维护通道，通道的宽度符合规范要求。

图 3-22 为 10/0.38kV 变电所的另外几种常见电气平面布置方案。

对于 10kV 变配电所，其布置方案也与图 3-21 和图 3-22 所示布置方案类似，只是高压开关柜数量较多，高压配电室相应大一些。当高压母线上接有无功补偿电容器时，还应设置单独的高压电容器室或选用户外电容器装置。

用户 35～110kV 变电所一般为独立建筑物。35kV 变电所和 110kV 全户内变电所典型方案之一为二层楼结构，底层设置主变压器室、10kV 配电装置室和 10kV 电容器装置室，二层设置 35kV 配电装置室或 110kV GIS 装置室、二次设备室及控制室等。

在进行变配电所具体布置时，除了依据现行国家标准 GB 50053—2013《20kV 及以下变电所设计规范》、GB 50059—2011《35kV～110kV 变电站设计规范》和 GB 50060—2008《3～110kV 高压配电装置设计规范》外，还应参考国家建筑标准和电力行业典型设计图集。

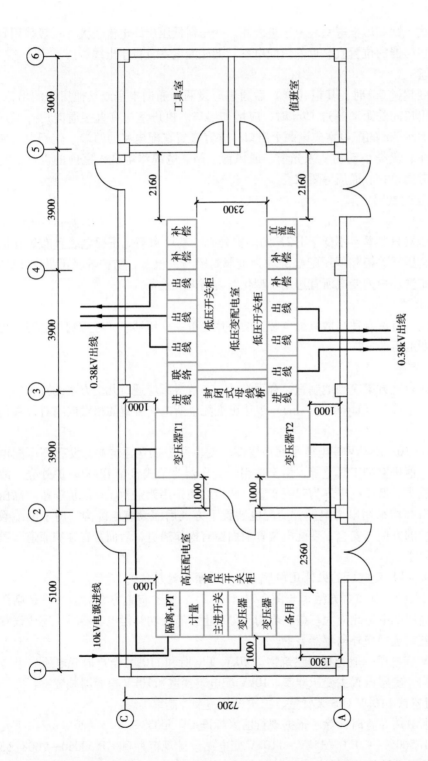

图 3-21 某 10/0.38kV 变电所电气平面布置图（示例）

注：为简化起见，图中略去变配电装置的尺寸和电缆沟布置。

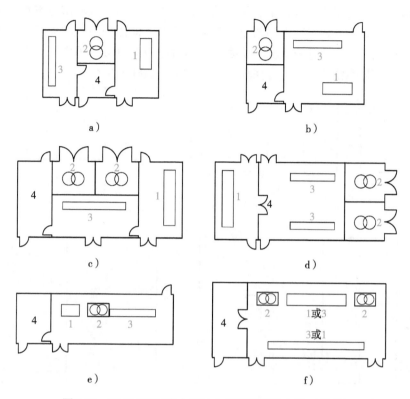

图 3-22　10/0.38kV 变电所的电气平面布置方案（示例）

a）一台油浸式变压器，高低压配电室分设　b）一台油浸式变压器，高低压配电室合一

c）两台油浸式变压器，设值班室　d）两台油浸式变压器，低压配电室兼值班室

e）一台干式变压器，与高低压配电装置设于同一房间　f）两台干式变压器，与高低压配电装置设于同一房间

1—高压开关柜　2—变压器　3—低压配电屏　4—值班

三、预装式变电站

预装式变电站（prefabricated substation）是由外壳、电力变压器、高压开关设备和控制设备、低压开关设备和控制设备、高压和低压内部连接线、辅助设备和回路等预先组装的并经过型式试验的成套设备，用来从高压系统向低压系统输送电能。预装式变电站俗称箱式变电站，具有体积小、占地少、能最大程度地接近负荷中心、易于搬动、安装方便、送电周期短等优点，特别适用于负荷小而分散的公共建筑群、住宅小区、风景区旅游点和城市道路等场所。

我国目前生产的箱式变电站按结构型式分为两大类：一类是引进欧洲技术生产的预装式变电站（简称欧式箱变）；另一类是引进美国技术并按我国电网现状改进生产的组合式变压器（简称美式箱变）。目前，国内又生产了一种组合了欧式箱变与美式箱变优点的紧凑型变电站。

1. 预装式变电站

预装式变电站一般为"目"字形结构，如图 3-23 所示。中间为变压器室，装有干式变压器或全密封油浸式变压器；一边为高压室，装有高压负荷开关柜（用于终端接线）或环网柜（用于环网接线）；另一边为低压室，装有低压配电屏（固定式或固定分隔式）及无功补偿屏，根据需要还可安装电能计量装置。预装式变电站环网接线典型方案如图 3-24 所示。从其接线与布置来看，预装式变电站与土建变电所类似，但体积小、结构紧凑。预装式变电站有户内型和户外型，户外型必须采取防腐蚀、防凝露及通风散热等措施。由于预装式变电站受空间限制散热条件较差，单台变压器容量不宜大于 800kV·A。

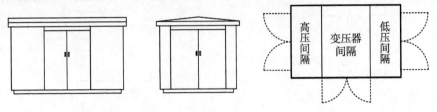

图 3-23　预装式变电站外形及平面布置

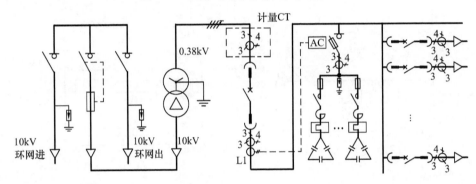

图 3-24　预装式变电站环网接线典型方案

2. 组合式变压器

组合式变压器（pad-mounted transformer）是将变压器器身、负荷开关、熔断器等在油箱中进行组合的变压器。根据需要，组合式变压器可以配有低压辅助设备。组合式变压器一般为"品"字形结构，如图 3-25 所示。装置前部为接线柜，高压间隔面板上布置着高压接线端子、高压负荷开关、插入式熔断器、高压分接开关等高压部件的外露部分；低压间隔面板上布置着低压端子及其他组件，根据需要可安装低压配电电器及无功补偿电器。装置后部为油箱及散热部分，变压器本体及高压部件等均放置在油箱内，由于高压采用油绝缘，大大缩小了绝缘距离，使组合式变压器整体体积明显缩小，约为预装式变电站的 1/3。

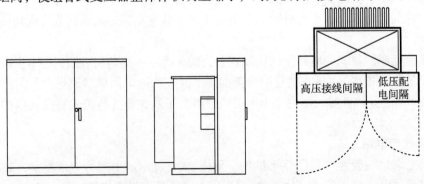

图 3-25　组合式变压器的外形及布置

组合式变压器也有终端接线和环网接线两种形式，环网接线典型方案如图 3-26 所示。负荷开关采用环网型四工位旋转操作，可将变压器由环网电源供电，或由电源 1 供电，或由电源 2 供电，或从电网中隔离开来。变压器由插入式熔断器和后备熔断器串联起来提供保护。插入式熔断器采用双敏熔丝，在二次侧发生短路故障、过负荷及油温过高时熔断，后备熔断器仅在变压器内部故障时发生动作。高压插入式电缆终端的带电部分被密封在绝缘体内，在双通护套上安装有复合绝缘金属氧化锌避雷器，以保护变压器免受雷电过电压波的危害。由于低压间隔较小，一般不采用成套配电装置，而是直接在间隔面板上安装低压塑料外壳式断路器和无功补偿电器，以及控制电器和监测仪表。为防止熔断器一相熔断造成变压器断相运行，可在低压侧加装智能欠电压控制器，在低压母线出现不正常电压时，作用于低压断路器分励脱扣切断电源，保证安全供电。

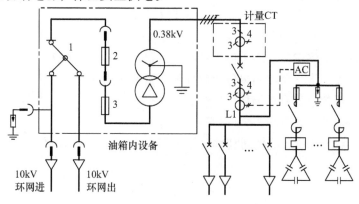

图 3-26　组合式变压器环网接线典型方案

1—四工位负荷开关　2—插入式熔断器　3—后备熔断器

第七节　供配电方案的技术经济比较

在设计供配电系统时，往往可得到几个较为合理的设计方案，这时需要对它们进行技术经济比较，以确定最优方案。

一、供配电方案的技术经济比较

供配电系统的技术指标包括：供电的安全性与可靠性；电能质量；运行和维护的方便及灵活程度；自动化程度；建筑设施的寿命；占地面积；新型设备的利用等。技术比较应对每一个方案在各个技术指标方面作定性或定量的分析比较，而且无论哪种方案都必须在安全、可靠、优质、灵活等方面达到相同的基本要求。

供配电系统的经济指标有投资费和年运行费。其中，投资费包括电力线路和变配电设备的综合投资、变电所建筑投资、征地投资、供电高可靠性费等；年运行费中应包括上述投资年折旧费、年维修管理费和年电能损耗费等。经济比较是两种方案之间的经济指标的综合比较。设方案 1 和方案 2 的综合投资费用分别为 Z_1 和 Z_2，年运行费用分别为 F_1 和 F_2，若 $Z_1 < Z_2$，$F_1 < F_2$，则采用方案 1；若 $Z_1 > Z_2$，而 $F_1 < F_2$，可计算投资回收期 $T = (Z_1 - Z_2)/(F_1 - F_2)$，若 $T \leqslant 5$ 年，则宜选方案 1，否则宜选方案 2。

二、配电变压器能效技术经济评价

配电变压器能效技术经济评价通过综合计算配电变压器设备的初始投资，以及经济使用期内各年空载损耗和负载损耗所产生的损耗费用等，对技术上可行的备选方案进行综合分析与比较，筛选推荐出技术可行、经济最优的方案（即经济使用期内总拥有费用最小的变压器）。

按总拥有费用最小原则评价所选择变压器是一种科学的、经济的、合理的方法。总拥有费用法（TOC method）综合考虑了变压器价格、损耗、负荷特点、电价等技术经济指标对变压器经济性的影响。

根据 DL/T 985—2012《配电变压器能效技术经济评价导则》，对按最大需量计算基本电费的电力用户，配电变压器的综合能效费用（即总拥有费用，TOC_EFC）的计算公式为：

$$\text{TOC}_\text{EFC} = CI + A\Delta P_0 + B\Delta P_\text{K} \tag{3-6}$$

式中　CI——配电变压器初始费用（元），指变压器综合成本；

　　　A——变压器经济寿命期间单位空载损耗的资本费用（元/kW）；

　　　B——变压器经济寿命期间单位负载损耗的资本费用（元/kW）；

　　ΔP_0——变压器的空载有功损耗（kW）；

　　ΔP_K——变压器的短路有功损耗（kW）。

A 值除与变压器的寿命和此期间利率变化等有关外，还主要与电价有关，等值于初始的现值表达式为

$$A = k_\text{pv}(E_\text{e}T_\text{a} + 12E_\text{c}) \tag{3-7}$$

$$k_\text{pv} = \{1 - [1/(1+i)]^n\}/i \tag{3-8}$$

式中　k_pv——贴现率为 i、经济寿命为 n 年的现值系数；

　　　E_e——单位电千瓦·时电费（元/kW·h）；

　　　E_c——单位容量电费（元/kW·月），即两部电价制中按最大负荷需量收取的基本电费；

　　　T_a——变压器年投运时间，可取 8760h。

B 值除与前述 A 值的相关因素有关外，还与变压器所带负荷的特点有关。假定变压器在经济使用期内最大负荷不变，等值于初始的现值表达式为

$$B = k_\text{pv}(E_\text{e}\tau + 12E_\text{c})\beta_\text{c}^2 \tag{3-9}$$

式中　τ——变压器的年最大负荷损耗时间（h），见第二章；

　　　β_c——变压器的负荷系数，即变压器的最大负荷（即计算负荷）S_c 与额定容量 S_rT 之比。

根据上述公式，可以计算出工程拟选用的不同类型、不同容量配电变压器的总拥有费用（TOC_EFC），然后按总拥有费用最小原则选择变压器。

思考题与习题

3-1　什么是供配电系统的一次接线？对一次接线有何基本要求？怎样绘制一次接线图？

3-2　电力变压器按绝缘及冷却方式分有哪几种型式？高层主体建筑内变电所应选用哪种型式的变压器？

3-3　10/0.4kV 配电变压器有哪两种常见联结组标号？在 TN 及 TT 系统接地型式的低压电网中，宜选用哪种联结组标号的配电变压器？为什么？

3-4　变电所中主变压器的台数如何选择？容量如何确定？

3-5　变压器过负荷运行对变压器的寿命有何影响？其过负荷能力与哪些因素有关？

3-6　电器在供配电系统中的作用是什么？供配电系统对电器有哪些要求？表征这些要求的参数是什么？

3-7　电弧对电器的安全运行有哪些影响？开关电器中有哪些常用的灭弧方法？其中最常用、最基本的灭弧方法是什么？

3-8　高压断路器有何功能？常用灭弧介质有哪些？

3-9　熔断器的主要功能是什么？熔体熔断大致可分为哪些阶段？

3-10　高压隔离开关有何功能？它为什么可用来隔离电源保证安全检修？它为什么不能带负荷操作？

3-11　高压负荷开关有何功能？它可装设什么保护装置？在什么情况下可自动跳闸？在采用负荷开关的高压电路中，应采取什么措施来作短路保护？

3-12　高压负荷开关—限流熔断器组合电器与断路器相比，为什么比较适合用在环网供电单元和箱式变电站？

3-13　电流互感器和电压互感器具有何功能？各有何结构特点？

3-14　低压断路器有何功能？配电用低压断路器按结构形式分有哪两大类？各有何结构特点？

3-15　低压自动转换开关电器有何功能？

3-16　变配电所电气主接线有哪些基本形式？各有什么优缺点？各适用于什么场合？

3-17　在进行变配电所电气主接线设计时一般应遵循哪些原则和步骤？

3-18　某用户 35kV 总降压变电所安装两台 35/10.5kV 主变压器，采用两回 35kV 电源线路同时供电，该变电所可能采用的电气主接线的基本形式有哪些？并从可靠性、灵活性和经济性等方面进行比较。

3-19　试说明图 3-9a 所示变电所高压侧电气主接线图中高压开关柜各功能单元组成器件的作用。

3-20　高低压配电网接线形式有哪些？为提高供电可靠性可采取什么措施？

3-21　在进行高压（低压）配电网接线设计时，为什么要力求简单可靠、配电层次不宜超过两级（三级）？

3-22　变电所所址选择应考虑哪些条件？变电所靠近负荷中心有什么好处？

3-23　变配电所总体布置应考虑哪些基本要求？变压器的型式对变电所布置有何影响？

3-24　预装式变电站和组合式变压器各有何特点？为什么其结构比较适合单台变压器容量不大的场合？

3-25　供配电方案的技术经济指标有哪些？应如何对配电变压器进行能效技术经济评价？

3-26　某高层建筑拟建造一座 10/0.38kV 变电所，所址设在地下一层。已知总计算负荷为 1200kV·A，其中一、二级负荷为 400kV·A，$\cos\varphi = 0.92$。试初选配电变压器的型式、台数和容量。

3-27　某工厂拟建造一座 10/0.38kV 变电所，已知总计算负荷为 2100kV·A，$\cos\varphi = 0.8$，均为三级负荷，由地区变电所采用一回 10kV 线路供电。试选择配电变压器并设计出该变电所电气主接线图。

3-28　对题 3-26 所述的变电所，由公用电网采用双回路电源同时供电，变压器高压侧采用双回线路—变压器组单元接线，低压侧采用分段单母线接线，高压配电装置采用箱式 SF_6 负荷开关柜。试绘制出该变电所高压电气主接线图。

3-29　对题 3-26 所述的变电所，由公用电网采用双回路电源同时供电，每路电源均可全容量备用，高压配电装置采用中置式真空断路器开关柜。试设计出该变电所高压电气主接线图。

3-30　某用户 20kV 变电所安装有 4 台配电变压器，由公用电网采用双回路电源供电，主供电源 1 容量可供全部负荷，主供电源 2 容量只供一半负荷（重要负荷）。要求母线电压互感器为独立单元，不与进线隔离单元组合。试设计出该变电所高压电气主接线图。

3-31　某用户拟建一座 20kV 配电所，为独立式结构。配电所进线 2 回、馈线 10 回，有一、二级负荷，采用分段单母线接线。要求高压开关柜按进线 1 隔离、电能计量、进线开关、电压测量、所用变压器 1、馈线 1~5、母线分段、母线隔离、馈线 6~10、所用变压器 2、电压测量、进线开关、电能计量、进线 2 隔离等功能单元排列组合。试绘制出该变电所高压电气主接线图。

3-32　某用户拟建一座 35kV 总降压变电所，安装有 2 台主变压器。由公用电网采用双回路电源同时供电，每路电源均可全容量备用。拟采用内桥式接线，所用变压器设置在 10kV 侧。35kV 配电装置采用移开式金属封闭开关柜、电缆进线。试绘制出该变电所35kV侧电气主接线图。

参 考 文 献

[1] 莫岳平,翁双安. 供配电工程 [M]. 北京:机械工业出版社,2011.

[2] 刘屏周. 工业与民用供配电设计手册 [M]. 4版. 北京:中国电力出版社,2016.

[3] 中国电器工业协会. GB 1094.1—2013/IEC 60076-1:2011,MOD 电力变压器 第1部分:总则 [S]. 北京:中国标准出版社,2014.

[4] 中国电器工业协会. GB 1094.7—2008/IEC 60076-7:2005,MOD 电力变压器 第7部分:油浸式 电力变压器负载导则 [S]. 北京:中国标准出版社,2008.

[5] 中国电器工业协会. GB 1094.12—2013/IEC 60076-12:2008,MOD 电力变压器 第7部分:干式电 力变压器负载导则 [S]. 北京:中国标准出版社,2014.

[6] 中国电器工业协会. GB/T 17468—2008 电力变压器选用导则 [S]. 北京:中国标准出版社,2008.

[7] 中国机械工业联合会. GB 50052—2009 供配电系统设计规范 [S]. 北京:中国计划出版社,2010.

[8] 中国机械工业联合会. GB 50053—2013 20kV 及以下变电所设计规范 [S]. 北京:中国计划出版 社,2013.

[9] 中国电力企业联合会. GB/T 50059—2011 35kV ~ 110kV 变电站设计规范 [S]. 北京:中国计划出 版社,2011.

[10] 中国电器工业协会. GB/T 11022—2011/IEC 62271-1:2007,MOD 高压开关设备和控制设备标准 的共用技术要求 [S]. 北京:中国标准出版社,2011.

[11] 中国电器工业协会. GB 1984—2014/IEC 62271-100:2008 高压交流断路器 [S]. 北京:中国标准 出版社,2014.

[12] 中国电器工业协会. GB 1985—2014/IEC 62271-102:2001 + Al:2011,MOD 高压交流隔离开关和 接地开关 [S]. 北京:中国标准出版社,2014.

[13] 中国电器工业协会. GB/T 15166.2—2008/IEC 60282-1:2005,MOD 高压交流熔断器 第2部分: 限流熔断器 [S]. 北京:中国标准出版社,2008.

[14] 中国电器工业协会. GB 16926—2009/IEC 62271-105:2002,MOD 高压交流负荷开关 – 熔断器组 合电器 [S]. 北京:中国标准出版社,2009.

[15] 中国电器工业协会. GB 3906—2006/IEC 62271-200:2003,MOD 3.6kV ~ 40.5kV 交流金属封闭开 关设备和控制设备 [S]. 北京:中国标准出版社,2006.

[16] 中国电器工业协会. GB 20840.1—2010/IEC 61869-1:2007,MOD 互感器 第1部分:通用技术要 求 [S]. 北京:中国标准出版社,2010.

[17] 中国电器工业协会. GB 14048.1—2012/IEC 60947-1:2011 低压开关设备和控制设备 第1部分: 总则 [S]. 北京:中国标准出版社,2013.

[18] 中国电器工业协会. GB 13539.1—2015/IEC 60269-1:2009 低压熔断器 第1部分:基本要求 [S]. 北京:中国标准出版社,2015.

[19] 中国电器工业协会. GB 7251.1—2013/IEC 61439-1:2011 低压成套开关设备和控制设备 第1部 分:总则 [S]. 北京:中国标准出版社,2013.

[20] 中国电力企业联合会. GB 50060—2008 3 ~ 110kV 高压配电装置设计规范 [S]. 北京:中国计划 出版社,2009.

[21] 中国电器工业协会. GB 17467—2010/IEC 62271-202:2006,MOD)高压/低压预装式变电站 [S]. 北京:中国标准出版社,2010.

[22] 中国电力企业联合会. DL/T 985—2012 配电变压器能效技术经济评价导则 [S]. 北京:中国电力 出版社,2012.

第四章　短路电流的计算与高低压电器的选择

第一节　短路及其过程分析

一、短路的基本概念

（一）短路及其型式

短路（short-circuit）是指两个或多个导电部分之间形成的导电通路，此通路迫使这些导电部分之间的电位差等于或接近于零。在三相供配电系统中，短路的型式有：

线（相）对地短路（line-to-earth short-circuit）——在中性点直接接地或中性点经阻抗接地系统中发生的线导体和大地之间的短路。线（相）对地短路是可能发生的，例如，可经接地导体和接地极而发生，如图 4-1a、b 所示。

线间（相间）短路（line-to-line short-circuit）——两根或多根线导体之间的短路，在同一处它可伴随或不伴随线对地短路。线间（相间）短路包括三相短路（见图 4-1c）、两相短路（见图 4-1d）、两相短路并对地短路（见图 4-1e）。

另外，在低压配电系统中还会发生线导体对中性导体短路，简称单相短路，如图 4-1f 所示。

其中三相短路属"对称性短路"，而其他形式的短路均属"非对称性短路"。

通常，三相短路电流最大，当短路点在发电机附近时，两相短路电流可能大于三相短路电流。当短路点靠近中性点接地的变压器时，单相短路电流也有可能大于三相短路电流，但可采取措施避免这种情况的发生。

（二）短路原因及后果

造成短路的主要原因是电气设备载流部分的绝缘损坏，其次是人员误操作、鸟兽危害等。电气设备载流部分的绝缘损坏可能是由于设备长期运行绝缘自然老化或由于设备本身绝缘缺陷而被工频电压击穿，或设备绝缘正常而被过电压（包括雷电过电压）击穿，或者是设备绝缘受到外力损伤而造成短路。

在供配电系统中发生短路故障后，短路电流往往要比正常负荷电流大十几倍或几十倍。当它通过电气设备时，设备温度急剧上升，会使绝缘老化或损坏；同时产生的电动力，会使设备载流部分变形或损坏；短路会使系统电压骤降，影响系统其他设备的正常运行；严重的短路会影响系统的稳定性；短路还会造成停电；不对称短路的短路电流会产生较强的不平衡交变磁场，对通信和电子设备等产生电磁干扰等。

二、供配电系统短路过程的分析

（一）远端短路和近端短路

短路过程中短路电流变化的情况决定于系统电源容量的大小或短路点离电源的远近。在工程计算中，如果以供电电源容量为基准的短路回路计算阻抗不小于3，短路时即认为电源母线电压将维持不变，不考虑短路电流交流分量（周期分量）的衰减，可按短路电流不含衰减交流分量的系统（即无限大电源容量的系统）或远离发电机端短路进行计算。否则，应按短路电流含衰减交流分量的系统（即有限电源容量的系统）或靠近发电机端短路进行计算。

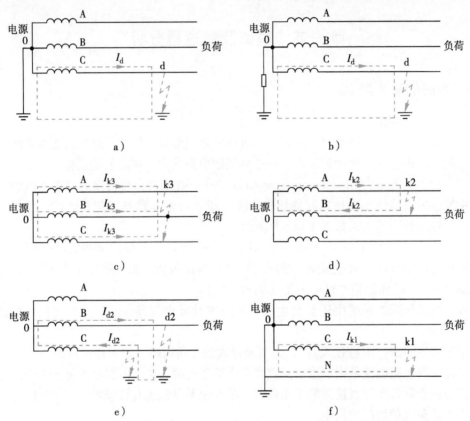

图 4-1　短路的型式

a）、b）单相对地短路　c）三相短路　d）两相短路　e）两相对地短路　f）单相短路

（二）远端短路过程的简单分析

一般的用户供配电系统为单端电源配电网络，当其内部某处发生三相短路并在短路持续时间内保持短路相数不变时，经过简化，可用图 4-2a 所示的典型电路来等效。假设电源和负荷都三相对称，可取一相来分析，如图 4-2b 所示。

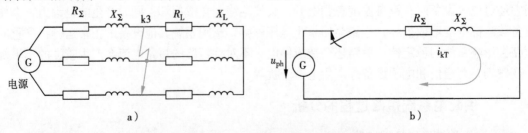

图 4-2　远离发电机端发生的三相短路

a）三相短路图　b）等效单相电路图

设电源相电压 $u_{ph} = U_{ph.m}\sin\omega t$，正常负荷电流 $i = I_m\sin(\omega t - \varphi)$。

现设 $t = 0$ 时短路（等效为开关突然闭合），则电路如图 4-2b 所示，等效电路的电压方程为

$$R_\Sigma i_{kT} + L_\Sigma \frac{di_{kT}}{dt} = U_{ph.m}\sin\omega t \tag{4-1}$$

式中　R_Σ、L_Σ——短路电路的总电阻和总电感；

$\quad\quad$ i_{kT}——短路电流瞬时值。

解式（4-1）的微分方程得

$$i_{kT} = I_{k.m}\sin(\omega t - \varphi_k) + Ce^{-t/\tau} \tag{4-2}$$

式中　$I_{k.m}$——短路电流周期分量幅值，$I_{k.m} = U_{ph.m}/|Z_\Sigma|$，其中 $|Z_\Sigma| = \sqrt{R_\Sigma^2 + X_\Sigma^2}$，为短路电路的总阻抗［模］；

$\quad\quad$ φ_k——短路电路的阻抗角，$\varphi_k = \arctan(X_\Sigma/R_\Sigma)$；

$\quad\quad$ τ——短路电路的时间常数，$\tau = L_\Sigma/R_\Sigma$；

$\quad\quad$ C——积分常数，由电路初始条件（$t = 0$）来确定。

当 $t = 0$ 时，由于短路电路存在着电感，因此电流不会突变，即 $i_0 = i_{k0}$，故由正常负荷电流 $i = I_m\sin(\omega t - \varphi)$ 与式（4-2）所示 i_k 相等，并代入 $t = 0$，可求得积分常数，即

$$C = I_{k.m}\sin\varphi_k - I_m\sin\varphi$$

将上式代入式（4-2）即得短路电流为

$$\begin{aligned} i_{kT} &= I_{k.m}\sin(\omega t - \varphi_k) + (I_{k.m}\sin\varphi_k - I_m\sin\varphi)e^{-t/\tau} \\ &= i_k + i_{DC} \end{aligned} \tag{4-3}$$

式中　i_k——短路电流周期分量（也称交流分量）；

$\quad\quad$ i_{DC}——短路电流非周期分量（也称直流分量）。

由式（4-3）可以看出，当 $t \to \infty$ 时（实际只经 10 个周期左右时间），$i_{DC} \to 0$，这时

$$i_{kT} = i_k = \sqrt{2}I_k\sin(\omega t - \varphi)$$

式中　I_k——稳态短路电流（有效值）。

图 4-3 示出了远离发电机端发生三相短路前后的电流、电压的变动曲线。由图 4-3 可以看出，短路电流在达到稳定值之前，要经过一个暂态过程（或称短路瞬变过程）。这一暂态过程是短路非周期分量电流存在的那段时间。从物理概念上讲，短路电流周期分量是因短路后电路阻抗突然减小很多，而按欧姆定律应突然增大很多倍的电流；短路电流非周期分量则是因短路电路含有感抗，电路电流不可能突变，而按楞次定律感应的用以维持短路初瞬间（$t = 0$ 时）电流不致突变的一个反向衰减性电流。此电流衰减完毕后（一般经 $t \approx 0.2s$），短路电流达到稳态。

（三）有关短路的物理量

1. 短路电流周期分量

假设在电压 $u_{ph} = 0$ 时发生三相短路，如图 4-3 所示。由式（4-3）可知，短路电流周期分量

$$i_k = I_{k.m}\sin(\omega t - \varphi_k)$$

由于短路电路的电抗一般远大于电阻，即 $X_\Sigma >> R_\Sigma$，$\varphi_k = \arctan(X_\Sigma/R_\Sigma) \approx 90°$，因此短

路初瞬间（$t=0$ 时）的短路电流周期分量为

$$i_{k(0)} = -I_{k.m} = -\sqrt{2}I_k''$$

式中　I_k''——对称短路电流初始值（initial symmetrical short-circuit current），它是系统非故障元件的阻抗保持短路前瞬时值时的预期（可达到的）短路电流的对称交流（周期）分量有效值，也称超瞬态短路电流。

短路发生后，开关电器将开断电路。开关电器的第一对触头分断瞬间，短路电流对称周期分量的有效值，称为对称开断电流（有效值）I_b。对于无限大电源容量系统中或远离发电机的短路，短路电流周期分量不衰减，即 $I_b = I_k''$。

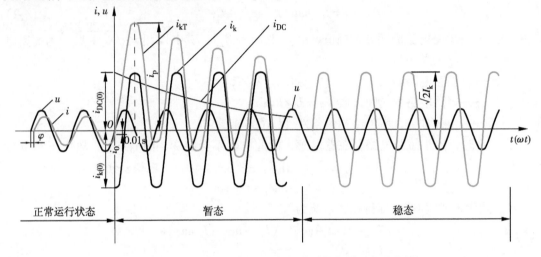

图 4-3　远离发电机端发生三相短路时的电压、电流曲线

2. 短路电流非周期分量

根据图 4-3 和式（4-3）可知，短路电流非周期分量为

$$i_{DC} = (I_{k.m}\sin\varphi_k - I_m\sin\varphi)e^{-t/\tau}$$

由于 $\varphi_k \approx 90°$，而 $I_m\sin\varphi << I_{k.m}$，故

$$i_{DC} \approx I_{k.m}e^{-t/\tau} = \sqrt{2}I_k''e^{-t/\tau}$$

式中　τ——短路电路的时间常数，实际上就是使 i_{np} 由最大值按指数函数衰减到最大值的 $1/e(=0.3679)$ 时所需的时间。

由于 $\tau = L_\Sigma/R_\Sigma = X_\Sigma/(314R_\Sigma)$，因此如短路电路 $R_\Sigma = 0$ 时，那么短路电流非周期分量 i_{DC} 将为一不衰减的直流电流。非周期分量 i_{DC} 与周期分量 i_k 叠加而得的短路全电流 i_{kT}，将为一偏轴的等幅电流曲线，当然这是不存在的，因为电路总有 R_Σ，所以非周期分量总要衰减，而且 R_Σ 越大，τ 越小，衰减越快。

3. 短路全电流

短路全电流为短路电流周期分量与非周期分量之和，即

$$i_{kT} = i_k + i_{DC}$$

某一瞬时 t 的短路全电流有效值 I_{kT}，是以时间 t 为中点的一个周期内 i_k 的有效值 I_k 与 i_{DC} 在 t 的瞬时值 $i_{DC(t)}$ 的方均根值，即

$$I_{kT} = \sqrt{I_k^2 + i_{DC(t)}^2}$$

4. 短路电流峰值

短路电流峰值（peak short-circuit current）为预期（可达到的）短路电流的最大可能瞬时值。由图4-3所示的短路全电流 i_{kT} 的曲线可以看出，短路后经半个周期（即0.01s），短路电流达到最大值，此时的电流即短路电流峰值，又称短路冲击电流。

短路电流峰值按下式计算：

$$i_p = i_{k(0.01)} + i_{DC(0.01)} \approx \sqrt{2} I_k''(1 + e^{-0.01/\tau})$$

或

$$i_p \approx K_p \sqrt{2} I_k'' \tag{4-4}$$

式中 K_p——短路电流峰值（冲击）系数。

短路全电流 i_{kT} 的最大有效值是短路后第一个周期的短路电流有效值，用 I_p 表示，也可称为短路冲击电流有效值，用下式计算：

$$I_p = \sqrt{I_k^2 + I_{DC(0.01)}^2} \approx \sqrt{I_k''^2 + (\sqrt{2} I_k'' e^{-0.01/\tau})^2}$$

或

$$I_p \approx I_k'' \sqrt{1 + 2(K_p - 1)^2} \tag{4-5}$$

由式（4-4）和式（4-5）可知

$$K_p = 1 + e^{-0.01/\tau} = 1 + e^{-\pi R_\Sigma / X_\Sigma} \tag{4-6}$$

当 $R_\Sigma \rightarrow 0$ 时，则 $K_p \rightarrow 2$；当 $X_\Sigma \rightarrow 0$ 时，则 $K_p \rightarrow 1$，因此，$1 < K_p < 2$。K_p 与 X_Σ / R_Σ 的关系曲线如图4-4所示。

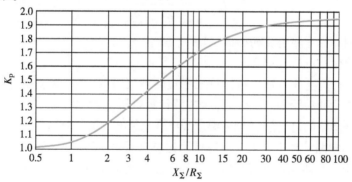

图4-4 冲击系数 K_p 与比值 X_Σ / R_Σ 的关系曲线

在供配电工程设计中，K_p 的取值以及 i_p 和 I_p 的计算值如下：

在高压电网中发生三相短路时，一般总电抗较大 $\left(R_\Sigma << \dfrac{1}{3} X_\Sigma \right)$，可取 $K_p = 1.8$，因此，$i_p = 2.55 I_k''$；$I_p = 1.51 I_k''$。

在低压电网中发生三相短路时，一般总电阻较大 $\left(R_\Sigma > \dfrac{1}{3} X_\Sigma \right)$，可取 $K_p = 1.3$，因此，$i_p = 1.84 I_k''$，$I_p = 1.09 I_k''$。

5. 稳态短路电流

稳态短路电流（steady-state short-circuit current）是暂态过程结束后的短路电流有效值，用 I_k 表示。

对于无限大电源容量系统中或远离发电机的短路，短路电流周期分量不衰减，即 $I_k = I_k''$。

当在有限电源容量系统中或在发电机近端发生短路时，电源母线电压在短路发生后的整个过渡过程中不能维持恒定，短路电流交流分量随之发生变化。通常，稳态短路电流小于短路电流初始值，即 $I_k < I_k''$。

三、计算短路电流的目的

计算短路电流的目的主要是为了正确选择和校验电器、电线电缆及过电流保护装置。三相对称短路是供配电系统中危害最严重的短路形式，因此，三相对称短路电流初始值是选择和检验电器、电线电缆的基本依据。在继电保护装置的整定及灵敏系数检验时，还需计算不对称短路的最小短路电流值；在检验电器及载流导体的电动力稳定和热稳定时，还要用到三相短路电流峰值、三相稳态短路电流。另外，在计算大中型电动机的起动压降时，要用到三相短路容量；在验算接地装置的接触电压与跨步电压时，要用到单相对地短路电流等。

第二节　高压电网短路电流的计算

由上节可知，三相对称短路电流周期分量的初始值可按下式计算：

$$I_{k3}'' = \frac{cU_n}{\sqrt{3}\sqrt{R_\Sigma^2 + X_\Sigma^2}} \qquad (4-7)$$

式中　I_{k3}''——三相对称短路电流初始值（kA）；

　　　U_n——系统标称电压（kV）；

　　　c——短路计算电压系数，在计算三相短路电流时取 $c = 1.05$。此系数考虑了高压电网电压变动等因素，cU_n 称为短路计算电压；

　R_Σ、X_Σ——短路回路的总电阻（导体温度20℃）、总电抗值（Ω）。

在高压电网的短路计算中，通常总电抗远比总电阻大，所以工程上广泛使用的实用短路电流计算法一般不计高压元件的有效电阻。同时也忽略电路电容、变压器励磁电流和短路电弧电阻。因此，式（4-7）可简化为

$$I_{k3}'' = \frac{cU_n}{\sqrt{3}X_\Sigma} \qquad (4-8)$$

而三相短路容量为 $S_{k3}'' = \sqrt{3}cU_nI_{k3}''$，单位 MV·A。

从式（4-8）可以看出，计算短路电流的关键便是求出短路回路的总电抗值 X_Σ。

短路电流实用计算方法有两种：一种是标幺制，另一种是有名单位制。有名单位制将在第三节中详细介绍，本节将重点讨论标幺制。

一、标幺制

标幺制（per-unit system）是一种相对单位制，因短路计算中的有关物理量是采用标幺值（相对单位）而得名。任一物理量的标幺值 A^*，为该物理量的实际值 A 与所选定的基准值 A_d 的比值，即

$$A^* = A/A_d$$

按标幺制进行短路计算时，一般是先选定基准容量 S_d 和基准电压 U_d。对于基准容量 S_d，工程设计中通常取 $S_d = 100MV \cdot A$；对于基准电压 U_d，通常取元件所在处的短路计算电压为基准电压，即取 $U_d = cU_n$。

选定了基准容量 S_d 和基准电压 U_d 以后，基准电流 I_d 按下式计算：

$$I_d = \frac{S_d}{\sqrt{3}U_d} \tag{4-9}$$

基准电抗 X_d 则按下式计算：

$$X_d = \frac{U_d}{\sqrt{3}I_d} = \frac{U_d^2}{S_d} \tag{4-10}$$

二、供配电系统各元件的电抗标幺值

下面分别讲述供配电系统中各主要元件的电抗标幺值的计算（取 $S_d = 100MV \cdot A$，$U_d = cU_n$）。

1. 电力系统的电抗标幺值

电力系统的电抗可由电力系统设计规划的三相对称短路容量初始值来计算，即

$$X_S = \frac{(cU_n)^2}{S_{k3}''}$$

所以，电力系统的电抗标幺值为

$$X_S^* = X_S/X_d = \frac{(cU_n)^2}{S_{k3}''} \bigg/ \frac{U_d^2}{S_d} = \frac{S_d}{S_{k3}''} \tag{4-11}$$

式中 S_{k3}''——电力系统地区变电所高压馈电线出口处设计规划（5~10年规划）的三相对称短路容量初始值（$MV \cdot A$）。此值与电力系统运行方式有关。当电力系统处于最大运行方式时，整个系统的短路阻抗最小，短路容量最大；当电力系统处于最小运行方式时，整个系统的短路阻抗最大，短路容量最小。

2. 电力线路的电抗标幺值

$$X_W^* = X_W/X_d = xl \bigg/ \frac{U_d^2}{S_d} = xl \frac{S_d}{(cU_n)^2} \tag{4-12}$$

式中 l——线路长度；

U_n——电力线路所在处的系统标称电压（kV）；

x——线路单位长度的电抗，可由附录表13查得。当线路结构数据不详时，x 可取其平均值，对 10kV 架空线路可取 $x = 0.35\Omega/km$，对 10kV 电力电缆可取 $x = 0.10\Omega/km$，对 35~110kV 架空线路可取 $x = 0.4\Omega/km$。

3. 电力变压器的电抗标幺值

电力变压器的电抗 X_T 可由变压器的短路电压（即阻抗电压）百分值 $U_k\%$ 近似地计算。

因为 $\quad U_k\% = (\sqrt{3}I_{r.T}X_T/U_{r.T}) \times 100 \approx (S_{r.T}X_T/U_d^2) \times 100$

所以

$$X_T = \frac{U_k\%}{100} \frac{U_d^2}{S_{r.T}}$$

因此，电力变压器的电抗标幺值为

$$X_{\text{T}}^* = X_{\text{T}}/X_{\text{d}} = \frac{U_{\text{k}}\%}{100} \cdot \frac{U_{\text{d}}^2}{S_{\text{r. T}}} \Big/ \frac{U_{\text{d}}^2}{S_{\text{d}}} = \frac{U_{\text{k}}\%}{100} \frac{S_{\text{d}}}{S_{\text{r. T}}} \tag{4-13}$$

式中　$U_{\text{k}}\%$——变压器的阻抗电压百分值，可由附录表 14、附录表 15 查得；

$S_{\text{r. T}}$——变压器的额定容量，特别注意单位应与基准容量一致（$MV \cdot A$）。

式（4-13）适用于常用的三相双绕组电力变压器，三相三绕组电力变压器每个绕组的电抗标幺值计算公式为

$$\left. \begin{aligned} X_{\text{T. 1}}^* &= \frac{1}{2}(U_{\text{k12}}\% + U_{\text{k13}}\% - U_{\text{k23}}\%)\frac{1}{100}\frac{S_{\text{d}}}{S_{\text{r. T}}} \\ X_{\text{T. 2}}^* &= \frac{1}{2}(U_{\text{k12}}\% + U_{\text{k23}}\% - U_{\text{k13}}\%)\frac{1}{100}\frac{S_{\text{d}}}{S_{\text{r. T}}} \\ X_{\text{T. 3}}^* &= \frac{1}{2}(U_{\text{k13}}\% + U_{\text{k23}}\% - U_{\text{k12}}\%)\frac{1}{100}\frac{S_{\text{d}}}{S_{\text{r. T}}} \end{aligned} \right\} \tag{4-14}$$

式中　$U_{\text{k12}}\%$、$U_{\text{k13}}\%$、$U_{\text{k23}}\%$——三相三绕组电力变压器每对绕组的阻抗电压百分值，序号 1、2、3 分别代表高压绕组、中压绕组、低压绕组。其间相互关系如图 4-5 所示。

4. 限流电抗器的电抗标幺值

限流电抗器用来串在变压器回路中限制短路电流，可根据其额定电抗百分值 $X_{\text{L}}\%$ 计算。

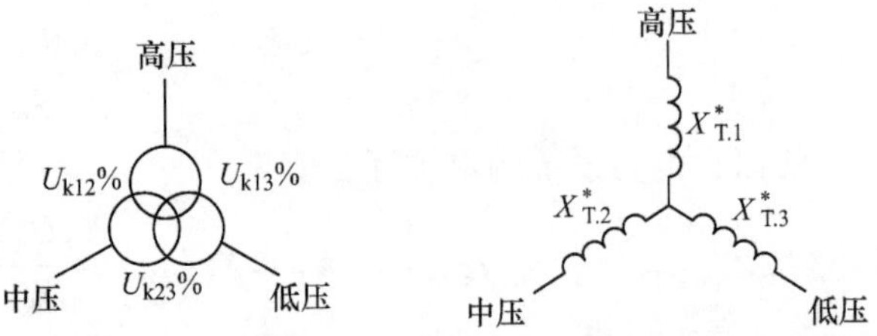

因为　$X_{\text{L}}\% = (\sqrt{3}I_{\text{r. L}}X_{\text{L}}/U_{\text{r. L}}) \times 100$

所以，限流电抗器的电抗标幺值为

图 4-5　三相三绕组变压器等效变换

$$X_{\text{L}}^* = X_{\text{L}}/X_{\text{d}} = \frac{X_{\text{L}}\%}{100}\frac{U_{\text{r. L}}}{\sqrt{3}I_{\text{r. L}}} \Big/ \frac{U_{\text{d}}^2}{S_{\text{d}}} = \frac{X_{\text{L}}\%}{100}\frac{U_{\text{r. L}}}{\sqrt{3}I_{\text{r. L}}}\frac{S_{\text{d}}}{(cU_{\text{n}})^2} \tag{4-15}$$

式中　$X_{\text{L}}\%$、$U_{\text{r. L}}$、$I_{\text{r. L}}$——限流电抗器的电抗百分值、额定电压（kV）、额定电流（kA）；

U_{n}——电抗器安装处系统标称电压（kV）。

短路电路中各主要元件的电抗标幺值求出以后，即可利用其等效电路图（参见图 4-7）进行电路化简求总电抗标幺值 X_{Σ}^*。这里由于各元件的电抗均采用相对值，与短路计算点的电压无关，因此无须进行电压换算。这也是在高压电网短路计算中广泛采用标幺制法的原因。

三、三相短路电流计算

三相对称短路电流初始值的标幺值按下式计算：

$$I_{\text{k3}}''^* = I_{\text{k3}}''/I_{\text{d}} = \frac{cU_{\text{n}}}{\sqrt{3}X_{\Sigma}} \Big/ \frac{S_{\text{d}}}{\sqrt{3}U_{\text{d}}} = \frac{U_{\text{d}}^2}{S_{\text{d}}X_{\Sigma}} = \frac{1}{X_{\Sigma}^*} \tag{4-16}$$

由此可得三相对称短路电流初始值：

$$I_{\text{k3}}'' = I_{\text{k3}}''^* I_{\text{d}} = I_{\text{d}}/X_{\Sigma}^* \tag{4-17}$$

求得 I_{k3}'' 后，即可利用上节的计算公式求出 I_{b3}、I_{k3}、i_{p3} 和 I_{p3} 等。

三相短路容量的计算公式为

$$S''_{k3} = \sqrt{3}cU_nI''_k = \sqrt{3}U_dI_d/X^*_\Sigma = S_d/X^*_\Sigma \tag{4-18}$$

例 4-1　某工业企业供配电系统如图 4-6 所示。已知电力系统变电所 110kV 馈电线出口处在系统最大运行方式下的三相对称短路容量为 $S''_{k3} = 2000\text{MV}\cdot\text{A}$，试求在系统最大运行方式下，工厂总降压变电所 110kV 进线上 k-1 点短路、10kV 母线上 k-2 点短路、车间变电所 10kV 母线上 k-3 点短路和两台配电变压器并联运行、分列运行两种情况下低压 380V 母线上 k-4 点三相短路时的三相短路电流和短路容量。

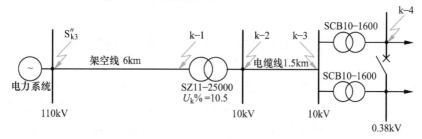

图 4-6　例 4-1 供配电系统的短路计算电路图

解：1. 确定基准值

取　$S_d = 100\text{MV}\cdot\text{A}$，$U_{d1} = 115.5\text{kV}$，$U_{d2} = 10.5\text{kV}$，$U_{d3} = 0.4\text{kV}$

而　$I_{d1} = S_d/\sqrt{3}U_{d1} = 100\text{MV}\cdot\text{A}/(\sqrt{3}\times115.5\text{kV}) = 0.50\text{kA}$

　　$I_{d2} = S_d/\sqrt{3}U_{d2} = 100\text{MV}\cdot\text{A}/(\sqrt{3}\times10.5\text{kV}) = 5.50\text{kA}$

　　$I_{d3} = S_d/\sqrt{3}U_{d3} = 100\text{MV}\cdot\text{A}/(\sqrt{3}\times0.4\text{kV}) = 144.34\text{kA}$

2. 计算短路电路中各主要元件的电抗标幺值

（1）电力系统　　$X^*_1 = \dfrac{S_d}{S_k} = 100\text{MV}\cdot\text{A}/2000\text{MV}\cdot\text{A} = 0.050$

（2）110kV 架空线路　　$X^*_2 = xl\dfrac{S_d}{(cU_n)^2} = 0.40(\Omega/\text{km})\times6\text{km}\times\dfrac{100\text{MV}\cdot\text{A}}{(115.5\text{kV})^2} = 0.018$

（3）总降压变压器　　$X^*_3 = X^*_4 = \dfrac{U_k\%}{100}\dfrac{S_d}{S_{r.T}} = \dfrac{10.5}{100}\dfrac{100\text{MV}\cdot\text{A}}{25\text{MV}\cdot\text{A}} = 0.420$

（4）10kV 电缆线路　　$X^*_4 = xl\dfrac{S_d}{(cU_n)^2} = 0.10(\Omega/\text{km})\times1.5\text{km}\times\dfrac{100\text{MV}\cdot\text{A}}{(10.5\text{kV})^2} = 0.136$

（5）配电变压器（由附录表 15 查得 SCB10-1600/10 干式变压器 Dyn11 联结 $U_k\% = 6$）

$$X^*_5 = X^*_6 = \dfrac{U_k\%}{100}\dfrac{S_d}{S_{r.T}} = \dfrac{6}{100}\times\dfrac{100\text{MV}\cdot\text{A}}{1.6\text{MV}\cdot\text{A}} = 3.75$$

绘制短路等效电路如图 4-7 所示，图上标出了各元件的序号和电抗标幺值，并标出了短路计算点。

3. 求 k-1 点的短路电路总阻抗标幺值及三相短路电流和短路容量

（1）总电抗标幺值　　$X^*_{\Sigma(k-1)} = X^*_1 + X^*_2 = 0.050 + 0.018 = 0.068$

（2）三相对称短路电流初始值　　$I''_{k3} = I_{d1}/X^*_{\Sigma(k-1)} = 0.50\text{kA}/0.068 = 7.35\text{kA}$

（3）其他三相短路电流　　　$I_{k3} = I_{b3} = I_{k3}'' = 7.35\text{kA}$，$i_{p3} = 2.55 \times 7.35\text{kA} = 18.74\text{kA}$

（4）三相短路容量　　　$S_{k3}'' = S_d / X_{\Sigma(k-1)}^* = 100\text{MV} \cdot \text{A}/0.068 = 1470.59\text{MV} \cdot \text{A}$

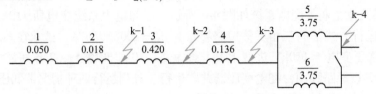

图 4-7　例 4-1 的短路等效电路图

4. 求 k-2 点的短路电路总阻抗标幺值及三相短路电流和短路容量

（1）总电抗标幺值　　　$X_{\Sigma(k-2)}^* = X_1^* + X_2^* + X_3^* = 0.06 + 0.42 = 0.488$

（2）三相对称短路电流初始值　　　$I_{k3}'' = I_{d2} / X_{\Sigma(k-2)}^* = 5.50\text{kA}/0.488 = 11.27\text{kA}$

（3）其他三相短路电流　　　$I_{k3} = I_{b3} = I_{k3}'' = 11.27\text{kA}$，$i_{p3} = 2.55 \times 11.27\text{kA} = 28.74\text{kA}$

（4）三相短路容量　　　$S_{k3}'' = S_d / X_{\Sigma(k-2)}^* = 100\text{MV} \cdot \text{A}/0.488 = 204.92\text{MV} \cdot \text{A}$

5. 求 k-3 点的短路电路总阻抗标幺值及三相短路电流和短路容量

（1）总电抗标幺值　　　$X_{\Sigma(k-3)}^* = X_1^* + X_2^* + X_3^* + X_4^* = 0.488 + 0.136 = 0.624$

（2）三相对称短路电流初始值　　　$I_{k3}'' = I_{d2} / X_{\Sigma(k-2)}^* = 5.50\text{kA}/0.624 = 8.81\text{kA}$

（3）其他三相短路电流　　　$I_{k3} = I_{b3} = I_{k3}'' = 8.81\text{kA}$，$i_{p3} = 2.55 \times 8.81\text{kA} = 22.47\text{kA}$

（4）三相短路容量　　　$S_{k3}'' = S_d / X_{\Sigma(k-3)}^* = 100\text{MV} \cdot \text{A}/0.624 = 160.26\text{MV} \cdot \text{A}$

6. 求 k-4 点的短路电路总电抗标幺值及三相短路电流和短路容量

两台变压器并联运行情况下：

（1）总电抗标幺值　　　$X_{\Sigma(k-4)}^* = X_1^* + X_2^* + X_3^* + X_4^* + X_5^* /\!/ X_6^* = 0.624 + \dfrac{3.75}{2} = 2.499$

（2）三相对称短路电流初始值　　　$I_{k3}'' = I_{d3} / X_{\Sigma(k-4)}^* = 144.34\text{kA}/2.499 = 57.76\text{kA}$

（3）其他三相短路电流

在 10/0.4kV 变压器二次侧低压母线发生三相短路时，一般 $R_\Sigma < \dfrac{1}{3} X_\Sigma$，可取 $K_p = 1.6$，因此 $i_{p3} = 2.26 I_{k3}''$，$I_{p3} = 1.31 I_{k3}''$，则

$I_{k3} = I_{b3} = I_{k3}'' = 57.76\text{kA}$，$i_{p3} = 2.26 \times 57.76\text{kA} = 130.54\text{kA}$

（4）三相短路容量　　　$S_{k3}'' = S_d / X_{\Sigma(k-4)}^* = 100\text{MV} \cdot \text{A}/2.499 = 40.02\text{MV} \cdot \text{A}$

两台变压器分列运行情况下：

（1）总电抗标幺值　　　$X_{\Sigma(k-4)}^* = X_1^* + X_2^* + X_3^* + X_4^* + X_5^* = 0.624 + 3.75 = 4.374$

（2）三相对称短路电流初始值　　　$I_{k3}'' = I_{d3} / X_{\Sigma(k-4)}^* = 144.34\text{kA}/4.374 = 33.00\text{kA}$

（3）其他三相短路电流　　　$I_{k3} = I_{b3} = I_{k3}'' = 33.00\text{kA}$，$i_{p3} = 2.26 \times 33.00\text{kA} = 74.58\text{kA}$

（4）三相短路容量　　　$S_{k3}'' = S_d / X_{\Sigma(k-4)}^* = 100\text{MV} \cdot \text{A}/4.374 = 22.86\text{MV} \cdot \text{A}$

在供配电工程设计计算书中，以上计算可列成短路计算表，见表 4-1。

从以上计算结果可以看出，两台变压器分列运行时的短路电流要比并联运行时小得多。在实际工程中，两台变压器通常也采用分列运行的方式来限制变压器二次侧母线的短路电流。

表 4-1　例 4-1 的短路计算表

序号	电路元件	短路计算点	技术参数 $S_d=100\text{MV}\cdot\text{A}$	电抗标幺值 X^*	三相短路电流/kA				三相短路容量 $S''_{k3}/\text{MV}\cdot\text{A}$
					I''_{k3}	I_{h3}	I_{k3}	i_{p3}	
1	电力系统		$S''_{k3}=2000\text{MV}\cdot\text{A}$	0.050					2000
2	110kV 电力线路		$x=0.40\Omega/\text{km}$ $l=6\text{km}$	0.018					
3	1+2	k-1	$U_{n1}=110\text{kV}$ $I_{d1}=0.5\text{kA}$	0.068	7.35	7.35	7.35	18.74	1470.59
4	总降压变压器		$S_{r.T}=40000\text{kV}\cdot\text{A}$ $U_k\%=10.5$	0.420					
5	3+4	k-2	$U_{n2}=10\text{kV}$ $I_{d2}=5.5\text{kA}$	0.488	11.27	11.27	11.27	28.74	204.92
6	10kV 电力线路		$x=0.10\Omega/\text{km}$ $l=1.5\text{km}$	0.136					
7	5+6	k-3	$U_{n2}=10\text{kV}$ $I_{d2}=5.5\text{kA}$	0.624	8.81	8.81	8.81	22.47	160.26
8	配电变压器		$S_{r.T}=1600\text{kV}\cdot\text{A}$ $U_k\%=6$	3.75					
9	8+9	k-4	并联　$U_{n3}=0.38\text{kV}$ 分列　$I_{d3}=144.34\text{kA}$	2.499 4.374	57.76 33.00	57.76 33.00	57.76 33.00	130.54 74.58	40.02 22.86

四、两相短路电流的计算

在远离发电机端发生两相短路时（见图 4-8），其两相短路电流可由下式求得：

$$I''_{k2}=\frac{cU_n}{2\,|Z_\Sigma|}$$

如果只计电抗，则两相短路电流为

$$I''_{k2}=\frac{cU_n}{2X_\Sigma}\qquad(4\text{-}19)$$

其他两相短路电流 I_{h2}、I_{k2}、i_{p2} 和 I_{p2}

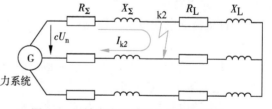

图 4-8　远端发电机端发生的两相短路

等，都可按前面计算三相短路电流时的对应公式来计算。

关于两相短路电流与三相短路电流的关系，可由式（4-8）和式（4-19）求得，即

$$I''_{k2}=\frac{\sqrt{3}}{2}I''_{k3}=0.866I''_{k3}\qquad(4\text{-}20)$$

式（4-20）说明，远离发电机处的两相短路电流为三相短路电流的 0.866 倍。

五、短路点附近交流电动机的反馈对冲击电流的影响

当高压电网短路点附近直接接有高压电动机时，应计入电动机对三相对称短路电流的影

响。对高压同步电动机，可按同步发电机处理，即按有限电源容量考虑，采用运算曲线法（读者可参阅参考文献［2］）计算其对三相短路电流交流分量的影响。

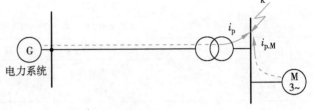

由于短路时电动机的端电压骤降，致使电动机因定子电动势反高于外施电压而向短路点反馈电流，如图 4-9 所示，从而使短路计算点的短路峰值电流增大。

图 4-9　大容量电动机对短路点的反馈冲击电流

异步电动机反馈的短路电流峰值 $i_{p.M}$（单位 kA）按下式计算：

$$i_{p.M} = 1.1 \times \sqrt{2} K_{p.M} K_{st.M} I_{r.M} \times 10^{-3} \tag{4-21}$$

式中　$K_{p.M}$——异步电动机提供的短路电流峰值系数，对 3～10kV 电动机取 1.4～1.7，对 380V 电动机可取 1；

$K_{st.M}$——电动机起动电流倍数，如有多台电动机，则以等效起动电流倍数 $K'_{st.M}$ 代入，其值 $K'_{st.M} = \Sigma(K_{st.M} P_{r.M})/\Sigma P_{r.M}$，$P_{r.M}$ 为电动机额定功率（kW）；

$I_{r.M}$——电动机额定电流（A），如有多台电动机，则以总电流之和代入。

当然，由于交流电动机在外电路短路后很快受到制动，因此它产生的反馈电流衰减很快，所以只有在考虑短路冲击电流的影响时，才计入电动机的反馈电流。计入异步电动机的影响后，短路点的三相短路电流峰值为 $i_{p.\Sigma} = i_{p3} + i_{p.M}$。

第三节　低压电网短路电流的计算

一、低压电网短路电流计算的特点

高压电网短路电流计算的条件也适用于低压电网短路电流的计算，但低压电网短路电流的计算还有如下特点：

1）直接将配电变压器高压侧系统看作是无限大容量电源系统或按远离发电机端短路进行计算。

2）计入短路回路各元件的有效电阻，但短路点的电弧电阻及导线连接点、开关设备和电器的接触电阻可忽略不计。

3）当电路电阻较大，短路电流直流分量（非周期分量）衰减较快，在变压器二次母线短路时，峰值系数 K_p 较大，而在变电所以外低压电路中发生短路时，峰值系数 K_p 则接近于 1。

4）单位线路长度电阻的计算温度不同，在计算三相最大短路电流时，导体计算温度取 20℃；在计算单相短路（包括单相对地短路）电流时，假设的计算温度升高，电阻值增大，其值一般取 20℃时电阻的 1.5 倍。

5）计算过程采用有名单位制（欧姆制），电压用 V，电流用 kA，容量用 kV·A，阻抗用 mΩ。

6）计算 220/380V 电网三相短路电流时，电压系数 $c = 1.05$；计算单相短路电流时，电压系数 $c = 1$。

二、三相和两相短路电流的计算

三相阻抗相同的低压配电系统、短路电流周期分量有效值 I_{k3}''（kA）可根据下式计算：

$$I_{k3}'' = \frac{cU_n}{\sqrt{3}\sqrt{(R_\Sigma^2 + X_\Sigma^2)}}\tag{4-22}$$

式中　U_n——低压电网的标称电压（380V）；

　R_Σ、X_Σ——短路回路的总电阻、总电抗（mΩ），包括变压器高压侧系统、配电变压器、低压母线及配电线路等元件的阻抗。

应计及的元件电阻、电抗（单位均为 mΩ）有如下几种。

1. 高压侧系统的阻抗

归算到低压侧的高压系统阻抗可按下式计算：

$$Z_S = \frac{(cU)_n^2}{S_{k3}''}\tag{4-23}$$

式中　S_{k3}''——配电变压器高压侧的短路容量，要注意的是此处短路容量单位应为 kV·A。

高压侧系统的电抗为 $\qquad X_S = 0.995Z_S \tag{4-24}$

高压侧系统的电阻为 $\qquad R_S = 0.1X_S \tag{4-25}$

2. 配电变压器的阻抗

配电变压器绕组的电阻为

$$R_T = \frac{\Delta P_k(cU_n)^2}{S_{r.T}^2}\tag{4-26}$$

式中　ΔP_k——配电变压器额定负荷下的短路损耗（kW），可查附录表 14、附录表 15。

配电变压器绕组的阻抗为

$$Z_T = \frac{U_k\%(cU_n)^2}{100S_{r.T}}\tag{4-27}$$

式中　$U_k\%$——配电变压器的短路电压百分值，可查附录表 14、附录表 15。

配电变压器绕组的电抗为

$$X_T = \sqrt{Z_T^2 - R_T^2}\tag{4-28}$$

3. 低压母线、配电线路的阻抗

低压母线、配电线路的阻抗为

$$R_W = rl$$
$$X_W = xl \tag{4-29}$$

式中　l——低压母线、配电线路的长度（m）；

　r、x——低压母线、配电线路的单位长度电阻、电抗值（mΩ/m），可分别查附录表 13、附录表 16 和附录表 17。

同高压电网一样，低压电网两相短路电流与三相短路电流的关系也为 $I_{k2}'' = 0.866I_{k3}''$。当低压电网短路点附近所接交流电动机的额定电流之和超过短路电流的 1% 时，应计入低压电动机反馈电流的影响其计算公式见式（4-21）。

三、单相短路（包括单相对地短路）电流的计算

（一）低压 TN 系统单相对地短路电流的计算

低压 TN 系统中发生单相对地短路时（见图 4-1a），根据对称分量法可求得其单相对地短路电流为

$$I_d'' = \frac{cU_n/\sqrt{3}}{|Z_{1\Sigma} + Z_{2\Sigma} + Z_{0\Sigma}|/3} = \frac{cU_n/\sqrt{3}}{\sqrt{(R_{\Sigma L\text{-}PE}^2 + X_{\Sigma L\text{-}PE}^2)}} = \frac{220V}{\sqrt{(R_{\Sigma L\text{-}PE}^2 + X_{\Sigma L\text{-}PE}^2)}} \tag{4-30}$$

式中 $Z_{1\Sigma}$、$Z_{2\Sigma}$、$Z_{0\Sigma}$——单相接地短路回路的正序、负序和零序阻抗；

         $R_{\Sigma L\text{-}PE}$、$X_{\Sigma L\text{-}PE}$——故障回路所有元件的总相-保护导体电阻、电抗（$m\Omega$），包括变压器高压侧系统、变压器、低压母线及配电线路等元件的相-保护导体电阻、电抗。

元件的相-保护导体阻抗计算公式为

$$R_{L\text{-}PE} = (R_1 + R_2 + R_0)/3$$
$$X_{L\text{-}PE} = (X_1 + X_2 + X_0)/3 \tag{4-31}$$

式中 R_1、X_1、R_2、X_2、R_0、X_0——分别为元件的正序、负序和零序电阻、电抗。对静止元件，$R_1 = R_2 = R$，$X_1 = X_2 = X$，R、X 为各元件在计算三相对称短路时所采用的阻抗值；R_0、X_0 根据元件的零序等值电路确定。

1. 高压侧系统的相-保护导体阻抗

已知 $R_{1S} = R_{2S} = R_S$，$X_{1S} = X_{2S} = X_S$。对于三相三线制高压系统，因零序电流不能在高压侧流通，故不计入高压侧系统的零序阻抗，取 $R_{0S} = 0$，$X_{0S} = 0$，所以，高压侧系统的相-保护导体电阻、电抗为 $R_{L\text{-}PE.S} = \frac{2}{3}R_S$，$X_{L\text{-}PE.S} = \frac{2}{3}X_S$。

2. 配电变压器的相-保护导体阻抗

已知 $R_{1T} = R_{2T} = R_T$，$X_{1T} = X_{2T} = X_T$，对于 Dyn11 联结配电变压器，由于零序电流可在高压侧三角形联结的绕组中流通，因此 $R_{0T} = R_T$，$X_{0T} = X_T$，所以，Dyn11 联结配电变压器的相-保护导体电阻、电抗为 $R_{L\text{-}PE.T} = R_T$，$X_{L\text{-}PE.T} = X_T$。

对于 Yyn0 联结配电变压器，其 R_0、X_0 比正序阻抗大得多，由制造厂家通过测试提供。Yyn0 联结配电变压器的相-保护导体电阻、电抗按式（4-31）计算。

3. 低压母线、配电线路的相-保护导体阻抗

已知 $R_{1W} = R_{2W} = R_W$、$X_{1W} = X_{2W} = X_W$。对于三相四线制低压母线、配电线路，零序电阻、电抗为

$$R_{0W} = R_{0L} + 3R_{0PE}$$
$$X_{0W} = X_{0L} + 3X_{0PE} \tag{4-32}$$

式中 R_{0L}、X_{0L}——元件线导体的零序电阻、电抗；$R_{0L} = R_W$，但 $X_{0L} \neq X_W$；

         R_{0PE}、X_{0PE}——元件保护导体的零序电阻、电抗。

所以，元件的相-保护导体阻抗为

$$R_{L\text{-}PE.W} = (R_{1W} + R_{2W} + R_{0L})/3 + R_{0PE} = R_L + R_{PE}$$
$$X_{L\text{-}PE.W} = (X_{1W} + X_{2W} + X_{0L})/3 + X_{0PE} \tag{4-33}$$

式中　R_{L}、R_{PE}——元件线导体电阻、保护导体电阻。

在设计手册中，通常根据式（4-29）预先计算出元件单位长度的相-保护导体阻抗，编制成表格，以方便工程设计查用。因此，低压母线、配电线路的相-保护导体阻抗可按下式计算：

$$R_{\mathrm{L\text{-}PE.\,W}} = r_{\mathrm{L\text{-}PE}}\,l$$
$$X_{\mathrm{L\text{-}PE.\,W}} = x_{\mathrm{L\text{-}PE}}\,l \tag{4-34}$$

式中　$r_{\mathrm{L\text{-}PE}}$、$x_{\mathrm{L\text{-}PE}}$——低压母线、配电线路单位长度的相-保护导体阻抗，可查附录表 16 ~ 附录表 18。

（二）低压 TN、TT 系统单相短路电流的计算

TN 系统和 TT 系统的线导体对中性导体的单相短路电流 I''_{k1} 的计算，与上述单相对地短路电流的计算相似，仅将元件的相-保护导体阻抗改为相-中性导体阻抗即可。

（三）单相短路（包括单相对地短路）电流与三相短路电流的关系

在远离发电机的用户变电所，低压侧发生单相短路（包括单相对地短路）时，$Z_{1\Sigma} \approx Z_{2\Sigma}$，因此由式（4-30）得单相短路（包括单相对地短路）电流为

$$I''_{\mathrm{k1}} = \frac{\sqrt{3}\,cU_{\mathrm{n}}}{\left|\,2Z_{1\Sigma} + Z_{0\Sigma}\,\right|}$$

由于远离发电机短路时，$Z_{0\Sigma} > Z_{1\Sigma}$，因此

$$I''_{\mathrm{k1}} < \frac{cU_{\mathrm{n}}}{\sqrt{3}\,Z_{1\Sigma}} = I''_{\mathrm{k3}}$$

由此和前一节可知，在无限大电源容量系统中或远离发电机处短路时，两相短路电流和单相短路（包括单相对地短路）电流均较三相短路电流小，因此用于选择电气设备和导体的短路稳定性校验的短路电流，应采用三相短路电流。两相短路电流主要用于相间短路保护的灵敏系数检验。单相对地短路电流主要用于单相对地短路保护的整定及单相对地短路热稳定性的校验。

由式（4-30）可知，低压侧单相对地短路电流的大小与变压器单相对地短路时的相-保护导体阻抗密切相关。对 Dyn11 联结变压器，由于其相-保护导体阻抗值即为每相阻抗值；而对 Yyn0 联结变压器，其相-保护导体阻抗值很大。因此，Dyn11 联结变压器低压侧的单相对地短路电流要比同等容量的 Yyn0 联结变压器低压侧的单相对地短路电流大得多。

例 4-2　某民用建筑低压配电网络短路计算电路如图 4-10 所示。配电变压器与低压配电柜直接靠近安装，已知变压器高压侧短路容量为 150MV·A。试求变压器低压母

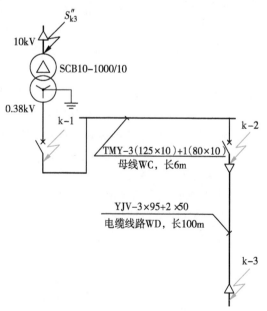

图 4-10　例 4-2 低压网络短路计算电路图

线 k-1 点短路及配电线路首端 k-2 点短路、线路末端 k-3 点短路时的三相短路电流和单相对地短路电流。

解：1. 计算有关电路元件的阻抗

（1）高压系统的阻抗（归算到 400V 侧）

每相阻抗
$$Z_S = \frac{(cU)_n^2}{S_{k3}''} = \frac{(400V)^2}{150 \times 10^3 kV \cdot A} = 1.07m\Omega$$

$$X_S = 0.995Z_S = 0.995 \times 1.07m\Omega = 1.06m\Omega$$

$$R_S = 0.1X_S = 0.11m\Omega$$

相-保护导体阻抗
$$X_{L\text{-}PE.S} = \frac{2}{3}X_S = 0.71m\Omega, \quad R_{L\text{-}PE.S} = \frac{2}{3}R_S = 0.07m\Omega$$

（2）配电变压器的阻抗（由附录表 15 查得，SCB10-1000/10 干式配电变压器在 F 级绝缘耐热等级下的 $\Delta P_k = 8.13kW$，$U_k\% = 6$）

每相阻抗
$$R_T = \frac{\Delta P_k (cU_n)^2}{S_{r \cdot T}^2} = \frac{8.13kW \times (400V)^2}{(1000kV \cdot A)^2} = 1.30m\Omega$$

$$Z_T = \frac{U_k\% (cU_n)^2}{100S_{r \cdot T}} = \frac{6 \times (400V)^2}{100 \times 1000kV \cdot A} = 9.60m\Omega$$

$$X_T = \sqrt{Z_T^2 - R_T^2} = \sqrt{9.6^2 - 1.30^2}m\Omega = 9.51m\Omega$$

相-保护导体阻抗（Dyn11 联结）$R_{L\text{-}PE.T} = R_T = 1.30m\Omega$，$X_{L\text{-}PE.T} = X_T = 9.51m\Omega$

（3）低压母线和电缆的阻抗

对于低压母线 WC，由附录表 16 可查得单位长度每相阻抗及相-保护导体阻抗值。

每相阻抗
$$R_{WC} = rl = 0.019m\Omega/m \times 6m = 0.11m\Omega$$

$$X_{WC} = xl = 0.105m\Omega/m \times 6m = 0.63m\Omega$$

相-保护导体阻抗
$$R_{L\text{-}PE.WC} = r_{L\text{-}PE}l = 0.045m\Omega/m \times 6m = 0.27m\Omega$$

$$X_{L\text{-}PE.WC} = x_{L\text{-}PE}l = 0.260m\Omega/m \times 6m = 1.56m\Omega$$

对于低压电缆 WD，由附录表 13、附录表 18 可查得单位长度每相阻抗及相-保护导体阻抗值。

每相阻抗为
$$R_{WD} = rl = 0.185m\Omega/m \times 100m = 18.50m\Omega$$

$$X_{WD} = xl = 0.077m\Omega/m \times 100m = 7.70m\Omega$$

相-保护导体阻抗
$$R_{L\text{-}PE.WD} = r_{L\text{-}PE}l = 0.804m\Omega/m \times 100m = 80.40m\Omega$$

$$X_{L\text{-}PE.WD} = x_{L\text{-}PE}l = 0.186m\Omega/m \times 100m = 18.60m\Omega$$

2. 计算各短路点的短路电流

（1）k-1 点的三相和单相对地短路电流

三相短路回路总阻抗
$$R_\Sigma = R_S + R_T = (0.11 + 1.30)m\Omega = 1.41m\Omega$$

$$X_\Sigma = X_S + X_T = (1.06 + 9.51)m\Omega = 10.57m\Omega$$

三相短路电流
$$I_{k3}'' = \frac{cU_n}{\sqrt{3}\sqrt{(R_\Sigma^2 + X_\Sigma^2)}} = \frac{400V}{\sqrt{3}\sqrt{(1.41^2 + 10.57^2)}m\Omega} = 21.65kA$$

短路电流冲击系数
$$K_p = 1 + e^{-\pi R_\Sigma/X_\Sigma} = 1 + e^{-3.14 \times 1.41/10.57} = 1.658$$

三相短路冲击电流
$$i_{p3} \approx K_p\sqrt{2}I_{k3}'' = 1.658 \times \sqrt{2} \times 21.65kA = 50.77kA$$

单相对地短路回路总相-保护导体阻抗

$$R_{\Sigma L\text{-}PE} = R_{L\text{-}PE.S} + R_{L\text{-}PE.T} = (0.07 + 1.30)\,\mathrm{m\Omega} = 1.37\,\mathrm{m\Omega}$$

$$X_{\Sigma L\text{-}PE} = X_{L\text{-}PE.S} + X_{L\text{-}PE.T} = (0.71 + 9.51)\,\mathrm{m\Omega} = 10.22\,\mathrm{m\Omega}$$

单相对地短路电流　　$I_d'' = \dfrac{220V}{\sqrt{(R_{\Sigma L\text{-}PE}^2 + X_{\Sigma L\text{-}PE}^2)}} = \dfrac{220V}{\sqrt{1.37^2 + 10.22^2}\,\mathrm{m\Omega}} = 22.40\,\mathrm{kA}$

（2）k-2 点的三相和单相对地短路电流

三相短路回路总阻抗　　　$R_{\Sigma} = R_S + R_T + R_{WC} = (0.11 + 1.30 + 0.11)\,\mathrm{m\Omega} = 1.52\,\mathrm{m\Omega}$

$$X_{\Sigma} = X_S + X_T + X_{WC} = (1.06 + 9.51 + 0.63)\,\mathrm{m\Omega} = 11.20\,\mathrm{m\Omega}$$

三相短路电流　　$I_{k3}'' = \dfrac{cU_n}{\sqrt{3}\sqrt{(R_{\Sigma}^2 + X_{\Sigma}^2)}} = \dfrac{400V}{\sqrt{3}\sqrt{(1.52^2 + 11.20^2)}\,\mathrm{m\Omega}} = 20.43\,\mathrm{kA}$

短路电流冲击系数　　$K_p = 1 + e^{-\pi R_{\Sigma}/X_{\Sigma}} = 1 + e^{-3.14 \times 1.52/11.20} = 1.653$

三相短路冲击电流　　$i_{p3} \approx K_p\sqrt{2}I_{k3}'' = 1.653 \times \sqrt{2} \times 20.43\,\mathrm{kA} = 47.74\,\mathrm{kA}$

单相对地短路回路总相-保护导体阻抗

$$R_{\Sigma L\text{-}PE} = R_{L\text{-}PE.S} + R_{L\text{-}PE.T} + R_{L\text{-}PE.WC} = (0.07 + 1.30 + 0.27)\,\mathrm{m\Omega} = 1.64\,\mathrm{m\Omega}$$

$$X_{\Sigma L\text{-}PE} = X_{L\text{-}PE.S} + X_{L\text{-}PE.T} + X_{L\text{-}PE.WC} = (0.71 + 9.52 + 1.56)\,\mathrm{m\Omega} = 11.77\,\mathrm{m\Omega}$$

单相对地短路电流　　$I_d'' = \dfrac{220V}{\sqrt{(R_{\Sigma L\text{-}PE}^2 + X_{\Sigma L\text{-}PE}^2)}} = \dfrac{220V}{\sqrt{1.64^2 + 11.77^2}\,\mathrm{m\Omega}} = 19.42\,\mathrm{kA}$

（3）k-3 点的三相和单相对地短路电流

三相短路回路总阻抗

$$R_{\Sigma} = R_S + R_T + R_{WC} + R_{WD} = (1.52 + 18.50)\,\mathrm{m\Omega} = 20.02\,\mathrm{m\Omega}$$

$$X_{\Sigma} = X_S + X_T + X_{WC} + X_{WD} = (11.20 + 7.70)\,\mathrm{m\Omega} = 18.90\,\mathrm{m\Omega}$$

三相短路电流　　$I_{k3}'' = \dfrac{cU_n}{\sqrt{3}\sqrt{(R_{\Sigma}^2 + X_{\Sigma}^2)}} = \dfrac{400V}{\sqrt{3}\sqrt{(20.20^2 + 18.90^2)}\,\mathrm{m\Omega}} = 8.39\,\mathrm{kA}$

短路电流冲击系数　　$K_p = 1 + e^{-\pi R_{\Sigma}/X_{\Sigma}} = 1 + e^{-3.14 \times 20.20/18.90} = 1.036$

三相短路冲击电流　$i_{p3} \approx K_p\sqrt{2}I_{k3}'' = 1.036 \times \sqrt{2} \times 8.39\,\mathrm{kA} = 12.30\,\mathrm{kA}$

单相对地短路回路总相-保护导体阻抗

$$R_{\Sigma L\text{-}PE} = R_{L\text{-}PE.S} + R_{L\text{-}PE.T} + R_{L\text{-}PE.WC} + R_{L\text{-}PE.WD} = (1.64 + 80.40)\,\mathrm{m\Omega} = 82.04\,\mathrm{m\Omega}$$

$$X_{\Sigma L\text{-}PE} = X_{L\text{-}PE.S} + X_{L\text{-}PE.T} + X_{L\text{-}PE.WC} + X_{L\text{-}PE.WD} = (11.77 + 18.60)\,\mathrm{m\Omega} = 30.37\,\mathrm{m\Omega}$$

单相对地短路电流　　$I_d'' = \dfrac{220V}{\sqrt{(R_{\Sigma L\text{-}PE}^2 + X_{\Sigma L\text{-}PE}^2)}} = \dfrac{220V}{\sqrt{82.04^2 + 30.37^2}\,\mathrm{m\Omega}} = 2.64\,\mathrm{kA}$

在供配电工程设计计算书中，以上计算可列成短路电流计算表，见表 4-2。

从以上计算结果可以看出，TN 系统变压器低压母线处的单相对地短路电流约等于三相对称短路电流。而在低压配电线路末端，由于相-保护导体阻抗较大，单相对地短路电流要远小于三相对称短路电流。因此，在工程设计中，通常利用短路保护电器来切除 TN 系统变压器低压母线以及配电干线的单相对地短路故障，而在配电系统末端回路一般设置专门的保护电器。

表4-2 例4-2的短路电流计算表

序号	电路元件	短路计算点	技术参数 $U_n = 380V$	相阻抗/mΩ		相-保护导体阻抗/mΩ		三相短路电流/kA			单相对地短路电流 I_d''/kA
				R	X	$R_{L\text{-}PE}$	$X_{L\text{-}PE}$	I_{k3}''	K_p	i_{p3}	I_d''/kA
1	系统 S		$S_k = 150MV \cdot A$	0.11	1.06	0.07	0.71				
2	变压器 T		SCB10-1000/10,Dyn11 $S_{rT} = 1000kV \cdot A$ $\Delta P_k = 8.13kW, U_k\% = 6$	1.30	9.51	1.30	9.51				
3	1 + 2	k-1		1.41	10.57	1.37	10.22	21.65	1.658	50.77	22.40
4	母线 WC		TMY-3(125×10)+80×10,$l=6m$ $r = 0.019mΩ/m$ $x = 0.105mΩ/m$ $r_{L\text{-}PE} = 0.045mΩ/m$ $x_{L\text{-}PE} = 0.260mΩ/m$	0.11	0.63	0.27	1.56				
5	3 + 4	k-2		1.52	11.20	1.642	11.77	20.43	1.653	47.74	19.42
6	干线 WD		YJV-3×95+2×50,$l=100m$ $r = 0.185mΩ/m$ $x = 0.077mΩ/m$ $r_{L\text{-}PE} = 0.804mΩ/m$ $x_{L\text{-}PE} = 0.186mΩ/m$	18.50	7.70	80.40	18.60				
7	5 + 6	k-3		20.02	18.90	82.04	30.37	8.39	1.036	12.30	2.64

第四节　短路电流的效应

强大的短路电流通过电器和导体，将产生很大的电动力，即电动力效应，可能使电器和导体受到破坏或产生永久性变形。短路电流产生的热量，会造成电器和导体温度迅速升高，即热效应，可能使电器和导体绝缘强度降低，加速绝缘老化甚至损坏。为了正确选择电器和导体，保证在短路情况下也不损坏，必须校验其动稳定和热稳定。

一、短路电流的电动力效应

对于两根平行导体，通过的电流分别为 i_1 和 i_2，其相互间的作用力 F（单位 N）可用下面公式来计算：

$$F = 2i_1 i_2 K_f \frac{l_c}{D} \times 10^{-7} \tag{4-35}$$

式中　i_1、i_2——两导体中电流瞬时值（A）；

l——平行导体长度（m）；

D——两平行导体中心间距（m）；

K_f——相邻矩形截面导体的形状系数，可查图4-11中曲线求得（对圆形导体取1）。

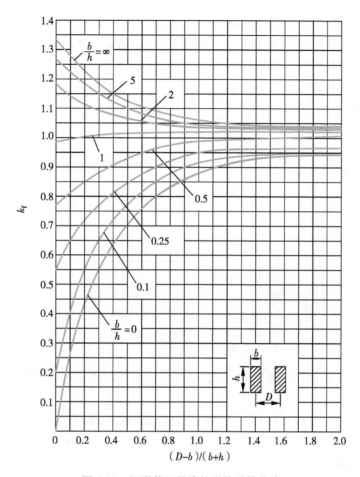

图 4-11　矩形截面母线的形状系数曲线

在三相系统中，由于三相导体所处位置不同，导体中通过的短路电流可能是两相短路电流也可能是三相短路电流，因此各相导体受到的电动力也不相同。可以证明，当三相导体在同一平面平行布置时，受力最大的是中间相导体。

当发生两相短路故障时，短路电流峰值 i_{p2} 通过中间相导体所产生的最大电动力 F_{k2max} 为

$$F_{k2max} = 2K_f i_{p2}^2 \frac{l_c}{D} \times 10^{-7} \tag{4-36}$$

当发生三相短路故障时，短路电流峰值 i_{p3} 通过中间相导体所产生的最大电动力 F_{k3max} 为

$$F_{k3max} = \sqrt{3} K_f i_{p3}^2 \frac{l_c}{D} \times 10^{-7} \tag{4-37}$$

根据式（4-20），比较式（4-36）和式（4-37）可知，$F_{k3max} = 1.15 F_{k2max}$。

按正常工作条件选择的电器导体应能承受三相短路电流产生的电动力效应的作用，不致产生永久变形或遭到机械损伤，即要求具有足够的动稳定性。

二、短路电流的热效应

在线路发生短路时，强大的短路电流将使导体和电器的温度迅速升高。但由于短路后线

路的保护装置会很快动作，切除短路故障，所以短路电流通过导体的时间不长，一般不超过 2~3s。因此在短路过程中，可不考虑导体向周围介质的散热，即近似地认为导体在短路持续时间内是与周围介质绝热的，短路电流在导体中产生的热量，全部用来使导体的温度升高。

图 4-12 表示短路前后导体温度的变化情况。导体在短路前正常负荷的温度为 θ_L，设在 t_1 时发生短路，导体温度按指数函数规律迅速升高，而在 t_2 时线路的保护装置动作，切除了短路故障，这时导体的温度已达到 θ_k。短路被切除后，线路断电，导体不再产生热量，而只按指数规律向周围介质散热，直到导体温度等于周围介质温度 θ_0 为止。要求导体在正常和短路情况下的温度都必须小于所允许的最高温度（见附录表 31 和附录表 32）。

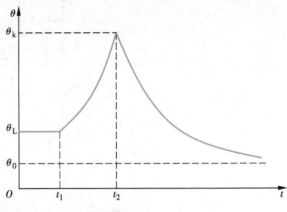

图 4-12　短路前后导体的温度变化

在实际短路时间 t_k 内，短路全电流 i_{kT} 在导体和电器中引起的热效应 Q_t 为

$$Q_t = \int_0^{t_k} i_{kT}^2 \mathrm{d}t \approx Q_k + Q_D = I_{k3}''^2(t_k + t_D) \tag{4-38}$$

式中　Q_k——短路电流周期分量的热效应（kA^{2}s），对于无限大电源容量或远离发电机端，$Q_k = I_{k3}''^2 t_k$；

t_k——短路时间（s），$t_k = t_p + t_b$，t_p 为继电保护动作时间，t_b 为高压断路器的全分断时间（含固有分闸时间与灭弧时间），对于高速断路器，$t_b = 0.1$s；

Q_D——短路电流非周期分量的热效应（kA^{2}s），$Q_D = I_{k3}''^2 t_D$；

t_D——计算短路电流非周期分量热效应的等值时间，对于用户变电所各级电压母线及出线，t_D 取 0.05s。

当 $t_k > 1$s 时，由于短路电流非周期分量衰减较快，可忽略其热效应，此时短路电流在导体和电器中引起的热效应 Q_t 为

$$Q_t = I_{k3}''^2 t_k \tag{4-39}$$

根据短路电流产生的热效应可以确定出已知电器导体短路时所达到的最高温度 θ_k，由于计算过程繁琐，此处略。

按正常工作条件选择的电器导体必须能承受短路电流热效应的作用，不致产生软化变形损坏，即要求具有一定的热稳定性。

第五节　高压电器的选择

一、高压电器选择的一般要求

高压电器的选择，必须贯彻国家的经济技术政策，达到技术先进、安全可靠、经济适用、符合国情的要求。除应满足正常运行、检修、短路和过电压情况下的要求（考虑远景发展）外，还应按当地使用环境条件校核。

（一）按正常工作条件选择

高压电器的选择应满足电压、电流、频率等方面的要求。

1. 额定电压

电器的额定电压（rated voltage）是指在规定的使用和性能条件下能连续运行的最高电压，并以它确定高压开关电器的有关试验条件。考虑到电网电压水平的变动，为使电器在系统最高运行电压下不会发生绝缘损坏，电器的额定电压不应低于所在系统的最高运行电压，即

$$U_r \geqslant U_m \tag{4-40}$$

式中　U_r——开关电器的额定电压（kV）；

　　　U_m——系统的最高运行电压（kV）。

系统标称电压与设备最高电压值见第一章表 1-1。

2. 额定电流

电器的额定电流（rated current）是指在规定的正常使用和性能条件下，高压开关电器能够连续承载的电流有效值。为使电器的正常发热不超过允许值，电器的额定电流应大于该回路在各种合理运行方式下的最大持续工作电流，即

$$I_r \geqslant I_c \tag{4-41}$$

式中　I_r——电器的额定电流（A）；

　　　I_c——电器安装回路在各种合理运行方式下的最大持续工作电流（A）。

由于变压器短时过载能力很大，双回路出线、环式接线的工作电流变化幅度也较大，故其计算工作电流应根据实际需要确定。

3. 额定频率

电器的额定频率（rated frequency）是指在规定的正常使用和性能条件下能连续运行的电网频率数值，并以它和额定电压、额定电流确定高压电器的有关试验条件。我国电器的额定频率为 50Hz。

（二）按短路情况校验动、热稳定性

高压电器在选定后应按最大可能通过的短路电流进行动、热稳定校验。校验电器动稳定、热稳定以及电器开断电流所用的短路电流，应按系统最大运行方式下可能流经被校验电器的最大短路电流。短路点应选在被校验电器出线端子上。

1. 热稳定性校验

对于一般电器，短路电流通过导体所产生的热效应 Q_t 只与电流及通过电流时间有关。因此，其热稳定性可按下式校验：

$$I_t^2 t \geqslant Q_t \tag{4-42}$$

式中　I_t——电器的额定短时耐受电流（short-time withstand current）有效值（kA），即在规定的使用和性能条件下，在规定的短时间内，开关设备和控制设备在合闸位置能够承载的电流的有效值。由产品样本提供；

　　　t——电器的额定短路持续时间（s），即开关电器在合闸位置能承载额定短时耐受电流的时间间隔，由产品样本提供。

　　　Q_t——短路电流在电器中引起的热效应，按式（4-38）或式（4-39）计算。确定短路电流热效应的计算时间，宜采用后备保护动作时间加相应断路器的开断时间。

2. 动稳定性校验

对于一般电器，因导体长度 l、导体间的中心距 D、形状系数 K_f 均为定值，故此电动力只与电流大小有关。所以，电器的动稳定通常用电器的额定峰值耐受电流（即动稳定电流）来表示。满足动稳定的条件是

$$i_{\max} \geq i_{p3} \tag{4-43}$$

式中　$i_{\max}$——电器的额定峰值耐受电流（peak withstand current）（kA），即在规定的使用和性能条件下，开关电器在合闸位置能够承载的额定短时耐受电流第一个大半波的电流峰值。额定峰值耐受电流应该等于 2.5 倍额定短时耐受电流，可由产品样本查得。

　　i_{p3}——电器出线端子上在系统最大运行方式下可能流经的最大三相短路电流峰值（kA）。

用熔断器保护的高压电器可不验算热稳定。当熔断器有限流作用时，可不验算动稳定。用熔断器保护的电压互感器回路，可不验算动、热稳定。

（三）按环境条件校核

选择高压电器时，应按当地环境条件校核。使用环境条件包括环境温度、海拔、相对湿度、地震烈度、最大风速、污秽、覆冰厚度等。户内开关设备的正常使用条件如下：

（1）环境温度　环境温度最高为 40℃，24h 平均值不超过 35℃；最低为 -5℃、-10℃、-25℃ 三级。

（2）海拔　海拔不超过 1000m。

（3）相对湿度　相对湿度不超过 90%。

（4）地震烈度　地震基本烈度 7 度及以下地区的电器可不采取防震措施。

当环境条件超出一般电器的基本使用条件时，应向制造部门提出补充要求，采用符合当地环境条件的产品或在设计运行中采取相应的防护措施。

另外，还需考虑高压电器工作时产生的噪声和电磁干扰等，以利于环境保护。

各种高压电器的一般技术条件见表 4-3。

表 4-3　选择高压电器的一般技术条件

序号	电器名称	额定电压/kV	额定电流/A	额定容量/kV·A	机械荷载/N	额定开断电流/kA	短路稳定性		绝缘水平
							热稳定	动稳定	
1	高压断路器	✓	✓		✓	✓	✓	✓	✓
2	隔离开关	✓	✓		✓		✓	✓	✓
3	敞开式组合电器	✓	✓		✓		✓	✓	✓
4	负荷开关	✓	✓		✓		✓	✓	✓
5	熔断器	✓	✓			✓			✓
6	电压互感器	✓							✓
7	电流互感器	✓	✓				✓	✓	✓
8	限流电抗器	✓	✓				✓	✓	✓
9	消弧线圈	✓	✓	✓			✓	✓	✓
10	避雷器	✓			✓				✓

（续）

序号	电器名称	额定电压 /kV	额定电流 /A	额定容量 /kV·A	机械荷载 /N	额定开断 电流/kA	短路稳定性		绝缘水平
							热稳定	动稳定	
11	封闭电器	✓	✓		✓	✓	✓	✓	✓
12	穿墙套管	✓	✓		✓		✓	✓	✓
13	绝缘子	✓			✓			✓²	✓

注：1. 表中"✓"表示必须校验。

2. 悬式绝缘子不校验动稳定。

二、高压断路器的选择

高压断路器除按上述一般要求选择外，还需选择校验有关操作性能的电气参数，主要有以下几项：

1. 额定短路开断电流

断路器的额定短路开断电流（rated short-circuit breaking current）是指在规定条件下，断路器能保证正常开断的最大短路电流（有效值），以触头分离瞬间电流周期分量有效值和非周期分量百分数表示。对远离发电机端处，短路电流的非周期分量不超过周期分量峰值的20%，额定短路开断电流可仅由周期分量有效值表征。电器的额定短路开断电流应大于安装地点（断路器出线端子处）的最大三相对称开断电流（有效值），即

$$I_b \geq I_{b3} \tag{4-44}$$

式中　I_b——断路器的额定短路开断电流（kA），可查产品样本；

I_{b3}——安装地点（断路器出线端子处）的最大三相对称开断电流（有效值）（kA）。

2. 额定电缆充电开断电流

断路器的额定电缆充电开断电流（rated cable-changing breaking current）是指在规定条件下，断路器开断空载绝缘电缆时的开断电流。对10kV系统，断路器额定电缆充电开断电流为25A。

3. 额定短路关合电流

断路器的额定短路关合电流（rated short-circuit making current）是指在额定电压以及规定的使用和性能条件下，断路器能保证正常关合的最大短路电流峰值。断路器的额定短路关合电流应不小于安装地点的最大三相短路电流峰值。断路器的额定短路关合电流与其额定峰值耐受电流相同，因此只要满足动稳定性条件即可。

目前，35kV及以下变配电所中广泛采用户内型真空断路器，配用弹簧操动机构或永磁操动机构。常用高压真空断路器的型号及技术参数见附录表19。

例4-3　试选择例4-1所示车间变电所配电变压器10kV电源侧的户内真空断路器的型号规格。已知高压母线三相短路时，设置的后备保护动作时间为0.5s。

解：本工程选用10kV户内金属封闭开关设备，10kV高压断路器安装在开关内。查附录表19，选用CV1-12-630A/25kA型户内高压真空断路器，配用弹簧操动机构，二次设备电压为DC110V。高压断路器的选择校验见表4-4，由表可知，所选断路器技术参数合格。

表4-4　高压断路器的选择校验

序号	选择项目	装置地点的技术参数	断路器的技术参数	结论
1	额定电压	$U_n = 10kV$，$U_m = 12kV$	$U_r = 12kV$	$U_r = U_m$，合格
2	额定电流	$I_c = 1.05\dfrac{S_{r.T}}{\sqrt{3}U_{r.T}} = 1.05 \cdot \dfrac{1600kV \cdot A}{\sqrt{3} \times 10kV} = 97.0A$	$I_r = 630A$	$I_r > I_c$，合格
3	额定短路开断电流	$I_{b3} = 8.81kA$（最大运行方式）	$I_b = 25kA$	$I_b > I_{b3}$，合格
4	额定峰值耐受电流	$i_{p3} = 22.47kA$（最大运行方式）	$i_{max} = 63kA$	$i_{max} > i_{p3}$，合格
5	额定短时（4s）耐受电流	$Q_t = 8.81^2 \times (0.1 + 0.5 + 0.05)kA^2 \cdot s$ $= 50.45\ kA^2 \cdot s$ （断路器全开断时间取0.1s）	$I_t^2 t = 25^2 \times 4kA^2 \cdot s$ $= 2500kA^2 \cdot s$	$I_t^2 t > Q_t$，合格
6	环境条件	华东地区变电所高压开关柜内	正常使用环境	满足条件

三、高压熔断器的选择

（一）熔断器的保护特性

熔断器的保护特性（时间—电流特性）是在规定的动作条件下，时间（例如弧前时间或动作时间）与预期电流的函数曲线，如图4-13所示。每一种额定电流的熔体有一条自己的时间—电流特性。根据时间—电流特性进行熔断件电流的选择，可以获得熔断器作过电流保护的选择性。

需要说明的是，熔断器的动作时间为弧前时间与燃弧时间之和。在小倍数过载时，弧前时间较长，燃弧时间往往可以忽略不计，故熔断器的弧前电流—时间特性也就是保护特性。但当开断电流很大时，电流可能在20ms或更短的时间内即开断，燃弧时间已不容忽略，以正弦波的有效值来分析电流的热效应已不妥当，此时应采用焦耳积分 $\int_0^t i^2 dt$ 来表示，即为 $I^2 t$ 特性。通常，熔断器在熔断时间小于0.1s时以 $I^2 t$ 特性表征其保护特性，在熔断时间大于0.1s后则以弧前电流—时间特性表征。

高压户内限流式熔断器的截止电流特性如图4-14所示，当通过的短路电流较大时，熔断器的全开断时间远小于10ms，能将短路电流限制在远低于预期短路电流峰值的较小数值范围内。一般国产的高压限流熔断器（如熔体电流为100A的熔断器），在预期短路电流有效值为50kA的情况下截止电流值约为18kA。

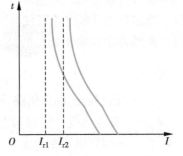

图4-13　熔体的时间—电流特性
t—弧前时间　I—预期短路电流有效值

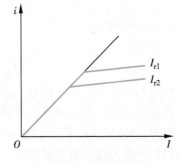

图4-14　高压限流熔断器的截止电流特性
i—截止电流值　I—预期短路电流有效值

（二）高压熔断器的参数选择

高压熔断器应按正常工作条件选择，并应按环境条件校核，不需要校验动、热稳定性，但要校验开断电流能力。说明如下：

1. 额定电压

限流式高压熔断器在限制和截断短路电流的动作过程中会产生过电压。此过电压的幅值与开断电流和熔体结构有关，而与工作电压关系不是很大。制造部门在设计熔断器的熔体结构时，往往需要采取措施（例如把熔体设计成锯齿形状），把熔断器熔断时产生的最大过电压倍数限制在规定的 2.5 倍相电压以内。此值并未超过同一电压等级电器的绝缘水平，所以正常使用时没有危险。但是，熔断器如果使用在工作电压低于其额定电压的电网中，过电压就有可能大大超过电器绝缘的耐受水平。因此，高压限流型熔断器的工作电压要与其额定电压相等，不能使用在低于其额定电压的系统中。

2. 额定电流

熔断器的额定电流包括熔断器底座额定电流和所安装的熔断件额定电流两方面。显然，熔断器底座额定电流应不小于所安装的熔断件额定电流。即

$$I_n \geq I_r \tag{4-45}$$

式中　I_n——熔断器底座额定电流（A），可查产品样本；

I_r——熔断器底座中安装的熔断件（熔体）额定电流（A）。

高压熔断器熔断件额定电流的选择，与其熔断特性有关，应考虑回路的正常电流和可能的过载电流（包括持续的谐波在内），与开合变压器、电动机或电容器这类设备有关的回路中的瞬态涌流以及与其他保护装置的配合（如果有）。在工程设计时，应选用时间—电流特性与保护对象特性相配合的专用熔断件。

（1）保护电力变压器　考虑到变压器的正常过负荷电流、低压侧电动机自起动引起的尖峰电流等因素，并保证在变压器励磁涌流（$10I_{r.T} \sim 12I_{r.T}$）持续时间（可取 0.1s）内熔体不熔断。保护电力变压器的熔断件额定电流 I_r 按变压器一次侧额定电流 $I_{r.T}$ 的 1.5 ~ 2 倍选择。在工程设计中，宜按制造厂家提供的熔断件额定电流与变压器容量配合表选择，见附录表 21。

（2）保护电压互感器　由于电压互感器正常运行时相当于处于空载状态下的变压器，因此，保护电压互感器的熔断件额定电流 I_r 一般为 0.5A 或 1A，应能承受电压互感器励磁电流的冲击。

（3）保护并联电容器　考虑到电容器可以在 1.3 倍额定电流下长期工作及其电容允许偏差 10% 等因素，保护并联电容器的熔断件额定电流 I_r 按电容器回路额定电流 $I_{r.C}$ 的 1.43 倍（保护单台电容器）选择。

3. 额定最大开断电流

熔断器的额定最大开断电流（rated maximum breaking current）是指在规定的使用和性能条件下，熔断器在规定的电压下能开断的最大预期电流值。对限流式熔断器，额定最大开断电流应大于安装地点（熔断器出线端子处）的最大三相对称短路电流初始值，即

$$I_b \geq I''_{k3} \tag{4-46}$$

式中　I_b——熔断器的额定短路开断电流（kA），可查产品样本；

I''_{k3}——安装地点（熔断器出线端子处）的最大三相对称短路电流初始值（kA）。

4. 额定最小开断电流

熔断器的额定最小开断电流（rated minimum breaking current）是指在规定的使用和性能条件下，熔断器在规定的电压下所能开断的最小预期电流值。对于负荷开关—熔断器组合电器中的后备熔断器，额定最小开断电流一般为熔断器额定电流的 3 ~ 5 倍，在选用时应保证

其额定最小开断电流小于被保护线路的预期最小短路电流。

10kV 系统常用户内高压熔断器的型号及技术参数见附录表 20。

（三）高压熔断器的保护选择性配合

选择熔断器熔体电流时，应保证前后两级熔断器之间、熔断器与电源侧继电保护之间，以及熔断器与负荷侧继电保护之间动作的选择性，正确检出供配电系统的故障区，避免非故障区的保护误动作。

高压熔断器的保护选择性配合示例及动作特性整定要求见表 4-5。

表 4-5　高压熔断器的选择性配合

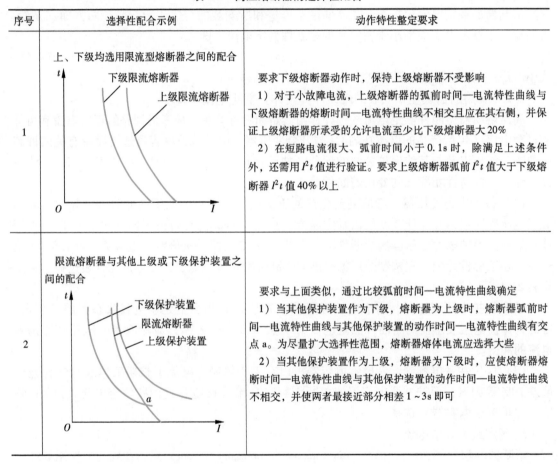

序号	选择性配合示例	动作特性整定要求
1	上、下级均选用限流型熔断器之间的配合	要求下级熔断器动作时，保持上级熔断器不受影响 1）对于小故障电流，上级熔断器的弧前时间—电流特性曲线与下级熔断器的熔断时间—电流特性曲线不相交且应在其右侧，并保证上级熔断器所承受的允许电流至少比下级熔断器大20% 2）在短路电流很大、弧前时间小于 0.1s 时，除满足上述条件外，还需用 $I^2 t$ 值进行验证。要求上级熔断器弧前 $I^2 t$ 值大于下级熔断器 $I^2 t$ 值40%以上
2	限流熔断器与其他上级或下级保护装置之间的配合	要求与上面类似，通过比较弧前时间—电流特性曲线确定 1）当其他保护装置作为下级，熔断器为上级时，熔断器弧前时间—电流特性曲线与其他保护装置的动作时间—电流特性曲线有交点 a。为尽量扩大选择性范围，熔断器熔体电流应选择大些 2）当其他保护装置作为上级，熔断器为下级时，应使熔断器熔断时间—电流特性曲线与其他保护装置的动作时间—电流特性曲线不相交，并使两者最接近部分相差 1~3s 即可

四、高压负荷开关选择

高压负荷开关除按上述一般要求选择外，还须选择有关操作性能的电气参数，主要有以下几项：

1. 额定有功负荷开断电流

高压负荷开关的额定有功负荷开断电流（rated mainly active load-breaking current）是指负荷开关在其额定电压下能够开断的最大有功负荷电流。负荷开关的额定有功负荷开断电流应大于切断最大可能的过负荷电流，即

$$I_b \geqslant I_{ol.\,max} \tag{4-47}$$

式中　I_b——负荷开关的额定有功负荷开断电流（A），可查产品样本；

　　$I_{ol.\ max}$——负荷开关回路最大可能的过负荷电流（A）。

2. 额定电缆充电开断电流

高压负荷开关的额定电缆充电开断电流是指负荷开关在其额定电压下能够开断的最大电缆充电电流。使用高压负荷开断电缆线路的最大充电电流不应大于其额定电缆充电开断电流（10kV 系统：10A；6kV 系统：6A）。

3. 额定空载变压器开断电流

高压负荷开关的额定空载变压器开断电流（rated no-load transformer breaking current）是指负荷开关在其额定电压下能够开断的最大空载变压器电流。使用高压负荷开关开断的变压器空载电流应不大于其额定空载变压器开断电流（等于其额定电流的 1%），如额定电流 630A 的负荷开关的额定空载变压器开断电流为 6.3A，开断的变压器容量一般不大于 1250kV·A。

4. 额定短路关合电流

高压负荷开关的额定短路关合电流是指负荷开关在其额定电压下能够关合的最大峰值预期电流。高压负荷开关的额定短路关合电流不应小于安装地点的最大三相短路电流峰值。额定短路关合电流与其额定峰值耐受电流相同，因此只要满足动稳定性条件即可。

对熔断器保护的负荷开关，可以考虑熔断器在短路电流的数值方面的限流效应。

常用户内型负荷开关的型号及技术参数见附录表 22。

五、高压负荷开关—熔断器组合电器的选择

组合电器中的负荷开关和熔断器的参数选择除应分别满足相关的要求外，还应进行转移电流的校验。

转移电流（transfer current）是指熔断器与负荷开关转移职能时的三相对称电流值。组合电器的转移电流，取决于熔断器触发的负荷开关分闸时间和熔断器的时间—电流特性。在转移点附近，三相故障条件下，最快的熔体熔化成为首开极，其撞击器开始使负荷开关分闸。其余两极将承受减小的电流（87%），它或者被负荷开关或者被剩下的熔断器开断。转移点是指负荷开关分开和熔体熔化同时出现的时刻。

组合电器的实际转移电流应小于其额定转移电流。现举例说明如下：

设计选用一台 SCB10-1250kV·A 变压器，采用高压负荷开关—熔断器组合电器保护变压器，有关参数如下：

1）变压器所在高压系统的最大故障电流为 20kA。

2）变压器满负载电流为 72.2A。

3）假定变压器允许短时过载 150%，变压器在 -5% 的分接处，过载电流近似为 114A。

4）变压器的冲击励磁涌流为 866A，最大持续时间为 0.1s。

5）变压器周围空气温度为 45℃，高出标准 5℃。

6）变压器二次侧端子直接短路时，变压器一次侧最大故障电流为 1805A。

假定选用某厂生产的某型 12kV 负荷开关—熔断器组合电器控制保护变压器，其熔体电流为 125A，额定短路开断电流为 40kA，额定最小开断电流为 390A，额定转移电流为 2000A，负荷开关分闸由熔断器撞击器操作，负荷开关的分闸时间为 0.05s。

校验内容如下：

1）根据熔断器正常的时间—电流特性曲线，由图4-15中查出熔断器在0.1s时允许通过的电流为1060A，大于866A，证实熔断器可以承受0.1s的变压器冲击励磁涌流866A。

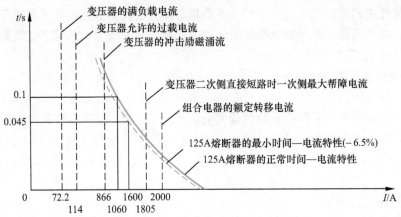

图4-15　高压负荷开关—熔断器组合电器和变压器配合的特性曲线

2）变压器周围空气温度在45℃时，组合电器中的熔断器额定电流有所下降，当额定电流下降至120A时，应能承受变压器允许的过载电流114A。

3）三相故障电流下首先动作的熔断器在最小时间—电流特性曲线上，熔断时间为0.9×0.05s=0.045s时所对应的电流值，即组合电器的实际转移电流，最大为1600A，小于额定转移电流2000A。而变压器二次侧端子直接短路时流过一次侧的最大故障电流为1805A，介于实际转移电流与额定转移电流之间，此故障电流可由熔断器单独开断，保证了负荷开关的安全。

某些负荷开关—熔断器组合电器除熔断器的撞击器外，还安装有过电流脱扣器或保护继电器作过负荷保护，熔断器仅作短路保护。此时，还需要进行交接电流的校验（参见参考文献［5］）。

第六节　互感器的选择

一、电流互感器的选择

（一）电流互感器常用接线方案

电流互感器在三相电路中常用的接线方案有：

1）一相式接线（图4-16a）：电流线圈通过的电流，可反应一次电路对应相的电流。通常用于负荷平衡的三相电路中测量电流或过负荷保护接线。

2）两相不完全星形联结（图4-16b）：广泛用于中性点非有效接地的三相三线制电路中，用于电能计量或过电流保护接线。

3）三相星形联结（图4-16c）：这种联结的三个电流线圈，正好反应各相电流，因此广泛用于中性点有效接地的三相三线制特别是三相四线制电路中，用于电流测量、电能计量或过电流保护接线。

为避免引入地电位差电流，电流互感器的二次回路应有且只能有一个接地点，宜在配电装置处经端子排接地。有几组电流互感器绕组组合且有电路直接联系的回路（如电流差动回路，参见第五章），电流互感器二次回路应在和电流处一点接地，以避免出现不期望的地中电流和各电流互感器二次回路电流耦合引起保护装置误动作。

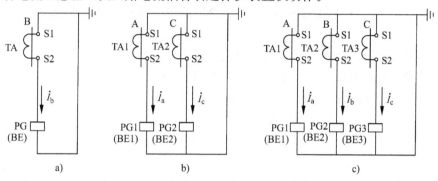

图 4-16　电流互感器的接线方案

a）一相式接线　b）两相不完全星形联结　c）三相星形联结

123

（二）电流互感器的参数选择

1. 额定电压

额定电压（一次回路电压）U_r 与所在线路的标称电压 U_n 相符。设备最高电压不低于系统最高电压。

2. 额定一次电流

1）对于测量、计量用电流互感器，额定一次电流（rated primary current）I_{1r} 按线路正常负荷电流 I_c 的 1.25 倍选择。以保证测量、计量仪表的最佳工作，并在过负荷时使仪表有适当的指示。

2）对于保护用电流互感器，当与测量共用时，只能选用相同的额定一次电流；单独用于保护回路时，I_{1r} 宜按不小于线路短时最大负荷电流选择。

3. 额定二次电流

电流互感器的额定二次电流（rated secondary current）I_{2r} 一般选为 5A。对于新建变电所，有条件时宜选用 1A，以降低二次线路损耗，增加传输距离。

4. 准确级

1）对测量、计量用电流互感器，按仪表对准确级的要求选择。一般测量用电流互感器选用 0.5 级，计量用电流互感器选用 0.2 级（对负荷变化范围较大时，宜选 S 型）。并校验实际二次负荷 S_2 是否小于对应于该准确级的额定值 S_{2r}。

2）对 110kV 及以下 P 类保护用电流互感器，标准准确级有 5P 和 10P 级，供过电流保护装置选用，并校验稳态短路情况下的准确限值系数能否满足保护要求。准确限值系数（accuracy limit factor）是互感器能满足复合误差要求的最大一次电流值（即额定准确限值一次电流）对额定一次电流的比值，标准准确限值系数为 5、10、15、20 和 30。

5. 额定动稳定电流

电流互感器的额定动稳定电流（rated dynamic current）是指在二次绕组短路的情况下，

电流互感器能承受住其电磁力的作用而无电气或机械损伤的最大一次电流峰值。电流互感器的额定动稳定电流 i_{max} 不应小于使用地点的最大三相短路电流峰值 i_{p3}。

6. 额定短时热电流

电流互感器的额定短时热电流（rated short-time thermal current）是指在二次绕组短路的情况下，电流互感器能承受 1s 且无损伤的一次电流方均根值。电流互感器的额定短时热电流应满足条件 $I_t^2 t \geq Q_t$。短路电流热效应 Q_t 按保护电器（断路器或熔断器）的不同分别计算。

常用电流互感器的型号及技术参数见附录表 23。

（三）测量、计量用电流互感器的实际二次负荷计算

测量、计量用电流互感器的实际二次负荷 S_2 按下式计算：

$$S_2 = \Sigma S_i + I_{2r}^2 (K_W R_W + R_{toh}) \tag{4-48}$$

式中　ΣS_i——互感器最大负荷相的测量、计量仪表在 I_{2r} 时的功率损耗之和（V·A），可查产品样本；

R_W——连接导线的每相电阻（Ω），$R_W = l/(\gamma A)$，这里 γ 为导线的电导率，铜线 $\gamma = 54.3 \mathrm{m}/(\Omega \cdot \mathrm{mm}^2)$，$A$ 为导线截面积（一般取 2.5～4mm²），l 为电流互感器二次端子到仪表接线端子的单向长度（m）；

K_W——连接导线的接线系数，电流互感器二次侧为三相星形联结时，$K_W = 1$；电流互感器二次侧为两相不完全星形联结时，$K_W = \sqrt{3}$；电流互感器二次侧为单相式接线时，$K_W = 2$。

R_{toh}——导线接触电阻，一般取 0.05Ω。

（四）P 类保护用电流互感器的稳态性能验算

1. 一般选择验算

（1）电流互感器的额定准确限值一次电流 I_{1al}（$I_{1al} = K_{al} I_{1r}$，K_{al} 为电流互感器准确限值系数）应大于保护校验故障电流 I_{pc}。对于过电流保护，I_{pc} 取保护区内末端故障时流过互感器的最大短路电流。在保护安装点近处故障时，允许互感器误差超出规定值，但必须保证保护装置动作的可靠性和速动性。

（2）电流互感器额定二次负荷 Z_{2r} 应大于电流互感器的实际二次负荷 Z_2。电流互感器的实际二次负荷 $Z_2 = \Sigma Z_i + K_W R_W + R_{toh}$，式中 ΣZ_i 为继电器的阻抗之和（Ω），继电器的阻抗可查产品样本。现代继电保护多采用三相三继电器式接线，对于三相和两相短路，$K_W = 1$；对于单相短路，$K_W = 2$。

2. 按实际准确限值系数曲线验算

按上述一般选择验算条件选择的电流互感器可能尚有潜力，未得到合理利用，如选用电子式仪表和微机保护装置时，经常遇到准确限值系数不够但二次输出容量确有裕度。因此，必要时可按电流互感器制造厂提供的实际准确限值系数曲线验算，以便更合理地选用电流互感器。

例 4-4　试选择例 4-1 所示车间变电所配电变压器 10kV 电源侧的户内电流互感器的型号规格。已知高压侧短时最大负荷电流为 210A，设置的后备保护动作时间为 0.5s。

解：本工程选用 10kV 户内金属封闭开关设备，10kV 电流互感器安装在开关内，作继电保护及测量用。查附录表 23，选用 LZZBJ12-10A 型户内高压电流互感器。

1. 高压电流互感器的参数选择（见表4-6）

表4-6　高压电流互感器的参数选择

序号	选择项目	装置地点技术数据	互感器技术数据	结论
1	额定电压	$U_n = 10\text{kV}$	$U_r = 10\text{kV}$	$U_r = U_n$，合格
2	额定一次电流	$I_{max} = 231\text{A}$	$I_{1r} = 300\text{A}$	$I_r > I_c$，合格
3	额定二次电流		$I_{2r} = 5\text{A}$	合格
4	准确级组合	测量/保护	0.5/10P15	合格
5	额定动稳定电流	$i_{p3} = 22.47\text{kA}$（最大运行方式）	$i_{max} = 120\text{kA}$	$i_{max} > i_{p3}$，合格
6	额定短时（1s）热电流	$Q_t = 8.81^2 \times (0.1 + 0.5 + 0.05)\ \text{kA}^2 \cdot \text{s}$ $= 50.45\ \text{kA}^2 \cdot \text{s}$	$I_t^2 t = 50^2 \times 1 = 2500\text{A}^2 \cdot \text{s}$	$I_t^2 t > Q_t$，合格
7	环境条件	华东地区变电所高压开关柜内	正常使用环境	满足条件
8	其他条件	继电保护接线	三相星形接线	满足条件

2. 测量电流互感器的实际二次负荷及其准确级校验

测量用电流互感器二次侧为三相星形联结，采用微机测控装置，电流回路负荷 $S_i \leqslant 1\text{V} \cdot \text{A}$。已知二次回路铜导线截面积为 4mm^2，电流互感器二次端子到仪表接线端子的单向长度为 3m。则电流互感器的实际二次负荷

$$S_2 = \sum S_i + I_{2r}^2 (K_W R_W + R_{toh}) = 1\text{V} \cdot \text{A} + (5\text{A})^2 \times \left(\frac{3}{54.3 \times 4} \Omega + 0.05\Omega \right) = 2.60\text{V} \cdot \text{A}$$

LZZBJ12-10A 型电流互感器在 $I_{1r} = 300\text{A}$，准确级为 0.5 级时的额定二次负荷 $S_{2r} = 20\text{V} \cdot \text{A} > S_2$，满足准确级要求。

3. 保护电流互感器稳态性能校验（采用一般选择验算条件）

1）查附录表23，LZZBJ12-10A 型电流互感器准确限值系数为15，则额定准确限值一次电流 $I_{1al} = K_{al} I_{1r} = 15 \times 300\text{A} = 4500\text{A}$。保护校验故障电流 I_{pc} 取保护区内末端（即配电变电所变压器低压出线端）故障时流过互感器的最大短路电流，即 $I_{pc} = I''_{k3.max}/K_T = 33.00\text{kA}/25 = 1.32\text{kA}$。$I_{1al} > I_{pc}$，满足要求。

保护出口短路时，流过互感器的短路电流最小为 $I''_{k2} = 0.866 \times 8.81\text{kA} = 7.63\text{kA}$，大于互感器额定准确限值一次电流 4.5kA，互感器可能出现局部饱和，误差增大，互感器测量的短路电流将比实际值小，但远大于速断保护动作电流整定值 $1.3 \times 1.32\text{kA} = 1.72\text{kA}$（参见第五章），仍在电流速断保护动作区内。

2）保护用电流互感器二次侧为三相星形联结，采用微机保护装置，装置电流输入回路最大功耗为 $1\text{V} \cdot \text{A}$，阻抗 $\sum Z_i = 1\text{V} \cdot \text{A}/(5\text{A})^2 = 0.04\Omega$。已知二次回路铜导线截面积为 4mm^2，电流互感器二次端子到仪表接线端子的单向长度为 3m，则电流互感器的实际二次负荷

$$Z_2 = \sum Z_i + K_W R_W + R_{toh} = 0.04\Omega + 1 \times \frac{3}{54.3 \times 4}\Omega + 0.05\Omega = 0.10\Omega$$

电流互感器额定二次负荷为 $25\text{V} \cdot \text{A}$，额定二次负荷阻抗 $Z_{2r} = 25\text{V} \cdot \text{A}/(5\text{A})^2 = 1.0\Omega$，$Z_2 < Z_{2r}$，满足要求。

二、电压互感器的选择

（一）电压互感器常用接线方案

电压互感器在三相电路中常用的接线方案有以下三种：

1）一个单相电压互感器的接线（图4-17a）：可测量一个线电压，多用于110kV系统电源进线的电压监测。

2）两个单相电压互感器接成Vv形（图4-17b）：可测量三相三线制电路的各个线电压，它广泛应用于用户20kV及以下高压配电装置中。

3）三个单相三绕组电压互感器或一个三相五心柱三绕组电压互感器接成Yynd联结（图4-17c）：接成星形的二次绕组可测量各个线电压及相电压，而接成开口三角形的剩余二次绕组可测量零序电压（即剩余电压），可接用于绝缘监察的电压继电器或微机小电流接地选线装置。一次电路正常工作时，开口三角形两端的电压接近于零。当一次系统某一相接地时，开口三角形两端将出现近100V的零序电压，使电压继电器动作，发出信号。

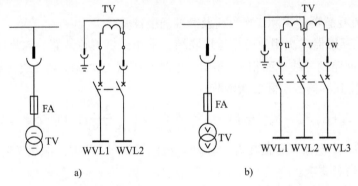

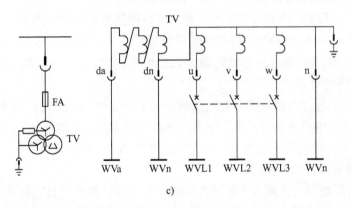

图4-17　电压互感器的接线方案

a）一个单相电压互感器　b）两个单相电压互感器接成Vv形

c）三个单相三绕组电压互感器或一个三相五心柱三绕组电压互感器接成Yynd联结

注：图中左侧为一次接线图中的表示，右侧为二次接线图中的表示。

电压互感器二次绕组应一点接地，如星形联结的中性点、Vv接法的B相、开口三角形绕组的一端。几组电压互感器二次绕组之间有电路联系或者地中电流会产生零序电压使保护误动作时，接地点应集中在二次设备室内一点接地。已在二次设备室内一点接地的电压互感器二次绕组中性点，宜在配电装置处经放电间隙或氧化锌阀片接地。

（二）电压互感器的参数选择

1. 额定一次电压

普通双绕组电压互感器的额定一次电压（rated primary voltage）U_{1r} 与所在线路的标称电压 U_n 相等；用于一次系统绝缘监视的三绕组电压互感器一次绕组额定电压为 $U_{1r} = U_n/\sqrt{3}$。

2. 额定二次电压

普通双绕组电压互感器的额定二次电压（rated secondary voltage）U_{2r} 一般为100V；用于一次系统绝缘监视的三绕组电压互感器主二次绕组额定电压为 $U_{2r.1} = 100/\sqrt{3}\,V$，剩余二次绕组额定电压为 $U_{2r.2} = 100/3\,V$（中性点非直接接地系统）或 $U_{2r.2} = 100\,V$（中性点直接接地系统）。

3. 准确级及容量

1）对测量、计量用及保护用的电压互感器，按仪表、保护装置及自动装置对准确级及容量的要求进行选择。一般测量和保护用电压互感器选用0.5级和3P级，计量用电压互感器选用0.2级，并校验实际二次负荷容量 S_2 是否小于对应于该准确级的额定容量 S_{2r}。

2）对兼作交流操作电源用的电压互感器，准确级可为 $1\sim3$ 级，并校验实际二次负荷容量 S_2 是否小于对应于该准确级的额定容量 S_{2r}。

常用电压互感器的型号及技术参数见附录表24。

（三）电压互感器实际二次负荷容量的校验

1）计算分别接于电压互感器二次侧电压母线各线间的负荷容量。

L_1、L_2 线间的负荷容量（V·A）　　$S_{12} = \sqrt{\left[\sum\left(S_{12.i}\cos\varphi_{12.i}\right)\right]^2 + \left[\sum\left(S_{12.i}\sin\varphi_{12.i}\right)\right]^2}$

$\cos\varphi_{12} = \sum\left(S_{12.i}\cos\varphi_{12.i}\right)/S_{12}$

L_2、L_3 线间的负荷容量（V·A）　　$S_{23} = \sqrt{\left[\sum\left(S_{23.i}\cos\varphi_{23.i}\right)\right]^2 + \left[\sum\left(S_{23.i}\sin\varphi_{23.i}\right)\right]^2}$

$\cos\varphi_{23} = \sum\left(S_{23.i}\cos\varphi_{23.i}\right)/S_{23}$

L_3、L_1 线间的负荷容量（V·A）　　$S_{31} = \sqrt{\left[\sum\left(S_{31.i}\cos\varphi_{31.i}\right)\right]^2 + \left[\sum\left(S_{31.i}\sin\varphi_{31.i}\right)\right]^2}$

$\cos\varphi_{31} = \sum\left(S_{31.i}\cos\varphi_{31.i}\right)/S_{31}$

式中　$S_{12.i}$、$\varphi_{12.i}$；$S_{23.i}$、$\varphi_{23.i}$；$S_{31.i}$、$\varphi_{31.i}$——分别为接于各线间的仪表、继电器电压线圈消耗的视在功率（V·A）及其功率因数角。

2）计算每只单相电压互感器的实际二次负荷容量。

电压互感器的实际二次负荷容量与其接线方式有关。10kV及以下变配电所多采用两只单相电压互感器接成 Vv 接线的形式，仪表、继电器的电压线圈采用△联结，每只电压互感器的实际二次负荷容量为

$$\begin{cases} P_{2.1} = S_{12}\cos\varphi_{12} + S_{31}\cos\left(\varphi_{31}+60°\right) \\ Q_{2.1} = S_{12}\sin\varphi_{12} + S_{31}\sin\left(\varphi_{31}+60°\right) \\ S_{2.1} = \sqrt{P_{2.1}^2 + Q_{2.1}^2} \end{cases} \quad 和 \quad \begin{cases} P_{2.2} = S_{23}\cos\varphi_{23} + S_{31}\cos\left(\varphi_{31}-60°\right) \\ Q_{2.2} = S_{23}\sin\varphi_{23} + S_{31}\sin\left(\varphi_{31}-60°\right) \\ S_{2.2} = \sqrt{P_{2.2}^2 + Q_{2.2}^2} \end{cases}$$

3）根据电压互感器的型号及准确级，查产品样本，确定电压互感器的额定二次负荷容量 S_{2r}。

4）比较 $S_{2.1}(S_{2.2})$ 与 S_{2r}，若 $S_{2.1}(S_{2.2})<S_{2r}$，表示电压互感器满足准确级及容量要求。

设计经验表明，用户变配电所电压互感器的二次负荷较小，一般均能满足准确级对应的负荷容量要求。

第七节　低压电器的选择

一、低压电器选择的一般要求

低压配电设计所选用的电器，应符合国家现行有关标准的规定，并应符合下列要求：

1. 按正常工作条件选择

1）电器的额定频率应与所在回路的频率相适应。

2）电器的额定电压应不小于所在回路的标称电压。

3）电器的额定电流不应小于回路的计算电流。

2. 按短路情况校验

1）可能通过短路电流的电器（如隔离电器、开关、熔断器式开关、接触器等），应满足在短路条件下的动稳定和热稳定的要求。

2）断开短路电流的保护电器（如熔断器、低压断路器），应满足在短路条件下的接通能力和分断能力要求。

3）应采用接通和分断时安装处预期短路电流验算电器在短路条件下的接通能力和分断能力，当短路点附近所接电动机额定电流之和超过短路电流的1%时，应计入电动机反馈电流的影响。

短路保护电器应能分断其安装处的预期短路电流。当短路保护电器的分断能力（在规定的使用和性能条件下，保护电器在规定的电压下能够分断的预期电流值）小于其安装处预期短路电流时，在该段线路的上一级应装设具有所需分断能力的短路保护电器；其上下两级的短路保护电器的动作特性应配合，使该段线路及其短路保护电器能承受通过的短路能量。

3. 按环境条件校核

电器应适应所在场所的环境条件。使用在特殊环境（如多尘、化工腐蚀、高原地区、热带地区、爆炸和火灾危险等环境）下的电器，应满足相应规范的要求。

另外，低压保护电器还应按保护特性进行选择，双电源自动切换开关电器按动作特性进行选择。

二、低压保护电器的初步选择

（一）低压断路器的初步选择

除需满足上述一般要求外，低压断路器的初步选择要求如下：

1. 类别选择

（1）按选择性要求选择使用类别　A类为非选择型，一般配置热-电磁式过电流脱扣器，保护特性二段保护功能，如图4-18a所示。A类断路器在短路情况下，没有用于选择性的人为短延时特性。B类为选择型，一般配置电子式过电流脱扣器或智能式控制器，保护特性具有二段保护、三段保护或四段保护功能，如图 4-18b、c、d 所示。B 类断路器在短路情况下，具有一个用于选择性的人为短延时（可调节），可确保配电线路保护的选择性（参见第八章）。

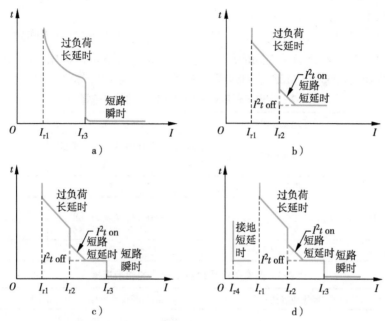

图 4-18　低压断路器的保护特性曲线

a）非选择型　b）选择型两段式　c）选择型三段式　d）选择型四段式

（2）按电流等级及用途选择结构形式　大电流电源进线和联络开关或大电流出线开关可选择框架式断路器（俗称空气断路器）；中小电流出线开关可选择塑壳式（塑料外壳式）断路器。

（3）按是否需要隔离要求选择　需要兼作隔离电器使用时，应选择在断开位置时符合隔离功能安全要求的断路器。

（4）按保护对象相应选择保护类别　低压断路器按保护类别分有配电线路保护用断路器、电动机保护用断路器、照明保护用断路器和剩余电流动作保护用断路器。

2. 额定电流选择

断路器的壳架额定电流不应小于所选择的过电流脱扣器额定电流，而过电流脱扣器额定电流应不小于线路计算电流。

$$I_{u} \geqslant I_{n} \geqslant I_{c} \tag{4-49}$$

式中　I_{u}——断路器壳架额定电流（A），可查产品样本；

　　　I_{n}——断路器的过电流脱扣器额定电流（A），可查产品样本；

　　　I_{c}——线路计算电流（A），应取线路在合理运行方式下的最大工作电流。

3. 分断能力选择

断路器的额定运行分断能力应大于其安装处预期三相短路电流有效值。

$$I_{cs} > I_{k3} \tag{4-50}$$

式中　I_{cs}——断路器的额定运行分断能力（kA），可查产品样本；

I_{k3}——断路器安装处预期三相短路电流有效值（kA）。

常用低压断路器的型号及规格见附录表25、附录表26。

例4-5 试初步选择例4-2所示用户变电所低压电源进线断路器和出线断路器的型号规格。已知该低压出线计算电流为180A。

解： 本工程选用 MNS-0.4 型低压户内抽出式开关柜，低压电源进线断路器和出线断路器均安装在柜内。查附录表25和附录表26，低压电源进线断路器选用 CW2 系列抽出式空气断路器，出线断路器选用 CM2Z 系列塑壳式断路器，见表4-7、表4-8。

表4-7 变电所低压电源进线断路器的初步选择

序号	选择项目	装置地点技术数据	断路器技术数据	结论
1	类别选择	电源进线	抽出式空气断路器，选择型三段保护，CW2-2000/3 M25	合格
2	极数选择	TN-C-S 系统（三相）	3P（三极）	合格
3	额定电流选择	$I_c = I_{2r.T} = \dfrac{1000kV \cdot A}{\sqrt{3} \times 0.4kV} = 1443.4A$	$I_u = 2000A$，$I_n = 2000A$	$I_u \geqslant I_n > I_c$，合格
4	分断能力选择	$I_{k3} = 21.65kA$	$I_{cs} = I_{cu} = 80kA$	$I_{cs} > I_{k3}$，合格

表4-8 变电所低压出线断路器的初步选择

序号	选择项目	装置地点技术数据	断路器技术数据	结论
1	类别选择	低压出线	塑壳式断路器，选择型三段保护，CM2Z-225M/3	合格
2	极数选择	TN-S 系统（三相）	3P（三极）	合格
3	额定电流选择	$I_c = 180A$	$I_u = 225A$，$I_n = 225A$	$I_u \geqslant I_n > I_c$，合格
4	分断能力选择	$I_{k3} = 20.43kA$	$I_{cs} = 50kA$	$I_{cs} > I_{k3}$，合格

（二）低压熔断器的初步选择

除需满足上述一般要求外，低压熔断器的初步选择要求如下：

1. 类别选择

（1）按使用人员选择结构型式 在工业场所选择专职人员使用的熔断器；家用和类似用途场所选择非熟练人员使用的熔断器。

（2）按分断范围要求选择 同时作短路保护和过负荷保护时，要求全范围分断，选择"g"熔断体；仅作短路保护时，只要求部分范围分断，可选择"a"熔断体。

（3）按保护对象选择使用类别 一般用途（即保护配电）线路选择"G"类熔断体；保护电动机回路选择"M"类熔断体；保护变压器选择"Tr"类熔断体。

分断范围和使用类别可以有不同的组合，如"gG"、"gM"、"gTr"、"aM"等。

2. 额定电流选择

熔断器底座额定电流不应小于所安装的熔断体额定电流，而熔断体额定电流应不小于线路计算电流。

$$I_n \geqslant I_r \geqslant I_c \tag{4-51}$$

式中 I_n——熔断器底座额定电流（A），可查产品样本；

I_r——熔断器的熔断体（熔体）额定电流（A），可查产品样本；

I_c——线路计算电流（A），应取线路在合理运行方式下的最大工作电流。

3. 分断能力选择

熔断器的分断能力应大于其安装处预期三相短路电流有效值。

$$I_b > I_{k3} \tag{4-52}$$

式中　I_b——熔断器的分断能力（kA），可查产品样本；

I_{k3}——熔断器安装处预期三相短路电流有效值（kA）。

常用低压熔断器的型号规格及时间-电流曲线见附录表 27。

三、四极开关的应用

在低压三相四线制配电系统中，中性导体传导三相不平衡电流，起着将三相负荷中性点与电源系统中性点等电位的作用。如果中性导体在运行中意外断开，将导致三相不平衡负荷中性点的电位偏移，从而导致负荷较小的一相相电压过高而烧毁设备。因此，开关电器一般仅断开三个线导体，即采用三极开关。然而，为保证电气维修时的电气安全和电气装置发挥正常功能，下列电器应采用具有断开中性极的开关电器，即四极开关，实现所有带电导体的电气隔离：

1）有中性导体的 IT 系统与 TT 系统或 TN 系统之间的电源转换开关电器。

若正常供电电源为 TN 系统或 TT 系统，而应急电源为有中性导体的 IT 系统，其电源转换开关如采用三极开关，中性导体相连通，IT 系统的中性点将通过 TN 系统或 TT 系统中性点的接地而接地，从而失去了 IT 系统因中性点对地绝缘而供电可靠性高的优点。为保证 IT 系统的中性点对地绝缘，其电源转换开关电器应选用四极开关。

2）TT 系统中负荷侧有中性导体时的隔离电器。

在 TT 系统内，发生一相接地故障时，故障电流会在变电所接地极上产生电压降，使中性点和中性导体对地带危险电压，如图 4-19 所示。因此，为保证电气维修安全，避免危险电位沿中性导体引入，TT 系统应在建筑物电源进线处装用四极开关，作为隔离电器使用。

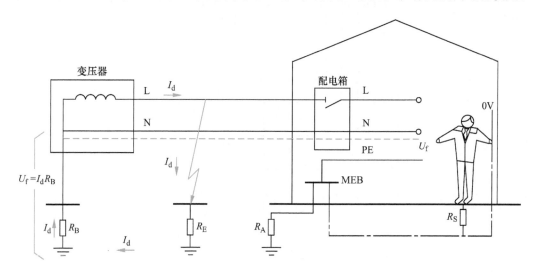

图 4-19　在 TT 系统内应为电气维修安全装用四极开关

3）IT 系统有中性导体时的开关电器。

IT 系统一般不引出中性导体，原本不存在采用四极开关的问题。如果引出中性导体，当发生一相接地故障时，中性导体对地电压将上升为相电压 220V，电击危险甚大，因此需为电气维修安全装用四极开关。

在 TN-C-S 系统和 TN-S 系统中，保护导体与中性导体是相联系的。当中性导体引入危险电位时，保护导体也引入该电位。由于在建筑物内设置总等电位联结，人处于等电位条件下，不会产生电击危险。因此，TN-C-S 系统和 TN-S 系统可不必为电气维修安全装用四极开关。

另外，在电路中需防止电流流经不期望的路径时，可选用四极开关。因为在电路中如果电流流经不期望的路径，则会产生杂散电流，而这个杂散电流将产生电磁干扰，影响其他设备的工作。如图 4-20 所示，QA4、QA5 为 TN-S 系统中的电源转换开关，若在电源转换时不切断中性导体，则由于中性导体存在并联分路而产生分流（包括在中性导体流过的三次谐波及其他高次谐波），这种分流会使线路上的电流相量和不为零，以致在线路周围产生电磁干扰。QA4、QA5 采用四极开关可保证中性导体电流只会流经相应的电源开关的中性导体，

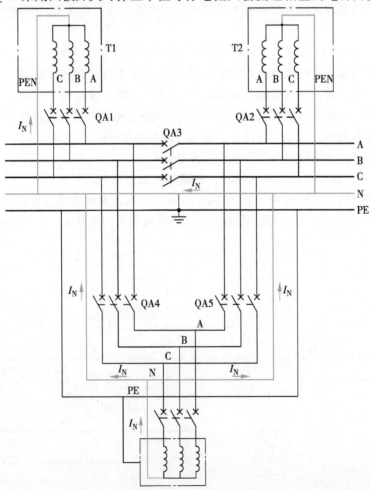

图 4-20 在 TN-S 系统中，采用具有断开中性极的开关可避免产生杂散电流

是防止电磁干扰的有效措施。

当然，如果选用了具有中性极的开关电器，而中性极发生故障则有可能使中性导体断开，这也是我们不希望的。所以，在工程设计中四极开关不能滥用。特别要注意的是，由于保护接地中性导体兼起保护接地导体的作用，为确保其可靠，IEC 标准及我国 GB 50054—2011 标准均规定：在 TN-C 系统中不应将保护接地中性导体隔离，严禁将保护接地中性导体接入开关电器。

<h2 style="text-align:center">思考题与习题</h2>

4-1 短路产生的原因和后果有哪些？

4-2 短路的类型有哪些？各有什么特点？

4-3 短路电流计算的目的是什么？降低短路电流的措施有哪些？

4-4 什么样的系统可认为是无限大容量电源供配电系统？突然短路时，系统中的短路电流将如何变化？

4-5 短路电流非周期分量是如何产生的？其初始值与什么物理量有关？为什么低压系统的短路非周期分量较高压系统的短路非周期分量衰减快？

4-6 采用标幺制法与有名单位制法计算短路电流各有什么特点？各适用于什么场合？

4-7 在无限大容量电源或远离发动机端的供配电系统中，两相短路电流和单相短路电流各与三相短路电流有什么关系？

4-8 为什么 Dyn11 联结变压器低压侧的单相对地短路电流要比同等容量的 Yyn0 联结变压器低压侧的单相对地短路电流大得多？

4-9 低压配电系统中的保护接地导体通常合并到与带电导体同一布线系统中，若单独设置则应靠近它们敷设。这是为什么（提示：从两者距离远近对单相对地短路电流大小的影响来分析）？

4-10 什么是短路电流的电动力效应和热效应？如何校验一般电器的动、热稳定性？确定短路电流热效应的计算时间怎么取值？

4-11 电流互感器常用的接线方式有哪几种？各用于什么场合？

4-12 为什么说电流互感器二次额定电流若选用 1A，相对于 5A 可以降低二次线路损耗，增加传输距离？

4-13 接成 Yynd 联结的电压互感器应用于什么场合？在已有测量、保护二次级的基础上，若要增加计量二次级，则电压互感器的接法为哪一种？

4-14 什么叫选择型低压断路器和非选择型低压断路器？

4-15 试分析同一变电所内两台变压器低压进线开关与母线联络开关是否应为电气维修安全而装用四极开关？

4-16 某民用用户供配电系统如图 4-21 所示。已知电力系统出口处的三相短路容量在系统最大运行方式下为 $S_{k3}'' = 200\text{MV} \cdot \text{A}$，试求用户高压配电所 10kV 母线上 k-1 点短路时和配电变电所变压器高压侧 k-2 点短路时、低压母线 k-3 点短路时的三相短路电流和两相短路电流，并列出短路计算表。

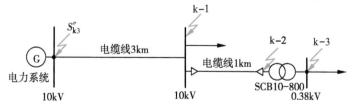

图 4-21 习题 4-16 图

4-17　某工业用户供配电系统如图 4-22 所示。已知电力系统变电所高压馈电线出口处在系统最大运行方式下的三相对称短路容量为 $S''_{k3}=250\text{MV}\cdot\text{A}$，试求工厂变电所在系统最大运行方式下，10kV 母线上 k-1 点短路和两台变压器并联运行和分列运行两种情况下，低压 380V 母线上 k-2 点三相短路时的三相短路电流和短路容量。

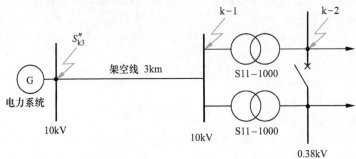

图 4-22　习题 4-17 图

4-18　某用户低压配电网络短路计算电路如图 4-23 所示。配电变压器与低压配电柜分室安装，已知变压器高压侧三相对称短路容量为 125MV·A。试求变压器低压母线 k-1 点短路及配电线路首端 k-2 点短路、线路末端 k-3 点短路时的三相短路电流和单相对地短路电流，并列出短路计算表。

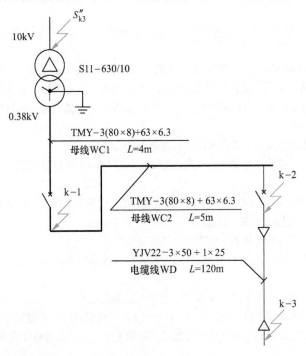

图 4-23　习题 4-18 图

4-19　试选择习题 4-17 所示用户变电所 10kV 总进线上装设的高压真空断路器的型号规格，已知后备保护动作时间为 1.0s，断路器全开断时间为 0.1s。

4-20　试选择习题 4-16 所示配电变电所变压器（SCB10-800）高压进线上装设的负荷开关—熔断器组合电器的参数（暂不校验组合电器的转移电流），并初步选择高压进线上装设的电流互感器的参数（暂不校验电流互感器二次负荷及准确级等性能）。

4-21　试初步选择习题4-18所示变电所低压进线及出线上装设的低压断路器。已知低压出线计算电流为95A。

参 考 文 献

［1］　莫岳平，翁双安．供配电工程［M］．北京：机械工业出版社，2011.

［2］　刘屏周．工业与民用供配电设计手册［M］．4版．北京：中国电力出版社，2016.

［3］　中国电力企业联合会．DL/T 5222—2005　导体和电器选择设计技术规定［S］．北京：中国电力出版社，2005.

［4］　中国电力企业联合会．DL/T 615—2013　高压交流断路器参数选用导则［S］．北京：中国电力出版社，2014.

［5］　中国电器工业协会．GB/T 16926—2009/IEC 62271-105：2002，MOD 高压交流负荷开关—熔断器组合电器［S］．北京：中国标准出版社，2009.

［6］　中国电力企业联合会．DL/T 866—2015　电流互感器和电压互感器选择及计算导则［S］．北京：中国电力出版社，2015.

［7］　中国机械工业联合会．GB 50054—2011　低压配电设计规范［S］．北京：中国计划出版社，2011.

［8］　王厚余．低压电气装置的设计安装和检验［M］．3版．北京：中国电力出版社，2012.

［9］　全国建筑物电气装置技术委员会．GB/T 16895.18—2010/IEC 60364-5-51：2005　建筑物电气装置 第5-51部分：电气设备的选择和安装 通用规则［S］．北京：中国标准出版社，2011.

［10］　中国电力企业联合会．GB/T 15544.1—2013/IEC 60909-0：2001 三相交流系统短路电流计算　第一部分：电流计算［S］．北京：中国标准出版社，2014.

第五章　供配电系统的继电保护

第一节　概　述

一、继电保护的基本原理与要求

（一）继电保护的基本原理

由于自然条件（如雷击等）、电气元件（如变压器、电力电容器、电动机、母线、电缆等）制造质量、运行维护诸方面因素，电力系统发生各种故障或异常运行状态是不可能完全避免的，因此应设置必要的保护装置。保护就是在电力系统中检出故障或其他异常情况，从而使故障切除、终止异常情况、发出信号或指示。因在其发展过程中曾主要用有触点的继电器来构成保护装置，所以延称继电保护（relaying protection）。

电力系统故障的一个显著特征就是电流剧增，从电动力和热效应等方面损坏电气设备。反应电流剧增这一特征的继电保护就是过电流保护。故障的另一特征就是电压锐减，相应的就有欠电压保护。同时反应电压降低和电流增加的一种保护原理就是阻抗（距离）保护，它以阻抗降低多少反应故障点距离的远近，决定动作与否。为了更确切地区分正常运行状况与故障（或异常）状态，可以利用正常运行时没有或很小而故障状态时却很大的电气量，如负序或零序的电流、电压和功率。继电保护利用的不仅限于电气量，也包括其他的物理量，如变压器油箱内部故障时伴随产生的大量瓦斯和油流速度的增大或油压强度的增高等。

保护装置（protection equipment）是一个或多个保护继电器和逻辑元件按需要结合在一起，完成某项特定保护功能的装置。保护功能包括输入、输出、测量元件、时间延迟特性和功能逻辑，如图 5-1 所示。

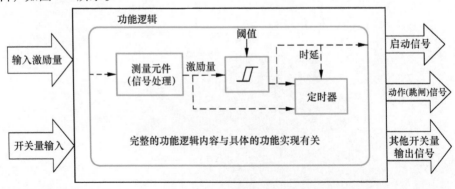

图 5-1　保护功能简要框图

输入激励量为测量信号，例如电流和电压（如果需要电压），可由电流互感器和电压互感器的二次侧引入，对保护功能有影响的任何（外部或内部驱动的）开关量信号也可根据需要引入。测量元件将输入激励量进行信号处理后，给阈值元件比较，若激励量大于给定的阈值（整定值），则输出保护启动信号。同时，定时器开始计时（定时器的时延也可设定为瞬时）。经过完整的内部动作延时（功能逻辑）后输出动作（跳闸）信号，同时输出其他可用的开关量信号。

（二）保护分类

电力系统中的电力设备和线路，应装设防止短路故障和异常运行的保护装置。电力设备和线路短路保护应有主保护和后备保护，必要时可增设辅助保护。

主保护（main protection）是满足系统稳定和设备安全要求，能以最快速度有选择地切除被保护设备和线路故障的保护。

后备保护（backup protection）是主保护或断路器拒动时，用以切除故障的保护。后备保护可分为远后备和近后备两种方式。远后备是当主保护或断路器拒动时，由相邻电力设备或线路的保护实现后备。近后备是当主保护拒动时，由该电力设备或线路的另一套保护实现后备的保护。

辅助保护（supplemental protection）是为补充主保护和后备保护的性能或当主保护和后备保护退出运行而增设的简单保护。

（三）对保护性能的要求

保护装置应满足速动性、选择性、灵敏性和可靠性（简称"四性"）的要求。

1. 速动性

保护的速动性（rapidity of protection）是指保护装置应能尽快地切除短路故障，其目的是提高系统稳定性，减轻故障设备和线路的损坏程度，缩小故障波及范围，提高自动重合闸和备用电源或备用设备自动投入的效果等。

目前保护动作速度最快的约一个周期（0.02s），个别情况下也有半个周期的，包括断路器动作和灭弧在内的切除故障时间，最快约为0.1s。

2. 选择性

保护的选择性（selectivity of protection）是指保护检出电力系统的故障区和（或）故障相的能力。当系统出现故障时，首先由故障设备或线路本身的保护切除故障，当该保护或断路器拒动时，才允许由相邻设备、线路的保护切除故障。如图5-2所示的单端电源供配电系统中，当线路WB2发生短路时，只允许保护装置BB2动作使断路器QA2跳闸来切除故障线路WB2。只有当某种原因造成BB2未动作或断路器QA2未跳闸时，相邻的上级线路WB1的保护装置BB1才能动作使断路器QA1跳闸。

图5-2 继电保护选择性动作示意图

为保证选择性，对相邻设备和线路有配合要求的保护和同一保护内有配合要求的两元件（如起动与跳闸元件、闭锁与动作元件），其动作参数和（或）延时时间应相互配合。

在某些条件下必须加速切除短路故障时，可使保护无选择性动作，但必须采取补救措施，例如采用自动重合闸或备用电源自动投入来补救。

3. 灵敏性

保护的灵敏性（sensitivity of protection）是指在设备或线路的被保护范围内发生故障时，保护装置具有的正确动作能力的裕度，一般以灵敏系数来描述。灵敏系数应根据不利的正常（含正常检修）运行方式和不利故障类型（仅考虑金属性短路和接地故障）计算。

过电流保护装置的灵敏系数用保护装置的保护区内在电力系统为最小运行方式（指电力系统处于短路阻抗为最大而短路电流为最小的状态的运行方式）时的最小短路电流 $I_{k.min}$ 与保护装置一次动作电流（即保护装置动作电流换算到一次电路的值）$I_{op.1}$ 的比值来表示，即

$$K_s = \frac{I_{k.min}}{I_{op.1}}$$

在 GB/T 50062—2008《电力装置的继电保护和自动装置设计规范》中，对继电保护装置的灵敏系数都有一个最小值的规定，这将在后面讲述各种保护时分别介绍。

4. 可靠性

保护的可靠性（reliability of protection）是指在给定条件下的给定时间间隔内，保护能完成所需功能的概率。保护所需功能是当需要动作时便动作，当不需要动作时便不动作。

为保证可靠性，宜选用性能满足要求、原理尽可能简单的保护方案，应采用由可靠的硬件和软件构成的装置，并应具有必要的自动检测、闭锁、告警等措施，以及便于整定、调试和运行维护。

上述"四性"之间既有有机联系，又相互制约，特别是可靠性和灵敏性、选择性和速动性之间应统筹兼顾。

二、保护继电器及其特性

（一）保护继电器及其发展

电气继电器（electrical relay）是当控制该器件的输入电路满足一定条件时，在其一个或多个输出电路中会产生预定跃变的电气器件。电气继电器包括量度继电器和有或无继电器。

量度继电器（measuring relay）就是在规定的准确度条件下，当其特性量达到其动作值时即进行动作的电气继电器。保护继电器（protection relay）就是单独地或与其他继电器组合在一起构成某个保护装置的一种量度继电器，如电流继电器、电压继电器、气体继电器、温度继电器、压力继电器等。量度继电器在继电保护装置中装设在第一级，用来反应被保护元件的特性量变化，属于主继电器或起动继电器。

有或无继电器（all-or-nothing relay）是预定由数值在其工作值范围内或实际上为零的某一激励量激励的电气继电器，如时间继电器、中间继电器、信号继电器等。有或无继电器在继电保护装置中用来实现特定的逻辑功能，属辅助继电器。

早期应用的保护继电器为机电式继电器（electromechanical relay），它是由机械部件相对运动产生预定响应的电气继电器。如电磁继电器，由电磁力产生预定响应，可以是电磁式的，也可以是感应式的。由于机电式继电器具有简单可靠、便于维修等优点，因此在我国小型用户供配电系统中仍有应用。

之后又出现了由电子、磁、光或其他无机械运动的元件产生预定响应的静态继电器

（static relay）。静态继电器具有动作灵敏、体积小、能耗低、耐振动、无机械惯性、寿命长等一系列优点，在中小型供配电系统中正逐步取代机电式继电器。

常规的静态继电器主要由模拟信号处理获得动作功能，故又称为模拟式继电器（analog relay）。其缺点是准确度低、保护功能单一、没有故障显示、无法组网通信。随着微型计算机技术的进步和应用，便出现了数位式继电器（digital relay）（主要由数字信号处理获得动作功能的静态继电器）、数字式继电器（numerical relay）（由算法运算获得动作功能的数位式继电器）及微机保护装置（microcomputer protection equipment）（多功能综合性的数字式继电器）。与传统的模拟式继电器相比，它们具有可靠性高、功能齐全、调试维护方便、性能价格比优等优点，已成为电力系统继电保护的更新换代产品，在用户供配电系统中也得到推广应用。

（二）保护继电器的继电特性

电流继电器的继电特性（也称输入—输出特性）如图 5-3 所示。当继电器线圈通过的电流大于整定值时，继电器动作使其输出电路常开触点闭合。电流继电器动作后，若线圈电流减小到一定值时，继电器返回初始位置，触点也相应返回。

流入电流继电器线圈中的使继电器从初始状态进入动作状态的最小电流，称为电流继电器的动作电流，用 I_{op} 表示。流入电流继电器线圈中的使继电器由动作状态返回到初始状态的最大电流，称为电流继电器的返回电流，用 I_{re} 表示。电流继电器的返回电流与动作电流的比值，称为电流继电器的返回系数，用 K_{re} 表示，即

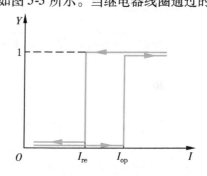

图 5-3　电流继电器的继电特性
Y—常开触点状态（1 表示闭合，0 表示断开）
I—通入继电器线圈的电流

$$K_{re} = \frac{I_{re}}{I_{op}}$$

对于过电流继电器，K_{re} 总小于 1，一般为 $0.85 \sim 0.95$。微机保护的返回系数接近于 1。K_{re} 越接近于 1，说明继电器性能越好。如果过电流继电器的 K_{re} 过低，则可能使保护装置发生误动作，这将在后面讲过电流保护的电流整定时加以说明。

电压继电器的结构和原理与电流继电器极为类似，只是电压继电器的线圈为电压线圈，多做成低电压（欠电压）继电器。低电压继电器的动作电压 U_{op}，为其线圈上的使继电器动作的最高电压；其返回电压 U_{re}，为其线圈上的使继电器由动作状态返回到初始状态的最低电压。

三、微机保护简介

随着微型计算机技术的发展，人们成功地利用微型计算机系统采集和处理来自电力系统运行过程中的数据，并通过数值计算迅速而准确地判断系统中发生故障的性质和范围，经过严密的逻辑过程后有选择性地发出各项指令。这种基于微型计算机系统的继电保护装置，就是微机保护。

（一）微机保护的硬件

微机保护的硬件主要由微机主系统、模拟量数据采集系统、开关量输入/输出系统、人

机接口四部分组成，如图5-4所示。

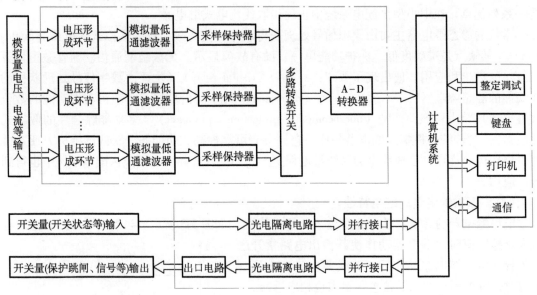

图 5-4 微机保护的硬件基本构成

电力系统的电气量（包括三相电流、电压和零序电流、电压等）通过互感器的变送和隔离，再经过电压形成、模拟滤波转换为计算机设备所允许的电压信号（如±5V范围内的交流电压），然后在 CPU 控制下进行采样和 A-D 转换，读入内存中。需要输入的开关量（如各种开关的状态等）经过隔离屏蔽，可以直接读入内存。需要输出的开关量（如保护跳闸出口以及本地和中央报警信号等）也经过光电隔离后输出。微机主系统根据采集到的电力系统的数字化的电气量和开关量，经过数字滤波（滤除不需要的随机干扰分量）和计算，判断所保护的设备所处的运行状态，如是否发生短路故障，并决定是否发出跳闸命令或进行重合闸等，这些是微机主系统的首要任务。微机主系统还要不断地进行自检和互检，以维持本身系统的稳定，及时发现装置出现的硬软件错误和故障。人机接口用于实现机间通信、输入程序和整定值、操作调试系统等监控功能，以及显示、打印等信息输出功能。

（二）微机保护的软件

微机保护的软件以硬件为基础，通过算法及程序设计实现所要求的保护功能，包括监控程序和运行程序两部分。监控程序包括对人机接口键盘命令处理程序及为插件调试、整定设置显示等配置的程序。运行程序就是指保护装置在运行状态下所需执行的程序，主要包括主程序（包括初始化、全面自检、开放中断等）、采样中断服务程序（包括数据采集与处理、保护起动判定、完成多 CPU 之间的数据传送等）和故障处理程序（在保护起动后才投入，用以进行保护特性计算、判定故障性质等）。

运行程序中的保护算法是微机保护的核心，根据 A-D 转换器提供的输入电气量的采样数据进行分析、运算和判断，以实现各种继电保护功能。各种微机保护的功能和要求不同，其算法也不一样，详见有关微机保护专著。

微机保护可充分利用和发挥计算机的储存记忆、逻辑判断和数值运算等信息处理功能，在应用软件的配合下，有极强的综合分析与判断能力，可以实现模拟式保护装置很难做到的自动识别、排除干扰、防止误动作，因此可靠性很高。另外，由于微机保护的特性主要是由软件决定的，所以保护的动作特性和功能可以通过改变软件程序以获取所需要的保护性能，具有较大的灵活性，因此保护性能的选择和调试都很方便。同时，微机保护具有较完善的通信功能，便于构成综合自动化系统，提高系统运行的自动化水平。本章将以微机保护应用为主讲述供配电系统的保护原理与整定原则。

第二节　电力线路的保护

一、电力线路的故障形式与保护设置

用户供配电系统中的电力线路通常为单侧电源配电网络，在采用双电源供电或环网供电时，两个电源也不并列运行。在具有分布式电源且并网运行的供配电系统中，则存在双侧电源线路。电力线路可能因绝缘损坏而发生相间短路或单相接地，也有可能因运行方式的改变而出现过负荷。按 GB/T 50062—2008《电力装置的继电保护和自动装置设计规范》规定：对 3～66kV 电力线路，应装设相间短路保护、单相接地保护和过负荷保护。保护装置在线路的电源侧装设，作为本线路的主保护，其后备保护采用远后备方式，即由相邻上级线路的保护实现后备。

1. 相间短路保护

3～20kV 单侧电源线路的相间短路，可装设两段过电流保护作主保护，第一段应为不带时限的电流速断保护；第二段应为带时限的过电流保护，保护可采用定时限或反时限特性。

35～66kV 单侧电源线路的相间短路，可采用一段或两段电流速断或电压闭锁过电流保护作主保护，并应以带时限的过电流保护作后备保护。

3～66kV 双侧电源线路的相间短路，可装设带方向的或不带方向的电流保护或电流电压保护，当其不满足保护要求时，另增设光纤电流纵联差动保护作主保护。

3～66kV 经低电阻接地的单侧电源线路，除应配置相间短路保护外，还应配置一段或两段零序电流保护。

2. 单相接地保护

3～66kV 中性点非直接接地电网中线路的单相接地故障，应装设接地保护装置：①在变配电所的高压母线上装设接地监视装置，并应动作于信号；②在线路上宜设有选择性的单相接地保护（零序电流保护），并应动作于信号。但当危及人身和设备安全时，保护装置应动作于跳闸。

3. 过负荷保护

电缆线路或电缆架空混合线路，应装设过负荷保护。保护装置宜带时限动作于信号，当危及设备安全时，可动作于跳闸。

二、过电流保护

过电流保护（overcurrent protection）是预定在电流超过规定值时动作的一种保护。其时限特性有定时限特性和反时限特性两种。定时限过电流保护的动作时限与故障电流的大小无关，由延时元件整定值决定。反时限过电流保护的动作时限与故障电流的二次方成反比，通入的电流越大，动作时间越短。

（一）过电流保护装置的基本原理

过电流保护装置的展开式原理电路如图 5-5 所示，采用直流操作电源，保护用电流互感器按三相式配置。当配电线路某处发生相间短路时，保护装置检测到的任一相线路电流超过其动作整定值时，过电流保护起动，经过预先设置的整定时间延时后，若任一相线路电流仍超过其动作整定值即保护起动元件没有返回，则保护动作，其出口继电器触点闭合使断路器跳闸（详见第六章），切除短路故障，同时发出保护动作事故总信号。在短路故障被切除后，保护装置自动返回起始状态，但保护动作信号需手动复位。

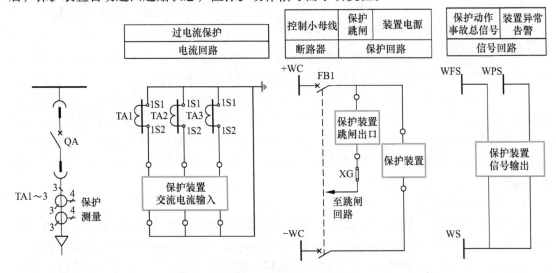

图 5-5　过电流保护装置的原理电路图

过电流保护一般设定为定时限过电流保护，其逻辑框图如图 5-6 所示。其动作条件为：在保护投入时，当任一相电流 I 大于整定值 I_{s3} 时，保护起动并发出告警信号，经过整定时间 t_3 后动作，保护出口跳闸，同时显示故障性质、故障录波、事件记录。

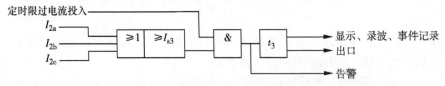

图 5-6　定时限过电流保护逻辑框图

过电流保护也可设定为反时限过电流保护。通常断路器闭合 t_y 时间后，反时限保护才会投入。t_y 时间取决于一次回路负载类型，当为电动机时，可将 t_y 时间设定为电动机的起动时间，以免在电动机起动时装置告警。如不需要起动延时功能，可将 t_y 时间设定为 0s。反时限过电流保护的逻辑框图如图 5-7 所示。其动作条件为：根据通入电流 I 大小的不同，相应的动作时间 t_r 不同，电流越大动作时间越短。根据设定的公式不同，相应的动作曲线也不同，常用曲线为 IEC 标准反时限特性曲线，具体有标准反时限、非常反时限和极端反时限等。

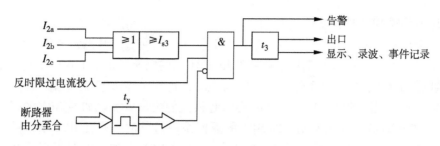

图 5-7　反时限过电流保护的逻辑框图

（二）动作电流整定

过电流保护的动作电流整定原则是：

1）动作电流应躲过线路的短时最大负荷电流（包括正常过负荷电流和某些尖峰电流）$I_{L\,max}$，以免保护装置在线路正常运行时误动作。

$$I_{op.\,1} > I_{L\,max} \tag{5-1}$$

式中　$I_{op.\,1}$——过电流保护一次动作电流。

2）保护装置的返回电流也应躲过线路的短时最大负荷电流，否则，保护装置还可能发生误动作。为了说明这一点，以图 5-8a 为例来说明。

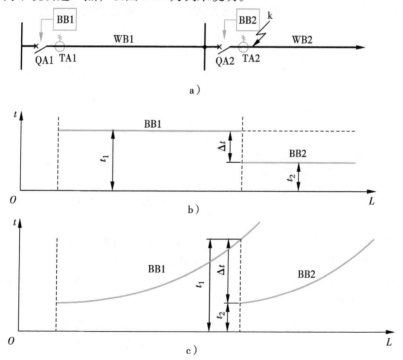

图 5-8　电力线路过电流保护的动作特性

a）一次接线图　b）定时限过电流保护动作特性　c）反时限过电流保护动作特性

当线路 WB2 发生短路时，由于短路电流通常比各线路上的负荷电流大得多，所以沿线路的过电流保护装置包括 BB1、BB2 均要动作。但是，按照保护选择性的要求，应是靠近故障点 k 的保护装置 BB2 首先动作（其动作时限短一些），使断路器 QA2 跳闸，切除故障线路 WB2。故障线路 WB2 切除后，保护装置 BB1 应立即返回起始状态，不使 QA1 跳闸。而 BB1 能否返回取决于故障线路 WB2 切除后线路 WB1 上的电流是否小于 BB1 的返回电流。由于 WB1 供电的负荷线路除 WB2 外还有其他线路，因此 WB1 仍有负荷电流，而且母线电压恢复后其他非故障线路的电动机自起动时会引起很大的尖峰电流。如果 BB1 的返回电流小于线路 WB1 的短时最大负荷电流，即 BB1 的返回系数过低时，则在 BB2 动作并断开线路 WB2 后，BB1 可能不返回而继续保持动作状态，经过 BB1 所整定的时限后，断开断路器 QA1，造成 WB1 停电，扩大了故障停电范围。所以，保护装置的返回电流 $I_{re.1}$ 也必须躲过线路的短时最大负荷电流 $I_{L.max}$，即

$$I_{re.1} > I_{L.max}$$

式中　$I_{re.1}$——过电流保护一次返回电流。

因保护装置的返回系数 $K_{re} = I_{re}/I_{op} = I_{re.1}/I_{op.1}$，所以该式又可写成

$$I_{op.1} > I_{L.max}/K_{re} \tag{5-2}$$

因为过电流保护装置的 $K_{re} < 1$，所以式（5-1）和式（5-2）所表达的两个条件中应取式（5-2）。

继电保护的整定最终要在保护装置上调节出动作值，所以要将一次动作电流 $I_{op.1}$ 换算到保护装置的动作电流 I_{op}。设保护用电流互感器的电流比为 K_i，则有 $I_{op} = I_{op.1}/K_i$。将此式代入式（5-2），则有

$$I_{op} > I_{L.max}/(K_i K_{re}) \tag{5-3}$$

引入可靠系数 K_{rel}，将式（5-3）写成等式，则得到过电流保护装置动作电流 I_{op} 的整定计算公式为

$$I_{op} = \frac{K_{rel}}{K_{re}K_i}I_{L.max} \tag{5-4}$$

式中　K_{rel}——可靠系数，取 $K_{rel} \geq 1.2$；

　　　K_{re}——保护装置返回系数，取 $0.85 \sim 0.95$；

　　$I_{L.max}$——线路上的短时最大负荷电流，它由负荷性质和线路接线所决定，应考虑线路的计算电流、尖峰负荷电流（包括切除故障线路而母线电压恢复后其他非故障线路上电动机的自起动电流），可取为计算电流 I_c 的 $1.5 \sim 3$ 倍。

另外，上级线路 WB1 保护装置 BB1 的过电流保护一次动作电流与相邻下级线路 WB2 保护装置的过电流保护一次动作电流之比不应小于 1.1，以确保保护动作的选择性。

（三）动作时间整定

过电流保护的动作时间应按"阶梯原则"整定，以保证前后两级保护装置动作的选择性，也就是后一级线路首端（如图 5-8a 中 WB2 上的 k 点）发生短路时，前一级保护装置（BB1）的动作时间 t_1 应比后一级保护（BB2）中最长的动作时间 t_2 都要大一个时间级差 Δt，如图 5-8b、c 所示，即

$$t_1 \geq t_2 + \Delta t \tag{5-5}$$

这一时间级差 Δt，应考虑下级断路器跳闸时间、保护出口继电器延时时间以及配合裕度时间等，对定时限过电流保护，可取为 $0.3 \sim 0.5s$；对反时限过电流保护，可取为 $0.5 \sim 0.7s$。

定时限过电流保护的动作时间与故障电流无关，由定时器予以保证，整定起来简单方便。反时限过电流保护的动作时间与故障电流有关，整定则相对麻烦许多。为满足选择性的要求，后一级保护装置所保护范围内首端发生短路时，前一级保护作为后备其实际动作时间要比后一级保护的实际动作时间长 0.5~0.7s。这就要求前后两级保护装置的反时限动作特性曲线配合好（如图 5-8c 所示）。

（四）过电流保护灵敏性校验

过电流保护的保护灵敏系数 $K_s = I_{k.\,min}/I_{op.1}$。对于线路过电流保护，$I_{k.\,min}$ 应取被保护线路末端在系统最小运行方式下的两相短路电流初始值 $I''_{2k2.\,min}$。而 $I_{op.1} = I_{op}K_i$，因此按规定过电流保护的灵敏系数必须满足的条件为

$$K_s = \frac{I''_{2k2.\,min}}{K_i I_{op}} \geq 1.5 \tag{5-6}$$

如过电流保护作为相邻线路的远后备保护时，其灵敏系数 $K_s \geq 1.2$ 即可。

三、电流速断保护

带时限的过电流保护有一个明显的缺点，就是越靠近电源处线路的过电流保护动作时间越长，而短路电流则是越靠近电源其值越大，危害也就更加严重。因此，电力线路还应装设电流速断保护。

（一）电流速断保护的基本原理

电流速断保护通常是一种瞬时动作的过电流保护，也称瞬时电流速断保护。线路上同时装有电流速断保护和定时限过电流保护的原理电路图与图 5-5 相同。其保护动作时限特性如图 5-9 所示。当线路某处发生相间短路时，若流入到速断保护电流继电器的电流大于其速断电流整定值 I_{qb}，电流速断保护动作，不经任何延时，立即使断路器跳闸。而当短路电流不大时，流入到电流继电器的电流小于其速断电流整定值 I_{qb}，但大于过电流保护动作电流整定值 I_{op}，只有过电流保护动作，经由一定时限延时后，再使断路器跳闸。电流速断保护和定时限过电流保护共同作用，构成线路相间短路主保护。

图 5-9　电流速断保护和定时限过电流保护的时限特性

（二）速断电流的整定

由于电流速断保护是瞬时动作的，无法通过动作时限的配合来实现前后两级保护的选择性动作，因此只有依靠动作电流（速断电流）的特殊整定来实现选择性配合。如图 5-10 所

示，BB1 的一次速断电流必须躲过（大于）线路 WB2 上的最大短路电流，即线路 WB2 首端 k-2 点的三相短路电流，以使得线路 WB2 任何一处发生短路时，BB1 都不会动作。实际上，WB2 首端 k-2 点的三相短路电流与 WB1 末端 k-1 点的三相短路电流几乎是相等的。因此，电流速断保护的动作电流（速断电流）I_{qb} 应躲过它所保护线路末端在系统最大运行方式下的三相短路电流初始值 $I''_{2k3.\,max}$，其整定计算公式为

$$I_{qb} = \frac{K_{rel}}{K_i} I''_{2k3.\,max} \tag{5-7}$$

式中　K_{rel}——可靠系数，取 $K_{rel} \geqslant 1.3$。

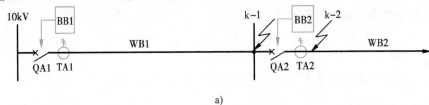

a)

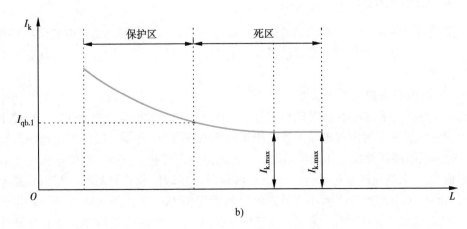

b)

图 5-10　电流速断保护的选择性配合
a）一次接线图　b）电流速断保护动作特性

（三）电流速断保护的"死区"问题

由于电流速断保护的动作电流是按躲过线路末端的三相短路电流来整定的，并乘上了一个 1.3 的可靠系数，因此一次速断电流 $I_{qb.1}$ 将大于这套保护装置所保护的线路靠近末端的一段线路上的短路电流，在这段线路上发生短路时，电流速断保护装置不会动作，即电流速断保护不可能保护线路的全长。这一电流速断保护不能保护的区域，称为保护"死区"，如图 5-10 所示。

在电流速断保护"死区"内，则由带时限的过电流保护实现主保护。

（四）电流速断保护的灵敏性校验

电流速断保护的灵敏系数按其安装处（即线路首端）在系统最小运行方式下的两相短路电流初始值 $I''_{1k2.\,min}$ 作为最小短路电流来计算。因此，电流速断保护的灵敏系数必须满足的条件为

$$K_s = \frac{I''_{1k2.min}}{K_i I_{qb}} \geq 1.5 \tag{5-8}$$

四、延时电流速断保护

对于较短的 3 ~ 20kV 配电线路和电缆线路，由于线路末端与其首端产生的短路电流相差不大，电流速断保护的灵敏性往往不够；对于变配电所电源进线，则电流速断保护根本就没有选择性保护范围，除非允许非选择性动作。此时可采用带有短时限（一般为 0.3 ~ 0.5s）的延时电流速断保护来代替电流速断保护。对于 35 ~ 66kV 配电线路，一般装设两段电流速断保护。线路上同时装设两段电流速断保护与定时限过电流保护的原理电路与图 5-5 相同。

两段电流速断保护逻辑框图如图 5-11 所示。其动作条件为：在保护投入时，当任一相电流 I 大于整定值 I_{s2} 时，保护经过整定时间 t_2（通常为 0.3s）后动作，延时电流速断保护出口跳闸，同时显示故障性质、故障录波、事件记录。当任一相电流 I 大于整定值 I_{s1} 时，保护经过整定时间 t_1（0s）后动作，瞬时电流速断保护出口跳闸，同时显示故障性质、故障录波、事件记录。

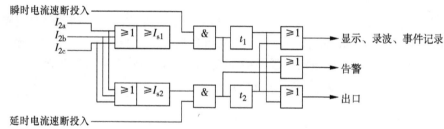

图 5-11　电流速断保护逻辑框图

由于有了短延时，因此其一次动作电流不需躲过它所保护的线路末端的三相短路电流，而只需大于下级线路的电流速断保护一次动作电流的 1.1 ~ 1.2 倍，即可获得保护的选择性。由于动作电流的减小，因而延时电流速断保护能保护线路全长，可作为线路的主保护，其保护选择性配合如图 5-12 所示。当线路 WB2 首端发生相间短路时，BB2 电流速断保护动作，同时线路 WB1 保护装置 BB1 的延时电流速断保护也会起动。由于存在 0.3 ~ 0.5s 的延时，在 BB2 电流速断保护动作将故障线路 WB1 切除后，BB1 的延时电流速断保护便会返回，不会造成无选择性的跳闸。

延时电流速断保护的灵敏系数按被保护线路末端在系统最小运行方式下的两相短路电流初始值 $I''_{2k2.min}$ 计算。其必须满足的条件为

$$K_s = \frac{I''_{2k2.min}}{K_i I_{qb}} \geq 1.5 \tag{5-9}$$

例 5-1　某工业用户 10kV 配变电所的进出线如图 5-13 所示，进线 WB1 和馈线 WB2 均配置有微机定时限过电流保护和电流速断保护（其中 WB1 所配为延时电流速断保护），均采用三相式接线，直流操作。已知 TA1 的电流比为 600/5A，TA2 的电流比为 300/5A。BB1 定时限过电流保护已经整定，其动作电流为 6.0A，动作时间为 0.8s。WB2 的计算电流为

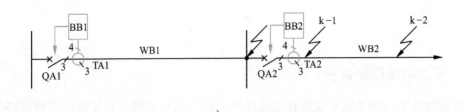

a)

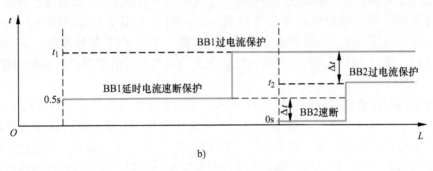

b)

图 5-12　延时电流速断保护和定时限过电流保护的上下级选择性配合

a) 一次接线图　b) 电流保护动作特性

140A，WB2 首端 k-1 点在系统最大运行方式下和最小运行方式下的三相短路电流初始值分别为 12kA 和 10kA，其末端 k-2 点在系统最大运行方式下和最小运行方式下的三相短路电流初始值为 3.7kA 和 3.5kA。试整定馈线 WB2 的定时限过电流保护和电流速断保护以及进线 WB1 的延时电流速断保护，并校验其灵敏性。

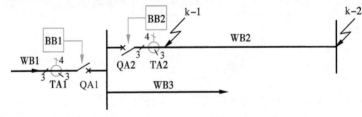

图 5-13　例 5-1 的配电线路

解：1. 整定 BB2 的定时限过电流保护的动作电流

取 $I_{\text{L.max}} = 2I_c = 2 \times 140\text{A} = 280\text{A}$，$K_{\text{rel}} = 1.2$，$K_{\text{re}} = 0.95$，$K_{i2} = 300/5 = 60$，故

$$I_{\text{op2}} = \frac{K_{\text{rel}}}{K_{\text{re}}K_{i2}}I_{\text{L.max}} = \frac{1.2}{0.95 \times 60} \times 280\text{A} = 5.9\text{A}$$

因此动作电流整定为 5.9A。

已知上级保护一次动作电流为 $120 \times 6.0\text{A} = 720\text{A}$，而本级保护一次动作电流为 $60 \times 5.9\text{A} = 354\text{A}$，两者之比满足不小于 1.1 的配合要求。

2. 整定 BB2 的动作时间

BB1、BB2 均为定时限过电流保护，而 BB1 的动作时间已整定为 0.8s，取保护配合时间级差 0.3s，故 BB2 的动作时间可整定为 0.5s。

3. BB2 定时限过电流保护的灵敏性校验

BB2 保护的线路 WP2 末端 k-2 点在系统最小运行方式下的两相短路电流为

$$I''_{2k2.min} = 0.866 I''_{2k3.min} = 0.866 \times 3500\text{A} = 3031\text{A}$$

因此，BB2 定时限过电流保护的灵敏系数为

$$K_s = \frac{I''_{2k2.min}}{K_{i2} I_{2op}} = \frac{3031\text{A}}{60 \times 5.9\text{A}} = 8.56 > 1.5$$

由此可见，BB2 定时限过电流保护整定电流满足保护灵敏性要求。

4. 整定 BB2 的速断电流 I_{qb2}

$$I_{qb2} = \frac{K_{rel}}{K_{i2}} I''_{2k3.max} = \frac{1.3}{60} \times 3700\text{A} = 80.2\text{A}$$

因此动作电流整定为 80.2A。

5. BB2 电流速断保护灵敏性校验

WB2 首端 k-1 点在系统最小运行方式下的两相短路电流初始值为

$$I''_{1k2.min} = 0.866 I''_{1k3.min} = 0.866 \times 10000\text{A} = 8660\text{A}$$

故 BB2 的电流速断保护灵敏系数为

$$K_s = \frac{I''_{1k2.min}}{K_{i2} I_{qb2}} = \frac{8660\text{A}}{60 \times 80.2\text{A}} = 1.80 > 1.5$$

由此可见，BB2 电流速断保护整定电流满足保护灵敏性要求。

6. 整定 BB1 的延时速断电流 I_{qb1}

$$I_{qb1} = K_{rel} I_{qb2} \frac{K_{i2}}{K_{i1}} = 1.1 \times 80.2\text{A} \times \frac{60}{120} = 44.1\text{A}$$

因此动作电流整定为 44.1A，保护延时动作时间取 0.3s。

7. BB1 延时电流速断保护灵敏性校验

BB1 的保护范围为 10kV 配电母线，包括 WB2 首端，以 WB2 首端 k-1 点在系统最小运行方式下的两相短路电流初始值校验，BB1 的延时电流速断保护灵敏系数为

$$K_s = \frac{I''_{2k2.min}}{K_{i1} I_{qb1}} = \frac{8660\text{A}}{120 \times 44.1\text{A}} = 1.64 > 1.5$$

由此可见，BB1 延时电流速断保护整定电流满足保护灵敏性要求。

五、单相接地保护

由第一章第三节可知，在中性点非有效接地的电力系统中，线路发生单相接地故障时，各相对地电压和电容电流均不对称，会产生零序电压和零序电流。虽然线电压不变，系统可暂时继续运行，但不能长期运行。因此，在系统发生单相接地故障时，必须通过单相接地保护装置发出报警信号，以便运行值班人员及时发现和处理。

单相接地保护（single phase earth-fault protection）有接地监视装置（零序电压保护）和零序电流保护两种，以下分别予以介绍。

（一）接地监视装置

接地监视装置由接成 Yynd 联结的三个单相三绕组电压互感器或一个三相五心柱三绕组电压互感器和接地监视电压继电器等组成（原理见第四章第六节）。接地监视装置装设在变配电所的母线上，反应一次系统在发生单相接地故障后出现的零序电压，动作于信号。

接地监视装置简单经济，但没有选择性。在出线回路数不多，线路又不是特别重要，或

装设零序电流保护也难以保证有选择性时，可采用依次断开线路的方法来寻找故障线路。若断开某线路时接地故障信号消失，该线路便是发生接地故障的线路。

（二）零序电流保护

1. 零序电流保护的基本原理

零序电流保护（zero sequence current protection）是利用单相接地故障线路的零序电流较非故障线路大的特点，实现有选择性地跳闸或发出信号。对于架空线路，采用图 5-14a 所示的零序电流过滤器，它是由三个同型号规格的电流互感器同极性并联所组成的。对于电缆线路，采用图 5-14b 所示的零序电流互感器。零序电流互感器的结构特点是：三相导体均穿过其环形铁心，在二次绕组中感应出零序电流。

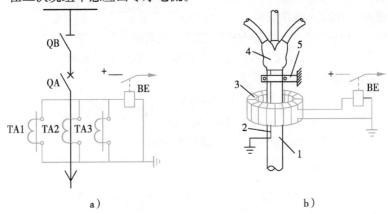

a) b)

图 5-14 零序电流保护装置

a）架空线路用 b）电缆线路用

1—电缆 2—接地线 3—零序电流互感器 4—电缆头 5—固定支架

零序电流保护的原理说明如下（以电缆线路为例）：

如图 5-15 所示的供配电系统中，高压母线 WB 上接有三路高压出线 WB1、WB2 和 WB3，每路出线上都装设有零序电流互感器。现假设电缆线路 WB1 的 C 相发生接地故障，这时 C 相的电位为地电位，所以 C 相没有对地电容电流，只 A 相和 B 相有对地电容电流 $\dot{I}_{C1.A}$ 和 $\dot{I}_{C1.B}$。电缆 WB2 和 WB3 也只 B 相和 A 相有对地电容电流 $\dot{I}_{C2.A}$、$\dot{I}_{C2.B}$ 和 $\dot{I}_{C3.A}$、$\dot{I}_{C3.B}$。所有的对地电容电流 $\dot{I}_{C1}$、$\dot{I}_{C2}$、$\dot{I}_{C3}$ 都要经过接地故障点，其分布均如图 5-15 所示。由图可以看出，流经非故障线路 WB2 及其零序电流互感器 TA2 的零序电流为其对地电容电流 $\dot{I}_{C2}$，流经非故障线路 WB3 及其零序电流互感器 TA3 的零序电流为其对地电容电流 $\dot{I}_{C3}$，其方向均为由母线指向线路；而流经故障线路 WB1 及其零序电流互感器 TA1 的零序电流则是接地故障电流 $\dot{I}_{C\Sigma} - \dot{I}_{C.1}$，即为非故障线路对地电容电流之和，其方向均为由线路指向母线。

零序电流将在零序电流互感器 TA 的铁心中产生磁通，在 TA 的二次绕组感应出电动势和电流，当零序电流大于其整定值时，就使接于二次侧的电流继电器 BE 动作，发出信号。而在系统正常运行时，由于三相对地电容电流之和为零，没有零序电流，所以继电器不动作。

还应指出：电缆头的接地线必须回穿过零序电流互感器的铁心后再接地（见图 5-14b），否则电缆头发生接地故障时，接地保护装置不起作用。

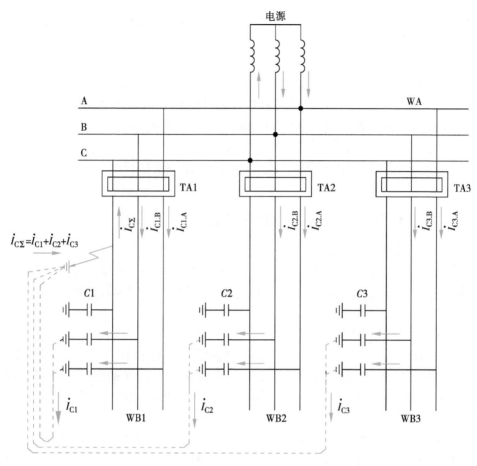

图 5-15　单相接地时线路电容电流的分布

2. 零序电流保护的整定

由图 5-15 可以看出，当供配电系统中某一线路发生单相接地故障时，其他线路上都会出现不平衡的电容电流，而这些线路因本身是正常的，其接地保护装置不应该动作，因此单相接地保护的动作电流 $I_{op(z)}$ 应该躲过在其他线路上发生单相接地时在本线路上引起的电容电流 I_C，即单相接地保护动作电流的整定计算公式为

$$I_{op(z)} = \frac{K_{rel}}{K_i} I_C \tag{5-10}$$

式中　I_C——其他线路发生单相接地时，在被保护线路产生的电容电流，可按式（1-2）估算，只是式中 l 应采用被保护线路的长度；

　　　K_i——零序电流互感器的电流比；

　　　K_{rel}——可靠系数，保护装置不带时限时，取为 4～5，以躲过被保护线路发生两相短路时所出现的不平衡电流；保护装置带时限时，取为 1.5～2，这时接地保护的动作时间应比相间短路的过电流保护动作时间大 Δt，以保证选择性。

单相接地的零序电流保护的灵敏系数，应按被保护线路末端发生单相接地故障时流过接地线的不平衡电流作为最小故障电流来计算，而这一电容电流为与被保护线路有电联系的总

电网电容电流 $I_{C\Sigma}$ 与该线路本身的电容电流 I_C 之差。灵敏系数必须满足的条件为

$$K_s = \frac{I_{C\Sigma} - I_C}{K_i I_{op(z)}} \geqslant 1.25 \tag{5-11}$$

对于 3~66kV 经低电阻接地单侧电源线路，应装设一段或二段零序电流保护，作为接地故障的主保护与后备保护。第一段为零序电流速断保护，时限宜与相间短路电流速断保护相同；第二段为零序过电流保护，时限宜与相间短路过电流保护相同。

第三节 电力变压器的保护

一、电力变压器的故障分析与保护设置原则

（一）电力变压器的常见故障与保护设置

电力变压器是供配电系统中的重要设备，它的故障对供配电系统的可靠性和用户的生产、生活将产生严重的影响。因此，必须根据变压器的容量和重要程度装设适当的保护装置。

变压器故障一般分为内部故障和外部故障两种。

变压器的内部故障主要有绕组的相间短路、绕组匝间短路和中性点直接接地或经小电阻接地侧的单相接地短路。内部故障是很危险的，因为短路电流产生的电弧不仅会破坏绕组绝缘，烧坏铁心，还可能使绝缘材料和变压器油受热而产生大量气体，甚至引起变压器油箱爆炸。

变压器常见的外部故障有引出线上绝缘套管故障从而可能导致引出线的相间短路和中性点直接接地或经小电阻接地侧的单相接地短路；由于外部相间短路引起的过电流；中性点直接接地或经小电阻接地侧的电网中外部接地短路引起的过电流。

变压器的不正常工作状态有：过负荷、油面降低、油温过高、绕组温度过高、油箱压力过高、产生瓦斯和冷却系统故障等。

根据变压器的故障种类及不正常运行状态，变压器一般应装设下列保护：

1）电流速断保护或纵联差动保护：作为变压器主保护，它能反应变压器内部故障和引出线的相间短路，瞬时动作于跳闸。可根据变压器的容量、重要性及保护灵敏性确定采用何种类型的主保护。

2）过电流保护：它能反应变压器外部短路而引起的过电流，带时限动作于跳闸，可作为上述保护的后备保护。对 110kV 及以下降压变压器，相间短路后备保护用过电流保护不能满足灵敏度要求时，宜采用低电压闭锁的过电流保护或复合电压起动的过电流保护。

3）中性点直接接地或经小电阻接地侧的单相接地保护：它能反应变压器中性点直接接地或经小电阻接地侧的单相接地短路，带时限动作于跳闸。

4）过负荷保护：它能反应过负荷而引起的过电流，一般延时动作于信号。

5）瓦斯保护：它能反应油浸式变压器油箱内部故障和油面降低，瞬时动作于信号或跳闸。

6）温度信号：它能反应变压器油温过高、绕组温度过高和冷却系统故障。

7）压力保护：它能反应密闭油浸变压器的油箱压力过高。

（二）电力变压器二次侧故障在一次侧引起的故障电流分布

常用的 Yyn0 联结和 Dyn11 联结的配电变压器在低压侧发生各种形式短路时在高压侧引起的穿越电流值见表 5-1。

表 5-1　配电变压器低压侧短路时在高压侧引起的穿越电流值

联结组标号	三相短路	两相短路	单相短路
Yyn0	一次侧 A、B、C：$\dfrac{\dot I_k}{K}$、$\dfrac{\dot I_k}{K}$、$\dfrac{\dot I_k}{K}$；二次侧 a、b、c：$\dot I_k$、$\dot I_k$、$\dot I_k$（k3）	一次侧 A、B：$\dfrac{I_k}{K}$、$\dfrac{I_k}{K}$；二次侧 a、b：I_k、I_k（k2）	一次侧 A、B、C：$\dfrac{I_k}{3K}$、$\dfrac{2I_k}{3K}$、$\dfrac{I_k}{3K}$；二次侧 b、n：I_k、I_k（k1）
Dyn11	一次侧 A、B、C：$\dfrac{\dot I_k}{K}$、$\dfrac{\dot I_k}{K}$、$\dfrac{\dot I_k}{K}$；二次侧 a、b、c：$\dot I_k$、$\dot I_k$、$\dot I_k$（k3）	一次侧 A、B、C：$\dfrac{I_k}{\sqrt3 K}$、$\dfrac{2I_k}{\sqrt3 K}$、$\dfrac{I_k}{\sqrt3 K}$；二次侧 a、b：I_k、I_k（k2）	一次侧 B、C：$\dfrac{I_k}{\sqrt3 K}$、$\dfrac{I_k}{\sqrt3 K}$；二次侧 b、n：I_k、I_k（k1）

注：I_k——变压器二次侧短路电流；K——变压器一、二次侧线电压比。

下面分别就 Yyn0 联结和 Dyn11 联结的降压变压器在低压侧发生各种形式短路时在高压侧引起的穿越电流的换算关系进行分析。

1. Yyn0 联结的变压器低压侧单相短路时在高压侧引起的穿越电流

如表 5-1 中有关接线图所示，假设是低压侧 b 相发生单相短路，其短路电流 $\dot I_k = \dot I_b$。根据对称分量法，这一单相短路电流 $\dot I_b$ 可分解为正序分量 $\dot I_{b1} = \dot I_b / 3$，负序分量 $\dot I_{b2} = \dot I_b / 3$，零

序分量 $\dot{I}_{b0} = \dot{I}_b/3$。由此可绘出该变压器低压和高压两侧各序电流分量的相量图，如图 5-16 所示。

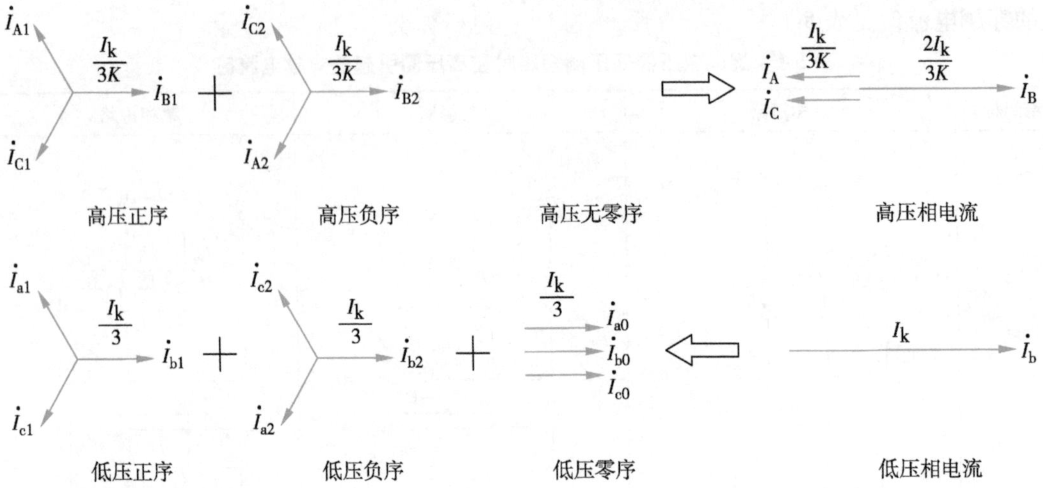

图 5-16　Yyn0 联结的变压器低压侧 b 相短路时的电流相量分析

低压侧的正序电流 $\dot{I}_{a1}$、$\dot{I}_{b1}$、$\dot{I}_{c1}$（相位互差 120°）和负序电流 $\dot{I}_{a2}$、$\dot{I}_{b2}$、$\dot{I}_{c2}$（相位互差 120°）在三相三心柱的变压器铁心中均能产生相应的三相磁通，因此均能在高压侧感应对应的正序电流 $\dot{I}_{A1}$、$\dot{I}_{B1}$、$\dot{I}_{C1}$（相位互差 120°）和负序电流 $\dot{I}_{A2}$、$\dot{I}_{B2}$、$\dot{I}_{C2}$（相位互差 120°）。由于变压器高压侧为星形联结，无零序电流通路。因此，高压侧 $\dot{I}_A = \dot{I}_{A1} + \dot{I}_{A2}$，其量值 $I_A = I_k/3K$（K 为变压器电压比）；$\dot{I}_B = \dot{I}_{B1} + \dot{I}_{B2}$，其量值 $I_B = 2I_k/3K$；$\dot{I}_C = \dot{I}_{C1} + \dot{I}_{C2}$，其量值 $I_C = I_k/3K$。

2. Dyn11 联结的变压器低压侧单相短路时在高压侧引起的穿越电流

由于三相变压器的电压比为两侧的线电压比，即 $K = U_{l1}/U_{l2}$，而 Dyn11 联结变压器的线电压与相电压的关系为 $U_{l1} = U_{ph1}$，$U_{l2} = \sqrt{3}U_{ph1}$，故 $K = U_{ph1}/\sqrt{3}U_{ph2}$，即 $U_{ph1}/U_{ph2} = \sqrt{3}K$。这也就是两侧绕组的匝数比，即 $N_1/N_2 = \sqrt{3}K$。由于变压器高压侧为三角形联结，有零序电流通路。因此，低压侧发生单相短路时，高压侧 A 相绕组的电流为 0，B 相绕组的电流为 $I_k/\sqrt{3}K$，C 相绕组的电流为 0，故得高压侧线路电流（见表 5-1），A 相线电流为零，B 相和 C 相线电流均为 $I_k/\sqrt{3}K$。

从表 5-1 中可知，Dyn11 联结的三相变压器在低压侧发生 ab 两相短路时，流过高压侧 A、C 两相的故障电流均为 $I_k/\sqrt{3}K$，而 B 相流过的故障电流为 $2I_k/\sqrt{3}K$。显然，保护接线采用三相三继电器式相比于采用两相两继电器式，其灵敏系数高一倍。所以，Dyn11 联结的三相变压器过电流保护接线应采用三相三继电器式。

二、电流速断保护与过电流保护

1. 电流速断保护

按规定，容量在 10MV·A 以下单独运行的配电变压器应装设电流速断保护作为主保护。

变压器的电流速断保护，其基本原理与线路的电流速断保护完全相同。变压器电流速断保护动作电流（速断电流）的整定计算公式也与线路电流速断保护基本相同，只是式（5-7）中的 $I''_{k3.\,max}$ 为低压母线的三相短路电流初始值流过高压侧的穿越电流值，即变压器电流速断保护的速断电流按躲过低压母线三相短路来整定。

变压器电流速断保护的灵敏性，按保护装置装设处在系统最小运行方式下发生两相短路的短路电流来检验，要求灵敏系数 $K_s \geq 1.5$。

变压器的电流速断保护，与线路电流速断保护一样，也存在保护"死区"，在其保护"死区"内，由带时限的过电流保护实现主保护。

考虑到变压器在空载投入或突然恢复电压时将出现一个冲击性的励磁涌流，为避免电流速断保护误动作，可在速断电流整定后，将变压器空载试投若干次，以检查电流速断保护是否误动作。

2. 过电流保护

变压器过电流保护的基本原理与线路的过电流保护完全相同，其动作电流整定计算公式与线路过电流保护基本相同，只是式（5-4）中的 $I_{L.\,max}$ 应为变压器一次侧短时最大过负荷电流，考虑电动机自起动时取（2~3）$I_{1r.\,T}$（$I_{1r.\,T}$ 为变压器的额定一次电流），当无电动机自起动时取（1.3~1.4）$I_{1r.\,T}$。

变压器过电流保护的动作时间也是按"阶梯原则"整定，与线路过电流保护完全相同。但是对 20kV 及以下终端配电变电所，其动作时间可整定为最小值（0.5s）。

变压器过电流保护的灵敏性，按变压器低压侧母线在系统最小运行方式下发生两相短路流过高压侧的穿越电流值来检验，要求灵敏系数 $K_s \geq 1.5$。

3. 低电压闭锁的过电流保护或复合电压起动的过电流保护

过电流保护的动作电流是按躲过包括电动机起动电流在内的短时最大负荷电流整定的，在变压器低压侧母线上接有大容量电动机时，过电流保护的动作电流整定值将变大，导致保护灵敏性降低。实际上，供配电系统中某处出现短路故障时常伴随的现象是电流的增大和电压的降低，在保护中增加低电压元件，将电压互感器二次电压引入保护装置中，就构成低电压闭锁的过电流保护，只有在"电流的增大和电压的降低"这两个条件同时满足时保护才发出跳闸命令。其保护逻辑框图如图 5-17 所示。在将过电流保护用于变压器的后备保护时，再增加一个负序电压元件，作为一个闭锁条件，这样就构成了复合电压起动的过电流保护，在后备保护范围内发生不对称短路时，有较高灵敏性。

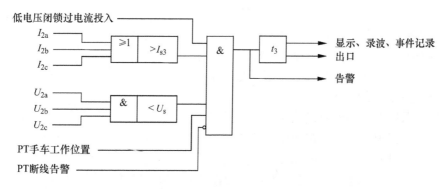

图 5-17　低电压闭锁的过电流保护逻辑框图

采用低电压元件后，过电流保护的动作电流可以不再考虑可能出现的短时最大负荷电流，只需按躲过变压器额定电流整定，保护的灵敏系数计算和动作时限整定同带时限过电流保护。由于动作电流整定值的减小，低电压闭锁的过电流保护灵敏性将有较大提高。

低电压元件的动作电压按躲过正常运行中变压器母线上可能出现的最低工作电压（如电力系统电压降低、大容量电动机起动及电动机自起动时引起的电压降低，一般取 0.5 ~ 0.7 倍额定电压）整定，低电压元件的灵敏系数按保护安装处最大剩余电压校验，要求 $K_s \geqslant 1.5$。

三、变压器中性点直接接地或经小电阻接地侧的单相接地保护

对于 20kV 及以下配电变压器，其低压绕组的中性点一般直接接地，由以上的分析可知，变压器低压侧的单相短路电流并不能完全反映到装在高压侧的保护装置中，这就使得过电流保护装置在保护变压器低压侧的单相短路故障时灵敏性较低。对 Dyn11 联结的变压器，由于其低压侧单相短路电流较大，可利用高压侧的过电流保护装置兼作低压侧的单相接地保护，但须校验其动作灵敏性。而对 Yyn0 联结变压器，由于其低压侧单相接地短路电流较小，高压侧的过电流保护装置的灵敏性达不到要求，需要在变压器低压侧中性点引出线上装设零序电流保护，如图 5-18 所示。这种零序电流保护的动作电流 $I_{\mathrm{op(z)}}$ 按躲过变压器低压侧最大不平衡电流来整定，其整定计算公式为

$$I_{\mathrm{op(z)}} = \frac{K_{\mathrm{rel}} K_{\mathrm{dsq}}}{K_{\mathrm{i}}} I_{\mathrm{2r. T}} \tag{5-12}$$

式中　$I_{\mathrm{2r. T}}$——变压器的额定二次电流；

　　　　K_{dsq}——电流不平衡系数，一般取为 0.25；

　　　　K_{i}——零序电流互感器的电流比。

零序过电流保护的动作时间一般取 0.5 ~ 0.7s。其保护灵敏性，按低压母线（干线）末端发生单相短路来校验。对于架空线路，$K_s \geqslant 1.5$；对于电缆线路 $K_s \geqslant 1.25$。采用此种保护，灵敏性较好。

在中性点直接接地的 110kV 电网中，对外部单相接地引起的过电流，低压侧有电源的变压器中性点直接接地运行时，应在中性点引出线上装设零序电流保护；低压侧有电源的分级绝缘变压器中性点可能不接地运行时，还应在中性点引出线上装设放电间隙及反应间隙放电的零序电流保护，并增设零序过电压保护。

当变压器低压侧经小电阻接地时，低压侧应配置三相式电流保护，同时应在变压器低压侧中性点引出线上装设两段式零序电流保护。当变压器低压侧经消弧线圈接地时，应在中性点上设置零序电流保护或零序电压保护。

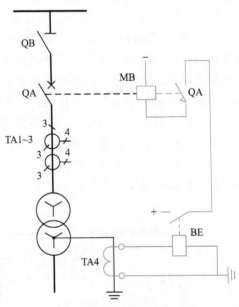

图 5-18　变压器的零序电流保护
QA—高压断路器　TA4—零序电流互感器
BE—电流继电器　MB—跳闸线圈

四、变压器的过负荷保护

变压器的过负荷保护（overload protection）一般只对并列运行的变压器或工作中有可能过负荷（如作为其他负荷的备用电源）的变压器才装设。由于过负荷电流在大多数情况下是三相对称的，因此过负荷保护通常采用一个电流继电器装于一相电路中。通常，保护装置动作于信号；对无人值班变电所，可动作于跳闸或切除部分负荷。为了防止变压器外部短路时变压器过负荷保护发出错误的信号，以及在出现持续几秒钟的尖峰负荷时不致发出信号，通常过负荷保护动作时限为 $10 \sim 15\mathrm{s}$。

变压器过负荷保护的动作电流 $I_{\mathrm{op(OL)}}$ 可按下式计算：

$$I_{\mathrm{op(OL)}} = \frac{K_{\mathrm{rel}}}{K_{\mathrm{re}}K_i}I_{\mathrm{1r.T}} = (1.2 \sim 1.3)\frac{I_{\mathrm{1r.T}}}{K_i} \tag{5-13}$$

式中　$I_{\mathrm{1r.T}}$——变压器的一次侧额定电流；

$\quad\quad K_{\mathrm{rel}}$——可靠系数，一般可取 1.05；

$\quad\quad K_{\mathrm{re}}$——继电器返回系数；

$\quad\quad K_i$——电流互感器电流比。

当变压器低压侧电压为 0.4kV 时，一般不在高压侧装设过负荷保护，而是利用其低压侧总断路器兼作变压器的过负荷保护。

五、非电气量保护

（一）油浸式变压器的非电气量保护

反应变压器内部故障的非电气量保护包括瓦斯保护、温度保护、压力保护、油位保护等。本保护完全独立于电气保护，仅反应变压器本体开关量输入信号，驱动相应的出口继电器和信号继电器，为本体保护提供跳闸功能和信号指示。

按 GB/T 50062—2008 的规定，400kV·A 及以上的车间内油浸式变压器和 800kV·A 及以上的一般油浸式变压器，以及带负荷调压变压器的充油调压开关，均应装设瓦斯保护。对于变压器油温度过高、绕组温度过高、油面过低、油箱内压力过高、冷却系统故障，应装设可作用于信号或动作于跳闸的装置。

瓦斯保护是变压器油箱内绕组短路故障及异常运行的主保护。其作用原理是：变压器内部故障时，在故障点产生往往伴随有电弧的短路电流，造成油箱内局部过热并使变压器油分解、产生气体（瓦斯），进而造成喷油、冲动瓦斯继电器（又称气体继电器），瓦斯保护动作。轻瓦斯保护继电器由开口杯、干簧触点等组成。运行时，继电器内充满变压器油，开口杯浸在油内，处于上浮位置，干簧触点断开。当变压器内部发生轻微故障或异常时，故障点局部过热，引起部分油膨胀，油内的气体被逐出，形成气泡，进入气体继电器内，使油面下降，开口杯转动，使干簧触点闭合，发出告警信号。重瓦斯保护继电器由挡板、弹簧及干簧触点等构成。当变压器油箱内发生严重故障时，较大的故障电流及电弧使变压器油大量分解，产生大量气体，使变压器喷油，油流冲击挡板，带动磁铁并使干簧触点闭合，作用于断路器跳闸切除变压器。

温度保护包括变压器绕组温度保护和变压器油箱上层油温保护。当变压器温度较高时，温度保护动作于信号，温度过高时，则动作于跳闸。油位保护是反映变压器油箱内油位异常的保护。运行时，因变压器漏油或其他原因使油位降低时动作，发出告警信号。

压力保护也是变压器油箱内部故障的主保护。其作用原理与重瓦斯保护基本相同，但它是反映变压器油的压力的。压力继电器又称压力开关，由弹簧和触点构成，置于变压器本体油箱上部。当变压器内部故障时，温度升高，油膨胀压力增高，弹簧动作带动继电器动触点，使触点闭合，动作于跳闸。

（二）干式变压器的温度保护

干式变压器的安全运行和使用寿命，很大程度上取决于变压器绕组绝缘的安全可靠。绕组温度超过绝缘耐受温度使绝缘破坏，是导致变压器不能正常工作的主要原因之一，因此对变压器的运行温度的监测及其报警控制是十分重要的，现以 TTC-300 系列温控系统为例作一简介，其原理框图如图 5-19 所示。

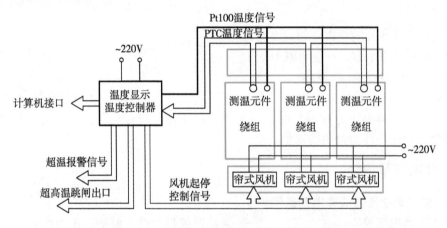

图 5-19　干式变压器温显、温控系统原理图

（1）风机自动控制：通过预埋在低压绕组最热处的 Pt100 热敏测温电阻测取温度信号。变压器负荷增大，运行温度上升，当绕组温度达到 90℃时，系统自动起动风机冷却；当绕组温度低至 80℃时，系统自动停止风机。

（2）超温报警、跳闸：通过预埋在低压绕组中的 PTC 非线性热敏测温电阻采集绕组或铁心温度信号。当变压器绕组温度继续升高，若达到 140℃时，系统输出超温报警信号；若温度继续上升达 150℃，变压器已不能继续运行，则向保护回路输送超温跳闸信号，使变压器一次侧断路器跳闸。

（3）温度显示系统：通过预埋在低压绕组中的 Pt100 热敏电阻测取温度变化值，直接显示各相绕组温度（三相巡检及最大值显示，并可记录历史最高温度），可将温度以 4~20mA 模拟量输出，若需传输至远方（距离可达 1200m）计算机，可加配计算机接口。系统的超温报警、跳闸也可由 Pt100 热敏传感电阻信号动作，进一步提高温控保护系统的可靠性。

另外，干式变压器防护外壳检修门还应设置门联锁保护，若运行人员在变压器未断电的情况下误开检修门，则其限位开关触点闭合，动作于跳闸，以保证人身安全。

例 5-2　某用户配变电所安装有一台 Dyn11 联结的 SCB10-1600/10 型配电变压器，配置了微机保护装置，采用三相式接线，直流操作。保护所连接的电流互感器电流比为 150/5A。变压器高压侧在系统最小运行方式下的两相短路电流 $I''_{k2.min} = 5.1kA$；低压母线在系统最大运行方式下的三相短路电流 $I''_{k3.\,max} = 34.1kA$，在系统最小运行方式下的两相短路电流和单相接地短路电流分别为 $I_{k2.\,min} = 22.6kA$，$I_{k1.\,min} = 21.8kA$。试依据 GB/T 50062—2008 做出保护配置，整定计算电流保护动作电流，检验保护灵敏性。

解： 依据 GB/T 50062—2008，该干式配电变压器需设置电流速断保护、过电流保护、低压侧单相接地保护、温度保护，利用其低压侧总断路器兼作变压器的过负荷保护。电流保护动作电流整定计算如下：

1. 电流速断保护

（1）整定速断电流

变压器低压母线在系统最大运行方式下的三相短路电流流过高压侧的电流值为

$$I''_{2k3.\,max} = \frac{1}{K_T} I''_{k3.\,max} = \frac{0.4}{10} \times 34.1kA = 1364A$$

电流速断保护的动作电流为

$$I_{qb} = \frac{K_{rel}}{K_i} I''_{2k3.\,max} = \frac{1.3}{30} \times 1364A = 59.1A$$

动作电流整定为 59.1A。

（2）灵敏性的检验

按变压器高压侧在系统最小运行方式下的两相短路电流计算，电流速断保护灵敏系数为

$$K_s = \frac{I''_{1k2.\,min}}{K_i I_{qb}} = \frac{5100A}{30 \times 59.1A} = 2.87 > 1.5$$

满足保护灵敏性要求。

2. 过电流保护

（1）整定动作电流

设变压器低压侧无电动机自起动，变压器的最大负荷电流为

$$I_{L\,max} = 1.4 I_{1r.\,T} = 1.4 \times \frac{S_r}{\sqrt{3} U_{1n}} = 1.4 \times \frac{1600kV \cdot A}{\sqrt{3} \times 10kV} = 129.3A$$

取 $K_{rel} = 1.2$，$K_{re} = 0.95$，$K_i = 150/5 = 30$，故过电流保护的动作电流为

$$I_{op} = \frac{K_{rel}}{K_{re} K_i} I_{L\,max} = \frac{1.2}{0.95 \times 30} \times 129.3A = 5.4A$$

动作电流整定为 5.4A。

（2）整定保护动作时间

对 10/0.4kV 配电变压器，其过电流保护动作时间整定为 0.5s。

（3）校验灵敏性

变压器低压母线在系统最小运行方式下的两相短路电流流过高压侧的电流值为

$$I_{2k2.\,min} = \frac{2}{\sqrt{3} K_T} I_{k2.\,min} = \frac{2}{\sqrt{3} \times \left(\frac{10}{0.4}\right)} \times 22.6kA = 1044A$$

过电流保护的灵敏系数为

$$K_s = \frac{I_{2k2.\,min}}{K_i I_{op}} = \frac{1044A}{30 \times 5.4A} = 6.44 > 1.5$$

159

满足保护灵敏性要求。

（4）校验过电流保护能否兼作低压侧的单相接地保护

变压器低压母线在系统最小运行方式下的单相短路电流流过高压侧的电流值为

$$I_{2k1.\min} = \frac{1}{\sqrt{3}K_T}I_{k1.\min} = \frac{1}{\sqrt{3} \times \left(\frac{10}{0.4}\right)} \times 21.8\text{kA} = 503\text{A}$$

过电流保护的灵敏系数为

$$K_s = \frac{I_{2k1.\min}}{K_i I_{op}} = \frac{503\text{A}}{30 \times 5.4\text{A}} = 3.10 > 1.5$$

由此可见，Dyn11 联结变压器高压侧过电流保护能满足低压侧单相接地保护灵敏性的要求。

图 5-20 示出了该干式配电变压器的微机保护原理电路接线图。该变压器除装设有三相式过电流保护与电流速断保护外，还设置了高压侧单相接地保护（终端变电所也可不设）。低压侧单相接地保护则由变压器高压侧过电流保护兼作。温度保护的超高温触点可直接动作于断路器跳闸、超温报警触点则接入微机保护装置的开关量输入接口，由装置发出告警信号。此外，断路器位置状态、手车位置状态等均可通过微机保护测控装置检测（详见第六章）。

六、纵联差动保护

差动保护分纵联差动和横联差动两种形式，纵联差动保护（longitudinal differential protection）是其动作和选择性取决于被保护区各端电流的幅值比较或相位与幅值比较的一种保护，多用于容量较大的变压器和旋转电机，横联差动保护多用于并联运行的双回线路。这里以变压器为例介绍纵联差动保护。差动保护利用故障时产生的不平衡电流来动作，保护灵敏性很高，而且动作迅速。按 GB/T 50062—2008 规定：电压为 10kV 以上，容量在 10MV·A及以上的单独运行变压器和 6.3MV·A 及以上的并列运行变压器，应装设纵联差动保护；容量小于 10MV·A 单独运行的重要变压器，可装设纵联差动保护。电压为 10kV 的重要变压器或容量在 2MV·A 及以上的变压器，当电流速断保护灵敏性不符合要求时，宜采用纵联差动保护。

（一）变压器纵联差动保护的基本原理

变压器的纵联差动保护，主要用来保护变压器内部以及引出线和绝缘套管的相间短路，并且用来保护变压器的匝间短路，其保护区为变压器一、二次侧所装电流互感器之间。

图 5-21 是变压器纵联差动保护的单相原理电路图。在变压器正常运行或差动保护的保护区外 k-1 点发生短路时，如果 TA1 的二次电流 I_1' 与 TA2 的二次电流 I_2' 相等（或相差极小），则流入差动继电器 BB 的电流 $I_{BB} = I_1' - I_2' \approx 0$，继电器 BB 不动作。而在差动保护的保护区内 k-2 点发生短路时，对于单端供电的变压器来说，$I_2' = 0$，所以 $I_{KD} = I_1'$，超过继电器 BB 所整定的动作电流 $I_{op(D)}$，使 BB 瞬时动作，然后通过出口继电器 KA 使断路器 QA 跳闸，切除短路故障，同时由信号继电器 KS 发出信号。

（二）变压器纵联差动保护中的不平衡电流及其减小措施

变压器纵联差动保护是利用保护区内发生短路故障时变压器两侧电流在差动回路（即差动保护中连接继电器的回路）中引起的不平衡电流 I_{dsq}（$= I_1' - I_2'$）动作的一种保护。在

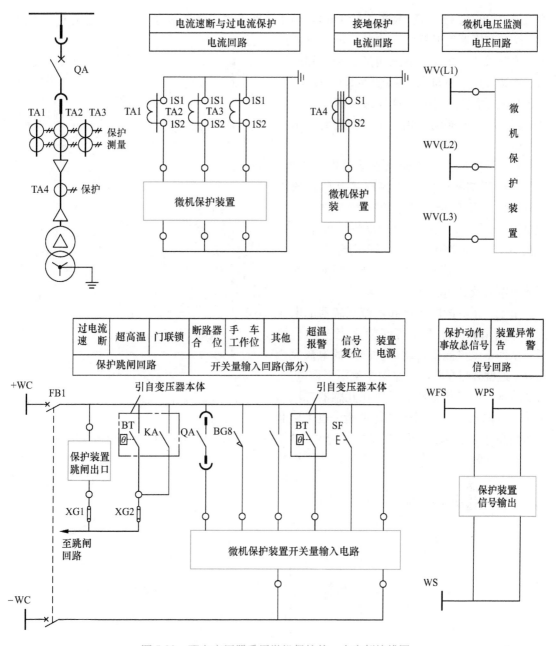

图 5-20　配电变压器采用微机保护的一个实例接线图

变压器正常运行或保护区外部短路时，理想情况下是 $I_{\text{dsq}} = 0$，但这几乎是不可能的。I_{dsq} 不仅与变压器及电流互感器的接线方式和结构性能等因素有关，而且与变压器的运行有关，因此只能设法使之尽可能地减小。下面简述不平衡电流产生的原因及其减小或消除的措施。

1. 由变压器接线而引起的不平衡电流及其消除措施

35 ~ 110kV 电力变压器通常采用 YNd11 联结，这就造成变压器两侧电流有 30°的相位差。因此，虽然可以通过恰当选择变压器两侧电流互感器的电流比，使互感器二次电流相等，但由于这两个电流之间存在着 30°相位差，因此在差动回路中仍然有相当大的不平衡电

流 $I_{dsq} = 0.268 I_2$（I_2 为互感器二次电流）。为了消除差动回路中的这一不平衡电流 I_{dsq}，因此将装设在变压器星形联结一侧的电流互感器接成三角形联结，而变压器三角形联结一侧的电流互感器接成星形联结，如图 5-22a 所示。由图 5-22b 的相量图可知，这样即可消除差动回路中因变压器两侧电流相位不同而引起的不平衡电流。

若采用微机型变压器纵联差动保护装置，则 YNd11 联结变压器的 Y 侧电流互感器的二次侧仍采用 Y 联结，其相位补偿由数值计算（软件）来实现，消除了由于电流互感器的 Y-△变换在二次回路中带来的不平衡环流。

2. 由两侧电流互感器电流比选择而引起的不平衡电流及其消除措施

由于变压器的电压比和电流互感器的电流比各有规格，因此不太可能使之完全配合恰当，从而不太可能使差动保护两边的电流完全相等，这就必然在差动回路中产生不平衡电流。为消除这一不平衡电流，可以在互感器二次回路接入自耦电流互感器来进行平衡，也可以利

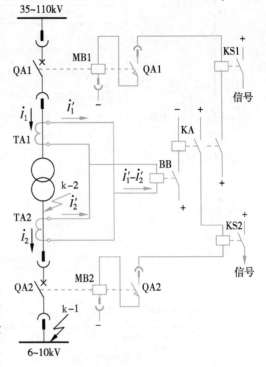

图 5-21 变压器纵联差动保护的单相原理电路图

用速饱和电流互感器中或专门的差动继电器中的平衡线圈来实现平衡，消除不平衡电流。

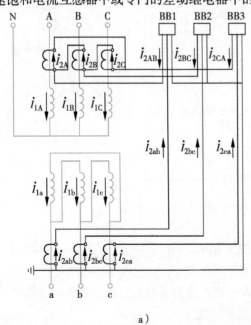

a）

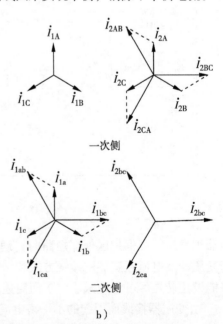

b）

图 5-22 YNd11 联结变压器的纵联差动保护接线

a）两侧电流互感器的接线 b）电流相量分析（设变压器和互感器的匝数比均为 1）

若采用微机型变压器纵联差动保护装置，则通过引入平衡调整系数进行二次侧电流差的数值计算，进一步减小因互感器电流比和特性不同引起的不平衡电流，比采用平衡线圈更为合理有效。

3. 由变压器励磁涌流引起的不平衡电流及其减小措施

正常运行时，变压器的励磁电流很小，一般不超过额定电流的 2% ~ 10%。当变压器空载投入时，其电源侧将流过数值很大的励磁涌流。铁心中的剩余磁通与稳态磁通在大小和相位上可能都不一致，由于铁心中磁通不能突变，暂态中将产生很大的非周期磁通，造成铁心的严重饱和，励磁阻抗大幅下降，于是产生了励磁涌流，其变化曲线如图 5-23 所示。励磁涌流的数值最大可达到额定电流的 6 ~ 8 倍，有的甚至达到 10 倍。这么大的电流流入差动回路，如果不采取措施消除其影响，差动保护将难以正常工作。

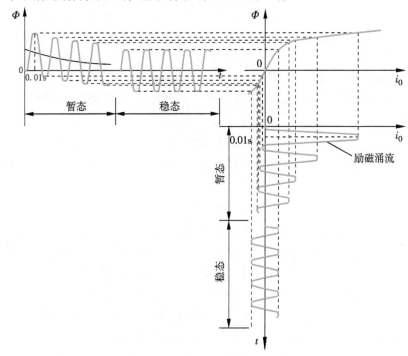

图 5-23　变压器励磁涌流的变化曲线

对励磁涌流进行试验和波形分析证明，励磁涌流有下列特点：

1）含有的非周期分量幅值很大，常使励磁涌流偏于时间轴的一侧。

2）波形间有明显的间断。

3）含有大量的高次谐波，尤其是二次谐波可达到 15% 以上。

利用这些特点，变压器的纵联差动保护可采取有效的措施减小或避免励磁涌流的影响，这些措施包括：

1）采用速饱和的中间变流器，以阻止励磁涌流流入差动继电器。

2）鉴别短路电流和励磁涌流的波形间断角，以分辨出励磁涌流。

3）用二次谐波构成制动量，在出现励磁涌流时制动差动保护。

若采用微机纵联差动保护装置，则利用比率制动原理准确区分内部故障和外部故障，利用二次谐波制动原理鉴别励磁涌流，可大大提高差动保护的可靠性和灵敏性。

此外，在变压器正常运行和外部短路时，由于变压器两侧电流互感器的型式和特性不同，因而也在差动回路中产生不平衡电流。变压器有载调压分接头的改变，改变了变压器的电压比，而电流互感器的电流比不可能相应改变，从而破坏了差动回路中原有的电流平衡状态，也会产生新的不平衡电流。总之，产生不平衡电流的因素很多，不可能完全消除，而只能设法使之减小。

（三）微机型变压器纵联差动保护的原理

对于微机变压纵联差动保护，为了减小或消除不平衡电流的影响，使变压器外部短路时差动保护不致误动作，在电流差动保护基本原理的基础上引入制动量，从而构成具有制动特性的纵联差动保护。由于变压器纵联差动保护的不平衡电流随外部短路电流的增大而增大，因此，引入一个能够反应外部短路电流大小的制动量，使外部短路电流大时产生的制动作用大，保护动作电流也随着增大；外部短路电流小时产生的制动作用小，保护动作电流也减小。这种制动作用称为比率制动。在变压器内部短路时，当短路电流较小时，应无制动作用，使之可以灵敏动作，因此制动特性是具有一段水平线的比率制动特性。

以图 5-22 的差动保护及其电流正方向为例，差动量 I_d 和制动量 I_b 分别取为

$$I_d = |\dot{I}_1' - \dot{I}_2'| \tag{5-14}$$

$$I_b = |\dot{I}_1' + \dot{I}_2'|/2 \tag{5-15}$$

两段折线式比率制动差动保护的动作特性如图 5-24 所示，其动作判据表示如下：

$$I_d \geqslant \begin{cases} I_{d.\min} & (I_b < I_{b1}) \\ K_1(I_b - I_{b1}) + I_{d.\min} & (I_b \geqslant I_{b1}) \end{cases} \tag{5-16}$$

式中　$I_{d.\min}$——不带制动时差动保护的最小动作电流值，应躲过变压器额定负载时的不平衡电流（包括电流补偿误差及变压器分接头位置变化产生的不平衡电流），且要保证变压器内部故障时有足够的灵敏系数。通常整定为 $(0.2 \sim 0.4)I_{2r}$，I_{2r} 为变压器基准侧反应到电流互感器二次侧的额定电流；

　　I_{b1}——折线拐点对应的制动电流，通常整定为 $I_{b1} = (0.6 \sim 1.0)I_{2r}$；

　　K_1——折线斜率（即比率制动系数），通常整定为 $K_1 = 0.3 \sim 0.75$。

当变压器外部短路电流最大也即不平衡电流最大时，保护的差动量为 $I_{d.\max}$，也就是不具制动特性的差动保护速断电流，它应躲过变压器外部短路时最大不平衡电流，一般整定为 $(5 \sim 6)I_{2r}$。

由图 5-24 可见，动作特性两折线 a-b-c 高于变压器正常情况与外部短路时的不平衡曲线 2，从而确保变压器在正常运行和外部短路时差动保护不动作。当变压器内部故障时，差动量与制动量的关系是 $I_d = 2I_b$，如图 5-24 中的虚线 3 所示，

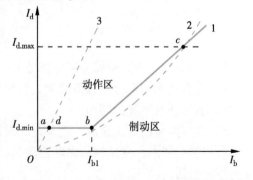

图 5-24　比率制动差动保护的动作特性

其与动作特性相交于 d 点，此时，差动量只要大于最小动作电流 $I_{d.\min}$ 就可以使保护动作，而不具制动特性的差动保护的动作电流为固定的 $I_{d.\max}$。可见，采用制动特性后，变压器在

各种运行方式下的内部故障时动作电流将从原来的 $I_{d.max}$ 下降到 $I_{d.min}$ 及制动线 1，故差动保护的灵敏性大为提高。

变压器纵联差动保护的灵敏性，按保护装置装设处在系统最小运行方式下发生两相短路的短路电流来检验，要求灵敏系数 $K_s \geqslant 1.5$。

另外，微机型变压器差动保护中还广泛采用二次谐波制动的方法来防止励磁涌流引起差动保护的误动。这是因为变压器励磁涌流中含有大量二次谐波分量而区别于短路电流，可以利用这个特点使差动保护在励磁涌流作用下闭锁，而只在短路电流作用下进行差动保护动作判据的判别。

二次谐波制动元件的动作判据为

$$I_{d2}/I_{d1} > K \tag{5-17}$$

式中　I_{d2}、I_{d1}——分别为三相差动电流中的二次谐波电流值和基波电流值；

　　　　K——二次谐波制动系数，通常整定为 0.2。

具有比率制动与二次谐波制动特性的差动保护逻辑框图如图 5-25 所示。

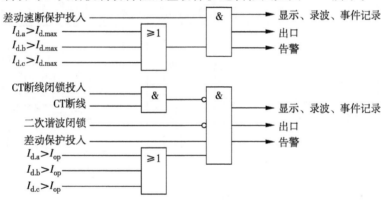

图 5-25　比率制动和二次谐波制动差动保护逻辑框图
注：I_{op} 为差动定值曲线上的电流值。

当 $I_d > I_{d.max}$ 时，差动速断保护动作，差动速断保护不受二次谐波闭锁和 CT 断线闭锁。

当 $I_b < I_{b1}$，$I_d \geqslant I_{d.min}$ 时，则差动保护动作；当 $I_b \geqslant I_{b1}$，$I_d < I_{d.max}$ 时，$I_d \geqslant K_1(I_b - I_{b1}) + I_{d.min}$，则差动保护动作。差动保护受二次谐波制动及 CT 断线闭锁。

图 5-26 示出了 110/10.5kV 双绕组油浸式电力变压器的纵联差动保护、过电流保护的电流回路及其出口回路。限于篇幅，图中略去了变压器的非电量保护与遥信回路。纵联差动保护作为该变压器的主保护，并在高压侧和低压侧分别设置后备保护，同时装设用于变压器中性点直接接地和经放电间隙接地的两套零序电流保护。主变 110kV 侧电流保护使用主变间隔的独立 CT，主变 10kV 侧电流保护也使用开关柜内的独立 CT，主变套管 CT 备用（二次侧短接并接地）。为避免杂散电流，构成差动保护的高压侧和低压侧电流互感器的二次侧只能在保护装置接线端子处一点接地。按规定，主变的主保护、后备保护、非电量保护与测控装置等均采用互相独立的微机装置，以保证可靠性。这些保护与测控装置按所属主变归类集中组屏安装于变电所二次设备室（控制室）内，保护出口同时作用于主变压器两侧的断路器跳闸。

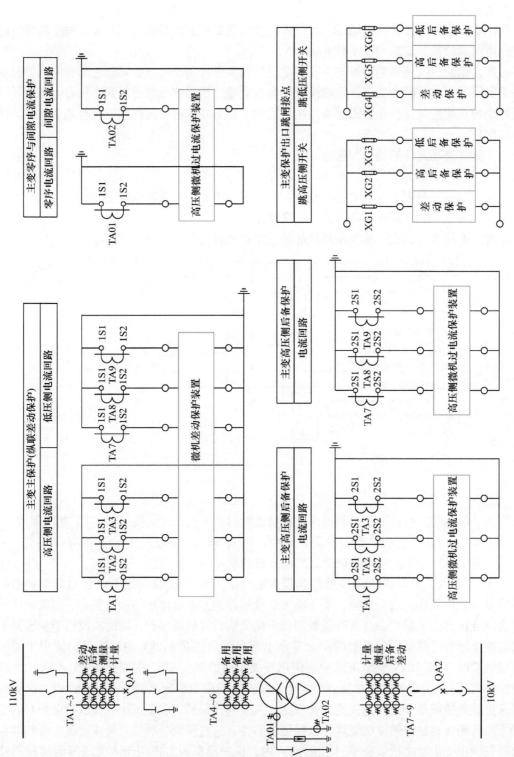

图5-26 电力变压器的纵联差动保护和过电流保护

第四节　电力电容器与高压电动机的继电保护

一、电力电容器的保护

35～110kV 总降压变电所低压侧母线上安装的高压集中无功补偿并联电容器组，在运行中可能出现的故障及异常运行方式有：①电容器内部故障及其引出线短路；②电容器组和断路器之间连接线短路；③电容器组中某一故障电容器切除后所引起的剩余电容器的过电压；④电容器组的单相接地故障；⑤电容器组过电压；⑥电容器组所连接的母线失电压；⑦中性点不接地的电容器组，各相对中性点的单相短路等。按 GB/T 50062—2008 规定，对 3kV 及以上并联电容器组的上述故障及异常运行方式，应装设相应的保护装置。

1. 短时限的电流速断保护和过电流保护

对电容器组和断路器之间连接线的短路，可装设带有短时限的延时电流速断保护和过电流保护，动作于跳闸。

延时电流速断保护的动作电流 I_{qb}，按最小运行方式下电容器端部引线发生两相短路时有足够灵敏系数（一般取 2）整定，一般整定为 3～5 倍电容器组额定电流。延时电流速断保护的动作时限应防止在出现电容器充电涌流时误动作，一般整定为 0.1～0.2s。

过电流保护的动作电流，按电容器组长期允许的最大工作电流（$1.3I_{rC}$）整定，一般整定为 1.5～2 倍电容器组额定电流。保护动作时间较电容器组的延时电流速断保护动作时限长，一般整定为 0.3～1s，灵敏性按最小运行方式下电容器组端部两相短路电流校验，要求灵敏系数 $K_s \geq 1.5$。

2. 专用熔断器保护

对电容器内部故障及其引出线的短路，宜对每台电容器分别外接专用的保护熔断器，熔体的额定电流根据电容器的允许偏差及长期允许的最大工作电流选择，根据 GB 50227—2017《并联电容器装置设计规范》规定，应为电容器额定电流的 1.37～1.5 倍。

3. 不平衡保护

当一组电容器个别电容器损坏切除或内部击穿时，会导致电容器组三相电容不平衡，使串联的电容器之间的电压分布发生变化，剩余的电容器将承受过电压，危及电容器的安全运行，因此，并联电容器组应设置不平衡保护。当电容器组中的故障电容器切除到一定数量后，引起剩余电容器组端电压超过 105% 额定电压时，保护应带时限（一般整定为 0.1～0.2s）动作于信号；过电压超过 110% 额定电压时，保护应将整组电容器断开。保护方式可根据电容器组连接方式在下列方式中选取：

1）单星形电容器组，可采用开口三角电压保护（见图 5-27a）。电容器组各相上并接有作为放电线圈的电压互感器，其一次侧不接地，将其二次线圈接成开口三角形，测量零序电压。当任一相中有电容器故障时，三相电容不对称，在开口三角中出现零序电压，保护动作。

2）单星形电容器组，串联段数为两段及以上时，可采用相电压差动保护（见图 5-27b）。利用作为放电线圈的电压互感器，每段一台，互感器的二次侧按差接接线。当相电压差值超过整定值时，保护动作。

3）单星形电容器组，每相能接成四个桥臂时，可采用桥式差动保护（见图5-27c）。在两支路中部桥接一电流互感器，当任一桥臂中有电容器故障时，桥线两端出现不平衡电压，产生不平衡电流，保护动作。

4）双星形电容器组，可采用中性点不平衡电流保护（见图5-27d）。将一组电容器分成容量相等的两个星形电容器组（特殊情况下两个星形电容器组的容量也可不相等），在两个中性点间装设小电流比的电流互感器，当任一组任一相中有电容器故障时，在两个中性点间出现不平衡电压，产生不平衡电流，保护动作。

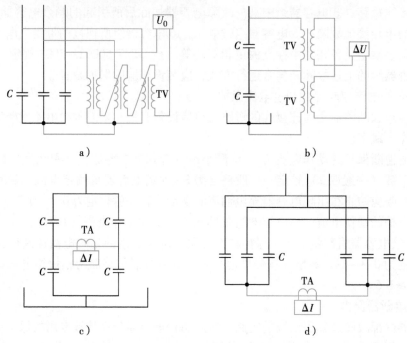

图 5-27　并联电容器组的不平衡保护原理接线

a）单星形电容器组开口三角电压保护　b）单星形电容器组相电压差动保护

c）单星形电容器组桥式差动保护　d）双星形电容器组中性点不平衡电流保护

选择电容器组台数及其保护配置时，应考虑不平衡保护有足够的灵敏性，当切除部分故障电容器后，引起剩余电容器的过电压小于或等于额定电压的105%时，应发出信号；过电压超过额定电压的110%时，应动作于跳闸。

不平衡保护动作应带有短延时，防止电容器组合闸、断路器三相合闸不同步、外部故障等情况下误动作，延时可取0.5s。

4. 单相接地保护

电容器组单相接地故障，可利用电容器组所连接母线上的绝缘监视装置检出；当电容器组所连接母线有引出线路时，可装设有选择性的接地保护，并应动作于信号；必要时，保护应动作于跳闸。安装在绝缘支架上的电容器组，可不再装设单相接地保护。

5. 过电压保护

过电压保护（overvoltage protection）是预定当电力系统电压超过规定值时动作的保护。电容器组应装设过电压保护，并应带时限动作于信号或跳闸，避免电容器在工频过电压下运行发生绝缘损坏。当电力系统电压超过电容器的最高容许电压时，内部电离增大，可能发生局部放电。因此，应保持电容器组在不超过 1.1 倍额定电压下运行。过电压保护的电压测量元件接于母线电压互感器二次侧，过电压保护动作时间应在 1min 以内。

6. 欠电压保护

欠电压保护（undervoltage protection）是预定当电力系统电压减少到低于规定值时动作的保护。电容器组应装设欠电压保护（也称失电压保护或低电压保护），当母线失电压时，应带时限跳开所有接于母线上的电容器，防止所连接的母线失电压对电容器产生的危害。从电容器本身的特点来看，运行中的电容器如果失去电压，电容器本身并不会损坏。但运行中的电容器突然失电压可能产生以下问题：一是电容器装置失电压后立即复电（电源自动重合闸或备用电源自动投入）将造成电容器带电荷合闸，以致电容器因过电压而损坏；二是变电所恢复供电时，可能造成变压器带电容器合闸，变压器与电容器合闸涌流及过电压将使它们受到损害；此外，变电所失电后的复电可能造成因无负荷而使母线电压过高，这也可能引起电容器过电压。失电压保护的整定值既要保证在失电压后，电容器尚有残压时能可靠动作，又要防止在系统瞬间电压下降时误动作。一般整定为 20% ~ 50% 额定电压，保护动作时间应与本侧出线后备保护时间配合（级差可取 0.3 ~ 0.5s）。

例 5-3 某用户变电所 10kV 母线上装有一组 1800kvar 电力电容器，单星形联结电容器组（单串联段），中性点不接地，装于非绝缘支架上。保护用电流互感器的电流比为 150/5，零序电流互感器的电流比为 50/1A。请依据 GB/T 50062—2008 做出保护配置，计算电流保护动作电流，检验保护灵敏性。已知保护安装处最小三相短路电流为 3.2kA，10kV 系统总的单相接地电容电流为 9.5A。

解：（1）保护配置

依据 GB/T 50062—2008，该电容器组应配置延时电流速断保护和过电流保护、单相接地保护、开口三角电压保护、过电压保护和欠电压保护。选用微机型并联电容器保护装置。

（2）延时电流速断保护整定

保护动作电流为

$$I_{qb} = \frac{K_{rel}}{K_i} I_{r.C} = \frac{(3 \sim 5)}{30} \times \frac{1800kV \cdot A}{\sqrt{3} \times 10kV} = 10.4 \sim 17.3A \qquad 整定为 15A。$$

保护灵敏系数为

$$K_s = \frac{I''_{1k2.min}}{K_i I_{qb}} = \frac{0.866 \times 3200A}{30 \times 15A} = 6.16 > 2 \quad 合格$$

保护动作时间整定为 0.2s。

（3）过电流保护整定

保护动作电流为

$$I_{op} = \frac{K_{rel}}{K_i} I_{r.C} = \frac{(1.5 \sim 2)}{30} \times \frac{1800kV \cdot A}{\sqrt{3} \times 10kV} = 5.2 \sim 10.4A \qquad 整定为 10A。$$

保护灵敏系数为

$$K_s = \frac{I''_{1k2.min}}{K_i I_{op}} = \frac{0.866 \times 3200A}{30 \times 10A} = 9.24 > 1.5 \quad 合格$$

保护动作时间整定为 0.2s + 0.3s = 0.5s。

（4）单相接地保护

按电容器发生单相接地故障时最小灵敏系数 1.5 倍整定为

$$I_{\text{op(z)}} = \frac{I_{\text{C}\Sigma}}{K_i K_s} \le \frac{9.5\text{A}}{50 \times 1.5} = 0.13\text{A}$$

二、高压电动机的保护

在工业企业供配电系统的配电母线上，往往接有高压电动机，在运行中可能出现的故障及异常运行方式有：①定子绕组相间短路；②定子绕组单相接地；③定子绕组过负荷；④定子绕组欠电压；⑤同步电动机失步；⑥同步电动机失磁；⑦同步电动机出现非同步冲击电流；⑧相电流不平衡及断相。按 GB/T 50062—2008 规定，对 3kV 及以上异步电动机和同步电动机的上述故障及异常运行方式，应装设相应的保护装置。

1. 电流速断保护或差动保护

对 2000kW 以下的高压电动机绕组及引出线的相间短路，宜采用电流速断保护。对 2000kW 及以上的高压电动机，或电流速断保护灵敏性不符合要求的 2000kW 以下的高压电动机，应装设纵联差动保护。保护装置采用三相式接线，并应瞬时动作于跳闸。

在某些情况下，电动机回路电流超过额定电流（如 1.2 倍额定电流）时，差动保护不能反应，需要装设过电流保护作为其后备，延时动作于跳闸。

2. 单相接地保护

对电动机单相接地故障，当单相接地电流大于 5A 时，应装设有选择性的单相接地保护；当单相接地电流小于 5A 时，可装设接地监视装置；单相接地电流为 10A 及以上时，保护装置动作于跳闸；而当单相接地电流在 10A 以下时，可动作于跳闸或信号。

3. 过负荷保护

对生产过程中易发生过负荷的电动机，应装设过负荷保护。保护装置应根据负荷特性，带时限动作于信号或跳闸；对起动或自起动困难、需要防止起动或自起动时间过长的电动机，应装设过负荷保护，保护装置应动作于跳闸。保护动作时间应躲过电动机起动及自起动时间 1.2 倍左右。

4. 欠电压保护

当电源电压短时降低或短时中断后又恢复时，需要切除一些次要电动机（为保证重要电动机的顺利起动）以及生产过程不允许或不需要自起动的电动机。为此，应装设欠电压保护（也称低电压保护），保护动作电压为额定电压的 65% ~ 70%，经 0.5s 时限动作于跳闸。

有备用自动投入机械的重要负荷电动机以及在电源电压长时间消失后须从电力网中自动断开的电动机，应装设欠电压保护，保护动作电压为额定电压的 45% ~ 50%，经 9s 时限动作于跳闸。

对 2000kW 及以上的高压电动机，可装设负序电流保护，反应相电流不平衡及断相，同时作为纵联差动保护的后备，保护动作于跳闸或信号。

对同步电动机的失步保护、失磁保护以及非同步冲击保护，限于篇幅，不再赘述。

例 5-4 某用户变电所 10kV 母线上装有一台 900kW 高压异步电动机，定子电流为 66A，起动电流倍数为 6，起动时间为 5s。请依据 GB/T 50062—2008 做出保护配置，计算电流保护动作电流，检验保护灵敏性。已知保护安装处最小三相短路电流为 7.5kA，10kV 系统总的单相接地电容电流为 9A，电动机回路单相接地电容电流为 0.2A，保护用电流互感器的电流比为 100/5，零序电流互感器的电流比为 50/1A。

解：（1）保护配置

依据 GB/T 50062—2008，该高压电动机应配置电流速断保护、单相接地保护、过负荷保护、欠电压保护。选用微机型电动机保护装置。

（2）电流速断保护整定

保护动作电流为

$$I_{qb} = \frac{K_{rel}}{K_i} K_{st} I_{r.M} = \frac{1.3}{20} \times 6 \times 66A = 25.7A \qquad 整定为 25.7A$$

保护灵敏系数为

$$K_s = \frac{I''_{1k2.min}}{K_i I_{qb}} = \frac{0.866 \times 7500A}{30 \times 25.7A} = 8.42 > 2 \qquad 合格$$

（3）单相接地保护

按电动机发生单相接地故障时最小灵敏系数 1.25 倍整定为

$$I_{op(z)} = \frac{I_{C\Sigma} - I_C}{K_i K_s} \leqslant \frac{9A - 0.2A}{50 \times 1.25} = 0.14A$$

（4）过负荷保护整定

保护动作电流为

$$I_{qb} = \frac{K_{rel}}{K_{re} K_i} I_{r.M} = \frac{1.2}{0.95 \times 30} \times 66A = 2.78A \qquad 整定为 2.8A$$

保护动作时间整定为 $1.2 \times 5 = 6s$。

思考题与习题

5-1　继电保护装置有哪些任务和基本要求？保护装置一般由几部分组成？

5-2　为什么在电力设备和线路设置有主保护后还需要设置后备保护？

5-3　什么是电流继电器的动作电流、返回电流、返回系数？如果返回系数太小，会出现什么问题？

5-4　电流保护装置有哪几种常用接线形式？各有什么特点？

5-5　简要说明定时限过电流保护装置和反时限过电流保护装置的组成特点、整定方法。

5-6　瞬时电流速断保护为什么会出现保护"死区"？如何弥补？

5-7　带时限过电流保护与电流速断保护各通过什么方法来保证上下级的选择性？

5-8　试述微机保护装置的硬件基本构成。与模拟式继电保护相比，有何优点？

5-9　试分析电力线路定时限过电流保护与电流速断保护原理图（参见图 5-5、图 5-9 和图 5-11），并说明当线路首端发生三相短路和线路末端发生三相短路时的保护动作过程。

5-10　带有短时限的延时电流速断保护为什么没有保护"死区"而可以保护线路全长？

5-11　在非有效接地系统中，发生单相接地故障时，通常采取哪些保护措施？简要说明其基本原理。

5-12　电力线路零序电流保护的灵敏性、选择性与接于同一母线上的馈线数量有何关系？

5-13　根据变压器的故障种类及不正常运行状态，变压器一般应装设哪些保护？

5-14　对变压器中性点直接接地侧的单相短路，可采取哪种保护措施？

5-15　根据电力变压器电流速断保护与定时限过电流保护原理接线图（参见图 5-20），分析当变压器一次侧发生三相短路和二次侧发生两相短路时的保护动作原理。

5-16　简要说明干式变压器温度保护（参见图 5-19 和图 5-20）的基本原理。

5-17　试述变压器纵联差动保护的基本原理，分析其产生不平衡电流的原因及抑制方法。

5-18　微机型变压器纵联差动保护装置有什么特点？

5-19　电力电容器要设置哪些保护？为什么必须设置欠电压保护？

5-20　高压电动机的电流速断保护和纵联差动保护各适用于什么情况？动作电流如何整定？

5-21　某工业用户 110kV 总降压变电所一条 10kV 馈线采用微机电流保护装置，电流互感器的电流比为 200/5A，线路的短时最大负荷电流为 180A，线路首端在系统最大和最小运行方式下的三相短路电流有效值为 9.8kA 和 7.0kA，线路末端在系统最大和最小运行方式下的三相短路电流有效值为 3.0kA 和 2.7kA。已知该线路末端连接的车间变电所过电流保护动作时间最大为 0.5s。试整定该线路定时限过电流保护和电流速断保护，并检验保护灵敏性。

5-22　某用户供配电系统如图 5-28 所示，1）若在 QA 处设置定时限过电流保护，采用三相式接线，电流互感器电流比为 150/5A，试求其保护整定值。2）若在 QA 处还设置电流速断保护，试进行整定计算。按其整定值，若变压器低压母线发生三相短路，速断保护是否动作？为什么？

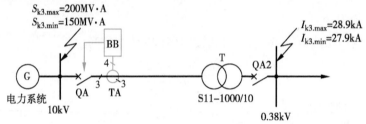

图 5-28　习题 5-22 图

5-23　某用户 10kV 变电所装有 1 台 1250kV·A 干式配电变压器，电压比为 10/0.4kV，联结组标号为 Dyn11。试依据 GB/T 50062—2008 做出保护配置，整定计算电流保护动作电流，检验保护灵敏性。已知变压器低压侧最大三相短路电流为 21.6kA、最小三相短路电流为 19.5kA、最小单相对地短路电流为 18.5kA，变压器高压侧最小三相短路电流为 7.6kA，高压侧保护用电流互感器的电流比为 150/5A。变压器低压侧具有自起动电动机，短时最大负荷电流约为额定电流的 2 倍。

5-24　某用户变电所 10kV 母线上装有一组 1200kvar 电力电容器，单星形电容器组，中性点不接地，装于非绝缘支架上。试依据 GB/T 50062—2008 做出保护配置，整定计算电流保护动作电流，检验保护灵敏性。已知保护安装处最小两相短路电流为 5.9kA，10kV 系统总的单相接地电容电流为 8A，保护用电流互感器电流比为 150/5A，零序电流互感器的电流比为 50/1A。

5-25　某用户变电所 10kV 母线上装有一台 450kW 高压异步电动机，定子电流为 32.5A，起动电流倍数为 6，起动时间为 7s。试依据 GB/T 50062—2008 做出保护配置，整定计算电流保护动作电流，检验保护灵敏性。已知保护安装处最小两相短路电流为 5.9kA，10kV 系统总的单相接地电容电流为 8A，电动机回路单相接地电容电流为 0.2A，保护用电流互感器的电流比为 100/5A，零序电流互感器的电流比为 50/1A。

参 考 文 献

[1]　莫岳平，翁双安．供配电工程 [M]．北京：机械工业出版社，2011．

[2]　中国电器工业协会．GB/T 14598.2—2011/IEC 60255-1：2009　量度继电器和保护装置 第 1 部分：通用要求 [S]．北京：中国标准出版社，2012．

[3]　中国电器工业协会．GB/T 14598.151—2012/IEC 60255-151：2009　量度继电器和保护装置 第 151 部分：过/欠电流保护功能要求 [S]．北京：中国标准出版社，2013．

［4］　李佑光，林东. 电力系统继电保护原理及新技术［M］. 2 版. 北京：科学出版社，2009.

［5］　中国电力企业联合会. GB/T 50062—2008 电力装置的继电保护和自动装置设计规范［S］. 北京：中国计划出版社，2009.

［6］　中国电力企业联合会. GB/T 14285—2006 继电保护和安全自动装置技术规程［S］. 北京：中国标准出版社，2006.

［7］　中国电力企业联合会. GB 50227—2017 并联电容器装置设计规范［S］. 北京：中国计划出版社，2017.

［8］　中国电力企业联合会. DL/T 584—2007 3kV～110kV 电网继电保护装置运行整定规程［S］. 北京：中国电力出版社，2008.

［9］　卞铠生. 注册电气工程师执业资格考试专业考试习题集（供配电专业）［M］. 北京：中国电力出版社，2008.

第六章　供配电系统的二次接线及自动化

第一节　二次接线及其操作电源

一、二次接线概念

供配电系统的二次接线（secondary wiring）是指用来对一次接线电气元件的运行进行控制、监测、指示和保护的辅助电路，又称二次回路。

二次回路按电源性质分，有直流回路和交流回路。交流回路又分交流电流回路和交流电压回路。交流电流回路由电流互感器供电，交流电压回路由电压互感器供电。

二次回路按其功能分，有操作电源回路、电气测量回路与绝缘监视装置、高压断路器的控制和信号回路、中央信号装置、继电保护回路以及自动化装置等。

虽然继电保护回路以及自动化装置属于二次接线的范畴，但由于其本身内容较多且已自成体系，故习惯上单独研究。

二次接线采用二次接线图（secondary wiring diagram）表示，二次接线图是指用国家标准规定的电气设备图形符号与文字符号绘制的表示二次回路元件相互连接关系及其工作原理的电气简图，包括原理电路图和安装接线图。

原理电路图按绘制形式又分集中式原理电路图和展开式原理电路图，较复杂的工程均绘成展开式原理电路图。展开式原理电路图的特点是，为阐明其逻辑关系将二次元件的部件（如线圈和触点）展开，然后按工作电源分别绘出回路，如交流电流回路、交流电压回路、控制回路、信号回路等，按照相序、动作时间先后等顺序，从左到右、从上到下，把各个回路排列起来，并采用标准的文字符号、标号和编号对回路元件进行统一标识。本书所有二次电路图皆以此形式绘制。

安装接线图是制造厂家进行生产、加工和现场安装接线所用的图样，也是用户进行维护、检修、试验等工作的参考图样。安装接线图包括屏面布置图、屏背面接线图和端子接线图（表）等。安装接线图的依据是展开式原理电路图，图中所有二次元件均按实际位置和连接关系绘制。

二、操作电源

变配电所的操作电源（operational power supply）是供高压断路器控制回路、继电保护回路、信号回路、监测装置及自动化装置等二次回路所需的工作电源。操作电源对变配电所的安全可靠运行起着极为重要的作用，正常运行时应能保证断路器的合闸和跳闸；事故状态下，在母线电压降低甚至消失时，应能保证继电保护系统可靠地工作，所以要求其充分可靠，容量足够并具有独立性。

操作电源按其性质分，有直流操作电源和交流操作电源两大类。

（一）直流操作电源

1. 直流操作电源的构成

目前在 110kV 及以下变配电所中使用的直流操作电源大多为带阀控式密封铅酸蓄电池的高频开关电源成套装置。直流电源成套装置包括蓄电池组、充电装置和直流馈线三大部分，根据设备体积大小，可以合并组屏或分屏设置。

图 6-1 是一种智能高频开关直流操作电源系统概略图。它主要由交流输入部分、充电模块、电池组、直流配电部分、绝缘监测仪以及微机监控模块等几部分组成。采用一组蓄电池配置一套充电装置，交流输入采用两路电源互为备用，以提高供电的可靠性。充电模块采用先进的移相谐振高频软开关电源技术，将三相 380V（或单相 220V）交流输入先整流成高压直流电，再逆变及高频整流为可调脉宽的脉冲电压波，经滤波输出所需的纹波系数很小的直流电，然后对带阀控式密封铅酸蓄电池组进行均充和浮充。充电模块一般除实际需要数量外还应预留 1 个模块备用。绝缘监测仪可实时监测系统绝缘状况，确保安全。该系统监控功能完善，由监控模块、配电监控板、充电模块内置监控等构成分级集散式控制系统，可对电源装置进行全方位的监视、测量、控制，并具有遥测、遥信、遥控等"三遥"功能。图中，YB1 ~ YB3 为线性光耦元件，用于直流母线电压检测；HL1 ~ HL2 为霍尔元件，用于直流充放电电流检测。

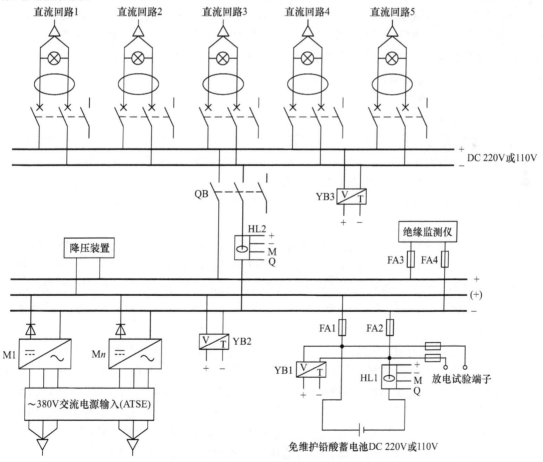

图 6-1　一种智能高频开关直流操作电源系统概略图

在一次系统电压正常时，直流负荷由开关电源输出的直流电直接或经降压装置后供电，而蓄电池组处于浮充状态用于弥补电池的自放电损失；当一次系统发生故障时，交流电压可能会大大降低或消失，使开关电源不能正常供电，此时，由蓄电池组向直流负荷供电，保证二次回路特别是继电保护回路及断路器跳闸回路工作可靠。

由于蓄电池组本身是独立的化学能源，因而具有较高的可靠性。直流操作电源适于较重要的或中、大型变配电所选用。

2. 电源电压与容量的选择

变配电所的直流操作电源电压一般为220V或110V，可根据变配电所的规模大小及断路器配备的操动机构需要来选择。目前，20kV及以下变配电所多采用弹簧储能操动机构，其合闸功率及合闸电流都比较小：一般当操作电源电压为220V时合闸电流为1.25～2.5A，当操作电源电压为110V时合闸电流为2.5～5A。选用直流110V作为操作电源，与选用直流220V相比，蓄电池组容量几乎相近，而蓄电池数量却减少了一半，既减小了直流屏的体积，又节省了投资。经综合技术比较，采用弹簧操动机构时，宜选用110V电压，相应二次回路元件电压也为110V。对于35～110kV变电所，由于其配电装置规模较大，距离控制室又远，为降低二次回路电压损失，宜选用220V电压，相应二次回路元件电压也为220V。

蓄电池组容量的选择，应考虑交流系统或浮充电系统因故障停电时也能保证操动机构的分、合闸及各开关柜信号、继电保护等可靠工作，从而不影响变配电所的正常运行。具体选择方法可参照电力行业标准DL/T 5044—2014《电力工程直流系统设计技术规程》。通常，20kV及以下变配电所直流电源容量选用24～40A·h，35～110kV变电所直流电源容量选用65～150A·h，这样已经能够满足一般工程要求。

（二）交流操作电源

1. 交流操作电源的取得

小型10kV变电所一般采用弹簧操动机构，且继电保护也较简单，则可以选用交流操作电源，从而省去直流电源装置，可降低投资。交流操作电源可以从所用变压器或电压互感器取得220V电压源，从电流互感器取得电流源。电压互感器二次侧采用不接地系统（通过放电间隙或氧化锌阀片接地），以防止二次回路接地影响操作电源的可靠性。

2. 交流操作电源的可靠性

当一次系统发生故障时，交流电压可能会大大降低或消失，电压互感器二次侧电压也随之降低或消失，因此，用电压互感器作交流操作电源只能作为断路器正常跳、合闸以及预告信号的工作电源。相反，电流互感器对于短路故障、过负荷都非常有效，可用它为操作电源来实现过电流保护，作用于断路器操动机构上的电流脱扣器，使断路器自动跳闸。这种操作方式曾广泛应用。

近年来，多采用不间断电源（UPS）作为交流操作电源的方案。由于提高了电压源的可靠性，可采用分励脱扣器跳闸的保护方式代替用电流脱扣器跳闸的方式，从而免去交流操作继电保护中特有的电流脱扣器可靠性校验和强力切换触点的容量校验，使继电保护趋于简单。UPS方案一般适用于一次接线简单、断路器台数不多的变电所。值得注意的是，UPS作为开关柜的控制、保护及信号电源，它对配电装置的安全运行极为重要，特别是当供配电系统发生故障时，它必须保证保护装置正确动作，尽快切除故障回路，因此UPS电源装置应为在线式，其本身的可靠性及运行维护的合理性非常重要。

第二节　电测量回路与绝缘监视装置

一、电测量回路

（一）电测量的任务与要求

为了监视供配电系统的运行状态和计量一次系统消耗的电能，保证供配电系统安全、可靠、优质和经济合理地运行，在电气装置中必须装设一定数量的电测量仪表（electrical measuring meter）。电测量（electrical measuring）就是用电的方法对电气实时参数进行的测量。

对于电测量仪表，要保证其测量范围和准确度满足电气设备运行监视和计量的要求，并力求外形美观、便于观测、经济耐用等。电测量仪表可选用指针式仪表、数字式仪表或多功能智能仪表。

为了安全和标准化、小型化，电测量仪表一般通过电流互感器和电压互感器接入一次系统中，因此，其测量范围和准确度还需和互感器相配套。互感器的准确度等级应比测量仪表高一级，如1.0级的测量仪表应配置不低于0.5级的互感器，0.5级的专用计量电能表应配置不低于0.2级的互感器。

（二）电测量仪表的配置

根据GB/T 50063—2017《电力装置的电测量仪表装置设计规范》，供配电系统电气装置中应测量的电气参数如下：

1）3～110kV 线路，应测量交流电流、有功功率和无功功率、有功电能和无功电能。110kV 线路、三相负荷不平衡率超过10%的用户高压线路应测量三相电流。

2）3～110kV 母线（每段母线），应测量交流电压。110kV 中性点有效接地系统的主母线、变压器回路应测量3个线电压，66kV 及以下中性点有效接地系统的主母线、变压器回路可测量1个线电压，中性点非有效接地系统的主母线宜测量主母线的1个线电压和监测交流系统绝缘的3个相电压。

3）3～110kV 母线分段断路器回路，应测量交流电流。

4）3～110kV 电力变压器回路，应测量交流电流、有功功率、无功功率、有功电能和无功电能。110kV 电力变压器、照明变压器、照明与动力共用的变压器应测量三相电流。电测量仪表装在变压器哪一侧视具体情况而定，有功功率的测量应在双绕组变压器的高压侧进行。

5）380V 电源进线，应测量三相交流电流，并宜测量有功功率及功率因数。

6）380V 母线联络断路器回路，应测量三相交流电流。

7）380V 配电干线，应测量交流电流和有功电能。若线路三相负荷不平衡率大于15%时，则应测量三相交流电流。

8）并联电力电容器组回路，应测量三相交流电流和无功电能。

9）电动机回路，应测量交流电流、交流电压、有功功率、无功功率、有功电能和无功电能。

电能计量装置的准确度等级应按其所计量的对象重要程度和计量电能的多少相应选择Ⅰ类、Ⅱ类、Ⅲ类、Ⅳ类等。执行功率因数调整电费的用户，应装设具有计量有功电能、感性和容性无功电能的电能计量装置。中性点有效接地系统的电能计量装置应采用三相四线的接线方式，中性点非有效接地系统的电能计量装置宜采用三相三线的接线方式。供电部门计费用的电能表应装设在专用的计量柜（箱）中。

（三）电测量回路示例

图 6-2 是 380V 电源进线回路上装设的电测量仪表展开式原理电路图。线路中除电流表 PA 和电压表 PV 外，还装设了 1 只三相两元件有功功率表 PW 和 1 只功率因数表 PPF。

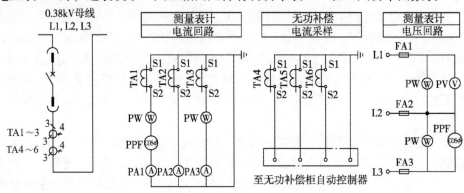

图 6-2　380V 进线电测量仪表原理电路图

图 6-2 中采用的仪表均为传统指针式仪表或数字显示仪表，测量准确度不高，灵敏度低，可靠性差，且测量功能单一。基于先进的数字信号处理和单片机技术的新型数字式智能表，集测量、显示、报警输出、参数设置和数据存储为一体，针对供配电系统二次回路进行设计，使用直接交流采样原理，任意设定所配用的互感器电压比或电流比，可直接指示一次侧被测参数值。它既有单一功能数字表，也有多功能综合表，且可根据需要配置 RS485 接口与计算机进行通信。该数字式智能表已逐步在重要的变配电所及其自动化工程中得到应用。图 6-3 是多功能综合数字式智能表的测量原理电路图，从图中可以看出，二次接线简单、清晰。

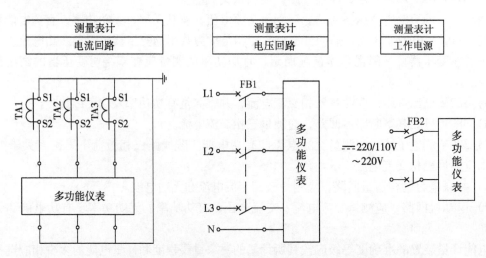

图 6-3　多功能综合数字式智能表的测量原理电路图

图6-4 是3～35kV（10kV）线路上装设的电测量仪表展开式原理电路图。线路中电流、电压、功率等电气参数采用微机测控装置测量，三相有功电能和三相无功电能则由电子式多功能电能表计量，且分别采用互感器不同准确度的二次级。电测量仪表电压信号来自母线电压互感器二次侧。图中电能表的电流回路和电压回路分别装设了专用试验接线盒，以方便电能表试验和检修。

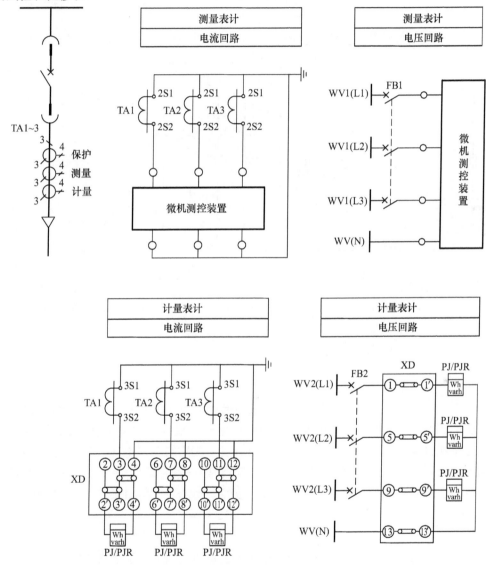

图6-4　10kV线路电测量仪表原理电路图

二、交流系统的绝缘监视

由第一章分析可知，中性点非有效接地的电力系统发生单相接地故障时，线电压值不变，而故障相对地电压为零，非故障相对地电压上升为线电压，出现零序电压。该故障并不影响供配电系统的继续运行，但接地点会产生间歇性电弧以致引起过电压、绝缘损坏，发展成为两相对地短路，导致故障扩大。因此，在该系统中应当装设绝缘监视装置。

绝缘监视装置是利用一次系统接地后出现的零序电压给出信号。图 6-5 中，在 3～35kV 母线上装设了三个单相三绕组电压互感器或一个三相五心柱三绕组电压互感器，其二次侧的星形联结绕组接有三个监测相对地电压的电压表和一个监测线电压的电压表；另一个二次绕组接成开口三角形，接入接地信号装置如电压继电器 BE，用来反应一次系统单相接地时出现的零序电压。电压互感器采用五心柱结构是让零序磁通能从主磁路中通过，便于零序电压的检出。

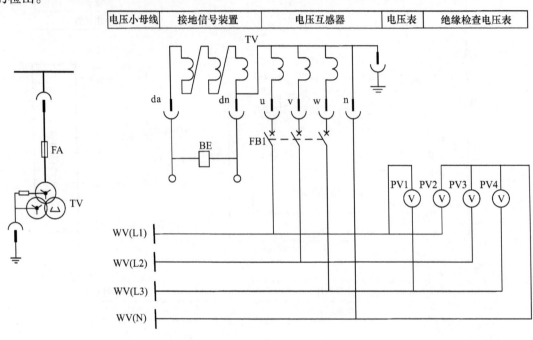

图 6-5　绝缘监视装置电路图

正常运行时，系统三相电压对称，开口三角形处出现的仅为由于电压互感器误差及高次谐波电压引起的不平衡电压，电压继电器的动作电压一般整定为 15V 便可躲过。当任一回线路发生单相接地故障时，开口三角形处将出现近 100V 的零序电压，BE 动作发出预告信号。运行人员可通过观察相对地电压表，便可知道是哪一相发生了接地，但不能判断是哪一回线路故障。若要自动判别哪回线路发生接地故障，则需装设单相接地保护或微机小电流接地选线装置。

第三节　高压断路器的控制回路和信号回路

一、概述

高压断路器的控制回路是指用控制开关或遥控命令操作断路器跳、合闸的回路，它主要取决于断路器操动机构的型式和操作电源的类别。永磁操动机构一般采用直流操作电源，弹簧操动机构可交直流两用。断路器的控制方式有开关柜就地控制和在控制室远方控制两种方式。

信号回路是用来指示一次系统设备运行状态的二次回路。信号按用途分为状态信号和报警信号，报警信号由事故信号和预告信号组成。

状态信号是显示设备正常运行位置状态的信号。在电力系统内配电装置处状态指示一般采用红灯亮表示断路器处于合闸状态，用绿灯亮表示断路器处于跳闸状态。

事故信号（fault alarm）是断路器事故跳闸时发出的报警信号。一般用红灯闪光表示断路器自动合闸，用绿灯闪光表示断路器自动跳闸。此外，还有事故音响信号（电笛）和光字牌等。

预告信号（abnormal alarm）是设备运行异常时发出的报警信号。例如，变压器超温或系统接地时，就发出预告音响信号（电铃），同时光字牌亮，指示故障的性质和地点，运行人员可根据预告信号及时处理。

根据 DL/T 5136—2012《火力发电厂、变电站二次接线设计技术规程》，高压断路器的控制回路应接线简单可靠，且应满足下列规定：

1）应有电源监视，并宜监视跳、合闸线圈回路的完整性。小型变电所可采用双灯制接线的灯光监视回路。中大型变配电所除就地灯光监视外，还宜采用微机远方监视。断路器控制电源消失及控制回路断线应发出报警信号。

2）应能指示断路器正常合闸和跳闸的位置状态，自动合闸或跳闸时应能发出报警信号。如前所述，可分别用灯光信号、音响信号和光字牌来表示。目前，高压开关柜多采用开关状态指示仪来就地显示设备正常运行位置状态的信号。在设置有微机监控系统的变配电所中，其信号系统由微机测控装置数据采集、屏幕画面动态显示及多媒体计算机声光报警等部分组成。

3）合闸或跳闸完成后应使命令脉冲自动解除。断路器操动机构中的维持机构（即机械锁扣）能使断路器保持在合闸或跳闸状态，因此，跳、合闸线圈是按短时工作设计的，长时间通电会烧毁。

4）应有防止断路器"跳跃"的电气闭锁装置，宜使用断路器机构内的防跳回路。应采用整体结构的真空断路器，其机构内配有防跳继电器，在保护动作跳闸的同时可切断合闸回路，实现电气防跳。

二、高压断路器基本的控制回路与信号回路

图 6-6 是高压断路器基本的控制回路与储能回路。控制回路与储能回路采用直流操作电源（也可采用交流操作电源）。断路器操动机构中的合闸线圈 MB1、跳闸线圈 MB2、储能电动机 MA、弹簧行程开关 BG 及断路器辅助触点 QA 与断路器本体一起安装在手车上，通过二次插头、插座与固定设备相连。控制回路主要由合闸闭锁回路、电气防跳回路、合闸回路、跳闸回路、回路监视等组成。

35kV 及以下高压开关柜常用开关状态指示仪来就地指示开关状态，如图 6-7 所示。该开关状态指示仪可以综合显示断路器合闸位置、断路器分闸位置、手车试验位置、手车工作位置、弹簧储能指示、接地开关位置等设备状态信号，同时兼作开关柜电气一次系统模拟图。

现将图 6-6 和图 6-7 所示电路的工作原理分析如下：

1. 弹簧机构储能

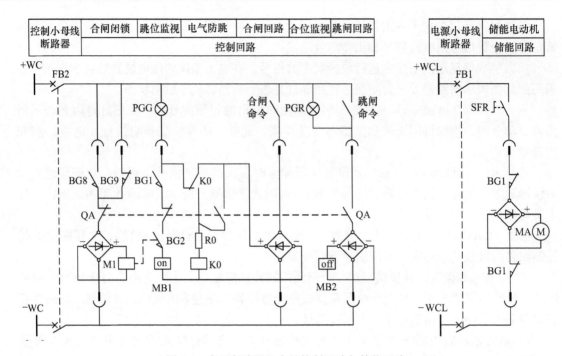

图 6-6　高压断路器基本的控制回路与储能回路

182

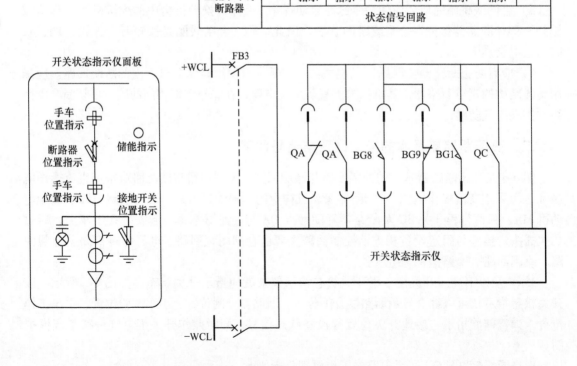

图 6-7　高压开关柜的就地开关状态信号回路

采用弹簧操动机构的高压断路器，在首次合闸前需先将合闸弹簧储足能量。储能回路电源与控制回路电源分开。储能过程为：将主令开关 SFR（注：SFR 也可取消）合上，合闸弹簧限位行程开关 BG1 两对常闭触点因其未储能而处于闭合状态，储能电动机 MA 通电运行，拉伸或压缩合闸弹簧储能。储能到位后，锁扣扣住合闸弹簧，合闸弹簧限位行程开关 BG1 两对常闭触点断开，切断电动机电源，电动机停车。合闸弹簧限位行程开关 BG1 一对常开触点闭合，接通储能指示回路，表示合闸弹簧已储足能量；另一对 BG1 常开触点闭合，接通断路器合闸回路，解除合闸回路闭锁（此闭锁是为了防止断路器未储足能量就误使断路器合闸）。

2. 合闸闭锁

当断路器手车既没有在试验位置也没有在工作位置时（即不在正确位置），其限位行程开关 BG8 和 BG9 触点均断开，合闸闭锁电磁铁 M1 不通电，其常开触点 BG2 断开，从而确保断路器合闸线圈 MB1 不会接到合闸命令，否则，可能出现断路器误动作或合闸线圈被烧毁的事故。当手车在试验位置（BG8 触点闭合）或在工作位置（BG9 触点闭合）时，断路器合闸闭锁电磁线圈 M1 通电，其触点 BG2 闭合，解除合闸回路闭锁。

3. 断路器合闸

设断路器手车已在工作位置，限位行程开关 BG9 触点闭合，手车工作位指示灯亮。此时发出合闸命令（远方或就地），其触点闭合。因 BG1 常开触点闭合（合闸弹簧已储足能量时）、断路器常闭触点 QA 接通、BG2 常开触点闭合，故合闸线圈 MB1 通电（所加电压大于动作电压）动作，使锁扣系统脱扣，合闸弹簧释放能量，使断路器克服分闸弹簧的反作用力而合闸。合闸的同时，分闸弹簧被储能，为跳闸做准备。断路器合闸后，其常开触点闭合，断路器合位指示灯亮，表示断路器处于合闸状态。控制回路中合位监视灯 PGR 也因 QA 常开触点闭合而点亮，表示跳闸回路完好。此时，断路器跳闸线圈 MB2 虽然处于通电状态，但由于合位监视灯 PGR 的分压作用，使跳闸线圈 MB2 上的压降很小，不足以使其动作。

另外，合闸弹簧释放能量后，其行程开关触点 BG1 自动返回，因 SFR 处于接通位置，弹簧会自动储足能量，为下次合闸做好准备。

4. 断路器跳闸

设断路器处于合闸状态，此时发出跳闸命令（远方或就地），其触点闭合。因断路器常开辅助触点 QA 闭合，故跳闸线圈 MB2 通电（所加电压大于动作电压）动作，使合闸位置锁扣脱扣，断路器在分闸弹簧的作用下跳闸。断路器跳闸动作完成后，QA 常开触点返回断开，合位指示灯熄灭，QA 常闭触点返回闭合，分位指示灯亮，表示断路器处于跳闸状态。控制回路中跳位监视灯 PGG 也因 QA 常闭触点返回闭合、BG1 与 BG2 常开触点闭合而点亮，表示合闸回路完好。此时，断路器合闸线圈 MB1 虽然处于通电状态，但由于跳位监视灯 PGG 的分压作用，使合闸线圈 MB1 上的压降很小，不足以使其动作。

5. 电气防跳

当一个合闸命令和分闸命令（远方或就地）同时存在时，断路器将会持续不断地反复分合闸。如此，可导致断路器多次"跳跃"，会使断路器烧坏，造成事故扩大，故必须采取防跳措施。图 6-6 中，KO 为防跳继电器。当断路器在一个合闸操作后紧跟一次分闸操作时，因断路器 QA 常开触点闭合，则 KO 线圈通电（所加电压大于动作电压）动作，KO 常开触点闭合自保持，KO 常闭触点断开切断断路器合闸回路，不会引起第二次合闸操作，从而防止了不利情况的产生。如果要进行第二次合闸操作，则前一个合闸命令必须先消失，使防跳继电器 KO 失电返回，之后再重新发出。

三、采用微机保护测控装置监视的断路器控制和信号回路

控制开关是开关设备与控制设备手动控制断路器跳、合闸的主令元件。当需要远方操作时，对断路器还宜设置就地远方/就地切换开关。控制开关和切换开关是用手柄操作的，在手柄转轴上装有彼此绝缘的系列铜片触点（动触点），绝缘外壳的内壁上装有固定不动的静触点。当手柄转动时，每个触点盒内动、静触点的通断状态发生相应变化。目前变配电所多采用 LW 系列万能转换开关作为控制开关和远方/就地切换开关。常用的 LW39 开关接点图表如图 6-8 所示，图中"×"表示触点为接通状态。

SF 合/分闸 控制开关	LW39		
	分闸	正常	合闸
	45° →	0°	← 45°
1−2	×		
3−4			×
5−6	×		
7−8			×

SAC 远方/就地 选择开关	LW39	
	就地45° ↖	远方45° ↗
1−2	×	
3−4		×
5−6	×	
7−8		×
9−10	×	
11−12		×

图 6-8　LW39 开关接点图表

这种控制开关有三个位置：一个正常固定位置（"预备"或"操作后"）、两个操作位置（"合闸"和"跳闸"）。合闸操作的程序为："预备"→"合闸"→"合闸后"；跳闸操作的程序为："预备"→"跳闸"→"跳闸后"。操作时，控制开关由"预备位置"向右或左旋转 45°至"操作位置"，并保持到确认断路器已完成合闸或跳闸动作时，松开手柄，手柄自动返回至"操作后位置"。这时，控制开关在弹簧作用下会自动回转到"固定位置"，整个操作过程完成。远方/就地切换开关有三个位置：左侧 45°为就地操作位置，右侧 45°为远方操作位置，中间为断开位置。当选择在"就地"位置时，断路器只能由控制开关 SF 操作断路器跳、合闸；当选择在"远方"位置时，断路器只能由遥控命令控制断路器跳、合闸。

图 6-9 是采用微机保护测控装置监视的断路器控制回路。图中控制开关和切换开关手柄的三个位置采用三条虚线表示，在每对触点内侧一条虚线上有一个"·"，表示手柄在此虚线对应的位置时该触点接通。为便于读图，电路图上方还标有说明栏，对应每条回路相应说明其作用。微机保护测控装置不仅能对一次系统实现各种保护，而且能对断路器进行遥控跳、合闸，能远方监视设备运行状态，如断路器位置、手车位置、控制回路的完好性、远方/就地切换开关位置、合闸弹簧是否储能等，还具有事故信号和各种预告信号输出，并具有 RS485 标准接口可与监控主计算机通信。其信号回路如图 6-10 所示。

现将图 6-9 和图 6-10 所示电路的工作原理分析如下：

控制小母线 断路器	合闸闭锁	跳位 监视	电气 防跳	保护 合闸	合闸 回路	远方 操作	跳闸 回路	保护 跳闸	合位 监视	装置 电源
	控制回路									

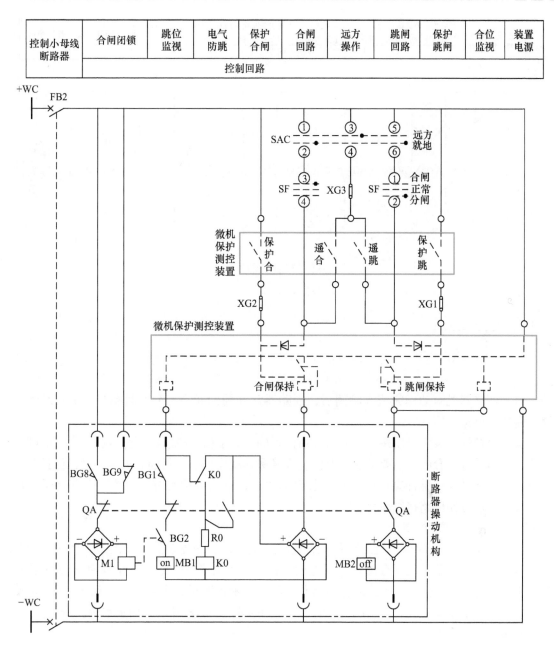

图 6-9　采用微机保护测控装置监视的断路器控制回路

1. 断路器的远方控制

将 SAC 切换开关旋至"远方"位置，此时，控制开关 SF 不起作用，断路器的跳、合闸操作由微机保护测控装置发出的遥控跳、合闸命令实现。合闸操作之前，手车处于工作位置或试验位置、弹簧已储能、合闸闭锁解除。此时，装置发出合闸命令即遥控合闸输出触点闭合，断路器合闸线圈 MB1 得电动作，同时，装置合闸自保持，直至断路器合闸动作完成。合闸后，断路器常闭辅助触点 QA 断开，切断合闸回路，合闸自保持返回。同理，装置发出跳闸命令即遥控跳闸输出触点闭合，断路器跳闸线圈 MB2 得电动作，同时，装置跳闸自保

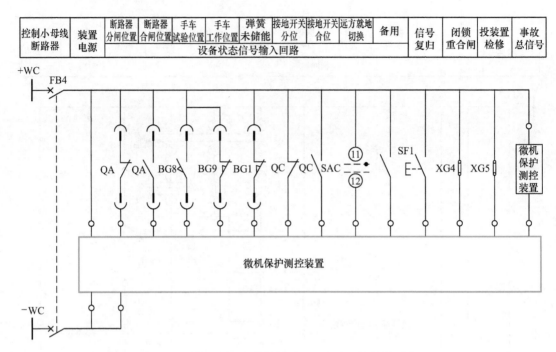

控制小母线 断路器	装置 电源	断路器 分闸位置	断路器 合闸位置	手车 试验位置	手车 工作位置	弹簧 未储能	接地开关 分位	接地开关 合位	远方就地 切换	备用	信号 复归	闭锁 重合闸	投装置 检修	事故 总信号
		设备状态信号输入回路												

图 6-10　采用微机保护测控装置远方监视的信号回路

持，直至断路器跳闸动作完成。跳闸后，断路器常开辅助触点 QA 返回断开，切断跳闸回路，跳闸自保持返回。

微机保护测控装置采用跳、合闸自保持的目的是为了保持跳、合闸命令脉冲宽度时间大于高压断路器跳、合闸所需要的动作时间，以确保其动作可靠。目前，可编程微机保护测控装置的跳、合闸命令脉冲宽度时间可调且自动返回，可以取消装置常规跳、合闸自保持回路，使断路器控制回路接线简化。

2. 断路器的就地控制

将 SAC 切换开关旋至"就地"位置，此时，微机保护测控装置发出的遥控跳、合闸命令不起作用，断路器的跳、合闸操作通过就地操作控制开关 SF 实现。当 SF 手柄被旋转至"合闸"位置时，触点 SF 3-4 接通，断路器合闸，手柄松开后返回正常位。当 SF 手柄被旋转至"分闸"位置时，触点 SF 1-2 接通，断路器跳闸，手柄松开后返回正常位。

3. 保护出口跳闸

当一次系统保护区内发生故障时，微机保护装置动作，保护出口继电器触点闭合，接通跳闸回路，使跳闸线圈 MB1 通电（全电压）动作，断路器自动跳闸。微机保护测控装置发出保护出口动作信号，可以通过硬触点输入到装置的遥信回路，上传至计算机后台系统，通知运行人员及时处理。当变电所未设计算机后台系统时，则其硬触点可以直接接通中央事故音响信号装置。

4. 控制回路的完好性监视

微机保护测控装置采用跳合闸位置继电器来监视跳合闸回路的完好性。正常时只有一个位置继电器通电，一旦控制回路断线或微型断路器跳闸，继电器线圈将长期断电，微机保护测控装置将发出控制回路断线预告信号。

第四节　配电自动化概论

一、配电自动化的有关概念

配电自动化（distribution automation）以一次网架和设备为基础，综合利用计算机技术、信息及通信等技术，实现对配电系统的监测与控制，并通过与相关应用系统的信息集成，实现配电系统的管理。

配电自动化系统（distribution automation system）是实现配电网的运行监视和控制的自动化系统，具备配电 SCADA（supervisory control and data acquisition，配电网监视控制和数据采集）、馈线自动化（feeder automation）、电网分析应用及与相关应用系统互连等功能，主要由配电主站、配电终端、配电子站（可选）和通信通道等部分组成，如图 6-11 所示。

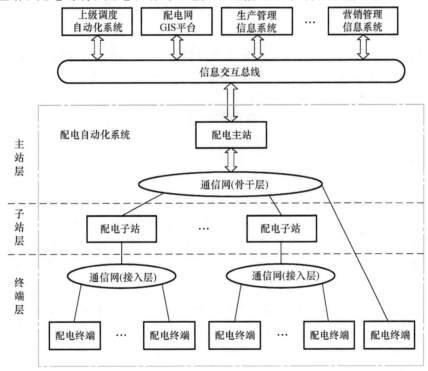

图 6-11　配电自动化系统的构成

配电主站（master station of distribution automation system）是配电自动化系统的核心部分，主要实现配电网数据采集与监控等基本功能和电网分析应用等扩展功能。

配电终端（remote terminal unit of distribution automation system）是安装于中压配电网现场的各种远方监测、控制单元的总称，主要包括配电开关监控终端（Feeder Terminal Unit，FTU，馈线终端）、配电变压器监测终端（Transformer Terminal Unit，TTU，配变终端）、开关站和公用及用户配电所的监控终端（Distribution Terminal Unit，DTU，站所终端）等。

配电子站（slave station of distribution automation system）是为优化系统结构层次、提高

信息传输效率、便于配电通信系统组网而设置的中间层，实现所辖范围内的信息汇集、处理或故障处理、通信监视等功能。

通信通道是连接配电主站、配电终端和配电子站之间实现信息传输的通信网络。配电通信网络可利用专网或公网，配电主站与配电子站之间的通信通道为骨干层通信网络，配电主站（子站）至配电终端的通信通道为接入层通信网络。

配电自动化系统通过信息交互总线，与其他相关应用系统互连，可实现更多应用功能。信息交互基于消息传输机制，实现实时信息、准实时信息和非实时信息的交换，支持多系统间的业务流转和功能集成，完成配电自动化系统与其他相关应用系统之间的信息共享。

馈线自动化指利用自动化装置或系统，监视配电线路的运行状况，及时发现线路故障，迅速诊断出故障区间并将故障区间隔离，快速恢复对非故障区间的供电。

二、配电自动化的主要功能

（一）配电主站

1. 基本功能

1）配电 SCADA：数据采集（支持分层分类召测）、状态监视、远方控制、人机交互、防误闭锁、图形显示、事件告警、事件顺序记录、事故追忆、数据统计、报表打印、配电终端在线管理和配电通信网络工况监视等。

2）与上一级电网调度（一般指地区电网调度）自动化系统和生产管理系统（或电网 GIS 平台）互连，建立完整的配电网拓扑模型。

2. 扩展功能

配电主站应在具备基本功能的基础上，根据实际需要，合理配置扩展功能。

1）馈线故障处理：与配电终端配合，实现故障的识别、定位、隔离和非故障区域自动恢复供电；在相应区域具备完备的配电网络拓扑的前提下，可配置馈线故障处理功能。

2）电网分析应用：模型导入/拼接、拓扑分析、解合环潮流、负荷转供、状态估计、网络重构、短路电流计算、电压/无功控制和负荷预测等；在信息量的完整性和准确性满足要求的前提下，可配置电网分析应用功能。

3）智能化功能：配电网自愈控制（包括快速仿真、预警分析等）、分布式电源/储能装置/微电网的接入及应用、经济优化运行以及与其他智能应用系统的互动等。在配电主站功能成熟应用的基础上，可结合本地区智能电网工作的开展，合理配置智能化功能。

（二）配电终端

配电终端应用对象主要有：开关站、配电室、环网柜、箱式变电站、柱上开关、配电变压器、配电线路等。根据应用的对象及功能，配电终端可分为馈线终端（FTU）、站所终端（DTU）、配变终端（TTU）和具备通信功能的故障指示器等。配电终端功能还可通过远动装置（Remote Terminal Unit，RTU）、综合自动化装置或重合闸控制器等装置实现。

配电终端应具备运行信息采集、事件记录、对时、远程维护和自诊断、数据存储、通信等功能；除配变终端外，其他终端应能判断线路相间短路和单相接地故障。

（三）配电子站

配电子站分为通信汇集型子站和监控功能型子站。

1. 通信汇集型子站

通信汇集型子站负责所辖区域内配电终端的数据汇集、处理与转发。基本功能：①终端数据的汇集、处理与转发；②远程通信；③终端的通信异常监视与上报；④远程维护和自诊断。

通信汇集型子站的目的是在终端因为通道或其他原因限制，不能够直接连接到主站的情况下，汇集终端的信息，并通过子站向上的快速通道转发终端信息。对采用配电载波或无线专网的情况，推荐采用这种方式。对采用综自模式实现的开闭所自动化，其总控单元即为通信汇集型子站。这种方式下，子站应能够判断终端的运行工况并及时反馈至主站，使主站能够了解终端的运行情况。同时应能够将上下行的控制命令存储在当地，供将来事故排查时分析。

2. 监控功能型子站

监控功能型子站负责所辖区域内配电终端的数据采集处理、控制及应用。基本功能：①应具备通信汇集型子站的基本功能；②在所辖区域内的配电线路发生故障时，子站应具备故障区域自动判断、隔离及非故障区域恢复供电的能力，并将处理情况上传至配电主站；③信息存储；④人机交互。

监控功能型子站是一种较高级的子站系统，其设置目的主要是针对大型配网自动化系统或智能小区、新区等地区，快速处理当地的故障，同时也可降低主站的信息流量。对于某些地区，区域型的主站系统将其采集的信息上送到上级配电主站系统，则区域型的主站也可称为上级配电主站的子站。这种模式便于实现配网的分层管理。

三、配电自动化的通信

（一）通信方式

目前，适合配电自动化通信系统建设的通信方式包括光纤专网通信、配电线载波通信、无线专网通信、无线公网通信、现场总线等。现有通信技术在传输带宽方面均能满足配电自动化基本业务需求。根据各种通信方式的原理及特点，为了合理选择适合复杂配电网自动化系统的通信方式，现就各类通信方式在传输速率、传输距离、适用范围等方面的特点做比较，见表6-1。

表6-1　配电自动化常用的通信方式

通信方式	网络形式	传输速率	传输距离	适用范围
配电线载波	中低压配电线	<1.2Mbit/s	<10km	FTU、TTU与配电子站间通信 低压用户抄表
现场总线 RS485串行总线	屏蔽双绞线	9600bit/s	<2km	FTU、TTU与配电子站间通信、分散电能采集、设备内部通信等
光纤专网	单模光缆	<2Mbit/s	<50km	骨干层通信网络
无线专网 无线公网	TD-LTE、McWill GPRS/CDMA/3G	<180kbit/s	GPRS等覆盖区域	不宜用于城市中心等干扰大的市区

光纤专网通信方式包括无源光网络和工业以太网技术。EPON（以太网无源光网络）技术成熟，是目前无源光网络技术的主流方式。EPON在标准实时性、可靠性、安全性、带

宽、技术成熟度及产业链等方面具有优势，但由于光纤敷设成本高等因素，组网成本偏高，适用于对安全性、可靠性有严格要求的业务。对于已预埋光缆、与主网架同步建设光缆的情况，应优先采用 EPON 技术进行业务承载。工业以太网方式在实时性、可靠性、安全性、带宽、技术成熟度及产业链等方面同样具有优势，但设备成本高于 EPON，适用于节点较多、通信距离较长的业务场合。中压载波通信方式施工简单，受配电线路运行情况影响，适合实时性、并发性要求不敏感的使用场合，由于其通道建设随一次线路开展，因此可作为光纤网络的末端补充。无线专网方式目前还处于试点应用阶段，其频段选择、技术体制选择、建设及运维模式仍然存在很多问题，需要对承载业务及部署方式进行规范。无线公网方式易于建设，宜用于安全性、可靠性、实时性相对要求较低的场合（配电自动化"遥信、遥测"业务），由于其运维成本低，基于现有通信现状，可作为配电自动化全面推进的一项长期过渡通信方式。

（二）通信组网典型案例

多种配电通信方式综合应用的典型案例如图 6-12 所示，通信系统由配网通信综合接入平台、骨干层通信网络、接入层通信网络以及配网通信综合网管系统等组成。

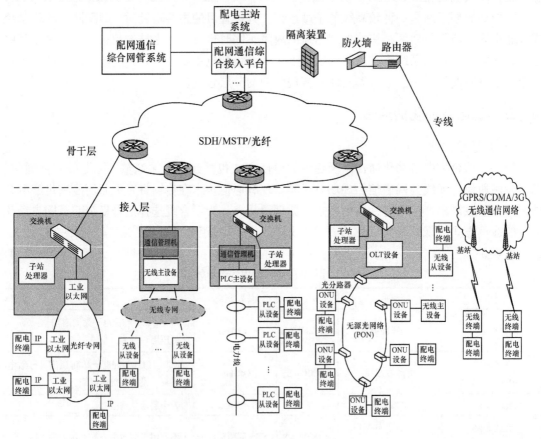

图 6-12　多种配电通信方式综合应用示意图

1. 配网通信综合接入平台

在配电主站端配置配网通信综合接入平台，实现多种通信方式统一接入、统一接口规范和统一管理，配电主站按照统一接口规范连接到配网通信综合接入平台。另外，配网通信综合接入平台也可以供其他配网业务系统使用，避免每个配网业务系统单独建设通信系统，有利于配电通信系统的管理与维护。

2. 骨干层通信网络

骨干层通信网络实现配电主站和配电子站之间的通信，一般采用光纤传输网方式，配电子站汇集的信息通过 IP 方式接入 SDH/MSTP 通信网络或直接承载在光纤网上。在满足有关信息安全标准的前提下，可采用 IP 虚拟专网方式实现骨干层通信网络。

3. 接入层通信网络

接入层通信网络实现配电主站（子站）和配电终端之间的通信。

（1）光纤专网（以太网无源光网络）　配电子站和配电终端的通信采用以太网无源光网络 EPON 技术组网，EPON 网络由光线路终端 OLT、光配线网 ODN 和光网络单元 ONU 组成，ONU 设备配置在配电终端处，通过以太网接口或串口与配电终端连接；OLT 设备一般配置在变电站内，负责将所连接 EPON 网络的数据信息综合，并接入骨干层通信网络。

（2）光纤专网（工业以太网）　配电子站和配电终端的通信采用工业以太网通信方式时，工业以太网从站设备和配电终端通过以太网接口连接；工业以太网主站设备一般配置在变电站内，负责收集工业以太网自愈环上所有站点数据，并接入骨干层通信网络。

（3）配电线载波通信组网　按照规定，电力线载波（Power Line Carrier，PLC）通信组网采用一主多从组网方式，一台主载波机可带多台从载波机，组成一个逻辑载波网络，主载波机通过通信管理机将信息接入骨干层通信网络。通信管理机接入多台主载波机时，必须具备串口服务器的基本功能和在线监控载波机工作状态的网管协议，同时支持多种配电自动化协议转换能力。

（4）无线专网　采用无线专网通信方式时，一般将无线基站建设在变电站中，负责接入附近的配电终端信息；每台配电终端应配置相应的无线通信模块，实现与基站通信。变电站中通信管理机将无线基站的信息接入，进行协议转换，再接入至骨干层通信网络。

（5）无线公网　采用无线公网方式时，每台配电终端均应配置 GPRS/CDMA/3G 无线通信模块，实现无线公网的接入。无线公网运营商通过专线将汇总的配电终端数据信息经路由器和防火墙接入配网通信综合接入平台。

4. 配网通信综合网管系统

在配电主站端配置的配网通信综合网管系统，可以实现对配网通信设备、通信通道、重要通信站点的工作状态统一监控和管理，包括通信系统的拓扑管理、故障管理、性能管理、配置管理、安全管理等。配网通信综合网管系统一般采用分层架构体系。

四、配电网的馈线自动化

馈线自动化功能应在对供电可靠性有进一步要求的区域实施，应具备必要的配电一次网架、设备和通信等基础条件，并与变电站/开闭所出线等保护相配合。馈线自动化可采取以下实现模式：

1）就地型：不需要配电主站或配电子站控制，通过终端相互通信、保护配合或时序配合，在配电网发生故障时，隔离故障区域，恢复非故障区域供电，并上报处理过程及结果。就地型馈线自动化包括重合器（automatic circuit recloser）方式、智能分布式等。

2）集中型：借助通信手段，通过配电终端和配电主站/子站的配合，在发生故障时，判断故障区域，并通过遥控或人工隔离故障区域，恢复非故障区域供电。集中型馈线自动化包括半自动方式、全自动方式等。

第五节　变电所综合自动化系统

一、概述

变电所在配电网中具有十分重要的地位，它既是上一级配电网的负荷，又是下一级配电网的电源。变电所综合自动化系统是配电自动化系统的重要组成部分，可根据需要作为配电自动化系统的主站或子站，其自动化程度的高低直接反映了配电自动化的水平。近年来变电所综合自动化发展十分迅速。

变电所综合自动化是将变电所的二次设备（包括测量仪表、信号系统、继电保护、自动装置和远动装置等）经过功能的组合和优化设计，利用先进的计算机技术、现代电子技术、通信技术和信号处理技术，实现对全变电所的主要设备和线路的自动监视、测量、自动控制和微机保护，以及与调度中心通信等综合性的自动化功能。

与常规变电所的二次系统相比，变电所综合自动化系统具有功能综合化、结构微机化、操作监视屏幕化、运行管理智能化等一系列优点，并为变电所实现无人值班提供了可靠的技术条件。

二、变电所综合自动化系统的基本功能

（一）微机监视与控制功能

变电所综合自动化系统必须具有微机监视与控制功能，35～110kV无人值班变电所微机监控系统应具备信息采集和处理、控制操作、防误闭锁、报警处理、远动、人机联系、系统自诊断与自恢复等功能。

1. 数据采集与处理

监控系统通过I/O测控单元实时采集模拟量、开关量等信息量；通过智能设备接口接收来自其他智能装置的数据。

I/O数据采集单元对所采集的实时信息进行数字滤波、有效性检查、工程值转换、信息接点抖动消除、刻度计算等加工。从而提供可应用的电流、相电压、有功功率、无功功率、功率因数等各种实时数据，并将这些实时数据传送至站控层、各级调度中心、集控中心。

采集的模拟量包括电流、电压、温度量等。采集的开关量（状态量）包括断路器、隔离开关以及接地开关的位置信号、一次设备的告警信号、继电保护和安全自动装置动作及告警信号、运行监视信号、变压器有载调压分接头位置信号等。

2. 数据库的建立与维护

建立的数据库包括实时数据库、历史数据库。实时数据库存储监控系统采集的实时数据，其数值应根据运行工况的实时变化而不断更新，记录着被监控设备的当前状态。对于需要长期保存的重要数据将存放在历史数据库中。

数据库应便于扩充和维护，应保证数据的一致性、安全性；可以在线修改或离线生成数

据库；用人—机交互方式对数据库中的各个数据进行修改和增删；可方便地交互式查询和调用。

3. 控制操作

监控系统控制功能应包括两种：自动调节控制、人工操作控制。

自动调节控制由站内操作员站或远方控制中心设定其是否采用，操作员可对需要控制的电气设备进行操作控制。监控系统应具有操作监护功能。纳入控制的设备有各电压等级的断路器、带电动机构的隔离开关及变压器中性点接地开关、主变压器有载开关分接头位置以及站内其他需要执行启动/停止的重要设备。

4. 防误闭锁

应具有微机"五防"功能。通过监控系统的逻辑闭锁软件实现全站的防误操作闭锁功能，同时在受控设备的操作回路中串接本间隔的闭锁回路。本间隔的闭锁可以由电气闭锁实现，也可由间隔层测控单元实现。

5. 同期

监控系统应具有同期功能，以满足断路器的同期合闸和重合闸同期闭锁要求。

6. 报警处理

监控系统应具有事故报警和预告报警功能。事故报警包括非正常操作引起的断路器跳闸和保护装置动作信号；预告报警包括一般设备变位、状态异常信息、模拟量或温度量越限等。

7. 事件顺序记录及事故追忆

当变电站一次设备出现故障时，将引起继电保护动作、断路器跳闸，事件顺序记录功能应将事件过程中各设备动作顺序带时标记录、存储、显示、打印，生成事件记录报告，供查询。

事故追忆范围为事故前 1min 到事故后 2min 的所有有关模拟量值，采样周期与实时系统采样周期一致。系统可生成事故追忆表，以显示、打印方式输出。

8. 画面生成及显示

系统应具有电网拓扑识别功能，实现带电设备的颜色标识。所有静态和动态画面应存储在画面数据库内。应具有图元编辑图形制作功能，使用户能够在任一台主计算机或人机工作站上均能方便直观地完成对实时画面的在线编辑、修改、定义、生成、删除、调用和实时数据库连接等功能，并且对画面的生成和修改应能够通过网络贵宾方式传送给其他工作站。在主控室运行工作站显示器上显示的各种信息应以报告、图形等形式提供给运行人员。

9. 在线计算及制表

系统应向操作人员提供方便的实时计算功能，并能生成不同格式的生产运行报表。

10. 远动功能

监控系统应配置远动通信设备，实现无扰动自动切换，通过以太网与站级计算机系统相连接，实现站内全部实时信息向各级调度和电力数据网上发送或接收控制和修改命令。远动通信设备具有远动数据处理、规约转换及通信功能，满足调度自动化的要求，并具有串口输出和网络口输出能力，能同时适应通过常规模拟量通道和调度数据网通道与各级调度端主站系统通信的要求。

11. 时钟同步

监控系统设备应从站内时间同步系统获得授时（对时）信号，保证各工作站和 I/O 数据采集单元的时间同步达到 1ms 精度要求。当时钟失去同步时，应自动告警并记录事件。

12. 人—机联系

人—机联系是值班员与计算机对话的窗口，值班员可借助鼠标或键盘方便地在显示器屏幕上与计算机对话。

13. 系统自诊断和自恢复

远方或变电站负责管理系统的工程师可通过工程师工作站对整个监控系统的所有设备进行诊断、管理、维护、扩充等工作。系统应具有可维护性、容错能力及远方登录服务功能，还应具有自诊断和自恢复的功能。

14. 与其他设备的通信接口

监控系统以串口或网口的方式与保护装置信息采集器或保护信息管理子站连接获取保护信息。其他智能设备主要包括直流电源系统、交流 UPS 系统、火灾报警装置、电能计量装置及主要设备在线监测系统等。监控系统智能接口设备采用数据通信方式（采用 RS485 接口）收集各类信息，经过规约转换后通过以太网送至监控系统主机。

15. 运行管理

微机监控系统根据运行要求，可实现各种管理功能如事故分析检索、操作票、模拟操作等。

（二）微机继电保护功能

微机继电保护是变电所综合自动化系统中的关键环节，主要包括线路保护、电力变压器保护、母线保护、电容器保护、接地变（站用变）保护等。由于继电保护的特殊重要性，自动化系统绝不能降低继电保护的可靠性、独立性。通常微机继电保护应满足下列要求：

1）系统的微机继电保护按被保护的电力设备（间隔）分别独立设置，直接由相关的电流互感器和电压互感器输入电气量，保护装置的输出直接作用于相应断路器的跳闸机构。

2）保护装置设有通信接口，供接入变配电所内的通信网络使用，在保护动作后向变配电所层的微机设备提供报告，但继电保护的功能完全不依赖于通信网络。

3）为避免不必要的硬件重复，以提高整个系统的可靠性和降低造价，对 35kV 及以下的变配电所，在不降低保护装置可靠性的前提下，可以配给保护装置一些其他功能，如测量控制功能。

（三）自动控制装置功能

变电所综合自动化系统必须具有保证安全、可靠供电和提高电能质量的自动控制功能。因此，典型的变电所综合自动化系统都配置了相应的自动控制装置，如备用电源自动投入控制装置、自动重合闸装置、电压无功综合控制装置、小电流接地选线装置、自动低频低压减负荷装置等。同微机保护装置一样，自动控制装置也不依赖于通信网，设备专用的装置放在相应间隔屏上。有关自动控制装置的具体内容将在本章第六节讲述。

三、变电所综合自动化系统的结构

变电所综合自动化系统的体系结构可以分为集中式和分布式两大类；从组屏方式上，可分为集中组屏和分散布置两类。

集中式系统的主要特征为单 CPU、并行总线和集中组屏。随着变电所自动化的不断发展，要求其能够采集更多的信息，能够进行更多路的遥控和遥调，能够与更多的调度主机建立联系，此外，对事件顺序记录（SOE）的站内分辨率的要求也有提高的趋势。集中式系统因采用单微处理器，CPU 负荷过重往往不能满足上述要求，同时，采用并行总线的集中式远动装置也不便于采集不在同一现场的参数。而多 CPU 结构、各模块间以串行总线相互联系的分布式结构则能很好地实现以上功能。

根据结构上的不同，分布式系统又分为功能分布式（集中组屏）和结构分布式（分散布置）两大类：

1）功能分布式系统把变电所综合自动化系统按其功能组装成多个屏，例如主变压器保护屏、线路保护屏、公用测控屏、自动装置屏等，集中安装在主控室中，适用于回路数不多、一次设备相对集中、分布面不大的 35～110kV 配电装置。

2）结构分布式系统面向设备对象而设计，它能根据变电所的实际情况将同一台设备或同一面开关柜所需要的四遥量布置在一个单元模块中，而该单元模块可以分散地布置在各开关柜中，节省空间，二次连线少，只需要几条 RS485 或现场总线连接就能满足要求，而且很容易将微机保护与监控部分合二为一，有利于实现综合自动化，特别适用于 20kV 及以下配电装置。

1. 20kV 及以下变电所综合自动化系统的典型结构

一个 20kV 及以下变电所综合自动化系统的分布式结构如图 6-13 所示。系统结构分为三层：站控层、通信控制层和间隔层。通信网络采用以太网或开放式现场总线。

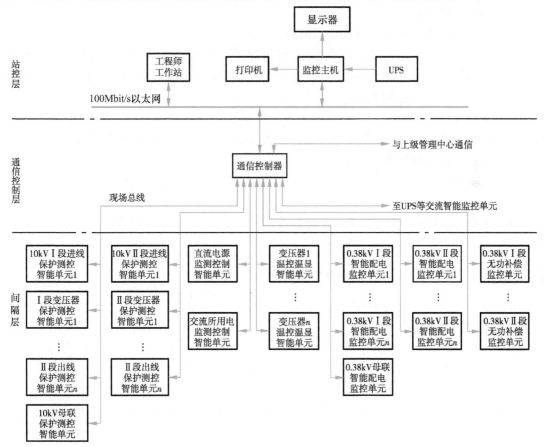

图 6-13　20kV 及以下变电所综合自动化系统的分布式结构

（1）站控层　站控层是针对系统管理人员的人机交互直接窗口，也是系统最上层的部分，主要由系统软件和必要的硬件设备（如计算机系统、打印机、UPS 等）组成。计算机系统一般由主机（单机或双机）、工程师工作站、网络交换机等部分组成。系统软件应具有良好的人机交互界面，对采集的现场各类数据信息自动进行计算处理，并以图形、数显、声音等方式反应系统运行状况。

（2）通信控制层　通信控制层主要由通信控制器及总线网络组成。通信控制器是变配电所综合自动化系统的信息中心，它支持不同的通信介质和通信规约，对变配电所内各种设备的信息进行采集处理，形成标准的信息，并通过数据通道传送到集控中心和配电自动化系统，同时转达上位机对现场单元设备的各种控制命令。通信控制器一般应至少具有 2 个以太网接口与站控层主机、上级管理中心通信，具有 8 个高速 RS485 串口与单元间隔层智能设备交换数据（每个串口并接智能设备数量≤32）。同时，通信控制器应具备完善的 GPS 对时子系统，可使站内各智能设备时间保持统一。

（3）间隔层　间隔层按一次设备单元间隔分布式配置，20kV 及以下电力线路与设备微机保护和微机测控均采用一体化装置，分散就地安装于各单元开关柜上。直流系统的微机监测装置就地装设在直流电源屏上。交流所用电的微机监测装置可就地安装在交流配电屏上。干式配电变压器可选择带有远方通信接口的温控温显装置。各单元相互独立，仅通过通信网互连，并与通信控制器通信。

2. 35 ~ 110kV 变电所综合自动化系统的典型结构

一个 35 ~ 110kV 变电所综合自动化系统的分布式结构如图 6-14 所示。系统网络结构由站控层、间隔层以及网络设备构成。为提高系统网络可靠性，简化系统组网结构，间隔层设备直接通过交换机与站控层以太网连接通信。

站控层由计算机网络连接的操作员站、数据处理及通信装置等组成，提供站内运行的人机界面，实现管理控制间隔层设备等功能，形成全站监控、中心管理，并与远方控制中心通信。站控层设备宜集中设置，间隔层设备宜按相对集中方式设置，即 110kV 及主变的保护测控装置集中布置在二次设备室内，35kV 及以下的保护测控装置分散布置在配电装置室高压开关柜内。

间隔层由计算机网络连接的若干个监控子系统组成，在站控层及网络失效的情况下，仍能独立完成本间隔设备的就地监控功能。

四、变电所综合自动化系统的发展趋势

变电所（站）综合自动化系统取得了良好的应用效果，但也有不足之处，主要体现在：采集资源重复、设计复杂；系统、设备之间互操作性差；信息不标准不规范，难以充分应用等。随着自动化技术、计算机信息与通信技术的发展，电网 110kV 及以上变电站综合自动化系统在经历了常规变电站——数字化变电站发展阶段后，正向智能变电站方向发展。

智能变电站是指采用可靠、经济、集成、节能、环保的设备与设计，以全站信息数字化、通信平台网络化、信息共享标准化、系统功能集成化、结构设计紧凑化、高压设备智能化和运行状态可视化等为基本要求，能够支持电网实时在线分析和控制决策，进而提高整个电网运行可靠性及经济性的变电站。

关于智能变电站的技术原则、体系架构和功能要求以及对智能变电站的设备、检测、设

计等规定，参见 GB/T 30155—2013《智能变电站技术导则》。

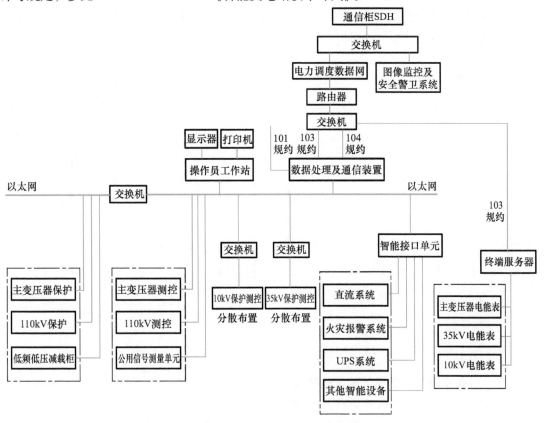

图 6-14　35~110kV 变电所综合自动化系统的分布式结构

第六节　微机自动控制装置

一、电源自动切换装置

（一）电源自动投入装置的作用与类型

在要求供电可靠性较高的变配电所中，通常设有两路及以上的电源进线。如果装设微机备用电源自动投入装置（又称自动切换装置，Automatic Switching Equipment，ASE），则当主供电源线路突然断电时，在 ASE 的作用下，自动将工作电源断开，将备用电源投入运行，从而大大提高供电可靠性，保证对用户的继续供电。

主供电源与备用电源的接线方式可分为两大类：明备用接线方式和暗备用接线方式。明备用接线方式是指在正常工作时，备用电源不投入工作，只有在主供电源发生故障时才投入工作，如图 6-15a 所示。暗备用接线方式是指在正常时，两电源都投入工作，互为备用，如图 6-15b 所示。

在图 6-15a 中，ASE 装设在备用电源进线断路器 QA2 上。在正常情况下，断路器 QA1 闭合，QA2 断开，负荷由主供电源供电。当主供电源故障时，ASE 动作，将 QA1 断开，切除故障电源，然后将 QA2 闭合，使备用电源投入工作，恢复供电。

在图 6-15b 中，ASE 装设在母联断路器 QA3 上。在正常情况下，断路器 QA1、QA2 闭合，母联断路器 QA3 断开，两个电源分别向两段母线供电。若电源 A（B）发生故障，ASE 动作，将 QA1（QA2）断开，随即将母联断路器 QA3 闭合，此时全部负荷均由 B（A）电源供电。

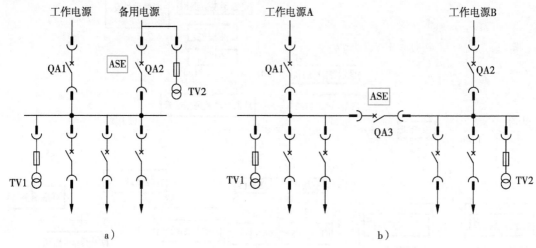

图 6-15　备用电源接线方式示意图
a）明备用　b）暗备用

（二）对备用电源自动投入装置的基本要求

1）应保证在工作电源断开后投入备用电源。

2）工作电源故障或断路器被错误断开时，自动投入装置应延时动作。

3）在手动断开工作电源、电压互感器二次回路断线和备用电源无电压的情况下，不应起动自动投入装置。

4）自动投入装置动作后，如备用电源投到故障回路上，应使保护加速动作并跳闸。

5）应保证自动投入装置只动作一次，以免将备用电源重复投入永久性故障回路中。

6）自动投入装置中，可设置工作电源的电流闭锁回路。

（三）微机备用电源自动投入装置的原理

以图 6-15b 装设的微机备用电源自动投入装置为例，其动作逻辑框图如图 6-16 所示。

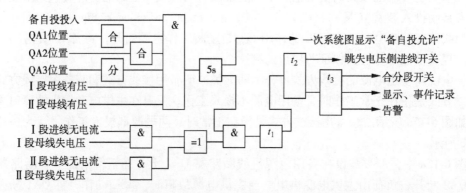

图 6-16　微机备用电源自动投入装置的动作逻辑框图

若装置检测到进线 1 开关 QA1、进线 2 开关 QA2 均在合闸位置，I、II 段母线均有电压（二次侧任一相电压大于失电压整定值），母线分段开关 QA3 在分闸位置，则备用电源自动投入装置经 5s 充电时间后，可以投入，液晶显示屏上"备自投闭锁"字样变为"备自投允许"。

当装置检测到某一段母线失去电压（二次侧三个相电压小于失电压整定值）且进线开关无电流（二次侧相电流小于整定值）时，备用电源自动投入装置经低压等待时间 t_1 后开始起动。先跳失去电压侧进线开关，其整定时间为跳闸等待时间 t_2，然后再合母线分段开关，其整定时间为合闸等待时间 t_3。t_1、t_2、t_3 时间由用户自行整定（低电压等待时间 t_3 必须大于 40ms）。如变配电所进线开关有失电压保护跳闸的，应将备自投低电压等待时间 t_1 整定为小于进线失电压跳闸时间，这样才能保证装置检测到进线开关是由于失电压而跳闸的，备用电源自动投入装置才可以动作。而由于过电流保护动作造成进线开关跳闸的，备用电源自动投入装置则会闭锁。当两段母线都失去电压时，备用电源自动投入装置也会闭锁。

备用电源自动投入装置动作后故障指示灯亮，人工复位后备用电源自动投入装置才能重新起动，保证只动作一次。

二、自动重合闸装置

（一）概述

运行经验表明，架空线路上的故障大多是暂时性的，这些故障在断路器跳闸后，多数能很快地自行消除。例如雷击闪络或鸟兽造成的线路短路故障，往往在雷闪过后或鸟兽烧死以后，线路大多能恢复正常运行。因此，如采用自动重合闸装置（Automatic Reclosing Equipment，ARE），使断路器自动重新合闸，迅速恢复供电，从而大大提高供电可靠性，避免因停电带来巨大损失。

供配电系统中采用的 ARE，一般都是三相一次重合式，因为一次重合式 ARE 比较简单经济，而且基本上能满足供电可靠性的要求。运行经验证明，ARE 的重合成功率随着重合次数的增加而显著降低。对于架空线路来说，一次重合成功率可达 60% ~ 90%，而二次重合成功率只有 15% 左右，三次重合成功率仅 3% 左右。

（二）对自动重合闸装置的基本要求

1）自动重合闸装置可由保护装置或断路器控制状态与位置不对应来起动。

2）手动或通过遥控装置将断路器断开或将断路器合闸投入故障线路上随即由保护跳闸将其断开时，自动重合闸装置均不应动作。

3）自动重合闸装置的动作次数应符合预先的规定，如一次重合闸就只应实现重合一次。

4）当断路器处于不正常状态不允许实现自动重合闸时，应将重合闸装置闭锁。

（三）微机自动重合闸装置的原理

微机三相一次自动重合闸装置的动作逻辑框图如图 6-17 所示。

当装置检测到断路器已合闸，且重合闸功能在投入位置时，经 5s 后装置处于重合闸允许状态，在装置的"一次系统图"上会显示"重合闸允许"字样。当装置判断是电流故障跳闸后，经延时 t 时间后使断路器重合。

为了提高输电线路的供电可靠性，装置可判断是否为电流故障跳闸（三段式电流保护或反时限过电流保护），如果是电流故障跳闸，则可在 0.5～5s 后重新合闸一次（时间定值由用户设定）且只重合一次。

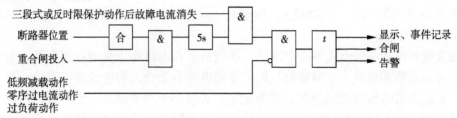

图 6-17　微机三相一次自动重合闸装置的动作逻辑框图

当断路器重合于永久性故障时，为防止事故扩大，自动重合闸装置设有加速段保护跳闸（可设置动作整定值和动作时间）快速切除故障，之后不再重合；当后加速保护开放时间过后，闭锁加速段保护。加速段保护逻辑框图如图 6-18 所示。

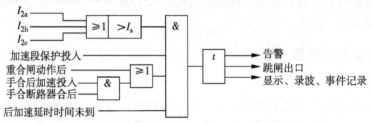

图 6-18　微机自动重合闸装置的加速段保护逻辑框图

第七节　电能信息采集与管理系统

电能信息采集与管理系统（data acquisition and management system for electrical energy）指电能信息采集、处理和实时监控系统，能够实现电能数据自动采集、计量异常和电能质量监测、用电分析和管理等功能。由自动抄表系统与电力负荷管理系统合并升级而成。

一、系统结构与主要功能

（一）系统结构

电能信息采集与管理系统的物理结构如图 6-19 所示。系统可由主站、数据采集层和采集点监控设备三层组成，各层之间通过通信网络进行数据传输。

主站（master station）是电能信息采集与管理系统的管理中心，管理全系统的数据传输、数据处理和数据应用以及系统运行和系统安全，并管理与其他系统的数据交换。它是一个包括软件和硬件的计算机网络系统。主站应满足一体化、安全性、开放性、可靠性、可维护性和可扩展性等性能要求。

数据采集层的主体是电能信息采集终端（electrical energy data acquisition terminal），负责各信息采集点的电能信息的采集、数据管理、数据传输以及执行或转发主站下发的控制命令。按不同应用场所，电能信息采集终端可分为厂站采集终端、专变采集终端、公变采集终端和低压集中抄表终端（包括低压集中器和低压采集器）等类型。通信单元负责主站与电能表之间的数据传输，它可以安装在电能表内。

采集点监控设备是各采集点的电能信息采集源和监控对象，包括电能表和相关测量设备、用户配电开关、无功补偿装置以及其他现场智能设备等。这些设备通过各种接口与电能信息采集终端连接。

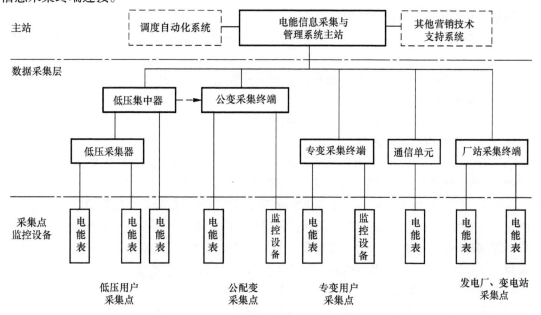

图6-19　电能信息采集与管理系统的物理结构

系统的远程通信网络可采用230MHz专用无线网、无线公网（GPRS/3G、CDMA等）、有线数据传输网络，实现主站和数据采集层设备间的数据传输。系统的本地通信网络用于数据采集层的采集终端之间以及采集终端与电能表之间的通信，可采用电力线载波、微功率无线、RS485总线以及各种有线网络。

（二）系统主要功能

1. 数据采集功能

系统通过电能信息采集终端采集负荷和电能量实时数据和历史数据，监视电能表和相关设备的运行状况以及供电电能质量等。

2. 数据管理功能

对各种采集数据进行分析、处理和存储，为各种应用提供数据平台和接口。

3. 综合应用功能

按应用需求，支持有序用电管理、异常用电分析、电能质量数据统计、报表管理、线损分析、增值服务、系统管理、维护及故障记录、报表管理等应用功能。

二、专变采集终端

专变采集终端用来实现对专变用户（设置有专用配电变压器的用户）的电能信息采集，包括电能表数据采集、电能计量设备工况和电能质量监测，以及客户用电负荷和电能量的监控，并对采集数据实现管理和远程传输。按有无控制功能分为控制型和非控制型两类，控制型专变采集终端等同于电力负荷管理终端。

专变采集终端本地通信接口至少两路，其中一路 RS485 作为电能表接口，另一路可作为客户数据接口。专变采集终端具有电压/电流模拟量输入、脉冲输入、状态量输入和控制输出回路。

控制型专变采集终端的功能配置如下：

（1）数据采集　包括电能表数据采集、状态量采集、脉冲量采集、交流模拟量采集（选配）等。

（2）数据处理　包括实时和当前数据、历史日数据、历史月数据、电能表运行状况监测、电能质量数据统计等。

（3）参数设置和查询　包括时钟召测和对时、互感器电流比或电压比、限值参数、功率控制参数、电能量控制参数等。

（4）控制　包括功率定值闭环控制（时段功控、厂休功控、营业报停功控和当前功率下浮控）、电能量定值闭环控制（月电控、预购电控、催费告警）、保电/剔除、遥控等。其中，功率定值闭环控制指主站向专变采集终端下发客户功率定值等功率控制参数，终端连续监测客户用电实时功率；电能量定值闭环控制指主站向专变采集终端下发客户电能量定值等参数，终端监测客户用电量。当实时功率或用电量超过定值时，终端先发出告警，然后根据需要自动按设定依次动作输出继电器，控制客户端相应配电开关跳闸。

（5）事件记录　包括重要事件记录、一般事件记录等。

（6）数据传输　包括与主站通信、与电能表通信、中继转发等。

（7）本地功能　包括显示相关信息、客户数据接口（选配）等。

（8）终端维护　包括自检自恢复、终端初始化、软件远程下载等。

三、低压集中抄表终端

低压集中抄表终端实现低压用户电能表数据的采集、用电异常监测，并对采集数据实现管理和远程传输。低压集中抄表终端包括低压集中器、低压采集器和手持设备等。

低压集中器（concentrator）指收集一个区域内的各采集器或电能表的数据，并进行处理、存储，同时能和主站或手持设备进行数据交换的设备。低压采集器（acquisition unit）指用于采集多个电能表电能信息，并可与集中器交换数据的设备。手持设备（hand-held unit）指能够近距离直接与单台电能表、集中器、采集器及计算机设备进行数据交换的设备，或称手持抄表终端。

低压集中抄表终端的功能包括数据采集、数据处理、参数设置和查询、事件记录、数据传输、本地功能与终端维护等。它与专变采集终端的功能类似，但无控制功能。

一个低压用户电能信息的数据采集组网方式主要有以下两种：

1）集中器与具有通信模块的电能表直接交换数据。

2）集中器、采集器和电能表组成二级数据传输网络，采集器采集多块电能表电能信息，集中器与多个采集器交换数据。

也可以采用上述两种方式混合组网（参见图6-19）的方式。集中器可直接与主站连接，也可通过 RS485 接口与公变采集终端连接。多个集中器可以级联，集中器也可与公变采集终端级联。集中器与主站之间的上行通信一般采用无线公网，集中器与采集器或电能表之间的下行通信多采用电力线载波、RS485 总线等有线网络。

四、多功能电能表与智能电能表

我国电能表的发展历程经历了机械式电能表、电子式电能表、多功能电能表和智能电能表四个阶段。用于电能信息采集与管理系统的电能表为具备通信功能的多功能电能表和智能电能表。

多功能电能表（multifunction electrical energy meter）由测量单元、数据处理单元等组成。它是一种除计量有功、无功电能量外，还具有分时、测量需量等两种以上功能，并能显示、存储和输出数据的电能表。多功能电能表的基本功能包括电能计量功能、需量测量功能、清零功能、测量数据存储功能、冻结功能、事件记录功能、通信功能（红外和 RS485 通信接口）、脉冲输出功能、显示功能、测量功能、失电压断相提示功能、扩展功能等。

智能电能表（smart electricity meter）由测量单元、数据处理单元、通信单元等组成。它是一种具有电能量计量、数据处理、实时监测、自动控制、信息交互等功能的电能表。智能电能表是一种具有双向通信与数据交互功能的多功能电能表，除配置有红外和 RS485 通信接口外，单相智能电能表还具备载波通信模块与微功率无线通信模块的互换功能，三相智能电能表还具备载波通信模块、微功率无线通信模块、无线公网通信模块的互换功能。

智能电能表的原理结构主要由电压、电流采样，计量，主控制器，实时时钟，人机接口，通信和电源等模块组成，如图 6-20 所示。

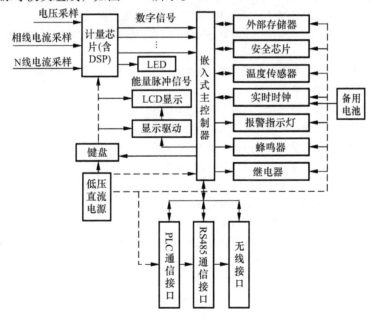

图 6-20 智能电能表的结构框图

采样电路将电压、电流信号进行滤波、抗混叠处理，经计量电路进行 A-D 转换、芯片内部的数字信号处理（DSP）计算出各种有效值、瞬时值、频率和电能量等参数。主控制器电路完成对计量芯片数据的读取和事件记录，并响应人机接口的输入；实时时钟电路实现全温度范围内的高精度计时；外部存储器保证掉电后数据不丢失；安全芯片保存电费、用电量等重要数据，以防止被人为修改。

人机接口电路包括键盘和显示器，完成电能表和监控系统的各项交互功能；液晶显示器（LCD）显示用户的各项查询数据和各种提示信息。通信电路通过 RS485、电力线载波（PLC）或无线网络将智能电能表采集的数据传输至台区集中器，也可接收集中器发出的指令，实现信息的双向互动。

以上各部分硬件电路的工作电源均由电源部分提供，另外实时时钟芯片还有备用电池作为备用电源，以维持时钟芯片内部时间的连续。在硬件的基础上，还需要相应的软件配合，实现各种具体功能。

思考题与习题

6-1　什么是供配电系统的二次接线？包括哪些回路？

6-2　什么是变配电所的操作电源？对其有何要求？常用的直流操作电源有哪几种？有何特点？常用的交流操作电源有哪几种？有何特点？

6-3　对电气测量仪表有何要求？变配电装置中各部分仪表的配置有何规定？

6-4　为什么在中性点非有效接地的系统中，变电所 10kV 每段母线上还应装设绝缘监视装置？

6-5　对断路器的控制和信号回路有何基本要求？通常是如何满足的？

6-6　变配电所中有哪些信号？各起哪些作用？

6-7　试分析图 6-6 所示高压断路器基本的控制和储能回路的工作原理。

6-8　高压断路器控制回路中合闸闭锁的目的是什么？

6-9　如何实现对断路器控制回路的电源监视及跳、合闸回路的完整性监视？

6-10　试分析图 6-9 和图 6-10 所示高压断路器采用微机保护测控装置监视的控制和信号回路的工作原理。

6-11　什么是配电自动化？配电自动化系统主要由哪些部分构成？应具有哪些基本功能？

6-12　配电自动化系统中有哪些通信方式？各适用于什么场合？

6-13　什么是馈线自动化？馈线自动化的实现模式有哪些？

6-14　简述变电所综合自动化系统的基本功能及发展趋势。

6-15　变电所综合自动化系统的结构形式有哪些？它具有什么特点？

6-16　备用电源自动投入装置和自动重合闸装置有何作用？

6-17　简述电能信息采集与管理系统的构成及功能。

6-18　什么是电能信息采集终端？按使用场所分为哪几种？

6-19　电能信息采集与管理系统的通信网络有哪些？

6-20　多功能电能表与智能电能表在功能配置和通信接口上有哪些异同？

参 考 文 献

[1]　莫岳平，翁双安. 供配电工程 [M]. 北京：机械工业出版社，2011.

[2]　中国电力企业联合会. DL/T 5044—2014 电力工程直流系统设计技术规程 [S]. 北京：中国电力出版社，2015.

[3]　中国电力企业联合会. GB/T 50063—2017 电力装置的电测量仪表装置设计规范 [S]. 北京：中国计划出版社，2017.

[4]　中国电力企业联合会. DL/T 5136—2012 火力发电厂、变电站二次接线设计技术规程 [S]. 北京：中国计划出版社，2013.

[5]　中国电力企业联合会. DL/T1406—2015 配电自动化技术导则 [S]. 北京：中国电力出版社，2015.

［6］　中国电力企业联合会. DL/T 814—2013　配电自动化系统技术规范［S］. 北京：中国电力出版社，2014.

［7］　中国电力企业联合会. DL/T 5103—2012 35kV～220kV 无人值班变电站设计规程［S］. 北京：中国计划出版社，2012.

［8］　刘振亚. 国家电网公司输变电工程通用设计 110（66）～500kV 变电站分册（2011 年版）［M］. 北京：中国电力出版社，2011.

［9］　中国电力企业联合会. GB/T 30155—2013　智能变电站技术导则［S］. 北京：中国标准出版社，2014.

［10］　中国电力企业联合会. DL/T 698.1—2009 电能信息采集与管理系统　第 1 部分　总则［S］. 北京：中国电力出版社，2010

［11］　中国电力企业联合会. DL/T 698.31—2010 电能信息采集与管理系统　第 3-1 部分：电能信息采集终端技术规范通用要求［S］. 北京：中国电力出版社，2010.

第七章 电线电缆的选择与敷设

第一节 概　　述

一、电线电缆的分类与结构

电线电缆（electric wire and cable）是指用以传输电能、信息或实现电磁能转换的线材产品。在供配电系统中，传输电能用的电线电缆产品有裸导体、电力电缆、绝缘电线、封闭母线（母线槽）等。

（一）裸导体

裸导体（bare conductor）指没有绝缘层的导体，其中包括铜、铝、钢等各种金属和复合金属圆单线、各种结构的架空输电线用的绞线、软接线、型线材等。

裸绞线（铜绞线 TJ、铝绞线 LJ、钢芯铝绞线 LGJ 等）主要用于架空线路。架空线路（overhead line）是用杆塔、绝缘子将导线架设于地面上的电力线路。城市中低压架空线路的导体因安全、防污等原因也有的采用绝缘导线或绝缘电缆。架空线路的特点是投资省、易维护，但不美观、占空间，受气候条件和周围环境影响大，安全性可靠性不高。架空线路主要用于电力系统的输电网和城市郊区及农村配电网，工业与民用建筑供配电工程中已较少采用。

裸型线材属于硬导体，其截面形状有管形、矩形及其他异形。配电装置中的汇流母线就是采用的硬导体，利用支柱绝缘子或绝缘夹具固定并对地绝缘。

接地系统与等电位联结导体也多采用裸导体。

（二）电力电缆

电缆（cable）是具有外护层并且可能有填充、绝缘和保护材料的一个或多个导体的组合体。用以传输和分配电能的电缆产品称为电力电缆（power cable），其中包括 1~330kV 及以上各种电压等级、各种绝缘的电缆。

1. 电力电缆的应用

地下电缆（underground cable）是由直接埋在地下或敷设在地下电缆沟、槽或管道内的电缆组成的电力线路。地下电缆的建设费用一般高于架空线路，但在一些特殊情况下，它能完成架空线不易或甚至无法完成的任务，例如跨越大江、大河或海峡的输电，以及直接将超高压线路引进城市和工业区中心等。与架空线相比，地下电缆具有美观、占地少，基本不占地面以上空间，传输性能稳定，可靠性高等优点，因此，电力电缆常用于城市的地下电网、发电厂的引出线回路、变配电所的进出线回路、工业与民用建筑内部配电线路，以及过江、过海峡等的水下输电线路。

2. 电力电缆的结构

电力电缆的结构主要包括导体、屏蔽层、绝缘层和包覆层及各种部件，如图 7-1 所示。

电缆线路中还必须配置各种中间连接盒和终端等附件。

导体通常采用多股铜绞线制成，根据电缆中导体的数目多少，电缆可分为单芯、三芯、四芯和五芯等种类。单芯电缆的导体截面为圆形，三芯、四芯、五芯电缆的导体截面通常为扇形或腰圆形。

屏蔽层主要用于 6kV 级及以上产品，它是能够将电场控制在绝缘内部，同时能够使得绝缘界面处表面光滑，并借此消除界面处空隙的导电层（通常接地）。

电缆的绝缘层用来使导体与导体间及导体与保护层之间相互绝缘。一般电缆的绝缘层包括芯绝缘与带绝缘两部分，芯绝缘层包裹着导体芯；带绝缘层包裹着全部导体，空隙处填以充填物。

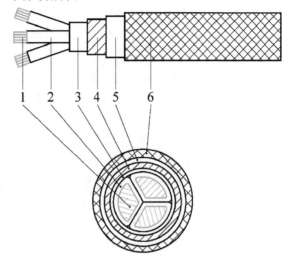

图 7-1　电缆结构示意图
1—导体　2—芯绝缘层　3—带绝缘层　4—护套层
5—铠装层（可选）　6—外护套层

电缆的包覆层用来包覆绝缘物及芯线，分为内保护层和外保护层。内保护层用来增加电缆绝缘的耐压作用，并且防水、防潮。外保护层由衬垫层、铠装层（钢带、钢丝）及外被层组成，其作用是防止电缆在运输、敷设和检修过程中受到外界的机械力作用。

3. 预分支电缆

预分支电缆（cable with prefabricated branches）是由工厂预制成完整连续的成套电缆，在主干电缆规定部位及其要求，将主干电缆和分支电缆的导体，通过铜或铜合金管压缩连接，并进行完整的绝缘处理。垂直敷设时，其上端具有合适的起吊装置；水平敷设时，牵引构件可任选。起吊装置或牵引机构处的电缆端也应有完整的绝缘处理。预分支电缆在电缆生产厂家制作，全部过程都在车间内用专用设备加工，因此可靠性较高。

预分支电缆有单芯和多芯拧绞型两类。在敷设条件不受限制时，宜优先选用单芯电缆。预分支电缆适用于低压配电系统采用树干式接线、分支部位有规律分布且固定不变的场合，如用于高层民用建筑电气竖井的垂直配电干线、隧道、机场、桥梁、公路等照明配电干线等。

（三）绝缘电线

绝缘电线（insulated wire）是导体及其绝缘层、屏蔽层（如具有时）的组合体。具有护套层的绝缘电线称为护套绝缘电线。绝缘电线大量应用于低压配电线路及接至用电设备的末端线路。

（四）封闭母线（母线槽）

高压系统应用的金属封闭母线（metal-enclosed busbar）是用金属外壳将导体连同绝缘等封闭起来的组合体。封闭母线包括离相封闭母线、共箱（含共箱隔相）封闭母线和电缆母线，广泛用于发电机出线、变压器出线、高压开关柜母线联络及其他输配电回路。低压配电系统常用的封闭式母线干线，其结构是三相四线制母线封闭在走线槽或类似的壳体内，并由

207

绝缘材料支撑或隔开，故又称为母线槽（busway）。

母线槽按绝缘方式分有密集绝缘、空气绝缘和空气附加绝缘三种。密集绝缘母线槽（closed insulated busway）将裸母线用绝缘材料覆盖后，紧贴通道壳体放置，有较好的热传导和动稳定性，大电流母线槽推荐首选密集绝缘式。空气绝缘母线槽（air insulated busway）将母线用绝缘垫块支撑在壳体内，靠空气介质绝缘，并经过型式试验，价格低廉，绝缘不易老化，但散热性能不如密集绝缘好，阻抗较大。空气附加绝缘母线槽（air extreme insulated busway）将裸母线用绝缘材料覆盖后，再用绝缘垫块支撑在壳体内，类同于但优于空气绝缘母线槽。

母线槽按功能分有馈电式、插接式和滑接式三种。馈电式母线槽由各种不带分接装置（无插口）的母线干线电源组成，它用来将电能直接从供电电源传输到配电中心，常用于发电机或变压器与开关柜的连接线路，或者开关柜之间的连接线路；插接式母线槽由带分接装置的母线干线单元和分接单元（插接箱）组成，它用来传输电能并可引出电源支路；滑接式母线槽允许使用滚轮型或滑触型分接单元，用于移动设备的供电，如行车、电动葫芦和生产线上。

母线槽按外壳形式分有表面喷涂钢板式、铝合金外壳式等。表面喷涂钢板式加工容易、成本较低，应用较广；铝合金外壳式内部结构为密集绝缘式，尺寸小、重量轻、装配精度高，可适合在室内外使用，而且其外壳可作 PE 导体使用。一般母线槽防护等级为 IP3X ~ IP4X，防护式母线槽防护等级则为 IP52 ~ IP55，适用于室内；高防护式母线槽防护等级为 IP63 ~ IP66，适用于室内外有凝露或有水冲击的场合。

母线槽按防火要求分为普通型和耐火型两种。普通型母线槽用于一般场所；耐火型母线槽在火灾情况下的一定时间内仍能保持正常运行特性，其规定的试验条件同耐火电缆，有逐步被矿物绝缘电缆所代替的趋势。

二、电线电缆的绝缘材料及护套

（一）普通电线电缆

普通电线电缆所用的绝缘材料一般有聚氯乙烯（PVC）、交联聚乙烯（XLPE）、橡胶等。

聚氯乙烯绝缘电线电缆的优点是制造工艺简便、重量轻、弯曲性能好，耐油、耐酸碱腐蚀，价格便宜；其缺点是对气候适应性差，低温时变硬发脆。普通聚氯乙烯显然有一定的阻燃性，但在燃烧时会释放有毒烟气，故对于需要满足在着火燃烧时的低烟、低毒要求的场合，如地下客运设施、地下商业区、高层建筑和特殊重要公共设施等人流较密集场合，或者重要性高的厂房，不宜采用聚氯乙烯绝缘或护套类电线、电缆，而应采用低烟低卤或无卤的阻燃电线电缆。聚氯乙烯绝缘电线电缆主要用于 1kV 及以下低压线路。

交联聚乙烯绝缘电线电缆介质损耗低、性能优良、结构简单、制造方便，外径小、重量轻、载流量大（耐热性能优于聚氯乙烯）、敷设方便，因而应用广泛。普通的交联聚乙烯不含卤元素，虽不具备阻燃性能，但在燃烧时不会产生大量毒气及烟雾，用它制造的电线电缆称为"清洁电线电缆"。交联聚乙烯对紫外线照射较敏感，通常采用聚氯乙烯绝缘护套。在一般工程中，在室内正常条件下，可优先选用交联聚乙烯绝缘电力电缆和电线。

橡皮绝缘电缆弯曲性能较好，能够在严寒气候下敷设，特别适用于水平高差大和垂直敷设的场合。普通橡胶耐热性能差，允许运行温度较低，故对于高温环境又有柔软性要求的回路，宜选用乙丙橡胶绝缘电缆。乙丙橡胶（EPR）具有耐氧、耐臭氧的稳定性和局部放电的稳定性，也具有优异的耐寒特性；此外，还具有优良的抗风化和光照的稳定性。特别是它不含卤元素，又有阻燃性，采用氯磺化乙烯护套的乙丙橡胶绝缘电缆，适用于要求阻燃的场所。

附录表 28 列出了常用电气绝缘材料的耐热分级及其极限温度。

（二）阻燃电线电缆

电线电缆的阻燃性（flame retardancy）是指在规定试验条件下，试样被燃烧，在撤去火源后，火焰的蔓延仅在限定范围内，且残焰和残灼能在限定时间内自行熄灭的特性。具有阻燃性的电线电缆称为阻燃电线电缆。

阻燃电线电缆的阻燃等级从高到低分为 A、B、C、D 四级。可根据要求进行选择，其中 D 级标准仅适用于绝缘电线。

阻燃电缆（flame retardant cable）燃烧时烟气特性可分为一般阻燃型、低烟低卤阻燃型、无卤阻燃型三类。一般阻燃电缆含卤元素，虽阻燃性能好价格又低廉，但燃烧时烟雾浓、酸雾及毒气大。无卤阻燃电缆烟少、毒低、无酸雾，但阻燃性能较差，大多为 C 级，而价格比一般阻燃电缆贵。

对于需要高阻燃等级、低烟低毒的场合，可采用聚氯乙烯或交联聚乙烯绝缘的隔氧层电缆，或采用聚烯烃绝缘、阻燃玻璃纤维填充、辐照交联聚烯烃护套的低烟无卤电缆，阻燃等级可达 A 级。

对一类高层建筑以及重要的公共场所等防火要求高的建筑物，应采用阻燃低烟无卤交联聚乙烯绝缘电力电线电缆或无烟无卤电力电线电缆。

（三）耐火电线电缆

电线电缆的耐火性（fire resistance）是指在规定试验条件下，试样在火焰中被燃烧一定时间内能保持正常运行的性能。具有耐火性的电线电缆称为耐火电线电缆。

耐火电缆（fire resistant cable）按绝缘材质可分为有机型和无机型两种。有机型主要采用耐高温 800℃ 的云母带作为耐火层，外部采用聚氯乙烯或交联聚乙烯绝缘。无机型是矿物绝缘电缆，采用氧化镁绝缘、铜管护套，除了耐火性外，还有较好的耐喷淋及耐机械撞击性能；它允许在 250℃ 的高温下长期正常工作，适合在冶金工业中应用。矿物绝缘电缆须防潮气侵入，必须配用各类专用接头及附件，施工要求也极严格。耐火电缆价格很高，且施工较困难，应严格控制其使用范围。

耐火电线电缆主要用于在火灾时仍需保持正常运行的线路，如工业及民用建筑的消防系统、应急照明系统、救生系统、火灾报警及重要的监测回路等。

第二节　配电线路电压损失的计算

由于配电线路存在阻抗，所以线路导体通过电流时就会产生电压损失。按规定，高压配电线路的电压损失，一般不超过线路标称电压的 5%；从变压器低压侧母线到用电设备受电端的低压配电线路的电压损失，一般不超过用电设备额定电压的 5%。如果线路的电压损失超过了允许值，将导致供电电压偏差超过标准规定的允许值（参见第十章）。

必须指出，配电线路的电压损失（voltage loss）［也称电压降（voltage drop）］是指配电线路始端电压与末端电压的代数差值，而不是两者电压的相量差值。另外，为简化计算，忽略线路分布电容形成的电纳，并假设各相电抗相等。

一、一个集中负荷线路的电压损失

带一个集中负荷的三相线路如图 7-2 所示，设每相电流有效值为 $I(\text{A})$，线路带负荷时的电阻为 $R(\Omega)$，电抗为 $X(\Omega)$，线路线电压为 $U_n(\text{kV})$，则每相电压损失（V）为

$$\Delta U_{ph} = U_A - U_B = \overline{ad} \approx \overline{ab} = \overline{ac} + \overline{cb} = I(R\cos\varphi + X\sin\varphi)$$

线电压损失为

$$\Delta U = \sqrt{3}I(R\cos\varphi + X\sin\varphi)$$

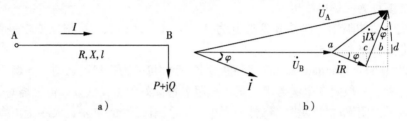

图 7-2　带一个集中负荷的三相线路
a）单线电路图　b）电压、电流相量图

在线路末端三相负载功率用有功 $P(\text{kW})$ 表示时，有 $P = \sqrt{3}U_n I\cos\varphi$，则

$$\Delta U = \frac{P}{U_n\cos\varphi}(R\cos\varphi + X\sin\varphi) = \frac{PR}{U_n} + \frac{QX}{U_n} = \frac{1}{U_n}(PR + QX)$$

式中　φ——负载的功率因数角；

P、Q——负载的有功功率（kW）、无功功率（kvar）。

电压损失的百分值为

$$\Delta U\% = \frac{\Delta U}{U_n} \times 100 \tag{7-1}$$

工程上负载有功以 kW 表示，无功以 kvar 表示，电压以 kV 表示时，电压损失的百分值为

$$\Delta U\% = \frac{1}{10U_n^2}(PR + QX) \tag{7-2}$$

上式也可变换为

$$\Delta U\% = \frac{\sqrt{3}}{10U_n}(RI\cos\varphi + XI\sin\varphi)$$

$$= \frac{\sqrt{3}}{10U_n}(r\cos\varphi + x\sin\varphi)Il = \Delta u_I\% Il \tag{7-3}$$

或　　　　　　$$\Delta U\% = \frac{1}{10U_n^2}(PR + QX) = \frac{r + x\tan\varphi}{10U_n^2}Pl = \Delta u_P\% Pl \tag{7-4}$$

式中　$\Delta u_I\%$、$\Delta u_P\%$——线路单位长度输送单位容量（A 或 kW）负荷的电压损失百分数，它与线路电压等级、线路阻抗及线路负荷功率因数有关，在设计

手册中，通常将 $\Delta u_\mathrm{I}\%$、$\Delta u_\mathrm{P}\%$ 预先计算出来制成表格，以方便工程设计查用。

二、带多个集中负荷线路的电压损失

带两个集中负荷的三相线路如图 7-3 所示。当已知负载功率、线路电阻、电抗及额定电压时，各段线路的电压损失就可以计算出来，然后将它们相加就得到线路全长的电压损失。

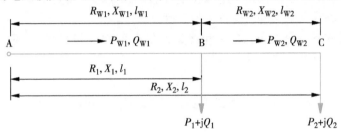

图 7-3　带两个集中负荷的三相线路

线段功率可由下述关系求得：
$$P_\mathrm{W1} = P_1 + P_2 ;\quad Q_\mathrm{W1} = Q_1 + Q_2 ;\quad P_\mathrm{W2} = P_2 ;\quad Q_\mathrm{W2} = Q_2$$

线路各段的电压损失为
$$\Delta U_1 = \frac{P_\mathrm{W1} R_\mathrm{W1}}{U_\mathrm{n}} + \frac{Q_\mathrm{W1} X_\mathrm{W1}}{U_\mathrm{n}} ;\quad \Delta U_2 = \frac{P_\mathrm{W2} R_\mathrm{W2}}{U_\mathrm{n}} + \frac{Q_\mathrm{W2} X_\mathrm{W2}}{U_\mathrm{n}}$$

线路全长的电压损失为
$$\Delta U = \Delta U_1 + \Delta U_2 = \frac{P_\mathrm{W1} R_\mathrm{W1}}{U_\mathrm{n}} + \frac{Q_\mathrm{W1} X_\mathrm{W1}}{U_\mathrm{n}} + \frac{P_\mathrm{W2} R_\mathrm{W2}}{U_\mathrm{n}} + \frac{Q_\mathrm{W2} X_\mathrm{W2}}{U_\mathrm{n}}$$

同理，如有 n 段负载线路时，可计算总的电压损失：
$$\Delta U = \sum_{i=1}^{n} \Delta U_i = \sum_{i=1}^{n} \left(\frac{P_{\mathrm{W}i} R_{\mathrm{W}i}}{U_\mathrm{n}} + \frac{Q_{\mathrm{W}i} X_{\mathrm{W}i}}{U_\mathrm{n}} \right)$$

电压损失的百分值为
$$\Delta U\% = \frac{1}{10 U_\mathrm{n}^2} \sum_{i=1}^{n} \left(P_{\mathrm{W}i} R_{\mathrm{W}i} + Q_{\mathrm{W}i} X_{\mathrm{W}i} \right) \tag{7-5}$$

式中　$R_{\mathrm{W}i}$、$X_{\mathrm{W}i}$——各段线路的电阻、电抗值（Ω）；

$\quad\quad$ $P_{\mathrm{W}i}$、$Q_{\mathrm{W}i}$——各段线路的有功功率（kW）、无功功率（kvar）。

式（7-5）是利用线段功率计算电压损失百分值的方法，比较适于各段线路导线截面或类型结构不相同时的线路电压损失计算。

若以各负载功率来计算，则通过简单换算，就可得到线路全长的电压损失为
$$\Delta U = \sum_{i=1}^{n} \left(\frac{P_i R_i}{U_\mathrm{n}} + \frac{Q_i X_i}{U_\mathrm{n}} \right)$$

电压损失的百分值为
$$\Delta U\% = \frac{1}{10 U_\mathrm{n}^2} \sum_{i=1}^{n} \left(P_i R_i + Q_i X_i \right) \tag{7-6}$$

式中 R_i、X_i——由各负载点至供电首端部分线路的电阻、电抗值（Ω）;

P_i、Q_i——各负载的有功功率（kvar）、无功功率（kW）。

若线路全长采用同一截面积的电线或电缆，则式（7-6）可变换为

$$\Delta U\% = \frac{1}{10U_n^2}\left(r\sum_{i=1}^n P_i l_i + x\sum_{i=1}^n Q_i l_i \right) \tag{7-7}$$

式中 r、x——电线电缆单位长度的电阻及电抗值（Ω/km），可查附录表13;

l_i——各负载点至供电线路首端的长度（km）。

可以证明，带有均匀分布负荷的三相线路，在计算其电压损失时，可将其分布负荷集中于分布线段的中点，按集中负荷来计算。

第三节　电线电缆导体截面积的选择

一、导体截面积选择的条件

为了保证供配电线路安全、可靠、优质、经济地运行，供配电系统的电线电缆导体截面积选择必须满足下列条件：

1. 发热条件（允许温升条件）

电线电缆导体在通过正常最大负荷电流（即计算电流）时产生的发热温度，不应超过其正常运行时的最高允许温度。

2. 电压损失条件

电线电缆导体在通过正常最大负荷电流（即线路计算电流）时产生的电压损失，不应超过正常运行时允许的电压损失。对于用户内部较短的高压线路，可不进行电压损失校验。

3. 短路热稳定条件

对于绝缘电线电缆和母线，应校验其短路热稳定性。架空裸电线因其散热性很好，可不作短路热稳定校验。

4. 经济电流条件

10kV 及以下电力电缆除应符合上述 1~3 项的要求外，还应按经济电流条件选择导体截面积。所谓经济电流是按电缆的初始投资与使用寿命期间的运行费用综合经济的原则确定的工作电流（范围）。

5. 机械强度条件

裸电线和绝缘电线的截面积应不小于其最小允许截面积，如附录表 29、附录表 30 所列。对于多芯电力电缆导体的最小截面积，铜导体不宜小于 2.5mm^2，铝导体不宜小于 4mm^2。

此外，低压电线电缆导体截面积还应满足过负荷保护配合的要求；TN 系统中导体截面积的大小还应保证间接接触防护电器能可靠断开电路（见第八章）。

根据设计经验，对一般负荷电流较大的低压配电线路，通常先按发热条件选择导体截面积，然后再校验电压损失、机械强度、短路热稳定等条件；对负荷电流不大而配电距离较长的线路，通常先按电压损失条件选择导体截面积，然后再校验发热条件、机械强度、短路热稳定等条件；对给变压器供电的高压进线以及变电所所用电电源线路，因短路容量较大而负

荷电流较小，一般先按短路热稳定条件选择导体截面积，然后再校验发热条件；当电缆线路负荷较大和年最大负荷利用小时数大时，宜按经济电流密度条件校核导体截面积。按上述经验进行选择计算，比较容易满足要求，较少返工。

二、按发热条件选择电线电缆的导体截面积

电流通过导体时，要产生能耗，使导体发热。裸导线的温度过高时，会使接头处氧化加剧，增大接触电阻，使之进一步氧化，如此恶性循环，最后可发展到断线。而绝缘导线和电缆的温度过高时，可使绝缘加速老化甚至烧毁，或引起火灾。因此，导体的正常发热温度不得超过附录表 31、附录表 32 所列的正常额定负荷时的最高允许温度。

按发热条件选择三相系统中的线导体截面积时，应使其允许载流量 I_{al} 大于通过线导体的计算电流 I_c，即

$$I_{al} > I_c \tag{7-8}$$

所谓电线电缆的允许载流量，就是在规定的环境温度条件下，电线电缆导体能够连续承受而不致使其稳态温度超过允许值的最大电流。这里所说的"环境温度"，是按发热条件选择电线电缆导体截面积的一种特定温度，如附录表 33 所列。

电线电缆的允许载流量可查附录表 34 ~ 附录表 42。如果电线电缆敷设地点的环境温度与电线电缆允许载流量所采用的环境温度不同时，或当有多根电线电缆并列敷设时，导体的散热将会受到影响，此时电线电缆的实际载流量应乘以一个校正系数，见附录表 43 ~ 51。

按发热条件选择导体所用的计算电流 I_c，对配电变压器高压侧的导体，应取为变压器额定一次电流 $I_{1r.T}$。对电容器的引入线，由于电容器充电时有较大的涌流，因此其计算电流 I_c 应取为电容器额定电流 $I_{r.C}$ 的 1.35 倍。

三、按短路热稳定条件选择电线电缆的导体截面积

短路电流通过绝缘电线和电缆时，产生的热效应若使其温度过高，将导致绝缘加速老化甚至烧毁，或引起火灾。因此，导体的最高温度不得超过附录表 31、附录表 32 所列的短路时的最高允许温度。

1. 高压绝缘电线和电缆的短路热稳定条件

对于高压绝缘电线和电缆，满足短路热稳定的等效条件是

$$S \geqslant S_{min} = \frac{\sqrt{Q_t}}{K} \times 10^3 \tag{7-9}$$

式中　S——导体截面积（mm^2）；

S_{min}——满足热稳定的最小允许截面积（mm^2）；

K——导体的热稳定系数，取决于导体的物理特性，如电阻率、导热能力、热容量以及绝缘材料的耐热特性，可查附录表 31；

Q_t——短路电流在导体中引起的热效应，按式（4-38）或式（4-39）计算。

计算短路电流热效应时，短路点应选取在通过回路最大短路电流可能发生处，如绝缘电线和电缆线路中间分支或接头处。对于电动机等馈线的电缆，应取主保护动作时间来计算。当主保护有死区时，应取对该死区起作用的后备保护动作时间，并应采用相应的短路电流值计算。对于其他电缆，宜取后备保护动作时间，并应采用相应的短路电流值来计算。

2. 低压绝缘电线和电缆的短路热稳定条件

1）当短路持续时间大于0.1s但不大于5s时，导体满足短路热稳定的等效条件是

$$S \geqslant \frac{I_k}{K}\sqrt{t} \tag{7-10}$$

式中　S——低压绝缘电线或电缆的导体截面积（mm^2）；

　　　I_k——低压短路电流交流分量有效值（A）；

　　　K——不同绝缘材料铜导体的热稳定系数，见附录表32；

　　　t——短路电流持续时间（s），根据低压保护电器的动作特性确定（见第八章）。

2）当短路持续时间小于0.1s时，短路电流的直流分量对发热起重要影响，而对于限流保护电器而言，导体满足短路热稳定的等效条件是：

$$K^2S^2 > I^2t \tag{7-11}$$

式中　I^2t——保护电器允许通过的能量，由保护电器制造厂家提供或取自标准值。

例7-1　某用户10/0.38kV变电所计算负荷为 $P = 2400kW$，$Q = 1100kvar$，距离上级地区变电所3km，拟采用 YJV_{22}-8.7/10型3芯电缆直埋敷设供电。已知用户变电所10kV母线处三相短路电流为 $I''_{k3} = 13.5kA$，高压进线过电流保护动作时间为0.8s，断路器全开断时间为0.1s，线路全长允许电压损失为5%。试选择该用户高压进线电缆的导体截面积。

解：（1）先按短路热稳定条件选择电缆导体截面积

查附录表31，YJV_{22}-8.7/10型电缆热稳定系数 $K = 137A \cdot \sqrt{s}/mm^2$，热稳定的最小允许截面积按式（7-9）要求为

$$S_{min} = \frac{\sqrt{I''^2_{k3}(t_k + 0.05)}}{K} \times 10^3 = \frac{\sqrt{(13.5kA)^2 \times (0.9 + 0.05)s}}{137A \cdot \sqrt{s}/mm^2} \times 10^3 = 96mm^2$$

初选高压电缆的导体截面积为 $120mm^2$。

（2）按发热条件进行校验

线路计算电流为

$$I_c = \frac{\sqrt{P^2 + Q^2}}{\sqrt{3}U_n} = \frac{\sqrt{(2400kW)^2 + (1100kvar)^2}}{\sqrt{3} \times 10kV} = 152.4A$$

已知电缆直埋/穿管埋地0.8m，环境温度为25℃，查附录表40得电缆载流量为228A。设同一路径有2根电缆有间距并列敷设，根据附录表47校正，电缆实际载流量为 $I_{al} = 228A \times 0.9 = 205.2A > I_c$，所选电缆的导体截面积满足发热条件。

（3）按电压损失条件进行校验

查附录表13，得 YJV_{22}-8.7/10 – 3 × 120型电缆的 $r = 0.181\Omega/km$，$x = 0.095\Omega/km$。将参数代入式（7-7）可得

$$\Delta U\% = \frac{1}{10U_n^2}(Prl + Qxl)$$

$$= \frac{1}{10 \times (10kV)^2}(2400 \ kW \times 0.181\Omega/km \times 3km + 1100kvar \times 0.095\Omega/km \times 3km)$$

$$= 1.62 < 5$$

因此，所选电缆的导体截面积也满足电压损失要求。

例7-2　某220/380V的TN-C线路全长150m，距线路首端100m处接有一个集中负荷，最大负荷为50kW + j40kvar。线路末端接有一个集中负荷，最大负荷为60kW + j 50kvar。线路采用YJV$_{22}$-0.6/1型四芯等截面积铜芯交联聚乙烯绝缘钢带铠装聚氯乙烯护套电力电缆穿管埋地敷设，环境温度为20℃，允许电压损失为5%。已知线路分支处三相短路电流为10kA，线路首端安装的低压断路器短延时过电流脱扣器动作时间为0.2s。试选择电缆的导体截面积。

解：（1）先按发热条件选择电缆的导体截面积

线路的计算电流为

$$I_c = \frac{\sqrt{(P_1 + P_2)^2 + (Q_1 + Q_2)^2}}{\sqrt{3} U_n}$$

$$= \frac{\sqrt{(50kW + 60kW)^2 + (40kvar + 50kvar)^2}}{\sqrt{3} \times 0.38kV}$$

$$= 215.9A$$

查附录表39，得截面积150mm^{2}的电缆在20℃的载流量为271A，设同一路径有3根电缆有间距并列敷设，根据附录表48校正，电缆实际载流量为$I_{al} = 271A \times 0.85 = 230.4A$，大于215.9A，因此，选择YJV$_{22}$-0.6/1 - 4 ×150型电缆。

（2）按电压损失条件进行校验

查附录表13，得YJV$_{22}$-0.6/1 - 4 ×150型电缆的$r = 0.145\Omega/km$，$x = 0.077\Omega/km$。将参数代入式（7-7）可得

$$\Delta U\% = \frac{r(P_1 l_1 + P_2 l_2) + x(Q_1 l_1 + Q_2 l_2)}{10 U_n^2}$$

$$= \frac{0.145\Omega/km \times (50kW \times 0.1km + 60kW \times 0.15km) + 0.077\Omega/km \times (40kvar \times 0.1km + 50kvar \times 0.15km)}{10 \times (0.38kV)^2}$$

$$= 2.02 < 5$$

因此，所选电缆的导体截面积满足电压损失要求。

（3）按短路热稳定条件进行校验

查附录表32，YJV$_{22}$-0.6/1型电缆热稳定系数$K = 143A \cdot \sqrt{s}/mm^2$，热稳定最小允许截面积按式（7-10）校验为

$$S_{min} = \frac{I_k \sqrt{t}}{K} = \frac{10kA \times 10^3 \times \sqrt{0.2s}}{143A \cdot \sqrt{s}/mm^2} = 31.3mm^2 < 150mm^2$$

因此，所选电缆的导体截面积也满足热稳定要求。

四、先按电压损失条件选择电线电缆的导体截面积

当先按电压损失条件选择电线电缆的导体截面积时，由于截面积未知，故有两个未知数，即导体的电阻和电抗。由于导体电抗随截面积变化的幅度不大，可取其平均单位长度电抗值x进行选择计算。

设线路的允许电压损失为$\Delta U_{al}\%$，则由式（7-7）可得

$$\frac{1}{10U_{\mathrm{n}}^2}\left(r\sum_{i=1}^n P_i l_i + x\sum_{i=1}^n Q_i l_i\right) \le \Delta U_{\mathrm{al}}\% \tag{7-12}$$

对 10kV 架空线路可取 $x = 0.35\Omega/\mathrm{km}$，对 10kV 电力电缆可取 $x = 0.10\Omega/\mathrm{km}$，对 1kV 电力电缆可取 $x = 0.07\Omega/\mathrm{km}$。因此可由上式求出单位长度的电阻值 r

$$r \le \frac{1}{\sum_{i=1}^n P_i l_i}\left(10U_{\mathrm{n}}^2 \Delta U_{\mathrm{al}}\% - x\sum_{i=1}^n Q_i l_i\right)$$

于是，可导出满足电压损失要求的导体截面积 S：

$$S \ge \frac{\rho}{r}$$

式中 ρ——导体材料电阻率的计算值，铜取 18.8，铝取 31.7，单位为 $\Omega \cdot \mathrm{m} \times 10^{-9}$。

根据上式所得 S 值选出导体的标称截面积后，再根据线路布置情况得实际 r 和 x，代入式（7-12）进行校验。若不符合要求，可重新试选并校验。

例 7-3 设有一回 10kV LJ 型架空线路向两个负荷点供电，线路长度和负荷情况如图 7-4 所示。已知架空线路线间几何均距为 1m，空气中最高温度为 40℃，允许电压损失 $\Delta U_{\mathrm{al}}\% = 5$，试选择导体截面积。

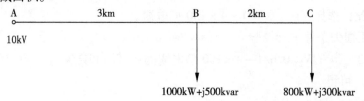

图 7-4 例 7-3 的线路

解 （1）先按电压损失条件选择导体截面积

设线路 AB 段和 BC 段选取同一截面积的 LJ 型铝绞线，初取 $x = 0.35\Omega/\mathrm{km}$，则由式（7-7）有

$$\begin{aligned}
\Delta U_{\mathrm{AC}}\% &= \frac{r(P_1 l_1 + P_2 l_2) + x(Q_1 l_1 + Q_2 l_2)}{10U_{\mathrm{n}}^2} \\
&= \frac{r(1000\mathrm{kW}\times 3\mathrm{km} + 800\mathrm{kW}\times 5\mathrm{km}) + 0.35\Omega/\mathrm{km}\times(500\mathrm{kvar}\times 3\mathrm{km} + 300\mathrm{kvar}\times 5\mathrm{km})}{10\times(10\mathrm{kV})^2} \\
&\le 5
\end{aligned}$$

于是可得

$$r \le 0.564\Omega/\mathrm{km}$$

$$S \ge \frac{\rho}{r} = \frac{31.7}{0.564}\mathrm{mm}^2 = 56.2\ \mathrm{mm}^2$$

选取 LJ-70 型铝绞线，查附录表 13 可得：$r = 0.46\Omega/\mathrm{km}$，$x = 0.344\Omega/\mathrm{km}$。将参数代入式（7-12）可得

$$\Delta U_{\mathrm{AC}}\% = 4.252 \le 5$$

可见，LJ-70 型铝绞线满足电压损失要求。

（2）按发热条件进行校验

导线最大负荷电流为 AB 段承载电流，其值为

$$I_{AB} = \frac{\sqrt{(P_1 + P_2)^2 + (Q_1 + Q_2)^2}}{\sqrt{3}U_n}$$

$$= \frac{\sqrt{(1000\text{kW} + 800\text{kW})^2 + (500\text{kvar} + 300\text{kvar})^2}}{\sqrt{3} \times 10\text{kV}}$$

$$= 114\text{A}$$

查附录表 42，得 LJ-70 型铝绞线在 40℃条件下载流量为 215A，大于导体最大负荷电流，满足发热条件。

（3）校验机械强度

查附录表 29，得 10kV 架空线路铝绞线的最小允许截面积为 35mm²，因此，所选 LJ-70 型铝绞线也是满足机械强度要求的。

五、按经济电流条件选择电缆的导体截面积

按载流量选择电缆的导体截面积时，只计算初始投资；按经济电流条件选择时，除计算初始投资外，还要考虑经济寿命期内导体电能损耗费用，二者之和（即电缆线路总费用）应最小。

图 7-5 是电缆线路总费用 C 与导体截面积 S 的关系曲线。其中曲线 1 表示电缆线路初始投资（即电缆主材、附件投资及施工费用之和）与导体截面积的关系曲线；曲线 2 表示电缆线路经济寿命期内的电能损耗费用与导体截面积的关系曲线；曲线 3 为曲线 1 与曲线 2 的叠加，表示电缆线路经济寿命期内的总费用与导体截面积的关系曲线。由曲线 3 可以看出，与总费用最小值 C_a（a 点）相对应的导体截

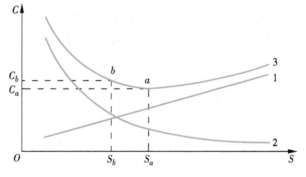

图 7-5　电缆线路总费用与导体截面积的关系曲线
C—总费用　S—导体截面积

面积 S_a 即经济截面积。因为 a 点附近曲线比较平坦，如果将导体截面积再选小一些，例如选为 S_b（b 点），总费用 C_b 增加不多，而导体截面积却显著减少。因此相对来说，$S_b \sim S_a$ 经济效益合理，所以经济电流通常是一个范围。

经济截面积 S_{ec} 的计算公式为

$$S_{ec} = I_c / j_{ec} \tag{7-13}$$

式中　I_c——电缆线路的计算电流（A）；

j_{ec}——电缆线路的经济电流密度（A/mm²），按照工程条件、电价、电缆成本、贴现率等计算确定，可查最新设计手册或相关技术标准。

按上式算出 S_{ec} 后，应选最接近的标准截面积（可取较小的标准截面积）。

217

六、低压配电系统中性导体、保护导体、保护中性导体截面积的选择

1. 中性导体（N 导体）截面积的选择

对单相两线制线路，由于其中性导体电流与线导体电流相等，因此中性导体应和线导体具有相同的截面积。

三相四线制线路中的中性导体，要通过不平衡电流或零序电流（$i_N = i_{L1} + i_{L2} + i_{L3}$），因此中性导体的允许载流量不应小于三相系统中的最大不平衡电流，同时应考虑谐波电流热效应的影响，尤其是各相三次谐波和 3 的奇数倍次谐波电流分量，由于其相位差为零，因而在中性导体中相互叠加。在这种情况下，由三次谐波引起的中性导体电流值可能超过工频线导体电流值。中性导体电流会对回路中电缆的载流量有显著影响。

对一般三相四线制线路，应符合下列规定：

1）线导体截面积不大于 16mm^2（铜）或 25mm^2（铝），中性导体应和线导体具有相同截面积。

2）线导体截面积大于 16mm^2（铜）或 25mm^2（铝），且满足以下全部条件，中性导体截面积可以小于线导体截面积（一般不小于线导体截面积的 50%）但不应小于 16mm^2（铜）或 25mm^2（铝）：

①在正常工作时，三相负荷均衡且谐波电流（三次和 3 的奇数倍次谐波）不超过线导体电流（基波）的 15%。

②中性导体已按规定进行了过电流保护。

对存在显著高次谐波的三相四线制线路，需考虑谐波电流的效应，中性导体截面积应不小于线导体截面积，如以气体放电灯为主的照明线路、变频调速设备、计算机及直流电源设备等的供电线路。而且，确定选择多芯电缆导体截面积的计算电流时，应符合下列规定：

1）当三次谐波电流含有率小于 33% 时，可按线导体电流选择导体截面积，但计算电流应除以表 7-1 中的校正系数（即导体载流量降低系数）。

2）当三次谐波电流含有率超过 33% 时，它引起的中性导体电流超过线导体电流。此时，应按中性导体电流选择导体截面积，计算电流同样除以表 7-1 中的校正系数。

表 7-1　4 芯和 5 芯电缆存在高次谐波的校正系数

线导体电流中三次谐波含有率（%）	校 正 系 数	
	按线导体电流选择导体截面积	按中性导体电流选择导体截面积
0 ~ 15	1.00	—
15 ~ 33	0.86	—
33 ~ 45	—	0.86
> 45	—	1.00

注：1. 三次谐波含有率（%）是指线导体中三次谐波电流（有效值）相对于线导体基波电流（有效值）的百分值。

　　2. 表中数据适用于中性导体与线导体等截面积的 4 芯或 5 芯电缆及穿管绝缘电线，以 3 芯电缆或 3 根电线穿管的载流量为基础，把整个回路的导体视为一个综合发热体考虑。

例 7-4 设有一条三相四线制线路，三相负荷平衡，线导体基波电流为 60A。当线路中含有 20%、40%、50% 三次谐波时，试确定中性导体和线导体载流量的最低要求。

解:

①当线路中含有 20% 三次谐波时，线导体电流 $I = \sqrt{60^2 + (60 \times 20\%)^2}\text{A} = 61.2\text{A}$。中性导体电流 $I_N = 60\text{A} \times 20\% \times 3 = 36\text{A}$，小于线导体电流。因此，可按线导体电流选择导体截面积。由于中性导体电流较大，中性导体的发热会导致线导体载流量下降，校正系数须采用 0.86，即计算电流为 $61.2\text{A}/0.86 = 71.2\text{A}$，中性导体和线导体载流量须大于 71.2A。

②当线路中含有 40% 三次谐波时，线导体电流 $I = \sqrt{60^2 + (60 \times 40\%)^2}\text{A} = 64.6\text{A}$。中性导体电流 $I_N = 60\text{A} \times 40\% \times 3 = 72\text{A}$，大于线导体电流。因此，应按中性导体电流选择导体截面积。由于线导体电流较大，线导体的发热会导致中性导体载流量下降，校正系数须采用 0.86，即计算电流为 $72\text{A}/0.86 = 83.7\text{A}$，中性导体和线导体载流量须大于 83.7A。

③当线路中含有 50% 三次谐波时，线导体电流 $I = \sqrt{60^2 + (60 \times 50\%)^2}\text{A} = 67.1\text{A}$。中性导体电流 $I_N = 60\text{A} \times 50\% \times 3 = 90\text{A}$，大于线导体电流。因此，应按中性导体电流选择导体截面积。考虑到三个线导体处于低负荷状态，线导体的发热量减少，抵消了中性导体产生的热量，因此，计算电流的校正系数可取 1。中性导体和线导体载流量只需大于 90A 即可。

依据 GB/T 16895.6—2014/IEC 60364-5-52：2009《低压电气装置　第 5-52 部分：电气设备的选择和安装　布线系统》规定，当线导体电流总谐波畸变率（三次和 3 的奇数倍次谐波）超过 33% 时，对多芯电缆，线导体截面积等于中性导体，此时按线导体电流的 1.45 倍选择导体截面积；对单芯电缆，则允许线导体截面积小于中性导体，只要求中性导体按线导体电流的 1.45 倍选择截面积。

2. 保护导体（PE 导体）截面积的选择

1）保护导体截面积要满足线路发生单相短路故障时的单相短路热稳定性和保护灵敏性的要求。当保护导体与线导体材质相同时，保护导体的最小截面积见表 7-2。若保护导体与线导体材质不同，保护导体截面积的确定要使其得出的电导与表 7-2 中保护导体截面积的电导相当。

表 7-2　保护导体（PE 导体）截面积的选择

线导体的截面积 S/mm^2	$S \leqslant 16$	$16 < S \leqslant 35$	$S > 35$
PE 导体的截面积/mm^2	S	16	$S/2$

2）电缆芯线以外的保护导体或与线导体不在同一外护物之内的保护导体，其截面积不应小于：有机械保护时，2.5mm^2（铜）或 16mm^2（铝）；无机械保护时，4mm^2（铜）或 16mm^2（铝）。

3）当两个或更多个回路共用一个保护导体时，对应于回路中的最大线导体截面积，按表 7-2 选择。

3. 保护接地中性导体（PEN 导体）截面积的选择

PEN 导体兼有 N 导体和 PE 导体的双重功能，因此，其截面积的选择应同时满足上述 N 导体和 PE 导体的要求，取其大者，且应符合下列规定：

1）采用多芯电缆的干线，其 PEN 导体截面积不应小于 4mm^2。

2）配电干线采用单芯电缆作 PEN 导体和电气装置中固定敷设的 PEN 导体，铜导体截面积不应小于 10mm^2，铝导体截面积不应小于 16mm^2。

需要注意的是，装置外可导电部分在电气连接的可靠性方面没有保证，严禁将其作为保护接地中性导体的一部分。

第四节　硬母线的选择

传输大电流的场合可采用硬母线。硬母线分为裸母线和封闭母线（母线槽）两大类。

一、裸母线截面积的选择

（一）按发热条件选择母线截面积

为保证母线的实际工作温度不超过允许值，按环境条件确定的母线载流量不应小于母线的计算电流。变压器高低压母线的计算电流宜分别取变压器高低压侧的额定电流。

涂漆矩形铜母线的载流量（交流）见附录表 41。开关柜内的环境温度可取 40℃。一般，高压开关柜内主母线的载流量宜与进线断路器的额定电流相当；变压器低压侧与低压开关柜主母线的载流量应考虑变压器的过载系数（一般取 1.2~1.3），但也不宜大于变压器低压侧额定电流的 1.5 倍。

变压器低压侧与低压开关柜内的 N 母线、PE 母线的截面积不应小于相母线截面积的一半。

（二）按短路动、热稳定校验截面积

（1）工厂成套的高低压开关柜内母线的短路动、热稳定校验　工厂成套的高低压开关柜内母线是经过短路动、热稳定试验的，其产品样本中会给出母线的额定峰值耐受电流、母线的额定短时耐受电流及耐受时间（高压柜为 4s、低压柜为 1s）。

母线的额定峰值耐受电流 i_{max} 应不小于安装地点的最大三相短路电流峰值 i_{p3}，即

$$i_{max} \geq i_{p3} \qquad (7\text{-}14)$$

母线的额定短时耐受电流 I_t 应满足条件

$$I_t^2 t \geq Q_t \qquad (7\text{-}15)$$

式中　Q_t——短路电流热效应，见第四章第四节。计算时，短路点取在母线第一个分支处，并宜取主保护动作时间。当主保护有死区时，应取对该死区起作用的后备保护动作时间，并应采用相应的短路电流值。

（2）现场安装的高低压配电母线的短路热稳定校验　现场安装的高低压配电母线的短路热稳定条件为

$$S \geq \frac{\sqrt{Q_t}}{K} \times 10^3 \qquad (7\text{-}16)$$

式中　S——母线的截面积（mm^2）；

K——母线的热稳定系数，见附录表 31。

（3）现场安装的高低压配电母线的短路动稳定校验　现场安装的高低压配电母线的短路动稳定条件为

$$\sigma_c \leq \sigma_{al} \qquad (7\text{-}17)$$

式中　σ_c——短路电流作用于母线的计算应力（Pa）；

σ_{al}——母线的最大允许应力（Pa），硬铜为 170MPa，硬铝为 120MPa。

当跨数大于 2 时，母线的应力 σ_c 为

$$\sigma_c = 1.73 K_f i_{p3}^2 \frac{l_c^2}{DW} \times 10^{-2} \qquad (7\text{-}18)$$

式中　K_f——矩形截面导体的形状系数，可从图 4-11 中查得；

　　　i_{p3}——母线的最大三相短路电流峰值（kA）；

　　　l_c——绝缘子间跨距（m）；

　　　D——相邻母线中心间距（m）；

　　　W——母线的截面系数（m^3），母线竖放时，$W = 0.167hb^2$；母线平放时，$W = 0.167bh^2$；其中，b 为母线的厚度（m），h 为母线的宽度（m）。

二、封闭母线（母线槽）的选择

1. 额定电压的选择

封闭母线（母线槽）的额定电压不应小于系统的标称电压。低压母线槽的额定电压有交流 380V、660V；高压封闭母线的额定电压有交流 1～35kV。

2. 额定电流的选择

封闭母线（母线槽）的额定电流不应小于线路的计算电流。低压母线槽的额定电流等级见附录表 52。高压封闭母线的额定电流等级按 GB/T 8349—2000《金属封闭母线》进行确定。

3. 封闭母线（母线槽）的动、热稳定性校验

封闭母线（母线槽）是经过短路动、热稳定试验的，其产品样本中会给出封闭母线（母线槽）的额定峰值耐受电流 i_{max}、母线的额定短时耐受电流 I_t 及耐受时间 t。封闭母线（母线槽）的动、热稳定性校验条件同开关柜内的母线，见式（7-14）和式（7-15）。

4. 电压损失的校验

对较长距离的封闭母线（母线槽）还应校验其电压损失是否满足要求。电压损失校验公式同电线电缆，见式（7-7）。封闭母线（母线槽）单位长度的阻抗可查厂家产品样本或附录表 17。

例 7-5　试选择校验例 4-2 所示变电所低压开关柜内的母线规格。已知该低压开关柜额定峰值耐受电流设计值为 160kA，额定短时耐受电流及耐受时间设计值为 80kA、1s。

解：（1）按发热条件选择母线截面积

低压母线的计算电流取变压器低压侧额定电流的 1.2 倍，为

$$I_c = 1.2 I_{r.T} = 1.2 \times \frac{S_{r.T}}{\sqrt{3} U_{r2}} = 1.2 \times \frac{1000 kV \cdot A}{\sqrt{3} \times 0.4 kV} = 1732.1 A$$

查附录表 41 可得，单片 125×10 涂漆矩形铜母线（TMY）的交流载流量在 40℃的载流量为 2156A，大于低压母线计算电流，满足发热要求。PEN 母线截面积按不小于相母线截面积的一半选择。母线型号规格表示为 TMY-3（125×10）＋80×10。

（2）校验短路动稳定性

已知低压开关柜额定峰值耐受电流 i_{max} 设计值为 160kA，而低压母线实际三相短路峰值电流最大值 i_{p3} 根据例 4-2 计算结果为 50.77kA，满足 $i_{max} \geq i_{p3}$ 的条件，合格。

（3）校验短路热稳定性

已知该低压开关柜额定短时耐受电流 I_t 及耐受时间 t 设计值为 80kA、1s。则 $I_t^2 t = 6400$ kA$^2 \cdot$ s。

而低压母线实际三相短路电流最大值 i_{k3}，根据例 4-2 计算结果为 21.65kA。取变压器高压侧过电流保护动作时间 0.5s，高压断路器分断时间 0.1s，则低压母线短路电流热效应最大为

$$Q_t = I_{k3}^2 (t_k + 0.05) = (21.65\text{kA})^2 \times (0.5 + 0.1 + 0.05)\text{s} = 304.67 \text{ kA}^2 \cdot \text{s}$$

满足 $I_t^2 t \geqslant Q_t$ 的条件，合格。

第五节　配电线路的敷设

一、概述

配电线路（distribution line）是用于供配电系统两点之间配电的由一根或多根绝缘导体、电缆、母线及其固定部分构成的组合。建筑物电气装置中的配电线路又称为布线系统（wiring system）。

线路敷设方式的确定，主要取决于场所环境特征、建筑物的构造等条件和所选电线、电缆的类型。当有几种布线系统同时能满足要求时，则应根据建筑物使用要求、用电设备的分布等因素综合比较，决定合理的线路敷设方式。

环境温度、外部热源产生的热效应，水的侵入、强烈日光辐射、腐蚀或污染物、动物对绝缘的损害，灰尘聚集对散热带来的不良影响，撞击、振动和其他应力作用以及因建筑物的变形而引起的危害等，对线路的敷设和使用安全都将产生极为不利的影响和危害。因此，应多方比较选择合适的线路敷设方式或采取相应措施，以减少或避免上述不良影响和危害。

在同一根导管或槽盒（俗称线槽）内有几个回路时，为保障线路的使用安全及低电压回路免受高电压回路的干扰，所有绝缘电线和电缆都应具有与最高标称电压回路绝缘相同的绝缘等级。

为保证线路运行安全和满足防火、阻燃要求，布线用塑料导管、槽盒及附件必须选用非火焰蔓延类制品。布线用各种电缆、导管、电缆桥架、金属线槽及封闭式母线在穿越不同防火分区的楼板、隔墙时，其洞口空隙处应采用相当于建筑构件耐火极限的不燃烧材料填塞密实封堵，以防止电气火灾的蔓延。

二、绝缘导线布线

绝缘导线的布线方式有直敷布线、金属导管布线、可挠金属电线保护套管布线、金属槽盒布线、刚性塑料导管或槽盒布线等方式。

1. 直敷布线

直敷布线可用于原有建筑改造工程中正常环境室内场所，除建筑物顶棚及地沟外的电气照明及日用电器插座线路的明敷布线。为保证电气安全，应采用不低于 B 级阻燃护套的绝缘电线，必要时为防止机械损伤，应用导管保护。不应将导线直接埋入墙壁、顶棚的抹灰层内。

2. 金属导管布线

金属导管布线可用于室内、外场所，不宜用于对金属导管有严重腐蚀的场所。建筑物顶棚内，宜采用金属导管布线。金属导管有管壁厚度不小于 1.5mm 的电线管、管壁厚度不小于 2.0mm 的钢导管之分。金属导管明敷于潮湿场所或埋地敷设时，会受到不同程度的锈蚀，为保障线路安全，应采用厚壁钢导管。

穿金属导管的交流回路，应将同一回路的所有线导体和中性导体穿于同一根导管内。否则，会因管内存在的不平衡交流电流产生的涡流效应使管材温度升高，导管内绝缘电线的绝缘迅速老化，甚至脱落，发生漏电、短路、着火等。

3. 可挠金属电线保护套管布线

可挠金属电线保护套管（普利卡金属套管）布线可用于室内、外场所，也可用于建筑物顶棚内。对可挠金属电线保护套管有可能承受重物压力或明显机械冲击的部位，应采取保护措施。可挠金属电线保护套管以其优良的抗压、抗拉、防火、阻燃性能，广泛应用于建筑、机电和铁路等行业。

4. 金属槽盒布线

金属槽盒布线可用于正常环境的室内场所明敷，有严重腐蚀的场所不宜采用金属槽盒。具有槽盖的封闭式金属槽盒，可在建筑顶棚内敷设。同一配电回路的所有线导体和中性导体，应敷设在同一金属槽盒内。同一路径的不同回路可以共槽敷设，是金属槽盒布线较金属导管布线的一个突破。金属槽盒布线在大型民用建筑，特别是功能要求较高、电气线路种类较多的工程中，应用越来越普遍。

5. 刚性塑料导管或槽盒布线

刚性塑料导管或槽盒布线可用于室内、外场所明敷。刚性塑料导管或槽盒具有较强的耐酸、碱腐蚀性能，且防潮性能良好，应优先在潮湿及有酸、碱腐蚀的场所采用。但刚性塑料导管材质较脆，高温易变形，故不应在高温和容易遭受机械损伤的场所明敷设。

由于刚性塑料导管材质发脆，抗机械损伤能力差，故暗敷或埋地敷设的刚性塑料导管在引出地面或楼面的一定高度内，应穿钢管或采取其他防止机械损伤的措施。

三、电力电缆布线

电力电缆的布线方式有电缆埋地敷设、电缆在电缆沟或隧道内敷设、电缆在排管内敷设、电缆在室内敷设、电缆桥架布线等。电缆布线的敷设方式应根据工程条件、环境特点、电缆类型和数量等因素，按满足运行可靠、便于维护和技术、经济合理等原则综合确定。

电力电缆布线应符合 GB 50217—2018《电力工程电缆设计标准》等有关要求。

1. 电缆埋地敷设

电缆直埋是一种投资少、易实施的电缆布线方式。当沿同一路径敷设的室外电缆较少（不宜超过 6 根）且场地有条件时，宜优先采用电缆直埋布线方式。在城镇较易翻修的人行道下或道路边，也可采用电缆直埋敷设。埋地敷设的电缆应采用有外护层的铠装电缆。在流沙层、回填土地带等可能发生位移的土壤中，应采用钢丝铠装电缆。在有化学腐蚀或杂散电流腐蚀的土壤中，不得采用直接埋地敷设电缆。

2. 电缆在电缆沟或隧道内敷设

电缆在电缆沟内布线是应用较为普遍的布线方式，在电缆与地下管网交叉不多、地下水位较低或道路开挖不便且电缆需分期敷设的地段，当同一路径的电缆根数较多时，宜采用电缆沟布线。当电缆很多时，宜采用电缆隧道布线。

3. 电缆在排管内敷设

电缆排管内敷设方式宜用于电缆根数不过多，不宜采用直埋或电缆沟敷设的地段。电缆排管可采用混凝土管、玻璃钢电缆保护管及聚氯乙烯管等。

4. 电缆在室内敷设

室内电缆敷设包括电缆在室内沿墙及建筑构件明敷设、电缆穿金属导管埋地暗敷设等。

5. 电缆桥架布线

电缆桥架布线适用于电缆数量较多或较集中的场所。电缆桥架型式有金属托盘（无孔、有孔）和金属梯架。需屏蔽外部的电气干扰时，应选用无孔金属托盘加实体盖板；在有易燃粉尘的场所，宜选用梯架，最上一层桥架应设置实体盖板；高温、腐蚀性液体或油的溅落等需防护的场所，宜选用托盘，最上一层桥架应设置实体盖板；需因地制宜组装时，可选用组装式托盘；除上述情况外，宜选用梯架。

6. 预分支电缆布线

预分支电缆布线宜用于高层、多层及大型公共建筑物室内低压树干式配电系统。预分支电缆布线，宜在室内及电气竖井内沿建筑物表面以支架或电缆桥架等构件明敷设。

四、封闭式母线布线

封闭式母线布线适用于干燥和无腐蚀性气体的室内场所，不宜用在潮湿和有腐蚀气体的场所。否则，封闭式母线在受到潮湿空气和腐蚀性气体长期侵蚀后，绝缘强度降低，导体的绝缘层老化，甚至被损坏，将可能导致发生线路短路事故。为安全起见，封闭式母线终端无引出线时，端头应封闭。当封闭式母线运行时，导体会随温度上升而沿长度方向膨胀伸长，为适应膨胀变形，保证封闭式母线正常运行，应按规定设置膨胀节。

五、电气竖井布线

电气竖井内布线是多层和高层建筑物内垂直配电干线特有的一种布线方式。竖井内常用的布线方式为金属导管、金属线槽、各种电缆或电缆桥架及封闭式母线等布线。在电气竖井内除敷设干线回路外，还可以设置各层的电力、照明分配电箱及信息线路的分线箱等电气设备。

电气竖井的数量和位置应根据建筑物规模、用电负荷性质、各支线供电半径及建筑物的变形缝位置和防火分区等因素确定，并应保证系统的可靠性和减少电能损耗。电气竖井的大小应根据线路及设备的布置确定，必须充分考虑布线施工及设备运行的操作、维护距离。为保证线路的安全运行，避免相互干扰，方便维护管理，电力竖井和信息竖井宜分别设置。

思考题与习题

7-1 试述架空线与电力电缆的结构特点，比较其线路电抗和对地分布电容的大小。

7-2 绝缘电线主要用于哪些场所？如何选择其绝缘材料？

7-3 何为电线电缆的阻燃性和耐火性？如何选择使用？

7-4 配电线路的电压损失与其电压降有何关系？如何降低线路的电压损失？

7-5 电线电缆导体截面积的选择一般应考虑哪些条件？在工程设计时，一般先按什么条件选择计算，较易满足其他条件？

7-6　为什么说从电线电缆载流量表格中查找的导体载流量要乘以一个校正系数后才是其实际载流量？

7-7　如何校验高压电缆和低压电缆的短路热稳定性？

7-8　低压配电线路的中性导体截面积应如何选择？三次谐波电流对中性导体截面积的选择有何影响？

7-9　如何选择低压配电线路的保护导体截面积？

7-10　如何选择配电装置中的硬母线？

7-11　建筑物布线系统及敷设方式的确定主要取决于哪些因素？

7-12　为什么线路敷设方式不同，同样截面积的导体载流量却不一样？

7-13　某低压配电线路线导体电流为80A，每相3次谐波电流为28A，三相对称。则该多芯电缆线路线导体和中性导体载流量应不小于多少？

7-14　某民用建筑内的照明系统配电电缆采用 ZC-YJV-0.6/1 五芯电缆，已知电缆线导体截面积为 $50mm^2$，试选择该电缆的中性导体截面积和保护导体截面积。设三次谐波电流含有率不超过15%。

7-15　某企业的有功计算负荷为2000kW，功率因数为0.92。企业变电所与上级地区变电所距离为2km，拟采用一路10kV电缆埋地敷设，环境温度为20℃，允许电压损失为5%。已知线路过电流保护动作时间为0.5s，断路器全开断时间为0.05s，该企业10kV母线上的 $I''_k=10kA$。试选择此电缆的型号与规格。

7-16　某220/380V的TN-C线路长100m，线路末端接有一个集中负荷，最大负荷为120kW+100kvar。线路采用 YJV$_{22}$-0.6/1 型四芯等截面积铜芯交联聚乙烯绝缘钢带铠装聚氯乙烯护套电力电缆直埋敷设，环境温度为20℃，允许电压损失为5%。已知线路末端三相短路电流为15kA，线路首端安装的低压断路器短延时过电流脱扣器动作时间为0.2s。试选择电缆截面积。

7-17　试选择校验习题4-18所示变电所低压开关柜内的母线规格。已知该低压开关柜额定峰值耐受电流设计值为130kA，额定短时耐受电流及耐受时间设计值为65kA、1s。

7-18　某用户35/10kV变电所安装有2台16000kV·A电力变压器，内桥式接线，两回35kV电源线路同时工作。已知35kV线路采用LGJ型钢芯铝绞线，经济电流密度为 $0.9A/mm^2$。试选择其导体截面积，并校验发热条件。

参考文献

[1]　莫岳平，翁双安. 供配电工程［M］. 北京：机械工业出版社，2011.

[2]　刘屏周. 工业与民用供配电设计手册［M］. 4版. 北京：中国电力出版社，2016.

[3]　中国电力企业联合会. GB 50217—2018 电力工程电缆设计标准［S］. 北京：中国计划出版社，2018.

[4]　中国机械工业联合会. GB 50054—2011 低压配电设计规范［S］. 北京：中国计划出版社，2011.

[5]　中华人民共和国公安部. GB 50016—2014 建筑设计防火规范［S］. 北京：中国计划出版社，2015.

[6]　中国建筑东北设计研究院. JGJ 16—2008 民用建筑电气设计规范［S］. 北京：中国建筑工业出版社，2008.

[7]　中国电器工业协会. GB/T 19666—2005 阻燃和耐火电线电缆通则［S］. 北京：中国标准出版社，2005.

[8]　全国建筑物电气装置标准化技术委员会. GB/T 16895.6—2014/IEC 60364-5-52：2009 低压电气装置　第5-52部分：电气设备的选择和安装　布线系统［S］. 北京：中国标准出版社，2015.

第八章 低压配电线路的保护与电击防护

第一节 低压配电线路的保护

一、过电流保护

为避免线路因过电流导致绝缘受损，进而引发火灾及其他灾害，依据 GB 50054—2011《低压配电设计规范》，低压配电线路应装设过电流保护（包括短路保护和过负荷保护），保护电器应在流经回路导体的过电流引起危险之前分断任何过电流。一般来说，短路保护作用于切断电源，过负荷保护作用于切断电源或发出报警信号。

（一）短路保护

1. 对短路保护电器动作特性的要求

低压配电线路的短路保护电器（Short Circuit Protective Device，SCPD）一般采用断路器或熔断器。短路保护电器应在短路电流对导体和连接件产生的热作用和机械作用造成绝缘损坏、电气火灾等危害之前切断短路电流。因此，短路保护电器的动作应及时可靠，以保证绝缘导体、电缆、母线的短路热稳定满足要求。

根据保护电器动作时间的不同，其动作特性应分别满足式（7-10）和式（7-11）的要求。在预期短路电流较大的配电系统中，利用限流断路器和熔断器的限流特性，可阻止短路电流达到预期短路电流峰值，从而降低预期短路电流产生的热效应以及电动力产生的破坏作用和影响。

短路保护电器应能分断其安装处的预期短路电流（见第四章）。短路保护电器还应具有足够的灵敏性，应能在规定时间内可靠切断被保护线路末端的最小单相短路电流。

2. 短路保护电器的装设

短路保护电器应装设在回路首端和回路导体载流量因截面积、材料、敷设方式等发生变化而减小的地方。有时，为了操作与维护方便，分支回路短路保护电器也可设置在离回路导体载流量减小处不超过3m的地方，如图8-1所示。但应采取将该段线路的短路危险减至最小的措施（如采取防机械损伤的保护），且该段线路不应靠近可燃物。

短路保护电器应装设在低压配电线

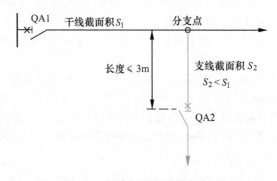

图 8-1　短路保护器的装设位置

路不接地的各相线导体回路上，并可以保护到中性导体，因此中性导体回路上没有必要再安装短路保护电器。对于中性点不接地且中性导体不引出的三相三线制配电系统（IT 系统），也可只在两相线导体回路上装设短路保护电器。

3. 并联导体的短路保护

对于并联导体组成的回路，任一导体在最不利的位置处发生短路故障时，短路保护电器应能及时切断该段故障线路。若在线路首端采用一台保护电器，则应尽量避免在并联区段内发生短路的可能性，如布线时所有并联导体采取了防止机械损伤等保护措施，且导体不靠近可燃物。两根导体并联的线路，当不能满足上述规定时，则在每根并联导体的供电端均应装设短路保护电器。

4. 可不装设短路保护的线路

对于导体载流量减小处的回路，当其发生短路时，当离短路点最近的绝缘导体的热稳定和上一级保护电器灵敏性均满足要求时，该段回路可不设短路保护电器，但应敷设在不燃或难燃材料的管、槽内。

有些情况下，如果采取措施将该布线的短路危险减至最小、同时确保布线不靠近可燃物，则该段回路也可不装设短路保护电器。例如低压电源（发电机、变压器、整流器、蓄电池）与配电控制屏之间的连接线、旋转电机的励磁回路、起重电磁铁的供电回路、电流互感器的二次回路等。

（二）过负荷保护

配电线路短时间的过负荷（如电动机起动）并不对线路造成损害。长时间不大的过负荷将对线路的绝缘、接头、端子造成损害。绝缘因长期超过允许温升将因老化加速缩短线路使用寿命。严重的过负荷（例如过负荷100%）将使绝缘在短时间内软化变形，介质损耗增大，耐压水平下降，最后导致短路，引发火灾和其他灾害。过负荷保护的目的在于防止长时间的过负荷对线路绝缘造成的不良影响。

1. 对过负荷保护电器动作特性的要求

过负荷保护电器（overcurrent protective device）应采用反时限特性的保护电器，如 g 类熔断器、具有长延时动作脱扣器的断路器等，以便和被保护线路的热承受能力相适应，以实现热效应的配合。过负荷保护电器应在过负荷电流引起的导体温升对线路的绝缘、接头、端子或导体周围的物质造成损害之前切断电源。其动作特性应同时满足以下两式的要求

$$I_c \leqslant I_r \leqslant I_{al} \tag{8-1}$$

$$I_2 \leqslant 1.45 I_{al} \tag{8-2}$$

式中　I_c——线路的计算电流（A）；

I_{al}——线路的允许载流量（A）；

I_r——保护电器熔断器的熔断体额定电流（A），或断路器的长延时过电流脱扣器整定电流（A）；

I_2——保证保护电器可靠动作的电流（A），即保护电器在标准规定的约定时间内的约定动作（熔断）电流，见附录表53～附录表55。

对于突然断电比过负荷造成的损失更大的线路（如消防水泵、消防电梯等线路），其过负荷保护应作用于信号而不应作用于切断电路。因为线路短时间的过负荷并不立即引起灾害，在某些情况下可让导体超过允许温度，即使牺牲一些使用寿命也应保证对重要负荷的不间断供电。

2. 过负荷保护电器的装设

与短路保护电器装设位置一样，过负荷保护电器应装设在回路首端和回路导体载流量因截面积、材料、敷设方式等发生变化而减小的地方。同样，为了操作与维护方便，分支回路过负荷保护电器也可设置在离回路导体载流量减小处不超过 3m 的地方，同时该段线路应采取防机械损伤等保护措施，且不靠近可燃物；若该段线路按照规范要求设置了短路保护，则过负荷保护电器距离回路导体载流量减小处的线路长度可不受限制。

3. 并联导体的过负荷保护

多根并联导体组成的线路采用过负荷保护，若能做到各并联导体允许持续载流量相等、导体阻抗相等以使电流分配均衡，可采用一台保护电器保护所有并联导体，其线路的允许持续载流量为每根并联导体的允许载流量之和。为此，各并联导体的型号、截面积、长度和敷设方式应均相同；线路全长范围内无分支线路引出；线路的布置应使各并联导体的电抗基本相等。因此，大电流线路尽量采用多芯电缆并联。若不得不采用单芯电缆并联时，则在施工时应尽量对称布置，并在运行时监测其电流分配是否均衡。

4. 中性导体的过负荷保护

对于 TT 系统和 TN 系统，当电气装置中存在大量谐波电流时，会引起线导体及中性导体的过负荷，而中性导体的过负荷是最常见的。在三相四线制回路中，有时当线导体负荷电流在正常范围以内时，中性导体已经严重过负荷。所以中性导体应根据其载流量检测过电流，当检测到过电流时可动作于切断线导体，而不必切断中性导体。

若电气装置中没有谐波电流，在三相四线制回路中，中性导体流过的电流是三相线导体电流的相量和，只要正常工作时通过中性导体的电流明显小于其载流量，即使中性导体的截面积小于线导体截面积也不必检测其过电流；如果是单相两线制回路，中性导体截面积等于线导体截面积，中性导体流过的电流也与线导体相等，线导体上的过负荷保护电器已能保护中性导体，中性导体同样不必检测过电流。

5. 可不装设过负荷保护的线路

除火灾危险、爆炸危险场所及其他有规定的特殊装置和场所外，一般场所内有些回路可视情况不装设过负荷保护电器，例如：

1）回路中载流量减小的导体，当其过负荷时，上一级过负荷保护电器能有效保护该段导体。

2）不可能过负荷的线路（如负载恒定的电热水器），且该段线路的短路保护符合规范要求，并没有分支线路或出线插座。

3）用于通信、控制、信号及类似装置的线路，因其容量小，不可能产生超过线路载流量的电流。

4）发电机、变压器、整流器、蓄电池与配电控制屏之间的连接线，过负荷保护电器无法安装在其始端，而只能安装在配电控制屏内。

（三）过负荷保护与短路保护之间的配合

配电线路宜采用同一保护电器作为过负荷保护与短路保护，如兼有过负荷和短路两种脱扣功能的断路器、具有 gG 特性熔断体的熔断器。

当线路过负荷保护电器选用动作用于信号的热继电器，短路保护电器选用仅具有短路脱扣功能的断路器或采用 gM、aM 型熔断体的熔断器时，则分开的这两种保护电器的特性应相互配合（参见参考文献［10］），以使短路保护电器允许通过的能量不超过过负荷保护电器不受损伤的允许通过的能量。

二、接地故障电气火灾防护

接地故障（earth fault）是指带电导体和大地之间意外出现导电通路。包括线导体与大地、PE 导体、PEN 导体、电气装置的外露可导电部分、装置外可导电部分等之间意外出现的导电通路。导电路径可能通过有瑕疵的绝缘、结构物或植物，并具有显著的阻抗。

接地故障因接地通路存在显著的阻抗，故障电流要比单相对地短路电流小，但也需要及时切断电路以保证线路过电流时的热稳定。不仅如此，若未切断电路，它还具有更大的危害性，在发生接地故障的持续时间内，与它有关联的电气设备和管道的外露可导电部分对地和装置外的可导电部分间存在故障电压，此电压可使人身遭受电击，也可因对地的电弧或火花引起火灾或爆炸，造成严重的生命财产损失。

我国电气火灾多发，而且一直居高不下。电作为起火源通常以异常高温、电弧的形式出现，一般由于短路、连接不良、电气装置安装不当等原因引起。接地故障电弧引起的火灾属于短路性火灾的一种，其发生几率远高于带电导体间的短路火灾，是导致火灾的最大隐患。为了减少火灾的发生，应采取措施及时发现接地故障。

接地故障电流的大小因接地通路阻抗高低而异。有时接地点建立高阻抗的电弧，电流不大却能引燃周围可燃物。研究表明，接地电弧能量只要达到 300mA 以上就能引起火灾，显然过电流保护电器是不能满足接地故障电气火灾防护灵敏性要求的，而应采用高灵敏性的剩余电流保护。

所谓剩余电流（residual current）是指同一时刻在电气装置中的电气回路给定点处的所有带电导体电流（瞬时值）的代数和。对三相四线制电路，剩余电流 $i_R = i_{L1} + i_{L2} + i_{L3} + i_N$；对三相三线制电路，剩余电流 $i_R = i_{L1} + i_{L2} + i_{L3}$；对单相两线制电路，剩余电流 $i_R = i_L + i_N$。在正常运行情况下，剩余电流为数值不大的线路及装置正常泄漏电流；当线路发生接地故障时，剩余电流中因接地线导体包含了接地故障电流，其数值将显著增大。

剩余电流（动作）保护器［Residual Current (operated) Protective Device，RCD］是一种在规定条件下当剩余电流达到或超过整定值时能自动分断电路的机械开关电器或组合电器。剩余电流保护电器也可以由用来检测和判别剩余电流以及接通和分断电流的各种独立元件组成。常用的剩余电流保护器按其功能分有剩余电流断路器、剩余电流动作保护继电器等。剩余电流断路器（Residual Current Circuit Breaker，RCCB）用于在正常工作条件下接通、承载和分断电流；以及在规定条件下，当剩余电流达到一个规定值时使触头断开。剩余电流动作保护继电器（residual current operated protective relay）由剩余电流互感器来检测剩余电流，并在规定条件下，当剩余电流达到或超过给定值时使电器的一个或多个电气输出电路中的触头产生开、闭动作。

剩余电流保护器（RCD）按其故障脱扣原理分为电磁式和电子式两种，如图 8-2 所示。它们之间的区别是电磁式 RCD 靠剩余电流自身能量使 RCD 动作，动作功能与电源电压无关；电子式 RCD 则借 RCD 所在回路处的故障残压提供的能量来使 RCD 动作，动作功能与电源电压有关。如果回路处的故障残压过低导致能量不足，电子式 RCD 就可能拒动。因此，电子式 RCD 不及电磁式 RCD 动作可靠，只能有条件地选用。

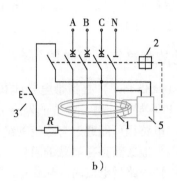

图 8-2　剩余电流保护器（RCD）的故障脱扣原理图

a）电磁式　b）电子式

1—剩余电流互感器　2—脱扣器　3—试验按钮　4—电磁元件　5—电子元件

为了防止线路绝缘损坏引起接地电弧火灾，至少应在建筑物电源进线处设置剩余电流保护，保护电器动作于信号或切断电源。设置在火灾危险场所（加工、生产、储存可燃物质以及多粉尘的场所）的剩余电流保护电器其动作电流不应大于 300mA，一般场所可不受此值限制。用于防火灾的剩余电流保护器动作于切断电源时、应能断开回路的所有带电导体，以防止中性导体因接地故障出现高电位带来的危害。

至于在哪些建筑物电源进线处应设置剩余电流保护，则应符合相关设计规范的规定。如 JGJ 16—2008《民用建筑电气设计规范》规定：住宅、公寓等居住建筑应设置剩余电流动作报警器；医院及疗养院，影、剧院等大型娱乐场所，图书馆、博物馆、美术馆等大型文化场所，商场、超市等大型场所及地下汽车停车场等宜设置剩余电流动作报警器。GB 50016—2014《建筑设计防火规范》规定了诸如一类高层民用建筑，人员密集的电影院、剧场、体育馆、商店和展览建筑，重要的广播电视、电信和财贸金融建筑等火灾危险大的建筑和场所的非消防用电负荷宜设置电气火灾监控系统（alarm and control system for electric fire prevention）。电气火灾监控系统类型较多，这里主要是指剩余电流动作电气火灾监控系统，一般由剩余电流互感器、剩余电流探测器、剩余电流报警器等组成。当被保护线路中的剩余电流超过报警设定值时，系统能发出报警信号、控制信号并能显示报警部位，通知值班人员及时消除剩余电流可能引发的电气火灾隐患。

第二节　低压电气装置的电击防护

电击（electric shock）是电流通过人体躯体而引起的生理效应。电击防护（protection against electric shock）就是减小电击危险的防护措施。

一、电流通过人体的效应

（一）人体对电流的生理反应

人体对电流的生理反应与通过人体电流的大小、频率高低、时间长短及电流在人体中的通过路径等多方面因素有关。通过人体的电流越大，人体的生理反应就越强烈。根据 GB/T

13870.1—2008《电流对人和家畜的效应 第1部分：通用部分》标准，15～100Hz正弦交流电电流通过人体的效应有以下几个电流阈值：

感知电流阈值——人体能感知的流过其身体的最小电流值，通用值为0.5mA，此值与电流通过的时间长短无关。

摆脱电流阈值——人体能自主摆脱的通过人体的最大电流值，此值因人而异，平均值为10mA。

心室纤维性颤动电流阈值——引起心室纤维性颤动的最小电流值，而心室纤维性颤动是电击引起死亡的主要原因。此电流阈值与通电时间长短有关，也与人体条件、心脏功能状况、电流在人体内通过的路径有关。

把电流通过人体的效应以时间/电流为坐标，可划分为四个区域，如图8-3所示。其中：

AC-1区——直线a左侧的区域，人体通常无反应。

AC-2区——直线a至折线b之间的区域，人体有麻电的感觉，但通常无有害的生理反应。

AC-3区——折线b至曲线c之间的区域，人体通常无器质性损伤，可能出现肌肉收缩、呼吸困难，随着电流量和通电时间增加，可能发生心房纤维性颤动和心脏短暂停搏，但不发生心室纤维性颤动。

AC-4区——曲线c右侧的区域，人体除出现AC-3区效应外，还出现如心室纤维性颤动、心跳停止、呼吸停止、严重烧伤等危险的病理生理反应，它随电流和时间的增加而加剧。

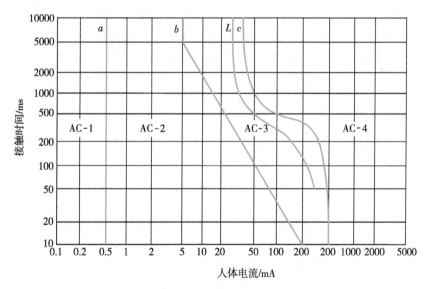

图8-3 15～100Hz正弦交流电电流的时间/电流效应区域的划分

从图8-3可知，如电击电流和其持续时间在AC-4区内，人体就有死亡危险。但在制定防电击措施时，尚需为不同于实验室条件的现场其他一些不利条件留出一些裕量，通常以AC-3区内离曲线c一段距离的曲线L作为人体是否安全的界限。从曲线L可知，只要通过人体的电流小于30mA，人体就不致因发生心室纤维性颤动而电击致死。据此国际上将防电击的高灵敏性剩余电流动作保护电器的额定动作电流值取为 30mA。

（二）特低电压限值

人体遭受电击时流过人体的接触电流因施加于人体阻抗上的接触电压而产生。接触电压越大，接触电流也越大。在设计电气装置时计算接触电流很困难，而计算预期接触电压比较方便。

人体阻抗由皮肤阻抗和体内阻抗构成，其总阻抗呈容性。人体总阻抗由电流通路、接触电压、通电时间、频率、皮肤湿度、接触面积、施加压力和温度等因素共同确定。因此，人体接触电压阈值不能简单由图 8-3 所示曲线 L 按欧姆定律推算求得，而应通过测试确定。实验室条件确定的不造成人体生理危害的人体接触电压阈值可以作为限制故障电压效应的依据。

特低电压限值是依据不造成危害的接触电压阈值在工业上的应用。所谓特低电压（Extra-Low Voltage，ELV）是指在预期环境下，最高电压不足以使人体流过的电流造成不良生理反应，不可能造成危害的临界等级以下的电压。我国国家标准 GB/T 3805—2008《特低电压（ELV）限值》规定：当接触面积大于 $1cm^2$、接触时间超过 $1s$ 时，干燥环境中工频交流电压有效值的限值为 33V（正常状态）和 55V（单故障时），潮湿环境中工频交流电压有效值的限值为 16V（正常状态）和 33V（单故障时）；当接触面积小于 $1cm^2$ 且为不可握紧部分，干燥环境中工频交流电压有效值的限值提高为 66V（正常状态）和 80V（单故障时）。

我国目前使用的特低电压（ELV）系统的工频交流标称电压值（有效值）不超过 50V，常用的有 6V、12V、24V、36V、48V（42V）等。其中，36V、48V（42V）用于干燥环境，24V 用于潮湿环境，12V、6V 用于水下环境。需要说明的是，仅靠特低电压值并不能可靠地保证对电击危险性的防护，还必须建立完善规范的特低电压（ELV）系统。

二、基本防护和故障防护

（一）基本防护

基本防护（basic protection）是无故障条件下的电击防护。防护人与带电部分的电接触，也称直接接触防护。基本防护可采取的具体措施有：

（1）将带电部分绝缘　带电部分应全部用绝缘层覆盖。这种绝缘应能长期承受在运行中可能遇到的诸如机械的、化学的、电气的及热的各种应力。

（2）设置遮拦或外护物　标称电压超过交流 25V 的裸带电体必须设置遮拦或外护物，遮拦和外护物靠近裸露带电部分的防护等级不应低于 IP2X，以防止直径大于 12.5mm 的固体物或人的手指进入；人易接近的遮拦和外护物的水平顶部的防护等级不应低于 IP4X，以防止直径大于 1mm 的固体物进入。遮拦或外护物应牢固地加以固定，并能长期持续地保证有效，它只能在使用钥匙或工具或切断电源时才能移开。

（3）设置阻挡物　阻挡物（指栏杆、网状屏障等）应能防止人体无意识地接近裸带电体；也应能防止正常运行时在设备操作过程中人体无意识地触及裸带电体。阻挡物可不用钥匙或工具就能移动，但必须固定住，以防无意识地移动。这一措施只适用于专业人员。

（4）置于伸臂范围以外　人可能无意识同时触及的不同电位的部分不应在手臂范围以内。其范围为：从人的站立面算起的向上的伸臂范围为 2.5m，向前的伸臂范围为 1.25m，人体下蹲向下弯探的伸臂范围为 0.75m。手臂范围值是指无其他帮助物（例如工具或梯子）的赤手直接接触范围。在正常情况下，手持大的或长的导电物体的场所，计算手臂范围时应计入这些物件的尺寸。这一措施也只适用于专业人员。

（5）用剩余电流保护器的附加保护　为防止上述基本防护措施因故失效，可在回路中安装额定动作电流不超过 30mA 的剩余电流保护器。剩余电流保护器仅作为基本防护措施失效时或使用者疏忽时的附加保护，而不能作为唯一的保护手段。

（二）故障防护

故障防护（fault protection）是单一故障条件下的电击防护。防护人与故障情况下带电的外露可导电部分的电接触，也称间接接触防护。故障防护可采取的具体措施有以下几种：

（1）自动切断电源　故障情况下由于接触电压及其持续时间过长对人体产生病理生理反应的危险，自动切断电源是必要的。自动切断电源的间接接触防护措施适用于防电击类别为Ⅰ类的电气设备、人身电击安全电压限值为 50V 的一般场所。本节重点讨论。

（2）采用双重绝缘或加强绝缘的电气设备（防电击类别为Ⅱ类设备）使用Ⅱ类设备，可防止设备的可触及部分因基本绝缘损坏而出现危险电压。

（3）采用特低电压供电　如Ⅲ类设备以低于特低电压（ELV）限值的电压供电，在发生接地故障时即使不切断电源也不致引发电击事故。

（4）采取电气分隔措施　单台用电设备回路采用分隔电源供电（如隔离变压器），被分隔回路的带电部分与其他所有回路的带电部分绝缘，同时被分隔回路的外露可导电部分不得与地或与其他回路保护导体及外露可导电部分连接。因此，采取电气分隔防护的用电设备可以采用 0 类设备。这一措施只适用于专业人员。

（5）将电气设备安装在非导电场所内　当人接触已变为危险带电的外露可导电部分时，依靠环境（如绝缘墙或绝缘地板）的高阻抗性和可导电部分不接地的保护来防止人体同时触及可能处在不同电位的部分。因此，在非导电环境内可使用 0 类设备。这一措施只适用于专业人员。

（6）设置不接地的局部等电位联结　一般用于非导电环境内，防止人体可同时触及的可导电部分之间出现危险的接触电压。这一措施只适用于专业人员。

三、故障防护中自动切断电源的防护

采取自动切断电源进行故障防护时，电气装置的外露可导电部分应进行保护接地，建筑物内部应作总等电位联结。同时，应根据配电系统的接地型式、回路类型以及电气装置环境条件等因素合理选择保护电器。当回路或设备中发生能在预期接触电压超过 50V 且持续时间足以引起人体有害的病理生理反应前自动切断供给回路或设备的电源，以防止人身电击事故的发生。

（一）保护接地与等电位联结

保护接地（protective earthing）是为了电气安全，将系统、装置或设备的一点或多点接地。每一配电回路应具有连接至相关接地端子的保护导体。为故障防护而将电气装置的外露可导电部分按其接地系统型式的具体要求与保护导体相连接，又称防电击保护接地。通过保护接地，在电气装置的对地绝缘损坏时，可降低接触电压，同时形成接地故障电流通路，可使保护电器在规定时间内切断电源。可同时触及的外露可导电部分应单独地、成组地或共同地连接到同一个接地系统，以使人体同时接触的不同导电部分间的电位差最小。

等电位联结（equipotential bonding）是指为达到等电位，多个可导电部分间的电连接。为安全目的进行的等电位联结又称为保护等电位联结，包括总等电位联结、辅助等电位联结和局部等电位联结。

1. 总等电位联结

每个建筑物内的接地导体、总接地端子和下列可导电部分应实施保护等电位联结：

——进入建筑物的供应设施的金属管道，如煤气管、水管等；

——在正常使用时可触及的装置外可导电结构、集中供热和空调系统的金属部分；

——便于利用的钢筋混凝土结构中的钢筋。

从建筑物外进入的上述可导电部分，应尽可能在靠近入户处进行总等电位联结。一般在建筑物的电源进线处设接地母排（端子板），将上述联结导体汇集于母排上，如图8-4所示。

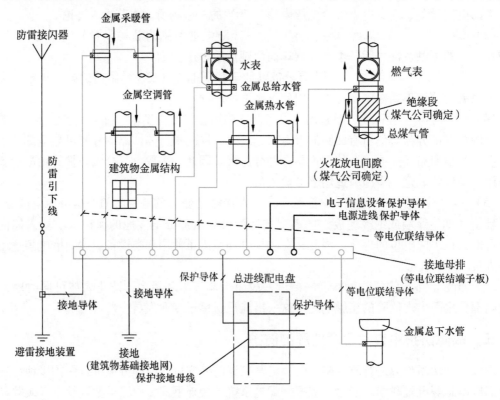

图8-4 总等电位联结

建筑物作了总等电位联结后，其电气装置的 PE 导体和外露可导电部分、电气装置外部导电部分和接地系统都互相连通，从而在建筑物内形成一个各导电部分电位相等或接近的区域和空间。

总等电位联结的作用对不同的接地系统是不尽相同的，对于常用的 TN 系统，其作用如下：

1）当建筑物内发生接地故障时，可降低由此引起的接触电压。如图8-5所示，电气装置绝缘损坏所引起的接地故障电流 I_d 将在系统外部电源至内部故障点全长 PEN 导体及室内

PE 导体上产生阻抗压降，从而使电气装置外露导电部分带有危险故障电压。采用总等电位联结后，人体接触电压仅为故障电流 I_d 在建筑物内部一段 PE 导体上产生的阻抗压降，人体接触电压大大降低。

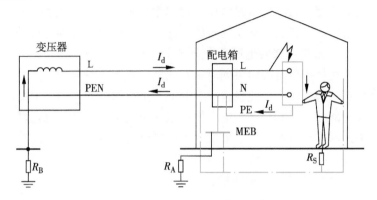

图 8-5 总等电位联结的作用分析一

2）当建筑物外部电源线路发生接地故障时，可消除通过 PEN 导体（或 PE 导体）导入的对地电压在建筑物内部形成的电位差。如图 8-6 所示，TN 系统中，外部电源线路发生接地故障时，故障电流流经变压器中性点接地电阻时，将产生一个中性点对地电压 U_f，此电压将沿 PEN 导体或 PE 导体蔓延至同一低压配电网络的不同建筑物内，使各建筑物内所有接 PEN 导体或 PE 导体的电气装置外露可导电部分都带此危险故障电压。如果在建筑物内设置总等电位联结，使人体能同时触及的任意两个可导电部分电位基本相等，便能消除这一外来电击的危险。

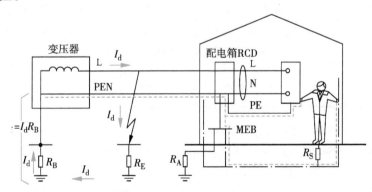

图 8-6 总等电位联结的作用分析二

对于 TT 系统而言，总等电位联结降低接触电压的效果更加明显，但在建筑物内部主要靠高灵敏的 RCD 进行间接接触防护，另外也不存在从建筑物外部电源中性点导入故障电压的问题，总等电位联结的作用不似 TN 系统那么重要。

虽然总等电位联结对各种接地系统的作用和重要性并不相同，但为确保电气安全和防雷电危害，以及适应信息设备电磁兼容的需要，各类接地系统建筑物电气装置内部都必须设置总等电位联结，通过等电位联结将各电气装置的外露可导电部分和包括建筑物钢构件、金属管道等外界可导电部分相连接。

若大型建筑物有多处电源进线时，每个电源进线都需按要求实施总等电位联结。各个总等电位联结系统应就近通过连接线互相导通，使整个建筑物处于同一电位水平上。

2. 局部等电位联结和辅助等电位联结

总等电位联结虽然能大大降低接触电压，但如果建筑物内 PE 线路过长，则过电流保护的动作时间和接触电压都可能超过规定的数值。这时，应在局部范围内再做一次等电位联结（即局部等电位联结），来降低接触电压至安全电压限值 50V 以下。

辅助等电位联结是将伸臂范围内可同时触及的固定式电气设备的外露可导电部分和装置外可导电部分连接到一起，如果可能也包括钢筋混凝土结构内的主筋。辅助电位联结可涵盖电气装置的全部或一部分，或涵盖一台电气设备或一个场所。辅助等电位联结系统应与所有电气设备以及插座的保护导体相连接。辅助等电位联结可做到在接地故障发生时人体预期接触电位差远低于 50V，可视为故障防护的附加保护。

（二）TN 系统内自动切断电源的防护

1. 对保护电器动作特性的要求

当发生接地故障时，保护电器应能在规定时间内切断电源。即动作特性应符合下式要求：

$$Z_s I_a \leqslant U_0 \tag{8-3}$$

式中　Z_s——故障回路的阻抗（包括电源、电源至故障点之间的线导体及故障点和电源之间的保护导体在内的阻抗）（Ω）；

　　　I_a——在规定的时间内能使切断电源的保护电器自动动作的电流（A）；

　　　U_0——线导体与中性导体之间的标称电压（V）。

对于 TN 系统，如在有关回路或设备内的线导体和外露可导电部分或保护导体之间发生阻抗可忽略不计的故障，保护电器最长切断电源的时间，对于配电干线或额定电流超过 32A 的终端回路为 5s；对于额定电流不超过 32A 的终端回路，不应大于表 8-1 的规定。

表 8-1　TN 系统的最长切断电源时间

U_0/V	220	380	>380
切断时间/s	0.4	0.2	0.1

上述保护电器允许最长 5s 的切断电源时间并非为防电击的需要，而是考虑了防电气火灾以及电气设备和线路绝缘的热稳定要求，也考虑了躲开电动机起动时间和故障电流小时保护电器动作时间长等因素而规定。0.4s 的切断电源时间考虑了总等电位联结减少接触电压的作用、线导体与 PE 导体不同截面比以及电源电压 ±10% 偏差变化等因素。对终端回路，以 32A 为界是考虑到：几乎绝大多数的手持式电气设备以及大量的民用和工矿企业的用电设备，采用额定电流为不超过 32A 的终端回路供电。在这些场所发生事故的几率较多，有必要提高防范的要求，当发生事故时应加速切断电源。相反，额定电流大于 32A 的终端回路多数用于厂矿和公共建筑内，通常由专业人员操作和维护，即使发生故障后的切断电源的时间超过 0.4s，借以实行保护等电位联结的功效通常可以免遭电击的伤害。因此，发生事故造成人身或设备危害的几率相对较少。

2. 保护电器的选用

一般情况下，TN 系统配电线路 PE 导体或 PEN 导体对地连接有效可靠，其接地故障回路阻抗较小，接地故障电流较大，可利用过电流保护电器（熔断器、具有短延时或瞬时过电流脱扣器的低压断路器）兼作故障保护电器，但需校验其灵敏性。

对额定电流不超过 20A、供一般人员使用的普通用途的插座和额定电流不超过 32A 的户外移动式设备，在其交流配电系统内，应安装额定动作电流不超过 30mA 的剩余电流保护器作为故障防护措施失效或用电不慎时的附加保护。但不能将剩余电流保护电器的装用作为唯一的保护措施。

3. 无总等电位联结作用区内的电击防护

如图 8-6 所示，对于 TN 系统，相线对大地短接时，故障电流 I_d 在电源中性点接地电阻 R_B 引起的对地故障电压 $U_f = I_d R_B$，将沿 PEN 导体或 PE 导体传导至用电设备的外露可导电部分。在建筑物内由于总等电位联结的作用，可消除这一外来的电击危险。但在建筑物外没有总等电位联结作用的正常干燥场所，若 U_f 大于 50V 就有发生电击事故的危险。为此，应尽量降低变压器低压中性点接地电阻，并尽量在 TN 系统的 PEN 导体或 PE 导体利用自然接地极作重复接地，满足 $R_B/R_E \leq 50/(U_0 - 50)$。否则，应采用下列措施之一来防范：

1）在建筑物外无等电位联结作用区内建立局部的 TT 系统。采用独立接地极，用电设备的外露可导电部分与电源中性点接地装置无电气联系，从而避免了电源中性点对地故障电压沿 PEN 导体或 PE 导体的蔓延。此局部 TT 系统应装设剩余电流保护电器作故障防护。

2）对建筑物外无等电位联结作用区内使用 II 类电气设备。II 类电气设备不需要 PE 导体，也就不可能发生沿 PE 导体传导来引起的电击事故。

（三）TT 系统内自动切断电源的防护

1. 对保护电器动作特性的要求

1）采用剩余电流保护电器时，当发生接地故障时，保护电器应能在预期接触电压超过 50V 时及时切断电源。其动作特性应符合下式要求：

$$R_A I_a \leq 50V \tag{8-4}$$

式中　R_A——装置外露可导电部分的接地装置电阻和 PE 导体电阻（Ω）；

　　　I_a——剩余电流保护电器的额定剩余动作电流（A）。

对于 TT 系统，保护电器允许最长切断电源的时间，对配电干线或额定电流超过 32A 的终端回路为 1s；对额定电流不超过 32A 的终端回路，不应大于表 8-2 的规定。

表 8-2　TT 系统的最长切断电源时间

U_0/V	220	380	>380
切断时间/s	0.2	0.07	0.04

2）采用过电流保护电器时，其动作特性要求与式（8-3）给出的 TN 系统对保护电器动作特性的要求相同，但故障回路的阻抗 Z_s 与 TN 系统不同，Z_s 包括了电源、电源至故障点之间的线导体、外露可导电部分的保护导体、接地导体、电气装置的接地极和电源接地极在内的阻抗。当 TT 系统内采用过电流保护电器切断电源，且其保护等电位联结连接到电气装置内的所有外露可导电部分时，该 TT 系统可以采用表 8-1 中 TN 系统的最长切断电源时间。

2. 保护电器的选用

由于 TT 系统接地故障回路阻抗包括了电气装置的接地极和电源接地极的阻抗在内，故障电流一般较小。因此，TT 系统通常应采用剩余电流保护电器作故障防护。

当故障回路阻抗足够小，且确保其值可靠又能保持稳定时，也可选用过电流保护电器作故障防护。如户外照明装置，在 TT 系统的接地极电阻足够小的情况下，切断电源的保护最好用熔断器或断路器。如果只在装置的电源端使用一个剩余电流保护器，当发生任何一个照明设备的故障时，可引起所有照明装置的电源被切断，会使用户产生安全方面的危险。

3. 接地极的设置

在 TT 系统内发生接地故障时，为确保保护电器动作的可靠性，由同一个保护电器保护的所有设备外露可导电部分，都应通过保护导体连接至这些外露可导电部分共用的接地极上。多个保护电器串联使用时，每个保护电器所保护的所有设备外露可导电部分都要分别符合这一要求。

工程设计时，如果各级保护的设备外露可导电部分在不同的建筑物内，或在屋外相距较远的地方，则各级保护的设备外露可导电部分应采用各自的接地极。如果各级保护的所有设备外露可导电部分在一个建筑物内，则采用共同的接地极。

（四）IT 系统内自动切断电源的间接接触防护

IT 系统的外露可导电部分应单独地、成组地或共同地接地，应符合下式要求：

$$R_A I_d \leqslant 50\text{V} \tag{8-5}$$

式中　R_A——装置外露可导电部分的接地装置电阻和 PE 导体电阻（Ω）；

　　　I_d——发生第一次接地故障时，在线导体和外露可导电部分之间的阻抗可忽略不计的情况下的故障电流（A），I_d 值考虑了泄漏电流和电气装置的总接地阻抗。

1. 第一次接地故障时对保护电器动作特性的要求

为提高供电的连续性而采用 IT 系统时，应设置绝缘监视器以检测第一次带电部分与外露可导电部分或与地之间的故障。此绝缘监视器应发出音响信号和（或）一直持续到故障被消除为止的可视信号。如果同时发出了音响信号和可视信号，允许解除音响信号。

建议在尽可能短的时间内消除第一次接地故障，以避免因同时出现两个接地故障而发生人体同时接触不同电位的外露可导电部分而产生危险。

2. 第二次接地故障时对保护电器动作特性的要求

1）当 IT 系统的外露可导电部分单独地或成组地用各自的接地极接地时，如发生第二次（异相）接地故障，故障电流流经两个接地极电阻，其防电击要求和 TT 系统相同。

2）当 IT 系统的外露可导电部分用共同的接地极接地时，如发生第二次（异相）接地故障，故障电流流经 PE 导体形成（两相）金属短路，其防电击要求和 TN 系统相同。

IT 系统不引出中性导体时，应符合下式要求：

$$2Z_s I_a \leqslant U \tag{8-6}$$

IT 系统引出中性导体时，应符合下式要求：

$$2Z_s' I_a \leqslant U_0 \tag{8-7}$$

式中　Z_s——包括线导体和保护导体的故障回路的阻抗（Ω）；

　　　Z_s'——包括中性导体和保护导体的故障回路的阻抗（Ω）；

　　　U——线导体之间的标称交流电压（V）。

上述公式中的系数 2 考虑了同时发生两个故障，且两个故障可能发生在不同的回路内的情况。式（8-7）考虑了第二次接地故障发生在回路中用电设备的中性导体上的情况。

3. 保护电器的选用

在 IT 系统内采用下列电击防护电器：

1）绝缘监测器：它装设在回路线导体与地之间，用以监测第一次接地故障，当电气装置的绝缘水平降至整定值以下时它即动作于发出信号。

2）过电流保护电器：用以发生第二次接地故障时按 TN 系统切断电源。

3）剩余电流动作保护电器：用以发生第二次接地故障时按 TT 或 TN 系统切断电源。

4. 中性导体的配出

三相 IT 系统不宜配出中性导体，否则，中性导体一旦接地，因绝缘监测器不能监测报警而故障持续存在，此 IT 系统将变成 TT 或 TN 系统，从而失去其供电可靠性高的优点。因此，IT 系统中的相电压可通过 0.38/0.23kV 变压器获得。

四、采用特低电压系统的防护

安全特低电压系统（Safety Extra-Low Voltage System，SELV system）和保护特低电压系统（Protective Extra-low Voltage system，PELV system）可以实现基本防护和故障防护的基本要求。SELV 系统和 PELV 系统均是电压不超过特低电压限值的电气系统，不同的是 SELV 系统在正常条件下带电导体不接地，而 PELV 系统在正常条件下因种种原因带电导体不得不接地。除特殊情况外，工程应用时通常采用 SELV 系统，如图 8-7 所示。为了安全，在 SELV 系统中，回路导体不接地，所供设备金属外壳可与地接触，但不得连接 PE 导体接地。这种

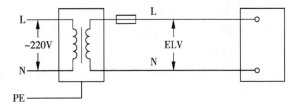

图 8-7　SELV 系统

SELV 系统在供电电源一次侧和二次侧任一接地故障情况下，都不会发生电击事故，因此，它不需要补充其他的防护措施。

SELV 系统宜应用在潮湿场所（如喷水池、游泳池）内的照明设备、狭窄的可导电场所、正常环境条件使用的移动式手持局部照明、电缆隧道内照明、电梯井道检修照明等。在电气设计中，应按照 GB 16895.21—2011/IEC 60364-4-41：2005 的要求合理选择 SELV 系统的电源，正确布置 SELV 回路以及配置 SELV 专用插头、插座，以保证电气安全。

虽然正常环境条件下 50V 以下接触电压不致引起人体心室纤维性颤动致死的危险，但 IEC 标准和我国国家标准（GB）为确保安全，仍规定 SELV 系统电压在 25V 及以下时才可以不包绝缘或不设置遮拦（或外护物），来防范直接接触电击。对于 PELV 系统，还应补充等电位联结之类的措施。

五、特殊装置或场所的电气安全措施

与工业、民用建筑等相关的某些特殊装置或场所，如装有浴盆或淋浴盆的场所、游泳池和喷泉、装有桑拿浴加热器的房间和小间、施工和拆除场所、农业和园艺设施、活动受限制的可导电场所、数据处理设备用电气装置、户外照明装置、医院等，对电气安全有着特殊要求，应依据现行的 IEC 标准和已与之等同的我国 GB 16895 系列标准，采取特殊防护措施。限于篇幅，此略。

第三节　低压保护电器的选择与整定

一、低压断路器的选择

低压断路器可对低压配电线路的过电流提供可靠的保护，当其保护特性满足规定要求时，可作为故障防护中自动切断电源的保护电器。

选择低压断路器时，应先按一般要求初步选择类别、极数、额定电流、分断能力及附件（见第四章），然后根据保护特性要求确定断路器过电流脱扣器的额定电流并整定其动作电流。

（一）断路器过电流脱扣器额定电流的确定

过电流脱扣器额定电流 I_n 应不小于线路的计算电流 I_c，不大于断路器的壳级额定电流 I_u。

（二）过电流脱扣器动作电流的整定

1. 长延时过电流脱扣器的整定电流

低压断路器的长延时过电流脱扣器对配电线路起过负荷保护作用，其动作电流应按满足正常工作条件来整定。

1）对配电保护断路器，长延时过电流脱扣器的整定电流 I_{r1} 应不小于线路计算电流 I_c，即满足下列条件：

$$I_{r1} \geqslant I_c \tag{8-8}$$

2）对单台电动机保护断路器，当长延时脱扣器用作电动机过载保护时，其整定电流 I_{r1} 应接近但不小于电动机的额定电流 I_{rM}，通常

$$I_{r1} \geqslant I_{rM} \tag{8-9}$$

同时，长延时脱扣器在 7.2 倍整定电流下的动作时间应大于电动机的起动时间。

3）对照明线路保护断路器，长延时过电流脱扣器整定电流 I_{r1} 按下式整定：

$$I_{r1} \geqslant K_1 I_c \tag{8-10}$$

式中　K_1——照明线路保护断路器长延时过电流脱扣器的可靠系数，范围为 $1 \sim 1.1$，取决于电光源起动状况和断路器时间—电流特性，其值见附录表 56。

2. 短延时过电流脱扣器的整定电流及时间

当选用选择性低压断路器时，其短延时过电流脱扣器对配电线路起短路保护作用，其动作电流应按满足用电设备起动条件和选择性要求来整定。

1）短延时过电流脱扣器整定电流 I_{r2} 应躲过线路短时出现的尖峰电流，即

$$I_{r2} \geqslant 1.2 [I_{st.M} + I_{c(n-1)}] \tag{8-11}$$

式中　$I_{st.M}$——线路上最大一台电动机的起动电流周期分量有效值（A）；

$\quad\quad I_{c(n-1)}$——除这台电动机以外的线路计算电流（A）。

短延时过电流脱扣器的整定电流 I_{r2} 还应满足与下级线路保护电器的选择性配合要求（见本章第四节）。

2）短延时过电流脱扣器的整定时间通常为 $0.1 \sim 0.5\text{s}$，根据选择性配合要求确定。

3. 瞬时过电流脱扣器的整定电流

低压断路器的瞬时过电流脱扣器对配电线路起短路保护作用，其动作电流应按满足用电设备起动条件来整定。

1）对配电保护断路器，瞬时过电流脱扣器的整定电流 I_{r3} 应躲过线路中包含有最大一台电动机全起动电流的瞬时尖峰电流，即

$$I_{r3} \geqslant 1.2[I'_{\text{st.M}} + I_{c(n-1)}] \tag{8-12}$$

式中　$I'_{\text{st.M}}$——线路上最大一台电动机的全起动电流（A），包括起动电流周期分量与非周期分量（起动后第一个周期出现的），其值可取为该电动机起动电流周期分量有效值的 2 倍。

2）对单台电动机保护断路器，瞬时过电流脱扣器的整定电流 I_{r3} 应不小于电动机起动电流的 $2 \sim 2.5$ 倍（取 2.2 倍），即

$$I_{r3} \geqslant 2.2 I_{\text{st.M}} \tag{8-13}$$

3）对照明线路保护断路器，瞬时过电流脱扣器的整定电流 I_{r3} 按下式整定：

$$I_{r3} \geqslant K_3 I_c \tag{8-14}$$

式中　K_3——照明线路保护断路器瞬时过电流脱扣器可靠系数，取决于电光源起动状况和断路器时间—电流特性，其值见附录表 56。

对于白炽灯、卤钨灯末端支线，宜选用交流 D 型脱扣特性（$I_{r3} = 10\,I_n \sim 20I_n$）的微型断路器作保护；对于气体放电灯末端支线，则宜选用交流 C 型脱扣特性（$I_{r3} = 5\,I_n \sim 10I_n$）的微型断路器作保护。

（三）保护灵敏性的检验

要求满足下列条件：

$$I_{k.\min}/I_{r3} \geqslant 1.3 \text{ 或 } I_{k.\min}/I_{r2} \geqslant 1.3 \tag{8-15}$$

式中　$I_{k.\min}$——断路器保护线路末端在系统最小运行方式下的最小短路电流（A），对于 TN 系统和 TT 系统，为单相接地故障电流；对于 IT 系统，当用电设备外露可导电部分为共同接地时，为两相短路电流或线导体对 N 导体短路电流。

上式中的系数 1.3 实际上是断路器保护要求的最低灵敏性系数，是考虑断路器动作特性有 ±20% 的制造误差、计算误差及装置电源电压偏差而规定的。

（四）与被保护线路的配合

为了不致发生因过负荷或短路引起导线或电缆过热起燃而低压断路器的脱扣器不动作的事故，低压断路器保护必须与线路配合。

1. 过负荷保护配合条件

从断路器反时限断开动作特性表（见附录表 53）可知，断路器在约定时间内的约定动作电流为 $1.3I_n$。因此，要满足式（8-2）的条件，只需满足 $I_{r1} \leqslant I_{a1}$ 即可。

2. 短路保护配合条件

通过校验绝缘电线和电缆的热稳定来确定断路器是否满足短路保护配合条件，根据保护电器动作时间的不同，按式（7-10）式（7-11）校验。

如果短路配合条件不满足，则应选择芯线导体截面积较大的绝缘电线和电缆，或者选择限流特性较好的断路器。

例 8-1 例 4-2 变电所低压出线 WD 末端配电箱最大一条分支线路计算电流 $I_c = 90$A，线路中接有一台 22kW 的电动机，额定电流 $I_r = 42$A，直接起动电流倍数 $k_{st} = 7$；此线路分支处三相短路电流 $I_{k3} = 8$kA，末端金属性单相接地故障电流 $I_d = 1.5$kA。当地环境温度为 $+35$℃。该线路拟用 YJV—0.6/1—$3 \times 50 + 2 \times 25$ 电缆，在有孔托盘桥架中单层敷设（另有 3 根其他回路电缆并行无间距排列）。线路首端低压断路器初选为 CM2-125L/3 型（非选择型两段保护）。试选择整定过电流脱扣器的额定电流及其动作电流。

解：（1）选择低压断路器过电流脱扣器的额定电流

根据 $I_n > I_c = 90$A，查附录表 26，选择 CM2-125L/3 型配电用低压断路器过电流脱扣器的额定电流 $I_n = 125$A，满足 $I_u \geq I_n \geq I_c$ 条件。

（2）低压断路器过电流脱扣器动作电流整定

断路器长延时过电流脱扣器动作电流按 $I_{r1} \geq I_c$ 要求，整定为 $I_{r1} = 0.9I_n = 112.5$A。

瞬时过电流脱扣器动作电流 I_{r3} 按下列要求：

$$I_{r3} \geq K_3 \left[I'_{st.M} + I_{c(n-1)} \right] = 1.2 \times \left[2 \times 7 \times 42 + (90 - 42) \right] \text{A} = 763.2 \text{A}$$

整定为 $I_{r3} = 7I_n = 7 \times 125$A $= 875$A。

（3）检验低压断路器保护的灵敏性

$$\frac{I_{k.min}}{I_{r3}} = \frac{1500\text{A}}{875\text{A}} = 1.71 > 1.3$$

满足保护灵敏性要求。

（4）校验低压断路器保护与电缆的配合

查附录表 39，得 YJV—0.6/1 $-3 \times 50 + 2 \times 25$ 型电缆在有孔托盘桥架中敷设、35℃ 的允许载流量 $I_{al} = 184$A。查附录表 49，得桥架中单层电缆 4 根无间距排列时载流量校正系数为 0.79，实际载流量 $I_{al} = 0.79 \times 184$A $= 145.4$A。而低压断路器长延时脱扣器动作电流 $I_{r1} = 112.5$A $< I_{al}$，满足过负荷配合条件。

当电缆线路分支处发生三相短路时，低压断路器将瞬时脱扣，全分断时间小于 0.1s，考虑到短路电流非周期分量的热效应，对限流断路器，电缆短路热稳定应按式（7-11）校验。查附录表 26 图，CM2-125 断路器在预期短路电流为 8kA 时允许通过的能量 I^2t 值为 $0.8 \times 10^5 \text{A}^2 \cdot \text{s}$，而交联聚乙烯绝缘导体热稳定系数 $K = 143 \text{A} \cdot \sqrt{s}/\text{mm}^2$，芯线截面积 $S = 50 \text{mm}^2$，因此 $K^2 S^2 = 143^2 \times 50^2 \text{A}^2 \cdot \text{s} = 510 \times 10^5 \text{A}^2 \cdot \text{s}$，满足 $K^2 S^2 > I^2 t$ 的短路配合条件。

二、低压熔断器的选择

低压限流熔断器可提供对低压配电线路过电流效应的完善保护，且具有高分断能力、高限流特性（低 I^2t 值）、简单可靠、经济有效、选择性配合容易等许多优点，应推广使用。

选择低压熔断器时，应先按一般要求初步选择类别、额定电流、分断能力及附件（见第四章），然后根据保护特性要求确定熔断器的熔断体电流。

（一）熔断体额定电流的确定

1. 按正常工作电流确定

配电线路保护熔断体额定电流 I_r 应不小于线路的计算电流 I_c，不大于熔断器底座额定电流 I_n。

2. 按起动尖峰电流确定

1）配电线路的熔断体额定电流按下式选取：

$$I_r \geqslant K_r \left[I_{r.M} + I_{c(n-1)} \right] \tag{8-16}$$

式中　K_r——配电线路熔断体额定电流选择计算系数，取决于线路上最大一台电动机的起动
情况、最大一台电动机的额定电流 $I_{r.M}$ 与线路计算电流 I_c 的比值及熔断器的时
间—电流特性，其值见表 8-3。

表 8-3　K_r 值

$I_{r.M}/I_c$	≤0.25	0.25 ~ 0.4	0.4 ~ 0.6	0.6 ~ 0.8
K_r	1.0	1.0 ~ 1.1	1.1 ~ 1.2	1.2 ~ 1.3

2）照明配电回路的熔断体额定电流 I_r 应按下式选择

$$I_r \geqslant K_m I_c \tag{8-17}$$

式中　K_m——照明线路熔断体选择的计算系数，范围为 1 ~ 1.7，取决于电光源起动状况和
熔断器时间—电流特性，其值见附录表 57。

3）对单台电动机配电回路，熔断器仅
作短路保护，宜采用"aM"类熔断体，电
动机的起动电流不超过熔断体额定电流 I_r
的 6.3 倍时，只要 $I_r \geqslant I_{rM}$ 即可；若采用
"gG"类熔断体，宜按熔体允许通过的起动
电流选择，见附录表 58。

（二）保护灵敏性的检验

校验熔断器保护的灵敏性，应利用熔
断器的时间—电流曲线。首先，应根据被
保护回路的类型、系统接地型式和环境情
况、考虑切断所需时间。其次，根据熔断
器的时间—电流曲线确定引起熔断体在规
定时间内动作的电流 I_a，方法如图 8-8 所
示。然后，要求满足下列条件：

$$I_a \leqslant I_{k.min} \tag{8-18}$$

式中　$I_{k.min}$——熔断器保护线路末端在系统
最小运行方式下的最小短路

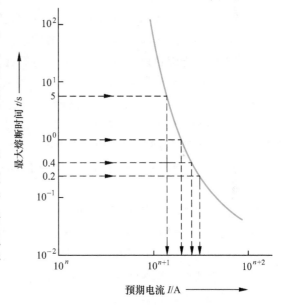

图 8-8　根据熔断器时间—电流曲线
确定引起熔断体动作的电流

电流，对于 TN 系统和 TT 系统，为单相接地故障电流；对于 IT 系统，当用电
设备外露可导电部分为共同接地时，为两相短路电流或线导体对中性导体短
路电流。

确定动作电流 I_a 时，须考虑熔断器的时间—电流曲线在电流方向存在 ±10% 的偏差，
宜按正偏差确定。

在工程设计中，若无法获得熔断器时间—电流曲线，对于 TN 系统，若单相接地故障电
流与熔断体额定电流的比值不小于表 8-4 所列值，则可认为符合式（8-18）的要求。

表 8-4 检验熔断器保护灵敏性的最小 $I_{k.min}/I_r$ 值

熔断体额定电流/A	4 ~ 10	16 ~ 32	40 ~ 63	80 ~ 200	250 ~ 500
最大熔断时间 /s	5	4.5	5	6	7
	0.4	8	9	10	11	—

（三）与被保护线路的配合

为了不致发生因线路过负荷或短路而引起绝缘导线或电缆过热甚至起燃而熔断器熔体不熔断的事故，熔断器保护必须与线路相配合。

1. 过负荷保护配合条件

熔断器在标准规定的约定时间内的约定熔断电流 I_2 应不大于线路允许的最大过负荷电流，即满足式（8-2）的条件。但此条件在实际工程设计时不便于操作，因此须作变换。查附录表 55，得熔断体额定电流 I_r 在 16A 及以上时，$I_2 = 1.6 I_r$，此是试验数据，在实际环境下须乘以温度补偿系数 0.9，这样就可以将过负荷保护配合条件简化为熔断体额定电流不应大于线路的允许载流量，即 $I_r \leqslant I_{al}$。

2. 短路保护配合条件

通过校验绝缘电线和电缆的热稳定来确定熔断器是否满足短路保护配合条件，根据其时间—电流曲线得到的熔断体动作时间，分别按式（7-10）式（7-11）校验。

如果短路保护配合条件不满足，则应重新选择熔断器的熔断体电流，或者选择芯线导体截面积较大的绝缘电线和电缆。

例 8-2 有一台异步电动机，其额定电压为 380V，额定容量为 55kW，额定电流为 103A，起动电流倍数为 7，一般轻载起动。现拟采用 BV—450/750—3 × 50 型绝缘导线穿钢管敷设，环境温度为 25℃，采用 NT1 型熔断器（gG 类）作短路保护。已知三相短路电流 I_{k3} 为 8kA，金属性单相接地故障电流 I_d 为 1.5kA。试选择整定熔断器及其熔断体的额定电流。

解：（1）选择熔断体及熔断器的额定电流

按满足 $I_r \geqslant I_c = 103A$ 条件，起动电流为 $7 \times 103A = 721A$ 和一般轻载起动，查附录表 58，得 NT1 型熔断器 $I_r = 160A$ 的熔断体最大允许通过 750A 的起动电流。故应选用 $I_r = 160A$ 的熔断体，熔断器型号为 NT1 – 250，熔断器底座额定电流 $I_n = 250A$。

（2）校验熔断器的保护灵敏性

该熔断器安装在额定电流大于 32A 的终端回路，为 TN 系统，允许最长切断电源的时间为 5s，根据 NT1-250 型熔断器的时间—电流曲线（见附录表 27 图）得，引起 160A 的熔断体在 5s 内动作的电流 $I_a = 900A$，则

$$\frac{I_{k.min}}{I_a} = \frac{1500A}{900A} = 1.67 > 1.1$$

满足保护灵敏性要求。

（3）校验熔断器保护与线路的配合

本题熔断器仅作短路保护，因此只要校验短路配合条件即可。根据 NT1-250 型熔断器的时间—电流曲线（见附录表 27 图），对 $I_r = 160A$ 的熔断体，当预期电流 $I = 1500A$ 时，弧前

时间 $t = 0.6\mathrm{s}$。按式（7-10）校验。已知聚氯乙烯绝缘热稳定系数 $K = 115\mathrm{A} \cdot \sqrt{\mathrm{s}}/\mathrm{mm}^2$，得 $\dfrac{I_\mathrm{k}}{K}$

$$\sqrt{t} = \frac{1500}{115}\sqrt{0.6}\,\mathrm{mm}^2 = 10.1\,\mathrm{mm}^2 < 50\,\mathrm{mm}^2，满足短路热稳定配合条件。$$

当预期电流 $I = 8000\mathrm{A}$，熔断时间 $t < 0.01\mathrm{s}$。按式（7-11）校验。查附录表 59，额定电流 160A 的 "gG" 类熔断体 0.01s 的弧前 I^2t 最大值为 $250.0 \times 10^3\mathrm{A}^2 \cdot \mathrm{s}$，而线路可以承受的热效应 $K^2S^2 = 115^2 \times 50^2\mathrm{A}^2 \cdot \mathrm{s} = 33062.5 \times 10^3\mathrm{A}^2 \cdot \mathrm{s}$。满足 $K^2S^2 > I^2t$ 的短路热稳定配合条件。

三、剩余电流动作保护电器（RCD）的选择

在低压配电系统中，正确选用剩余电流动作保护电器可有效地防止由接地故障引起的电气火灾和人身电击事故。剩余电流动作保护电器的型式、额定电压、额定电流、额定接通分断能力、额定剩余动作电流、分断时间应满足被保护线路和设备的要求。本节主要讲述剩余电流动作保护电器的型式选择、动作参数选择及其正确接线。

（一）RCD 的型式选择

1. 根据配电系统制式选择 RCD 的级数

为了防止在回路中可能发生的误动作，RCD 应能断开所保护的回路中所有的带电导体，包括中性导体。一般地，单相三线制系统应选用二极 RCD；三相三线制系统应选用三极 RCD；三相四线制系统应选用四级 RCD。但在 TN-S 系统中，当中性导体为可靠的地电位时断开中性导体是没有意义的，此时，可分别选用单极二回路 RCD、三极四回路 RCD。而 TN-S 系统中的中性导体是否为可靠的地电位，需要技术人员根据工程的具体情况决定。

2. 根据回路电流性质选择 RCD 的动作特性

一般情况下，RCD 保护的回路故障电流中直流分量较少，可选用对直流分量敏感的 AC 型 RCD，而不至于拒动。若 RCD 保护的回路故障电流中有过多的直流分量情况下，应采用对直流分量不敏感的 A 型或 B 型 RCD。

3. 根据工作环境条件选择 RCD 的型式

对电源电压偏差较大的回路、电磁干扰强的地区、高温或低温环境中，应优先选用电磁型 RCD；安装在电源进线处及雷电活动频繁地区时应选用增强耐误脱扣型 RCD；安装在易燃、易爆、潮湿或有腐蚀性气体等恶劣环境中应选用相应防护功能的 RCD。

4. 根据有无过电流保护需要选择 RCD 的功能

一般情况下，宜选择带过电流保护的 RCD 来保护电路，其内置的过电流保护能够保护 RCD。若选用不带过电流保护的 RCD，就需要 RCD 与过电流保护电器之间协调配合，过电流保护电器应能可靠保护 RCD 使其免受过负荷电流和短路电流的影响。

（二）RCD 的动作参数选择

限于篇幅，本节仅讲述正常环境安装的剩余电流动作保护电器的动作参数要求。

1）为防止人身遭受电击伤害，对额定电流不超过 20A、供一般人员使用的普通用途的插座和额定电流不超过 32A 的户外移动式设备，应选用额定剩余动作电流不大于 30mA、无延时型的 RCD。无延时型 RCD 对于交流剩余电流的最大分断时间标准值见附录表 60。

2）对于单台电气机械设备，可根据其容量大小选用额定剩余动作电流 30～100mA、无延时型的 RCD。

3）配电线路或多台电气设备（或多住户）的电源端为防止接地故障引起电气火灾安装的剩余电流动作保护电器，其动作电流和动作时间应按被保护线路和设备的具体情况及其泄漏电流值确定。应选用延时动作型的 RCD。延时型 RCD 对于交流剩余电流的分断时间标准值见附录表 61，配电线路和用电设备的泄漏电流估算值见附录表 62 ~ 附录表 64。

4）剩余电流动作保护电器的额定剩余动作电流，应大于被保护线路和设备正常运行时泄漏电流最大值的 3 倍。

（三）RCD 的正确接线

要注意的是，剩余电流动作保护电器在低压配电系统安装时，必须按规定正确接线。否则，会出现剩余电流动作保护电器误动或拒动的现象，下面试举几例，见表 8-5。

表 8-5　导致 RCD 误动或拒动的接线举例

序号	RCD 接线示例	原理解释
1	PEN 导体不得穿过 RCD 的剩余电流互感器 L —I_d→ RCD PEN —I_d→	在 TN-S 系统中，N 导体与线导体一道穿过 RCD 的剩余电流互感器，此时可检测出剩余电流。但在 TN-C 系统中，若 PEN 导体与线导体一道穿过 RCD，因无法检测出剩余电流而导致 RCD 拒动。也就是说，TN-C 系统是不能装用 RCD 的。正确的做法是将 TN-C 系统改为 TN-C-S 系统，在 RCD 电源侧将 N 导体与 PE 导体分开
2	电气装置内的 N 导体不得接地 L —I→ RCD N —I_1→ PE ⏚I_2	为避免杂散电流的产生，在电气装置内 N 导体只能在电源侧一点接地。对装用 RCD 的配电回路而言，若将 N 导体有意或无意地接地，会产生 N 导体上的电流有部分通过接地点分流而使 RCD 误动。同理，如果 N 导体对地绝缘不良，也会导致 RCD 误动
3	PE 导体与 N 导体不得接反 L —I→ RCD N PE ←I—	如果在 RCD 的负荷侧接线时，将 N 导体误接为 PE 导体，而将 PE 导体误接为 N 导体，就有正常的负荷电流通过 PE 导体返回电源，RCD 的剩余电流互感器检测到此电流，导致 RCD 误动或无法合闸
4	不同回路不得共用 N 导体 L —I_1→ RCD N ←I_1+I_2— L —I_2→	在施工中为减少投资，若将装有 RCD 的回路与其他回路共用一根 N 导体，将会使通过 RCD 的剩余电流互感器检测出由于错误接法而出现的不平衡电流，导致 RCD 误动
备注	在实际工程中，若遇 RCD 因错误接线误动时，切忌因急于供电而拆除 RCD，必须仔细查找 RCD 误动的原因，采取正确接线	

246

第四节　低压保护电器的级间选择性配合

一、过电流保护电器的级间选择性配合

配电线路装设的上下级保护电器，其动作特性应具有选择性，且各级之间应能协调配合。过电流选择性是指串联的两个或多个过电流保护电器之间动作特性的配合，在给定范围内出现过电流时，指定在这个范围内动作的电器动作，而其他电器不动作。随着我国保护电器的性能不断提高，实现保护电器的上下级动作配合已具备一定条件。但对于短路保护，要做到选择性配合还有一定难度，需综合考虑脱扣器电流动作的整定值、延时、区域选择性联锁、能量选择等多种技术手段。因此，对于非重要负荷的保护电器，可采用部分选择性或无选择性切断。

过电流保护电器的动作特性应符合下列基本要求：

1）要求配电线路末级保护电器以最快的速度切断故障电路，在不影响人员和工艺设备安全的情况下宜瞬时切断。

2）上一级保护电器采用断路器时，宜设有短延时过电流脱扣器，并合理整定其动作电流和动作延时时间，以保证下级保护电器先动作。

3）上一级保护电器采用熔断器时，其反时限特性应与下级熔断器配合，可用过电流选择比给予保证。

4）上一级保护电器采用断路器时，若装有欠电压脱扣器（与电源电压有关），应采用延时型，以避免短路时产生电压跌落造成可能影响选择性的动作。

过电流保护电器级间选择性配合示例及其动作特性整定见表8-6。

表8-6　过电流保护电器的级间选择性配合

序号	保护电器级间选择性配合示例	动作特性整定要求
1	上、下级均选用选择型断路器 $I_{r1.1} \geq 1.2 I_{r1.2}$ $I_{r2.2} \geq 1.2 I_{r2.2}$	1）上级断路器长延时脱扣器的整定电流 $I_{r1.1}$ 不小于下级断路器长延时脱扣器整定电流 $I_{r1.2}$ 的1.2倍 2）上级断路器短延时脱扣器的整定电流 $I_{r2.1}$ 不小于下级断路器短延时脱扣器整定电流 $I_{r2.2}$ 的1.2倍，上级短延时动作时间 t_1 比下级短延时动作时间 t_2 长一个级差（0.1~0.2s） 3）上级断路器不宜设置瞬时脱扣器，以确保动作的选择性。若设置瞬时脱扣器，其整定电流 $I_{r3.1}$ 应尽量整定得大些，至少不小于下级断路器出线端单相短路电流 I_{k1} 的1.2倍

247

（续）

序号	保护电器级间选择性配合示例	动作特性整定要求
2	上级选用选择型断路器，下级选用非选择型断路器	1）上级断路器短延时脱扣器的整定电流 $I_{r2.1}$ 不应小于下级断路器瞬时脱扣器整定电流 $I_{r3.2}$ 的 1.2 倍 2）上级断路器短延时脱扣器的整定时间无特别要求 3）上级断路器瞬时脱扣器的整定电流 $I_{r3.1}$ 在满足灵敏度前提下应尽量整定得大些，至少不小于下级断路器出线端单相短路电流 I_{k1} 的 1.2 倍
3	上级选用选择型断路器，下级选用熔断器	1）熔断时间≥0.1s 时，断路器的最小脱扣时间应大于熔断器的最大熔断时间。一般地，断路器短延时脱扣器可按下列要求整定： ①上级断路器短延时动作时间应整定得长些，至少要比熔断器的短路电流对应动作时间长 0.15s ②当短延时脱扣器的延时时间不大于 0.5s 时，其短延时脱扣器整定电流 $I_{r2.1}$ 值不宜小于下级熔断器熔体额定电流 $I_{r.2}$ 的 12 倍，当 $I_{r.2}$ 小于 100A 时可为 10 倍 2）熔断时间＜0.1s 时，断路器的最小脱扣 I^2t 值必须大于熔断器的最大熔断 I^2t 值
4	上、下级均选用熔断器	1）熔断时间≥0.1s 时，要求上级熔断器最小弧前时间大于下级熔断器的最大熔断时间。可按上、下级熔体的过电流选择比来选配。16A 及以上"gG"类熔体的过电流选择比为 1.6:1 2）熔断时间＜0.1s 时，需用 I^2t 值进行验证。上级熔断器的最小弧前 I^2t 值必须大于下级熔断器的最大熔断 I^2t 值
5	上级选用熔断器，下级选用非选择型断路器	1）熔断时间≥0.1s 时，熔断器的最小弧前时间应大于断路器的最大动作时间（0.1s 以上），一般熔断器的熔体额定电流大于断路器长延时动作电流的 3 倍即可 2）熔断时间＜0.1s 时，熔断器的最小弧前 I^2t 值必须大于断路器的最大脱扣 I^2t 值
备注	1）上级选用非选择性断路器，下级选用熔断器。此配合仅在过载和短路电流不大时具有部分选择性，不予推荐 2）上、下级均选用非选择性断路器。此配合除过载外，理论上不能保证选择性。工程设计时应参照生产厂家产品样本中根据试验确定的级联配合表选配断路器动作电流，尽量减少越级跳闸	

例8-3　试选择和整定图 8-9 所示变电所低压配电干线 WD 保护断路器过电流脱扣器的额定电流和动作电流。变电所低压配电干线 WD 保护断路器初步选择见例 4-5。配电干线 WD 末端最大一条分支线保护断路器选择和整定见例 8-1。

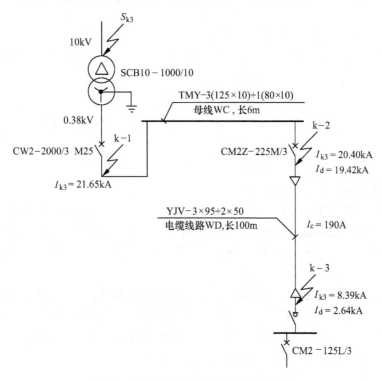

图 8-9　例 8-3 的低压配电系统计算电路

解：（1）低压断路器过电流脱扣器的额定电流

根据例 4-5 所选结果可知，变电所低压配电干线 WD 保护断路器 CM2Z-225M/3 为选择型三段保护塑壳式断路器。该断路器壳级额定电流 $I_u = 225A$，而线路计算电流 $I_c = 190A$，查附录表 26，选择断路器过电流脱扣器的额定电流为 $I_n = 225A$，满足 $I_u \geq I_n > I_c$ 条件。

（2）低压断路器过电流脱扣器动作电流的整定

长延时过电流脱扣器整定电流按 $I_{r1} \geq I_c$ 要求，确定为 $I_{r1} = 225A$。

短延时过电流脱扣器整定电流按躲过线路短时尖峰电流及与下级线路保护电器配合要求整定，即

$$\begin{cases} I_{r2} \geq 1.2 [I_{st.M} + I_{c(n-1)}] = 1.2 \times [7 \times 42A + (190A - 42A)] = 530.4A \\ I_{r2} \geq 1.2 I_{r3.2} = 1.2 \times 7 \times 125A = 1050A \end{cases}$$

查附录表 26，短延时过电流脱扣器整定电流为 $I_{r2} = 5I_{r1} = 1125A$，满足上述要求。

由于下级分支线路短路时其保护电器瞬时动作，故本级断路器短延时过电流脱扣器动作时间按选择性要求整定为 $0.2s$。

瞬时过电流脱扣器整定电流按躲过线路瞬时尖峰电流及与下级线路保护电器配合要求整定，即

$$\begin{cases} I_{r3} \geq 1.2\left[I'_{st.M} + I_{c(n-1)}\right] = 1.2 \times \left[2 \times 7 \times 42A + (190A - 42A)\right] = 883.2A \\ I_{r3} \geq 1.2 I_{k1.2} = 1.2 \times 2640A = 3168A \end{cases}$$

查附录表 26，CM2Z-225M/3 瞬时过电流脱扣器整定电流最大值 $14I_{r1} = 3150A$，基本满足上述要求。

（3）检验低压断路器保护的灵敏度

按线路末端发生金属性单相接地故障校验短延时过电流脱扣器的动作灵敏性，即

$$\frac{I_{k.min}}{I_{r2}} = \frac{2640A}{1125A} = 2.35 > 1.3 \quad 满足要求$$

按线路末端发生金属性两相短路校验瞬时过电流脱扣器的动作灵敏性，即

$$\frac{I_{k.min}}{I_{r3}} = \frac{0.866 \times 8390A}{3150A} = 2.31 > 1.3 \quad 满足要求$$

（4）校验低压断路器保护与电缆的配合

查附录表 39，得 YJV—0.6/1—3 × 95 + 2 × 50 型电缆在有孔托盘桥架中敷设、35℃的允许载流量 $I_{al} = 286A$。查附录表 49 得桥架中单层电缆 4 根无间距排列时载流量校正系数为 0.79，实际载流量 $I_{al} = 0.79 \times 286A = 225.9A$。而其首端安装的断路器长延时脱扣器动作电流 $I_{r1} = 225A < I_{al}$，满足过负荷配合条件。

当配电干线 WD 末端发生三相短路时，低压断路器将瞬时脱扣，全分断时间小于 0.1s，考虑到短路电流非周期分量的热效应，对于限流断路器，电缆短路热稳定应按式（7-11）校验。查附录表 26 图，CM2Z-225 断路器在预期短路电流为 8.39kA 时允许通过的能量 I^2t 值为 $1.8 \times 10^5 A^2 \cdot s$，而交联聚乙烯绝缘导体的热稳定系数 $K = 143A \cdot \sqrt{s}/mm^2$，芯线导体截面积 $S = 95mm^2$，因此 $K^2S^2 = 143^2 \times 95^2 A^2 \cdot s = 1841.1 \times 10^5 A^2 \cdot s$。满足 $K^2S^2 > I^2t$ 的短路配合条件。

当配电干线 WD 末端发生单相对地短路时，低压断路器将短延时脱扣，动作时间为 0.2s，电缆短路热稳定应按式（7-6）校验，即

$$S_{min} = \frac{I''_{k3}\sqrt{t}}{K} = \frac{2.64kA \times 10^3 \times \sqrt{0.2s}}{143A \cdot \sqrt{s}/mm^2} = 8.24mm^2 < 50mm^2$$

满足短路配合条件。

二、剩余电流动作保护电器的分级保护与级间选择性配合

低压配电系统中为了缩小发生人身电击事故和接地故障切断电源时引起的停电范围，剩余电流保护动作电器应采用分级保护。分级保护方式的选择应根据用电负荷和线路具体情况的需要，一般可分为两级或三级保护。各级剩余电流保护动作电器的动作电流值和动作时间应协调配合，具有动作选择性。

剩余电流保护动作电器（RCD）的级间选择性配合要求如下：

1）上级 RCD 的额定剩余动作电流和下级 RCD 的额定剩余动作电流的比值应至少为 3:1。

2）上级 RCD 的不动作时间应大于下级 RCD 动作时间。

例如，正常室内环境线路末端 RCD 的额定剩余动作电流为 30mA，选用无延时动作型

（剩余电流 250mA 的动作时间不大于 0.04s）。上一级 RCD 的额定剩余动作电流，对火灾危险场所可取 100 ~ 300mA（对一般场所可取大于 300mA），选用延时动作型（如额定延时 0.06s 的 RCD，在 5 倍额定剩余动作电流时的最大分断时间为 0.15s）。

思考题与习题

8-1　低压配电线路应装设哪些过电流保护措施？一般采用何种保护电器？

8-2　对短路保护电器动作特性的要求是什么？对过负荷保护电器动作特性的要求是什么？

8-3　低压配电线路并联导体如何设置过电流保护？

8-4　低压配电线路中性导体如何设置过电流保护？

8-5　什么是接地故障？接地故障电流有什么特点？有何危害？

8-6　什么是剩余电流？与零序电流有何异同？如何检测？

8-7　如何在建筑物内设置接地故障电气火灾防护？

8-8　人体对电流的生理反应主要和哪些因素有关？为什么国际上将防电击的高灵敏性剩余电流动作保护电器的额定动作电流值取为 30mA？

8-9　在电气装置中，基本防护和故障防护主要有哪些措施？

8-10　什么是总等电位联结？为什么对低压 TN 系统和 TT 系统，它的作用会有所不同？

8-11　什么是局部等电位联结和辅助等电位联结？它又有何作用？

8-12　如何选择低压 TN 系统的故障防护电器？为什么低压 TT 系统的故障防护电器通常采用剩余电流保护电器？

8-13　为什么低压 TN 系统中不同额定电流的终端回路，其故障防护电器的动作时间要求不同？

8-14　如何选择和整定配电保护低压断路器过电流脱扣器的动作电流？

8-15　如何选择和校验低压熔断器熔体的额定电流？

8-16　什么是剩余电流保护电器？如何选择剩余电流保护电器的动作参数？

8-17　剩余电流保护电器出现误动或拒动的接线原因可能有哪些？试绘制出剩余电流保护电器在 TN-S 系统和 TT 系统中的正确接线图。

8-18　配电线路装设的上下级过电流保护电器如何保证其动作的选择性配合？

8-19　有一条线路计算电流 $I_c = 60A$，线路中接有一台 11kW 的电动机，额定电流 $I_r = 21A$，直接起动电流倍数 $k_{st} = 7$；此线路分支处三相短路电流 $I_{k3} = 6kA$，末端金属性单相接地故障电流 $I_d = 1.2kA$，当地环境温度为 35℃。该线路拟用 YJV—0.6/1—3 × 35 + 2 × 16 电缆，在有孔托盘桥架中单层敷设（另有 3 根其他回路电缆并行无间距排列）。线路首端低压断路器初选为 CM2-125L/3 型（非选择型两段保护）。试选择整定过电流脱扣器的额定电流及其动作电流。

8-20　有一台异步电动机，其额定电压为 380V，额定容量为 22kW，额定电流为 42A，起动电流倍数为 7，一般轻载起动。现拟采用 BV—450/750—3 × 25 型绝缘导线穿钢管敷设，环境温度为 25℃，采用 NT0 型熔断器（gG 类）作短路保护。已知三相短路电流 I_{k3} 为 6kA，金属性单相接地故障电流 I_d 为 1.2kA。试选择整定熔断器及其熔体的额定电流。

8-21　试选择和整定习题 4-18 中变电所低压配电干线 WD 保护选择型断路器过电流脱扣器的额定电流和动作电流。变电所低压配电干线 WD 保护断路器的初步选择见习题 4-21。已知配电干线 WD 末端配电箱分支线路保护电器采用断路器，动作电流整定同习题 8-19。

参 考 文 献

[1]　莫岳平，翁双安. 供配电工程 [M]. 北京：机械工业出版社，2011.

[2]　王厚余. 低压电气装置的设计安装和检验 [M]. 3 版. 北京：中国电力出版社，2012.

［3］　中国机械工业联合会. GB 50054—2011 低压配电设计规范［S］. 北京：中国计划出版社，2011.

［4］　中国机械工业联合会. GB 50055—2011 通用用电设备配电设计规范［S］. 北京：中国计划出版社，2011.

［5］　中华人民共和国公安部. GB 50016—2014 建筑设计防火规范（2018 年版）［S］. 北京：中国计划出版社，2018.

［6］　全国建筑物电气装置技术委员会. GB/T 16895. 5—2012/IEC 60364-4-43：2008　低压电气装置 第 4-43 部分 安全防护 过电流保护［S］. 北京：中国标准出版社，2012.

［7］　全国建筑物电气装置技术委员会. GB/T 16895.21—2011/IEC 60364-4-41：2005　低压电气装置 第 4-41 部分 安全防护 电击防护［S］. 北京：中国标准出版社，2011.

［8］　全国建筑物电气装置技术委员会. GB/T 17045—2008/IEC 61140：2001 电击防护 装置和设备的通用部分［S］. 北京：中国标准出版社，2008.

［9］　中国电器工业协会. GB/T 13539. 5—2013/IEC/TR 60269-5：2010 低压熔断器 第 5 部分：低压熔断器应用指南［S］. 北京：中国标准出版社，2013.

［10］　中国电器工业协会. GB/Z 25842.1—2010/IEC/TR 61912-1：2007 低压开关设备和控制设备 过电流保护电器 第 1 部分：短路定额的应用［S］. 北京：中国标准出版社，2011.

［11］　中国电器工业协会. GB/Z 25842. 2—2012/IEC/TR 61912-2：2009 低压开关设备和控制设备 过电流保护电器 第 2 部分：过电流条件下的选择性［S］. 北京：中国标准出版社，2013.

［12］　中国电器工业协会. GB/Z 22721—2008/IEC/TR 62360：2006 正确使用家用和类似用途剩余电流动作保护电器（RCD）的指南［S］. 北京：中国标准出版社，2009.

［13］　中国电力企业联合会. GB/T 13955—2017 剩余电流动作保护装置安装和运行［S］. 北京：中国标准出版社，2018.

第九章　防雷及过电压保护与接地

第一节　雷电有关知识

一、雷电放电过程

雷电是雷云之间或雷云对地面放电的一种自然现象。在防雷工程中，主要关心的是雷云对大地的放电，称为对地雷闪（lightning flash to earth）。

能产生雷电的带电云层称为雷云。雷云的形成主要是含水汽的空气的热对流效应，如水滴破裂效应、水滴结冰效应、摩擦生电等。雷云中，较小的带正电的粒子（如冰晶）在云层的上部，而较大的带负电的水滴在云层的下部。带电云层一经生成，就形成雷云空间电场。

实测统计资料表明，作用于平地、架空线路和低矮建筑物上的雷击大多由始于雷云对地的一个向下先导的下行雷（downward flash）引起，而作用于地面高耸（100m 以上）的建筑物的雷击则主要由始于地面建筑物对雷云的一个向上先导的上行雷（upward flash）引起。雷电流（lightning current）正负极性比例中，约90%为负极性。对地雷闪由一个或多个雷击（lightning stroke）（即单次放电）组成，而每次雷击可以分为先导放电、主放电和余辉放电三个阶段。

1. 先导放电阶段

天空中的雷云带有大量电荷，由于静电感应作用，大地感应出与雷云相反的电荷，雷云与其下方的地面就形成一个已充电的长气隙电容器。雷云中的电荷分布是不均匀的，当雷云中的某个电荷密集中心的电场强度达到空气击穿场强（25 ~ 30kV/cm，有水滴存在时约为10kV/cm）时，空气便开始电离，形成指向大地的一段微弱导电通道，称为先导放电。开始产生的先导放电是跳跃式向前发展的。先导放电常常表现为树枝状，这些树枝状的先导放电通常只有一条放电分支到达大地。整个先导放电时间约为 0.005 ~ 0.01s，相应于先导放电阶段的雷电流很小，约为 100A。

2. 主放电阶段

当先导放电接近大地时，与地面物体向上发展的迎面先导会合后，就进入主放电阶段。在主放电中，雷云与大地之间所聚集的大量电荷，通过先导放电所开辟的狭小电离通道发生猛烈的电荷中和，放出巨大的光和热（放电通道温度可达 15000 ~ 20000℃），使空气急剧膨胀振动，发生霹雳轰鸣，这就是雷电伴随强烈的闪电和震耳的雷鸣。在主放电阶段，雷击点有巨大的电流流过，大多数雷电流峰值可达数十至数百千安，主放电的时间极短，为 50 ~ 100μs。

3. 余辉放电阶段

当主放电阶段结束后，雷云中的剩余电荷将继续沿主放电通道下移，使通道连续维持着一定余辉。余辉放电电流仅数百安，但持续的时间可达 0.03 ~ 0.05s。

雷云中可能存在多个电荷中心，当第一个电荷中心完成上述放电过程后，可能引起其他电荷中心向第一个中心放电，并沿着第一次放电通路发展，因此，雷云放电往往具有重复性。每次放电间隔时间为 0.6 ~ 800ms。第二次及以后的先导放电速度快，称为箭形先导，主放电电流较小，一般不超过 50kA，但电流陡度大大增加。图 9-1 所示为负下行雷对地放电的典型发展过程光学照片描绘图和雷电流的波形。

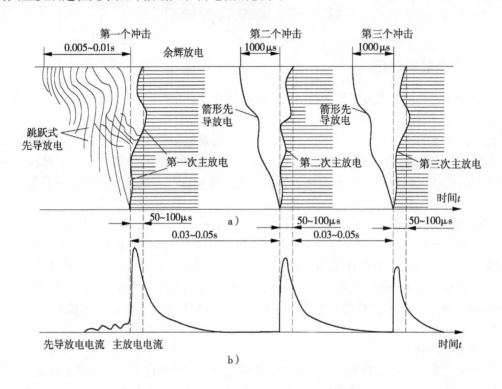

图 9-1　雷云对地放电的发展过程和雷电流的波形
a）光学照片描绘图　b）雷电流的波形

二、有关的雷电参数

对地雷闪受气象条件、地形和地质等许多自然因素影响，带有很大的随机性，因而表征雷电特性的各种参数也就具有统计的性质。

1. 雷暴日

雷暴日 T_d 是指该地区平均一年内有雷电放电的平均天数，单位为 d/a。统计时，在一天内能看到雷闪或听到雷声都记为雷暴日。年平均雷暴日数（T_d）则是由当地气象台（站）根据多年的气象资料统计出的雷暴日数的年平均值，一般：$T_d < 15$ 天的地区被称为少雷区，如西北地区；$15 \leq T_d \leq 40$ 天的地区为中雷区，如长江流域；$40 < T_d \leq 90$ 天的地区为多雷区，如华南大部分地区；$T_d > 90$ 天的地区及根据运行经验雷害特殊严重的地区为强雷区，如海南省和雷州半岛。T_d 值越大，则防雷要求也就越高。

2. 雷击大地密度

雷击大地密度 N_g 是指每年每平方公里雷击大地的次数，单位为次/（$km^2 \cdot a$）。它首先应按当地气象台（站）资料确定；若无此资料，可根据雷暴日 T_d 按下式估算：

$$N_g = 0.1 \times T_d \qquad (9\text{-}1)$$

根据雷击大地密度可以计算出地面建筑物或架空线路遭受的年预计雷击次数，从而采取相应的防雷措施。

3. 雷电流的波形和参数

雷电流由一个或多个不同的雷击组成：持续时间小于 2ms 的短时间雷击（包括首次和首次以后的后续短时间雷击）和持续时间大于 2ms 的长时间雷击。短时间雷击对应于一个冲击电流，如图 9-2 所示。图中 I 为峰（幅）值，即雷电流的最大值；T_1 为波头时间，定义为雷电流波头达到 10% 峰值到 90% 峰值时间间隔的 1.25 倍；连接雷电流波头 10% 峰值和 90% 峰值两参考点的直线与时间轴的交点 O_1 称为短时间雷击电流的视在原点；T_2 为半值时间，定义为视在原点 O_1 到雷电流下降至峰值一半时的时间间隔。雷电流的波形通常表示为 T_1/T_2（μs）。

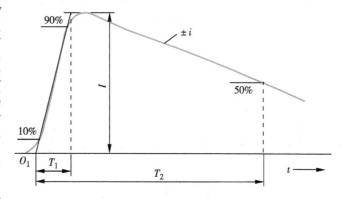

图 9-2　短时间雷击电流的波形

短时间雷击电流的波头陡度定义为雷电流上升期间雷电流的上升率，即 di/dt。雷电流的陡度越大，感应耦合引起的过电压和火花越大，对电气和电子系统的危害越严重。

GB/T 21714.1—2015《雷电防护 第 1 部分：总则》根据国际大电网会议（CIGRE）报告提出，首次短时间雷击的电流波形取 10/350μs；最大参数取正雷闪时概率低于 10% 的值：$I \le 200kA$，$di/dt \le 20kA/\mu s$。后续短时间雷击的电流波形取 0.25/100μs；最大参数取负雷闪时概率低于 1% 的值：$I \le 50kA$、$di/dt \le 200kA/\mu s$。可见，雷电流的最大峰值出现在首次正极性短时间雷击中，而最大陡度出现在后续负极性短时间雷击中。

三、雷电波在线路中的传播

研究表明，雷电波（lightning surge）具有波的传播特性，是电流波和电压波伴随而行的统一体。电力线路受到雷击后，产生的雷电波会向电力线路两侧流动传播，雷电波在传播过程中到达线路参数发生突变的节点处，还会发生折射和反射现象。由于雷电波的等效频率很高，通常采用分布参数电路分析。

（一）雷电波的传播速度和波阻抗

雷电波在导线中传播时，其波头的行进速度称为雷电波的传播速度，用 v 来表示，满足关系式：

$$v = \frac{dx}{dt} = \frac{1}{\sqrt{L_0 C_0}} \qquad (9\text{-}2)$$

式中 x——电力线路的长度位置（m）；

　　　t——传播时间（s）；

L_0、C_0——导线单位长度的电感和对地电容。

计算表明，雷电波沿架空线传播的速度与光速（$3 \times 10^8 \mathrm{m/s}$）相同，而在电缆中传播的速度约为上值的 $1/2 \sim 1/3$。

由于电力线路中分布参数的作用，电力线路会对雷电波呈现一定的阻抗，称为波阻抗，用 Z（单位为 Ω）表示。电力线路的波阻抗 Z 满足如下关系式：

$$Z = \frac{u_\mathrm{f}}{i_\mathrm{f}} = \sqrt{\frac{L_0}{C_0}} \tag{9-3}$$

式中 u_f、i_f——在电力线路上向同一方向传播的前行电压波、电流波。

式（9-3）还可改写成

$$\frac{1}{2} C_0 u_\mathrm{f}^2 = \frac{1}{2} L_0 i_\mathrm{f}^2 \tag{9-4}$$

可见，与集中参数电路的欧姆定律不同，波阻抗表征的是沿导线传播的电压波和电流波之间的动态比例关系，因为雷电波在传播过程中必须遵循存在单位长度线路周围媒质中的电场能量和磁场能量一定相等的规律。波阻抗只与电力线路中的分布参数 L_0、C_0 有关，而与线路长度和负载性质无关。

（二）雷电波的折射和反射

电力线路受到雷击后，雷电波作为入射波迅速在线路上传播扩散，到达不同分布参数的电路连接点（称为节点）时，由于节点两侧波阻抗的改变（$Z_1 \neq Z_2$），会使雷电波的电场能量和磁场能量重新分配，经过节点的雷电波的电压和电流峰值也必然发生改变，同时在节点处会形成两支出射波。一支出射波在节点处沿着与入射波相反的方向返回，称为反射波；另一支出射波仍按入射波的传播方向进入另一分布参数的线路继续向前传播，称为折射波。雷电波的折射与反射如图9-3所示，图中 A 为节点。

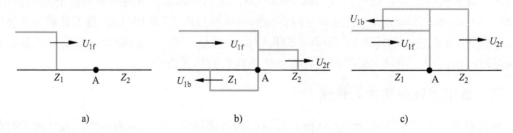

图9-3　雷电波的折射与反射

u_1f—入射波　u_1b—反射波　u_2f—折射波

a）波通过节点前　b）波通过节点后，$Z_1 > Z_2$ 时　c）波通过节点后，$Z_1 < Z_2$ 时

雷电波的折射和反射特性对防雷设计具有重要影响。就雷电波的反射特性而言，若某电力线路的末端开路（$Z_2 = \infty$），则雷电入射波到达线路末端节点处后，由于不存在折射的途径，入射波将全部变成反射波返回到线路中，这种情形也称为正的全反射。发生正的全反射时，线路的开路末端电压波的陡度和峰值将增大至雷电入射波的 2 倍，严重威胁线路和设备

绝缘的安全，必须设置防雷保护措施。同样，电力线路在变电所的入户处，由于波阻抗的改变，雷电波会发生反射和折射，危及变电所内设备特别是变压器的安全。为削减雷电波的峰值，以保护变压器的对地绝缘，应靠近变压器处装设避雷器。为降低折射波的陡度，以保护变压器的匝间绝缘，可以通过在线路终端串联电感或并联电容，使折射波呈现过渡过程，折射波电压数值按指数规律增加，缓慢达到峰值。在实际工程中，应用电缆对地电容较大的特点，变电所采用电缆进出线，可以降低雷电波陡度。

四、雷电作用的形式

雷云对大地放电时，会产生巨大的破坏作用。其破坏作用是由以下几种形式引起的。

1. 直击雷

直击雷（direct lightning flash）是指雷电直接击在架空线路、建筑物、其他物体或外部防雷装置上产生电效应、热效应和机械力等。

由于受直接雷击，被击的架空线路、建筑物、其他物体或外部防雷装置上会产生很高的电位，从而引起过电压。雷击架空线路出现的过电压会引起绝缘闪络或损坏，而且雷电波会沿线路传播。雷击外部防雷装置产生的高电位，不仅对附近未作等电位联结的金属物体、金属装置、金属管线、建筑物内部电气和电子系统等产生"反击"放电，而且会导致在防雷引下线和接地点附近的人员因接触电压和跨步电压而造成生命危险。

雷电流的能量很大，产生的热效应和机械力极易使受到直接雷击的电气设备或建筑物产生物理损坏，并会引起火灾或爆炸事故。

2. 雷电感应

雷电感应（lightning induction）是指雷电对大地放电时在附近导体上产生的静电感应和电磁感应，它可能使建筑物金属部件之间产生火花放电，也可能导致电力线路的绝缘闪络或损坏。

所谓静电感应（electrostatic induction）是指由于雷云的作用使附近导体上感应出与雷云符号相反的电荷，雷云主放电时先导通道中的电荷迅速中和，在导体上的感应电荷得到释放，如不就近泄入地中就会产生很高的电位，形成静电感应过电压。

电磁感应（electromagnetic induction）则是指由于雷电流迅速变化在其周围空间产生瞬变的强电磁场，使附近导体上感应出很高的电动势，从而产生感应过电压。

3. 雷电波侵入

雷电波侵入（lightning surge on incoming services）是指由于雷电对架空线路或金属管道的作用（如直击雷或雷电感应），产生的雷电波可能沿着这些管线侵入变电所内或建筑物内，损坏电气设备和危及人身安全。侵入到建筑物内的雷电波又称为闪电电涌。

4. 雷击电磁脉冲（LEMP）

雷击电磁脉冲（Lightning Electromagnetic Impulse，LEMP）是指雷电流的电磁效应，它包含传导电涌（浪涌）和辐射脉冲电磁场效应。

电涌（surge）是指由雷击电磁脉冲引发表现为过电压和（或）过电流的瞬态波。电涌可由雷击入户电源线路或附近地面产生，并经电源线路本身传输到电气和电子系统；电涌也可由雷击建筑物或附近地面而产生，通过环路感应或线路耦合的方式传递能量。

辐射脉冲电磁场则可直接作用于电子信息设备，产生"噪声"干扰及测量误差，甚至对电子器件产生破坏性损伤。

雷击电磁脉冲虽对供配电系统中的电气设备绝缘影响不大，但会对建筑物电气和电子系统中的敏感电子设备造成威胁。

第二节　建筑物防雷

一、概述

雷击大地可能对建筑物及服务设施（如供电线路、通信线路及其他服务设施）造成危害。建筑物或与其相连的服务设施遭雷击会因雷电的机械、热力、化学和爆炸效应造成建筑物（或其内存物）及服务设施的物理损坏，也会因雷电产生的接触电压和跨步电压导致人身受到伤害。不但建筑物或服务设施遭雷击会导致建筑物内部电气和电子系统故障，而且建筑物或与服务设施附近的雷击也会因雷电流与这些系统间的阻性耦合及感应耦合产生的过电压造成电气和电子系统故障。此外，用户电气装置以及供电线路因雷电过电压发生故障时也会导致在电气装置中出现操作过电压。

影响建筑物以及服务设施的年平均雷击次数既取决于所处地区的雷击大地密度，又取决于它们的尺寸、性质和所处环境。根据 GB 50057—2010《建筑物防雷设计规范》，建筑物年预计雷击次数按下式确定：

$$N = kN_g A_e \tag{9-5}$$

$$H < 100\text{m 时}, A_e = [L \cdot W + 2(L + W)\sqrt{H(200 - H)} + \pi H(200 - H)] \times 10^{-6}$$

$$H \geqslant 100\text{m 时}, A_e = [L \cdot W + 2H(L + W) + \pi H^2] \times 10^{-6}$$

式中　N——建筑物年预计雷击次数（次/a）；

N_g——建筑物所处地区雷击大地的年平均密度 [次/（km² · a）]，见式（9-1）；

k——校正系数，在一般情况下取 1，在下列情况下取相应数值：位于河边、湖边、山坡下或山地中土壤电阻率较小处、地下水露头处、土山顶部、山谷风口等处的建筑物，以及特别潮湿的建筑物取 1.5；金属屋面没有接地的砖木结构建筑物取 1.7；位于山顶上或旷野的孤立建筑物取 2；

A_e——与建筑物截收相同雷击次数的等效面积（km²），其周边在 2 倍扩大宽度范围内若有其他建筑物时的计算公式参见 GB 50057—2010；

L、W、H——建筑物的长（m）、宽（m）、高（m）。

雷电损害概率既取决于所采取的保护措施的类型和效能，还取决于建筑物、服务设施以及雷电流的特性。因此，应认真调查地理、地质、土壤、气象、环境等条件和雷电活动规律以及被保护物的特点等，详细研究建筑物的防雷装置的形式及其布置，防止或减少雷击建筑物所发生的人身伤亡和文物、财产损失，做到安全可靠、技术先进、经济合理。

二、建筑物的防雷分类

根据 GB 50057—2010《建筑物防雷设计规范》，建筑物应根据其重要性、使用性质、发生雷电事故的可能性和后果，按防雷要求分类。见表 9-1。根据建筑物的不同防雷类别，可以恰当地采取符合实际要求的防雷措施，将雷击损失减少到可以接受的程度。

表 9-1　建筑物的防雷分类

防雷类别	各类建筑物的具体条件
第一类防雷建筑物	1）凡制造、使用或储存炸药、火药、起爆药、火工品等大量爆炸物质的建筑物，因电火花而引起爆炸，会造成巨大破坏和人身伤亡者 2）具有 0 区或 20 区爆炸危险环境的建筑物 3）具有 1 区或 21 区爆炸危险环境的建筑物，因电火花而引起爆炸，会造成巨大破坏和人身伤亡者
第二类防雷建筑物	1）国家级重点文物保护的建筑物 2）国家级的会堂、办公建筑物、大型展览和博览建筑物、大型火车站、国宾馆、国家级档案馆、大型城市的重要给水水泵房等特别重要的建筑物 3）国家级计算中心、国际通信枢纽等对国民经济有重要意义的建筑物 4）国家特级和甲级大型体育馆 5）制造、使用或储存爆炸物质的建筑物，且电火花不易引起爆炸或不致造成巨大破坏和人身伤亡者 6）具有 1 区或 21 区爆炸危险环境的建筑物，且电火花不易引起爆炸或不致造成巨大破坏和人身伤亡者 7）具有 2 区或 22 区爆炸危险环境的建筑物 8）工业企业内有爆炸危险的露天钢质封闭气罐 9）预计雷击次数大于 0.05 次/a 的部、省级办公建筑物及其他重要或人员密集的公共建筑物以及火灾危险场所 10）预计雷击次数大于 0.25 次/a 的住宅、办公楼等一般性民用建筑物或一般性工业建筑物
第三类防雷建筑物	1）省级重点文物保护的建筑物及省级档案馆 2）预计雷击次数大于或等于 0.01 次/a，且小于或等于 0.05 次/a 的部、省级办公建筑物及其他重要或人员密集的公共建筑物 3）预计雷击次数大于或等于 0.05 次/a，且小于或等于 0.25 次/a 的住宅、办公楼等一般性民用建筑物或一般性工业建筑物 4）在平均雷暴日大于 15d/a 的地区，高度在 15m 及以上的烟囱、水塔等孤立的高耸建筑物；在平均雷暴日小于或等于 15d/a 的地区，高度在 20m 及以上的烟囱、水塔等孤立的高耸建筑物

注：爆炸危险环境分区见 GB 50058—2014《爆炸和火灾危险环境电力装置设计规范》。

三、建筑物防雷装置

建筑物防雷装置（Lightning Protection System，LPS）是用以减少建筑物因雷击引起物理损坏的整套系统，由外部防雷装置和内部防雷装置组成。

外部防雷装置由接闪器、引下线和接地装置组成。外部防雷装置用于截收建筑物的直击雷（包括建筑物侧面的闪络），将雷电流从雷击点引导入地，同时将雷电流分散入地，避免产生热效应或机械损坏以及在容易引发火灾或爆炸的地方产生危险火花。

建筑物内部防雷装置由防雷等电位联结和外部防雷装置电气绝缘组成。可在建筑物的地面层处，将建筑物金属体、金属装置、建筑物内部电气和电子系统、进出建筑物的金属管线等物体与防雷装置作防雷等电位联结；或者考虑外部防雷装置与建筑物金属体、金属装置、建筑物内部电气和电子系统之间实行电气绝缘（隔开一段安全距离）。当雷电流流经外部防雷装置或建筑物其他导体部分时，利用内部防雷装置可避免建筑物内因雷电感应和高电位反击而出现危险火花。

下面主要介绍外部防雷的要求。

（一）接闪器及其保护范围

接闪器（air-termination system）是外部防雷装置的一部分，是用于截收雷击的金属构件，如避雷针（接闪杆）、避雷线（接闪线）、避雷带（接闪带）或避雷网（接闪网），包括被利用作为接闪器的建筑物金属体和结构钢筋。安装设计适当的接地良好的接闪器，可以积聚雷电感应电荷，在其顶端形成局部强场区，产生自下而上的迎面先导，将雷击下行先导放电的发展方向引向自身，从而大大减少雷电流侵入建筑物的概率。

为确保可靠，避雷针、避雷带（网）以及用作接闪器的建筑物金属屋面的材料、规格应符合规范要求，见附录表65。除利用混凝土构件内钢筋作接闪器外，接闪器应热镀锌或涂漆，做好防腐措施。

1. 避雷针

避雷针是明显高出被保护物体的金属支柱，其针头采用圆钢或管制成。避雷针又称为接闪杆。

GB 50057—2010《建筑物防雷设计规范》参照 IEC（国际电工委员会）标准，规定保护建筑物的避雷针的保护范围用"滚球法"来确定。

滚球法是以 h_r 为半径的一个球体，沿需要防直击雷的部位滚动，当球体只触及避雷针和地面，而不触及需要保护的部位时，则该部分就得到避雷针的保护。需要指出的是，在保护范围内并不是没有雷击，只是雷击能量较小。滚球半径越小，进入保护范围的雷击能量也越小，也就是说接闪器的防雷效果越好。设计计算时应取的滚球半径 h_r 值与建筑物的防雷类别有关，见表9-2。

表9-2　不同类别防雷建筑物的滚球半径及避雷网的网格尺寸

防雷类别	滚球半径/m	避雷网网格尺寸/m
第一类防雷建筑物	30	5×5 或 6×4
第二类防雷建筑物	45	10×10 或 12×8
第三类防雷建筑物	60	20×20 或 24×16

注：本表摘自 GB 50057—2010《建筑物防雷设计规范》。

限于篇幅，这里主要讨论单支避雷针保护范围的确定，对于多支避雷针保护范围的确定方法可参见 GB 50057—2010。滚球法确定单支避雷针保护范围的具体方法如图9-4所示。

（1）避雷针高度 $h \leqslant h_r$ 时　距地面 h_r 处作一平行于地面的平行线，以避雷针针尖为圆心，h_r 为半径，作弧线交于平行线的 A、B 两点。以 A、B 为圆心，h_r 为半径作弧线，该弧线与针尖相交并与地面相切，从此弧线起到地面止就是保护范围，保护范围是一个对称的锥体。避雷针在 h_x 高度的 xx' 平面上的保护半径按下式确定：

$$r_x = \sqrt{h(2h_r - h)} - \sqrt{h_x(2h_r - h_x)} \tag{9-6}$$

式中　r_x——避雷针在 h_x 高度的 xx' 平面上的保护半径（m）；

h_r——滚球半径（m），按表9-2确定；

h_x——被保护物的高度（m）。

（2）避雷针高度 $h > h_r$ 时　在避雷针针上取高度 h_r 的一点代替单支避雷针针尖作为圆

心，其余的画法与 $h \leqslant h_r$ 时相同。由此可以看出，受到滚球半径的制约，避雷针或其他接闪器的高度并非越高越好，而需要合理设计。超过 60m 的接闪器在技术上是没有多大意义的。

2. 避雷线

避雷线一般采用截面积不小于 50mm² 的镀锌钢绞线，架设在被保护物的上方，以保护其免遭直接雷击。避雷线的防雷作用等同于在其弧垂上每一点都是一根等效的避雷针，也称接闪线。避雷线的保护范围也采用滚球法确定，此略。

3. 避雷带或避雷网

避雷带通常是沿建筑物易受雷击的部位如屋角、屋脊、屋檐和檐角等处敷设的带状导体，通常采用圆钢或扁钢。避雷网是将建筑物屋面上纵横敷设的避雷带组成网格，其网格尺寸

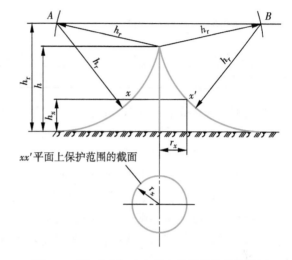

图 9-4 "滚球法"确定单支避雷针的保护范围

大小与建筑物的防雷类别有关，见表 9-2。避雷带或避雷网又称为接闪带或接闪网，主要适用于宽大的建筑物。避雷带或避雷网一般无须计算保护范围。当避雷带或避雷网与其他接闪器组合使用，或者为了保护低于建筑物的物体而把避雷带或避雷网处于建筑物屋顶四周的导体当作避雷线看待时，可采用"滚球法"确定其保护范围。

屋面上的所有金属突出物，如卫星和共用天线接收装置、节日彩灯、航空障碍灯、金属设备和管道以及建筑金属构件等，均应与屋面上的防雷装置可靠连接。高出屋面避雷带或避雷网的非金属突出物体，如烟囱、透气管、天窗等不在保护范围内时，应在其上部增加避雷带或避雷针保护。

当建筑物高度超过其滚球半径时，侧面可能会遭受闪击，特别是各表面的突出尖物、墙角和边缘。但对低于 60m 的建筑物，通常可忽略侧面闪击。研究数据表明，在高层建筑物内，随着与地面高差降低，其遭受侧面闪击的概率显著减少，因而应在高层建筑物的上部（一般在建筑物高度的最上面 20% 且高于 60m 的部位）安装侧面接闪器保护。工程应用时，具体防雷电侧击措施参见 GB 50057—2010。

（二）引下线及布置

引下线（down-conductor system）是外部防雷装置的一部分，将接闪器雷电流传导至接地装置。为减少由于雷电流通过外部防雷装置引起损坏的概率，引下线的布置应满足下列要求：

1）有几个并联雷电流通道存在。

2）雷电流通道的长度最小。

3）按防雷等电位要求，将建筑物导电部件进行等电位联结。

在工程应用时，防雷引下线的数量及间距应按 GB 50057—2010 的要求设置，见表 9-3。

表9-3　防雷引下线的数量及间距

建筑物防雷分类	引下线间距/m		人工引下线数量	备　注
	人工敷设引下线	利用自然引下线		
第一类防雷建筑物	≤12	—	≥2	不采用独立避雷针、架空避雷线（网）时
第二类防雷建筑物	≤18	按每个柱跨度设置	≥2	
第三类防雷建筑物	≤25	按每个柱跨度设置	≥2	40m 以下烟囱可设 1 根引下线

防雷引下线应优先利用建筑物四周的所有钢筋混凝土柱或剪力墙中的主钢筋，钢结构建筑物的钢柱作自然引下线，钢构件或钢筋之间的连接应可靠。当其垂直支柱均起到引下线的作用时，可不要求满足专设引下线之间的间距。若采用人工敷设引下线，宜采用热镀锌圆钢或扁钢，宜优先采用圆钢。引下线规格及敷设要求应满足规范要求，见附录表66。

采用多根专设引下线时，宜在各引下线距地面 1.8m 以下处设置断接卡，供接地测量用。当利用钢筋混凝土中的钢筋、钢柱作为引下线并同时利用基础钢筋作为接地网时，可不设断接卡。当利用钢筋作引下线时，应在室内外适当地点设置连接板，供接地测量、接人工接地极和等电位联结用。

（三）接地装置

接地装置（earth-termination system）是外部 LPS 的组成部分，用于把雷电流引导并散入大地。将雷电流（高频特性）分散入地时，为使任何潜在的过电压降到最小，接地装置的形状和尺寸很重要。一般来说，建议采用较小的接地电阻（如有可能，低频测量时小于 10Ω）。从防雷观点来看，接地装置最好为单一、整体结构，这种结构可适用于任何场合。

一类防雷建筑物设置的独立避雷针、架空避雷线或架空避雷网应设置独立的人工接地装置。一类防雷建筑物防雷电感应接地、二类和三类防雷建筑物防雷接地宜与电气设备等接地共用同一接地装置，并优先利用钢筋混凝土中的钢筋作为接地装置，当不具备条件时，宜采用圆钢、钢管、角钢或扁钢等金属体作人工接地极，并宜与埋地金属管道相连，构成等电位联结，以防雷电反击。此外，还应采取对接触电压和跨步电压引起人身伤害的防护措施。

四、防雷击电磁脉冲

雷电作为危害源，是一种高能现象。雷击电磁脉冲（LEMP）释放出的数百兆焦耳的能量，对建筑物内电气和电子系统中仅能承受毫焦耳数量级能量的敏感电子设备可产生致命的损害。随着微电子技术的发展，电子计算机、通信、自动控制等电子系统日益渗透到工业与民用的各个领域，雷击电磁脉冲对电气和电子系统的干扰和破坏正日益产生更为严重的后果。

建筑物内电气和电子系统防雷击电磁脉冲主要可采取两方面措施：一是屏蔽辐射脉冲电磁场效应和防止在设备线路上出现电涌，如在装置中综合运用屏蔽、接地、等电位联结、合理布线等方法；二是消除或减少由外部线路导入的电涌，如在电源线路和信号线路中安装协调配合的电涌保护器（Surge Protection Device，SPD）。这两种措施相辅相成，不可偏废。

（一）防雷区的划分

防雷区（Lightning Protection Zone，LPZ）是指雷击时，在建筑物或装置的内、外空间形成的闪电电磁环境需要限定和控制的那些区域。划分防雷区是为了限定各部分空间不同的雷击电磁脉冲强度，以界定各空间内被保护设备相应的防雷击电磁干扰水平，并界定等电位联结点及保护器件（SPD）的安装位置。防雷区的划分是以在各区交界处的雷电电磁环境有明显变化作为特征来确定的，如图9-5所示。

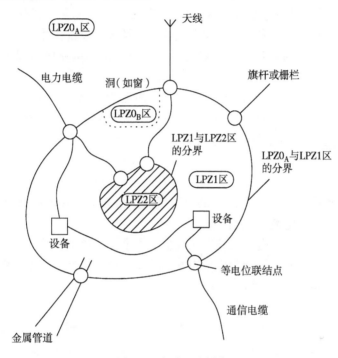

图9-5　防雷区的划分

各防雷区的定义及划分原则见表9-4。

表9-4　防雷区（LPZ）的定义及划分原则

防雷区	定义及划分原则	举　　例
LPZ0$_A$ 区	本区内的各物体都可能遭到直接雷击和导走全部雷电流；本区内的雷击电磁场强度没有衰减	建筑物屋顶接闪器保护范围以外的空间区域
LPZ0$_B$ 区	本区内的各物体不可能遭到大于所选滚球半径对应的雷电流直接雷击，但本区内的雷击电磁场强度没有衰减	接闪器保护范围以内的室外空间区域或没有采取电磁屏蔽措施的空间
LPZ1 区	本区内的各物体不可能遭到直接雷击；由于在界面处的分流，流经各导体的电涌电流比 LPZ0$_B$ 区内的更小；本区内的雷击电磁场强度可能衰减，这取决于屏蔽措施	具有直击雷防护的建筑物内部空间，其外墙可能有钢筋或金属壁板等屏蔽措施
LPZ$n+1$ 区（$n=1$，2，…）后续防护区	当需要进一步减小流入的电流和电磁场强度时，应增设后续防雷区，并按照需要保护的对象所要求的环境区选择后续防雷区的要求条件	建筑物内装有电子系统设备的房间，该房间设置有电磁屏蔽。设置于电磁屏蔽室内且具有屏蔽外壳的设备内部空间

（二）屏蔽、接地和等电位联结

1. 屏蔽与布线

为减少电磁干扰的感应效应，宜采取以下基本措施：建筑物和房间的外部设屏蔽措施，以合适的路径敷设线路，进行线路屏蔽。这些措施宜联合使用。

磁屏蔽能够减小电磁场和内部感应电涌的幅值。建筑物屏蔽一般利用钢筋混凝土构件内钢筋、金属框架、金属支撑物以及金属屋面板、外墙板及其安装龙骨支架等建筑物金属体形成的笼式格栅形屏蔽体或板式大空间屏蔽体。内部线路屏蔽局限于被保护系统的线路和设备，可以采用金属屏蔽电缆、密闭的金属电缆管道以及金属设备壳体。对进入建筑物的外部线路采取的屏蔽包括电缆的屏蔽层、密闭的金属电缆管道和钢筋成格栅形的混凝土电缆管道。

合理的内部布线可以最大程度减小感应回路的面积，从而减少建筑物内部电涌的产生。将电缆放在靠近建筑物自然接地部件的位置，或者将信号线与电源线相邻布线（为了避免干扰需要在电源线与非屏蔽信号线间留出一定距离），可以将感应回路的面积减到最小。

2. 接地

良好和恰当的接地不仅是防直击雷也是防雷击电磁脉冲的基本措施之一，通过接地装置，可以将雷电流或电涌电流泄放到大地。

每幢建筑物的防雷接地、电源系统工作接地、安全保护接地、等电位联结接地以及配电线路和信号线路的电涌保护器接地等应采用共用接地系统。当互相邻近的建筑物之间有电气和电子信息系统的线路连通时，宜将其接地装置互相连接。

3. 等电位联结

等电位联结可以最大程度地减小防雷区内各系统设备或金属体之间出现的电位差。穿过各防雷区界面的金属物和系统，以及在一个防雷区内部的金属物和系统均应在界面处作等电位联结。

（三）电涌保护器的原理及特性

电涌保护器（SPD）有时也称浪涌保护器，是用于限制瞬态过电压和对电涌（浪涌）电流进行分流的器件，它至少包含一个非线性元件。

SPD 的作用是在电涌冲击发生时迅速动作，将电涌电流引入大地而不在被保护的设备端口残留很大的共模电压，当电涌冲击衰减后又自动恢复初始态不影响被保护设备的运行，并准备接受下一个电涌冲击。在保护过程中，SPD 本身不受损坏，同时也不断开被保护设备的电涌冲击回路。

1. 电涌保护器的类型

电涌保护器按使用环境分为户内型 SPD 和户外型 SPD。按其用途分为电源系统 SPD、信号系统 SPD 和天馈系统 SPD。本节主要介绍电源系统保护用 SPD。

电涌保护器按其使用的非线性元件特性分为电压开关型 SPD（没有电涌时具有高阻抗，有电涌电压时能立即转变成低阻抗的 SPD）、电压限制型 SPD（没有电涌时具有高阻抗，但是随着电涌电流和电压的上升，其阻抗将持续地减小的 SPD）、复合型 SPD（由电压开关型元件和电压限制型元件组成的 SPD）和多级 SPD（具有不止一个限压元件的 SPD）等。

2. 电涌保护器的主要技术参数

电涌保护器是用来限制电压和泄放能量的，因此，它的参数主要与这两者有关，但在工作中它会对系统造成一些负面影响，它自身的安全也可能受到过电压或过电流的威胁，因此在这方面也有一些相关技术参数。

（1）最大持续工作电压 U_c　最大持续工作电压指允许持久地施加在其上的最大交流电压有效值或直流电压，其值等于 SPD 的额定电压。

（2）通流容量　通流容量为一组参数，是由一系列标准化试验（Ⅰ级分类试验、Ⅱ级分类试验和Ⅲ级分类试验）确定的。所谓Ⅰ级分类试验是指用标称放电电流 I_n、1.2/50μs 波形冲击电压和冲击电流 I_{imp} 做的试验，规定用于能耐受 10/350μs 波形部分雷电流的 SPD；Ⅱ级分类试验是指用标称放电电流 I_n、1.2/50μs 波形冲击电压和最大放电电流 I_{max} 做的试验，规定用于能耐受 8/20μs 波形感应电涌电流的 SPD；Ⅲ级分类试验是指用复合波（1.2/50μs 波形冲击电压、8/20μs 波形冲击电流）做的试验。

1）标称放电电流 I_n：流过 SPD 具有 8/20μs 波形的电流峰值。

2）Ⅰ级试验的冲击电流 I_{imp}：它由电流峰值 I_p 和电荷量 Q 确定，其值代表 SPD 通过 10/350μs 波形雷电流的能力。

3）Ⅱ级试验的最大放电电流 I_{max}：流过 SPD 具有 8/20μs 波形的电流峰值，$I_{max} > I_n$。

（3）电压保护水平 U_p　电压保护水平表征 SPD 限制接线端子间电压的性能参数，对于电压开关型 SPD，是指在规定陡度下的最大放电电压；对于电压限制型 SPD，是指在规定电流波形下的最大残压，其值可从优先值的列表中选择。残压 U_{res} 是指 SPD 流过放电电流时两端的电压峰值。

此外，SPD 还有泄漏电流、续流、响应时间、使用寿命等技术参数。

（四）防雷击电磁脉冲的典型方案

按照需要保护的设备的数量、类型和耐压水平及其所要求的磁场环境选择后续防雷区（安装磁场屏蔽）和（或）安装协调配合好的多组电涌保护器构成 LEMP 防护系统，可以实现敏感电子设备对电涌和辐射电磁场的防护。典型方案如图 9-6 所示。

如图 9-6a 所示，采用 LPZ1 大空间屏蔽及 LPZ2 局部空间屏蔽和协调配合好的两组 SPD 的 LEMP 防护系统，可以将辐射磁场和传导电涌的威胁降低到较低水平。

如图 9-6b 所示，采用 LPZ1 大空间屏蔽和 LPZ1 入口 SPD 的 LEMP 防护系统，可以使设备对辐射电磁场和传导电涌得到一定的保护。

如图 9-6c 所示，采用屏蔽线路和屏蔽外壳设备的 LEMP 防护系统，可以对辐射电磁场进行防护；LPZ1 入口 SPD 将对传导电涌进行防护。

如图 9-6d 所示，仅使用协调配合的 SPD 防护体系的 LEMP 防护系统，由于 SPD 只能对传导电涌进行防护，因此仅适用于防护对辐射电磁场不敏感的设备。

（五）配电线路电涌保护器的选择与配合

在复杂的电气和电子系统中，除在户外线路进入建筑物处（$LPZ0_A$ 或 $LPZ0_B$ 进入 LPZ1 区）按规范要求安装电涌保护器外，在配电和信号线路上均应考虑选择和安装协调配合好的电涌保护器。

1. 类型选择

SPD 的类型应根据其安装处的雷电防护区预期雷电涌流峰值的大小选择。

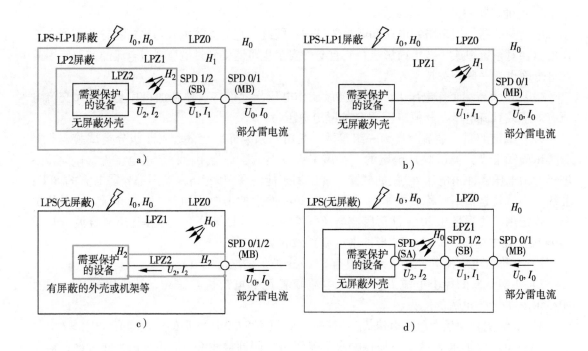

图 9-6　采用防雷击电磁脉冲措施的典型方案

MB—总配电箱　SB—分配电箱　SA—插座

a）采用大空间屏蔽和协调配合好的电涌保护器的保护

注：设备得到良好的防导入的电涌（$U_2 \ll U_0$ 和 $I_2 \ll I_0$）和防辐射磁场（$H_2 \ll H_0$）的保护

b）采用 LPZ1 的大空间屏蔽和进户处安装电涌保护器的保护

注：设备得到防导入的电涌（$U_1 < U_0$ 和 $I_1 < I_0$）和防辐射磁场（$H_1 < H_0$）的保护

c）采用内部线路屏蔽和在进入 LPZ1 处安装电涌保护器的保护

注：设备得到防线路导入的电涌（$U_2 < U_0$ 和 $I_2 < I_0$）和防辐射磁场（$H_2 < H_0$）的保护

d）仅采用协调配合好的电涌保护器的保护

注：设备得到防线路导入的电涌（$U_2 \ll U_0$ 和 $I_2 \ll I_0$），但不需防辐射磁场（H_0）的保护

在 $LPZ0_A$ 或 $LPZ0_B$ 区与 LPZ1 区交界处，在从室外引来的线路上安装的 SPD，因其线路上可能传导雷电流，应选用符合 I 级分类试验的 SPD，以保证雷电流大部分能量在此界面处泄入接地装置。

在 LPZ1 与 LPZ2 区及后续防雷区界面处，内部线路上出现的电涌电流主要是上一级 SPD 动作后的剩余电涌和本区域内雷电感应引起的电涌，当需要防护时，应选用符合 II 级或 III 级分类试验的 SPD。

使用直流电源的信息设备，视其工作电压要求，宜安装适配的直流电源线路 SPD。

2. 电压保护水平选择

SPD 的电压保护水平 U_p 加上其两端引线（至所保护对象前）的感应电压之和，应小于所在系统和设备的绝缘耐冲击电压值（见表 9-5），并不宜大于被保护设备耐压水平的 80%。通常，配电线路 SPD 的 U_p 值均不大于 2.5kV。

表9-5　220/380V 三相系统各种设备绝缘耐冲击过电压额定值

设备位置	电源处的设备	配电线路和最后分支线路的设备	用电设备	特殊需要保护的设备
耐冲击过电压类别	Ⅳ类	Ⅲ类	Ⅱ类	Ⅰ类
耐冲击电压额定值/kV	6	4	2.5	1.5

注：Ⅰ类——需要将瞬态过电压限制到特定水平的设备；

Ⅱ类——如家用电器、手提工具和类似负荷；

Ⅲ类——如配电箱，断路器，包括电缆、母线、分线盒、开关、插座等布线系统，以及应用于工业的设备和永久接至固定装置的固定安装的电动机等一些其他设备；

Ⅳ类——如电源进线处或其附近低压配电箱前方的电气计量仪表、一次回路过电流保护设备、纹波控制设备等。

3. 通流容量选择

电源线路 SPD 的通流容量值应根据其安装位置遭受雷电威胁的强度和出现的概率来定。

户外线路进入建筑物处，即 LPZ0$_A$ 或 LPZ0$_B$ 进入 LPZ1 区，例如在配电线路的总配电箱 MB 处安装第一级 SPD，其冲击电流 I_{imp} 应大于其预期雷电冲击电流值，当无法确定时不宜小于 10/350μs、12.5kA。

若第一级 SPD 的电压保护水平加上其两端引线的感应电压保护不了室内分配电箱 SB 内的设备时，应在该箱内安装第二级 SPD，其标称放电电流 I_n 不宜小于 8/20μs、5kA。

当按上述要求安装的 SPD 所得到的电压保护水平加上其两端引线的感应电压以及反射波效应不足以保护距其较远处的被保护设备的情况下，尚应在被保护设备处装设 SPD，其标称放电电流 I_n 不宜小于 8/20μs、3kA。

当被保护设备沿线路距分配电箱处安装的 SPD 不大于 10m 时，若该 SPD 的电压保护水平加上其两端引线的感应电压小于被保护设备耐压水平的 80%，一般情况下在被保护设备处可不装 SPD。

4. 最大持续运行电压选择

SPD 的最大持续运行电压 U_c 应不低于系统中可能出现的最大持续运行电压。选择低压 220/380V 三相系统中的 SPD 时，其最大持续运行电压 U_c 应符合表9-6 的规定。

表9-6　电源线路 SPD 的最大持续工作电压

低压系统制式		SPD 接线	最大持续工作电压 U_c
TN	TN-C	SPD 接于 L-PEN 之间（采用 3 个）	$U_c \geqslant 1.15U_0$（$U_0 = 220V$）
	TN-S	SPD 可接于 L-PE 和 N-PE 之间（采用 4 个）；也可接于 L-N 及 N-PE 之间（采用 3 + 1 个）	
TT		SPD 安装在 RCD 的负荷侧时，SPD 接于 L-PE 和 N-PE 之间（采用 4 个）	$U_c \geqslant 1.55U_0$
		SPD 安装在 RCD 的电源侧时，SPD 接于 L-N 及 N-PE 之间（采用 3 + 1 个）	$U_c \geqslant 1.15U_0$
IT		一般不引出中性线，SPD 接于 L-PE 之间（采用 3 个）	$U_c \geqslant 1.05U$（$U = 380V$）

5. 其他要求

为了获得最佳的过电压保护，SPD 的所有连接导线（是相线至 SPD 以及从 SPD 至总接地端子或 PE 母线）应尽可能短。工程应用时，SPD 连接导线应平直，其长度不宜大于 0.5m。SPD 连接导线截面积不宜小于附录表 67 的规定。

为防止 SPD 老化造成短路，SPD 安装线路上应设置过电流保护电器。其额定电流应根据 SPD 产品说明书推荐的过电流保护电器的最大额定值选择（不应大于该值），并应按安装处的短路电流大小校验过电流保护电器的分断能力。

6. SPD 级间配合

各级 SPD 之间应注意动作电压及允许通过的电涌能量的配合。在一般情况下，当在线路上多处安装 SPD 且无准确数据时，电压开关型 SPD 与限压型 SPD 之间的线路长度不宜小于 10m，限压型 SPD 之间的线路长度不宜小于 5m。

此外，当电源采用 TN 系统时，从建筑物内总配电盘（箱）开始引出的配电线路和分支线路必须采用 TN-S 系统。配电线路电涌保护器在 TN-S 系统中的分级保护安装示意图如图 9-7 所示。

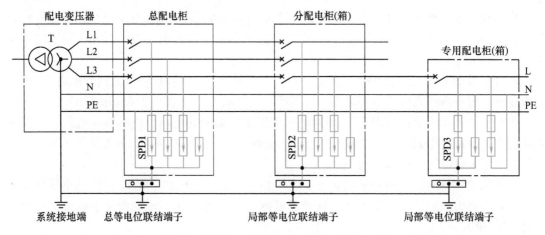

图 9-7　配电线路电涌保护器在 TN-S 系统中的分级保护安装示意图

第三节　交流电气装置的过电压保护

一、概述

交流电力系统中的电气装置，在运行中除了作用有持续工频电压（其值不超过系统最高电压 U_m，持续时间等于设计的运行寿命。U_m 值见第一章表 1-1）外，还承受各种过电压的作用。按照过电压的起因、幅值、波形及持续时间，可分为以下几种：

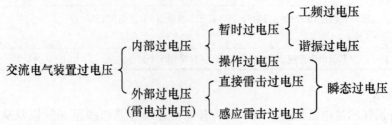

暂时过电压（temporary overvoltage）是指在给定安装点上持续时间较长的不衰减或弱衰减的（以工频或其一定的倍数、分数）振荡的过电压。暂时过电压包括工频过电压和谐振过电压。暂时过电压与电力系统的结构、容量、参数、运行方式、故障条件以及安全自动装置的特性有关。

工频过电压（power-frequency overvoltage）一般由线路空载、接地故障和甩负荷等引起。110kV 系统中的工频过电压限值不超过 $1.3U_m/\sqrt{3}$；35 ~ 66kV 系统中的工频过电压限值不超过 $1.0U_m$；3 ~ 10kV 系统中的工频过电压限值不超过 $1.1U_m$。因此，对 110kV 及以下电力网一般不需要采取专门措施限制工频过电压。

谐振过电压（resonance overvoltage）包括线性谐振和非线性（铁磁）谐振过电压，一般是因为通断操作或故障通断后引起系统电感、电容元件参数出现不利组合而产生谐振时出现的暂时过电压。因此，系统中应采取措施避免出现谐振过电压的条件，或用保护装置限制其幅值和持续时间。对于 6 ~ 35kV 不接地系统或消弧线圈接地系统的谐振过电压保护，重点是预防电磁式电压互感器过饱和产生的铁磁谐振，如选用励磁特性饱和点较高的电磁式电压互感器，必要时装设消谐器等。

操作过电压和雷电过电压是一种瞬态过电压（transient overvoltage），即持续时间数毫秒或更短，通常带有强阻尼的振荡或非振荡的一种过电压。它可以叠加于暂时过电压上，但应视为独立事件。

操作过电压（switching overvoltage）通常是单极性的并且峰值时间在 20 ~ 5000μs 之间，半峰值时间小于 20ms，又称缓波前过电压（slow-front overvoltage）。操作过电压一般由线路切合与重合、故障与切除故障、开断容性电流和开断较小或中等的感性电流、负载突变等原因引起。操作过电压主要和断路器（或熔断器）性能、电力系统中性点接地方式密切相关。对于 35kV 及以下系统，采用低电阻接地时的操作过电压限值不超过 $3.2\sqrt{2}U_m/\sqrt{3}$，除低电阻接地外的操作过电压限值不超过 $4\sqrt{2}U_m/\sqrt{3}$。35kV 及以下系统的操作过电压保护，对于容性元件，主要是选择性能良好的真空断路器或 SF₆ 断路器，避免断开时重击穿导致电荷叠加的过电压；对于感性元件，主要是装设金属氧化物避雷器，限制快速截流产生的过电压。

雷电过电压（lightning overvoltage）通常是单极性的，其波前时间在 0.1 ~ 20μs 之间，半峰值时间小于 300μs，又称快波前过电压（fast-front overvoltage）。作用于输配电线路的雷电过电压有雷直击于导线、雷击于塔顶或避雷线后反击导线而产生的过电压，以及雷击于线路附近的地面导致电磁场的激烈变化产生的感应过电压。作用于变电所的雷电过电压，来自雷电对配电装置的直接雷击、反击和架空进线上出现的雷电侵入波。与操作过电压不同，雷电过电压的幅值与雷电流的幅值成正比，而与系统最高运行电压无关。因此，对于 110kV 及以下系统，过电压保护的重点应是雷电过电压。

二、过电压保护设备

（一）防雷接闪器

交流电气装置的防雷接闪器有避雷针和避雷线。GB 50064—2014《交流电气装置的过电压保护与绝缘配合设计规范》规定，用于变电所和电力线路的防雷保护时，避雷针、避雷线的保护范围应按"折线法"来确定。

1. 避雷针的保护范围

用"折线法"确定的单支避雷针的保护范围是以避雷针为轴的折线圆锥体，如图 9-8 所示。其作图方法为：从避雷针的顶点向下作与避雷针成角度 θ 的斜线，构成锥形保护空间上部；从距针底各方向 $1.5h$ 处向避雷针作连接线，与上述斜线相交于 $0.5h$ 处，交点以下的斜线构成了锥形保护空间的下部。在高度为 h_x 水平面上的保护半径 r_x 应按下列公式计算：

$$\begin{cases} r_x = (h - h_x)p & h_x \geqslant h/2 \\ r_x = (1.5h - 2h_x)p & h_x < h/2 \end{cases} \quad (9\text{-}7)$$

式中　r_x——避雷针在 h_x 水平面上的保护半径（m）；

　　　h——避雷针的高度（m）；

　　　h_x——被保护物的高度（m）；

　　　p——避雷针的高度影响系数，当 $h \leqslant 30\mathrm{m}$ 时，$p = 1$；当 $30\mathrm{m} < h \leqslant 120\mathrm{m}$ 时，$p = 5.5/\sqrt{h}$；当 $h > 120\mathrm{m}$ 时，取 $p = 0.5$。

按式（9-7）可计算出避雷针在地面上的保护半径：$r = 1.5hp$。

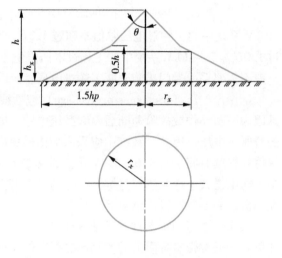

图 9-8　用"折线法"确定的
单根避雷针的保护范围

供配电工程中多是已知被保护物体的高度 h_x，根据被保护物的宽度与避雷针的相对位置来确定出所需要的避雷针的高度 h，避雷针的高度一般选用 $20 \sim 30\mathrm{m}$，此时 $\theta = 45°$。需要扩大保护范围，可采用两支以及多支避雷针作联合保护。用"折线法"确定两支以及多支避雷针保护范围的方法可参见 GB 50064—2014。

2. 避雷线的保护范围

避雷线的接闪原理与避雷针相同，它的防雷电直击作用等同于在其弧垂上每一点都是一根等效的避雷针。避雷线架设在架空输电线路的上方时，也称架空地线，除了防止雷电直击导线外，同时还有分流作用，可减少流经杆塔入地的雷电流，从而降低杆塔电位；避雷线对导线的耦合作用还可以降低导线上的感应过电压。

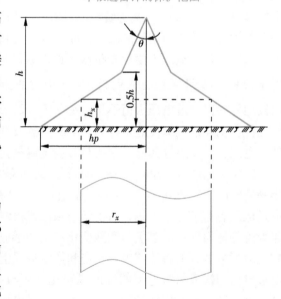

图 9-9　用"折线法"确定的单根
避雷线的保护范围

用"折线法"确定的单根避雷线的保护范围如图 9-9 所示，为屋脊式的保护空间。在高度为 h_x 的水平面上每侧保护范围的宽度 r_x 按下列公式计算：

$$\begin{cases} r_x = 0.47(h - h_x)p & h_x \geqslant h/2 \\ r_x = (h - 1.53h_x)p & h_x < h/2 \end{cases} \tag{9-8}$$

式中　r_x——避雷线在 h_x 水平面每侧保护范围的宽度(m)；

　　　h——避雷线的高度(m)；

　　　h_x——被保护物的高度(m)。

图 9-9 中，当避雷线的高度 $h \leqslant 30\text{m}$ 时，$\theta = 25°$。110kV 及以上输电线路一般采用两根避雷线作联合保护，其保护范围确定方法参见 GB 50064—2014。

工程中常采用保护角 α 来表示避雷线对导线的保护程度。保护角是指避雷线和外侧导线的连线与避雷线的垂线之间的夹角。保护角越小，避雷线就越可靠地保护导线免遭雷击。对于 35～110kV 架空线路，一般取保护角 $\alpha = 10°～25°$，这时即认为导线已处于避雷线的保护范围之内。

(二)避雷器（过电压限制器）

避雷器(surge arrester)是用于保护电气设备免受高瞬态过电压危害并限制续流时间也常限制续流幅值的一种电器，包括运行安装时对于该电器正常功能所必需的任何外部间隙。避雷器实质上是一种过电压限制器，通常连接在电网导线与地线之间，有时也连接在电器绕组旁或导线之间，当瞬态过电压出现并超过避雷器的放电电压时，避雷器先放电，从而限制了瞬态过电压的发展，使电气设备免遭过电压损坏。

为了达到预期的过电压保护效果，对避雷器一般有以下基本要求：首先，避雷器应具有良好的伏秒特性曲线，并与被保护设备的伏秒特性曲线之间有合理的配合；其次，避雷器应具有较强的快速切断工频续流且自动恢复绝缘强度的能力。

避雷器的常用类型有：保护间隙、排气式（管型）避雷器、碳化硅阀式避雷器、无间隙金属氧化物避雷器和有间隙金属氧化物避雷器等。保护间隙构造简单，但不能切断工频续流。排气式（管型）避雷器因其伏秒特性曲线较陡，放电分散性大，与变电所电气设备的绝缘配合不理想，只适用于架空线路，以降低瞬态雷电冲击时绝缘子的闪络危险。本节主要介绍碳化硅阀式避雷器和无间隙金属氧化物避雷器。

1. **碳化硅阀式避雷器**

碳化硅阀式避雷器(silicon carbide valve type surge arrester)是由碳化硅非线性电阻片（又称阀片）与放电间隙串联组成的避雷器。碳化硅阀片的电阻值呈非线性，其伏安特性如图 9-10 所示。当幅值高的过电压作用在避雷器上时，阀片的电阻值很小，在放电间隙被击穿后，能使雷电流迅速地泄入大地；当过电压消失后，在幅值低的工频电压下，电阻值快速上升，使放电间隙的工频续流第一次过零时就被切断，使系统恢复正常运行。

碳化硅阀式避雷器按其所串联的放电间隙有无磁吹功能，分为普通阀式避雷器和

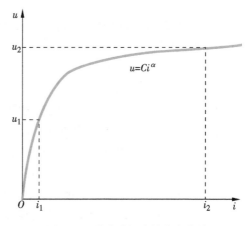

图 9-10　碳化硅阀片的伏安特性

i_1—工频续流　u_1—工频电压

i_2—雷电流　u_2—避雷器残压

磁吹阀式避雷器。磁吹阀式避雷器采用了磁吹式放电间隙,它利用磁场对电弧的电动力,迫使间隙中的电弧加快运动并延伸,使间隙的去电离作用增强,从而提高了灭弧能力,改善了过电压保护性能。

碳化硅阀式避雷器目前已较少使用,基本被金属氧化物避雷器取代。

2. 无间隙金属氧化物避雷器

无间隙金属氧化物避雷器(metal-oxide surge arrester without gaps)是由非线性金属氧化物电阻片串联和(或)并联组成且无并联或串联间隙的避雷器。无间隙金属氧化物避雷器有时也称金属氧化物避雷器(Metal-Oxide surge Arrester, MOA)。金属氧化物避雷器也是一种阀式避雷器,其阀片以氧化锌为主要原料,具有极好的非线性伏安特性,如图9-11所示。氧化锌阀片的伏安特性与碳化硅阀片的伏安特性相比较,两者在10kA下的残压基本相同,但在正常运行的额定电压下,碳化硅阀片流过的电流大约为数百安,因而必须用间隙加以隔离;而氧化锌阀片流过的电流数量级只有 10^{-5} A,可以认为其续流为零,所以 MOA 可以不用串联放电间隙。

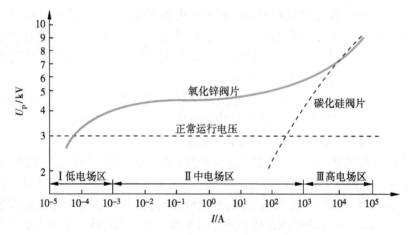

图 9-11   氧化锌阀片的伏安特性

与碳化硅阀式避雷器相比,无间隙金属氧化物避雷器具有下列优点:

1)结构简单。

2)保护性能好,无工频续流,无须串联间隙,消除了因间隙击穿特性变化造成的影响,保护特性仅由残压决定。

3)吸收能量大,非线性金属氧化物电阻片单位体积吸收能量较碳化硅非线性电阻片大5~10倍,同时,电阻片或避雷器均可并联使用,使吸收能量成倍提高。

4)保护效果好,只要过电压超过避雷器额定电压,保护作用就开始,这对于频繁作用在被保护设备上的过电压,减少异常绝缘击穿,对延长设备的寿命有积极作用。

5)运行检测方便,能通过带电试验检测避雷器特性的变化。

但无间隙金属氧化物避雷器由于没有串联间隙,电阻片不仅要承受雷电和操作过电压的作用,还要承受正常持续运行电压和暂时过电压,因而存在着这些电压作用下的劣化和热稳定问题。

金属氧化物避雷器的主要技术参数及其选择:

（1）额定电压 U_r　额定电压是指施加到避雷器端子间的最大允许工频电压有效值，按照此电压所设计的避雷器，能在所规定的动作负载试验中确定的暂时过电压下正确地工作。它是表明避雷器运行特性的一个重要参数，但它不等于系统标称电压 U_n。

（2）持续运行电压 U_c　持续运行电压是指允许施加在避雷器两端的工频电压有效值。该电压决定了避雷器长期工作的热老化性能。

金属氧化物避雷器的相对地持续运行电压和额定电压不应低于表9-7所列数值，且应能承受所在系统作用的暂时过电压和操作过电压能量。

表 9-7　金属氧化物避雷器的持续运行电压和额定电压

系统接地方式		持续运行电压 U_c	额定电压 U_r	系统最高运行电压 U_m
不接地	10（6）kV	$1.1U_m$	$1.38U_m$	6kV 系统为 7.2kV 10kV 系统为 12kV 35kV 系统为 40.5kV
	35kV	U_m	$1.25U_m$	
谐振接地		U_m	$1.25U_m$	
低电阻接地		$0.8U_m$	U_m	
高电阻接地		$1.1U_m$	$1.38U_m$	

（3）残压 U_{res}　残压是指避雷器流过放电电流时两端的电压峰值，由陡波冲击电流（典型波形为 $1/5\mu s$）下的残压、雷电冲击电流（典型波形为 $8/20\mu s$）下的残压和操作冲击电流（典型波形为 $30/60\mu s$）下的残压构成。标称放电电流下的残压 U_{res} 不应大于被保护电气设备（旋转电机除外）标准雷电冲击全波耐受电压的71%，以确保被保护设备的绝缘不被雷电过电压损坏。

3. 有间隙金属氧化物避雷器

有间隙金属氧化物避雷器（metal-oxide varistor gapped surge arrester）是由金属氧化物电阻片与放电间隙串联和（或）并联组成的避雷器。与无间隙金属氧化物避雷器相比，增加了串联间隙，使电阻片与带电导体隔离，可避免系统单相接地引起的暂时过电压和弧光接地或谐振过电压对电阻片的直接作用。但使用串联间隙后，也就不再具备无间隙金属氧化物避雷器的优点。

有间隙金属氧化物避雷器一般用于输电线路或谐振过电压多发的 3~66kV 中性点非直接接地系统中。

三、变电所的雷电过电压保护

变电所内的雷电过电压来自雷电对配电装置的直接雷击、反击和架空进线上出现的雷电侵入波。因此，应采用避雷针或避雷线对高压配电装置进行直击雷保护并采取措施防止反击（back stroke），变电所内应适当配置阀式避雷器以减少雷电侵入波过电压的危害，同时设置进线段保护以限制雷电流的幅值和陡度。

（一）直击雷过电压保护

直击雷保护措施主要是装设避雷针或避雷线，使被保护设备处于避雷针或避雷线的保护范围之内，同时还必须防止雷击避雷针或避雷线时引起对被保护物的反击事故。

当雷击独立避雷针时，如图 9-12 所示，雷电流经避雷针及其接地装置，在避雷针 h 高度处和避雷针的接地装置上将出现高电位 u_A 和 u_G，计算公式为

$$\begin{cases} u_A = iR_p + Ldi/dt \\ u_G = iR_p \end{cases} \qquad (9\text{-}9)$$

式中　i——流过避雷针的雷电流（kA）；

　　　R_p——避雷针的冲击接地电阻（Ω）；

　　　L——避雷针的等值电感（μH）。

取 $i=100\text{kA}$，上升平均陡度 $di/dt=100\text{kA}/2.6\mu s=38.5\text{kA}/\mu s$，避雷针的单位电感为 $1.3\mu H/m$，校验点高度为 h，则得 $u_A=100R+50h$，$u_G=100R_p$。

为了防止避雷针与被保护的配电构架或设备之间的空气间隙 S_a 被击穿而造成反击事故，必须要求 S_a 大于一定距离，取空气的平均耐压强度为 500kV/m；为了防止避雷针接地装置和被保护设备接地装置之间在土壤中的间隙 S_e 被击穿，必须要求 S_e 大于一定距离，取土壤的平均耐电强度为 300kV/m。S_a 和 S_e 应满足下式要求：

$$\begin{cases} S_a \geqslant 0.2R_p + 0.1h \\ S_e \geqslant 0.3R_p \end{cases} \qquad (9\text{-}10)$$

一般情况下，对于避雷针，S_a 不宜小于 5m，S_e 不宜小于 3m。

35kV 变电所配电装置的绝缘水平低，为防止反击，应装设独立避雷针保护，不宜装设在高压配电装置架构或房顶上。110kV 及以上变电所配电装置的绝缘水平较高，一般将避雷针

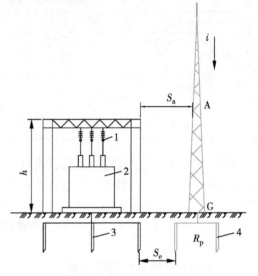

图 9-12　雷击独立避雷针
1—母线　2—变压器　3—主接地网
4—防雷接地网

架设在除变压器门形构架以外的其他配电装置的构架或屋顶上。装在构架上的避雷针应与主接地网连接；但避雷针与主接地网的地下连接点处应加装集中接地装置（concentrated earthing connection）（为加强对雷电流的散流作用、降低对地电位而附加敷设 3~5 根垂直接地极；在土壤电阻率较高的地区，则敷设 3~5 根放射形水平接地极）；该接地点至变压器与主接地网的地下连接点之间，沿接地体的长度不得小于 15m。

已在相邻高建筑物保护范围内的建筑物或设备，如主控制室、电压等级低的配电室等，可不装设直击雷保护装置。

设置防雷接地装置时，应采取措施防止接触电压和跨步电压造成人身伤害。具体要求见本章第四节。

（二）雷电侵入波过电压保护

变电所限制雷电侵入波过电压的主要措施是装设避雷器，需要正确选择避雷器的类型、参数、合理确定避雷器的数量和安装位置，重点保护好变电所的关键设备变压器。

避雷器应尽可能靠近变压器安装。这是因为避雷器离开变压器有一段电气距离，当雷电波作用时，由于避雷器至变压器连线间的波过程，发生电压波的全反射（变压器处可近似为开路），雷电波的峰值加大，陡度加倍；避雷器发挥作用后，限压效果要经过一定时间才

能到达变压器。这样，变压器将承受一个比避雷器残压高 ΔU 的电压。实测表明，雷电波侵入变电所时变压器上实际电压的典型波形如图 9-13 所示。它相当于在避雷器的残压上叠加一个衰减（因变压器分布电容、冲击电晕和避雷器电阻等作用）的振荡波。

变压器上承受的最高电压 U_T 与避雷器残压 U_res 之差 ΔU 可按下式计算：

$$\Delta U = U_\text{T} - U_\text{res} = 2a\frac{l}{v} \qquad (9\text{-}11)$$

式中　v——雷电侵入波的波速（m/s）；

　　　a——雷电侵入波的陡度，即 di/dt；

　　　l——避雷器与变压器之间的电气距离（m）。

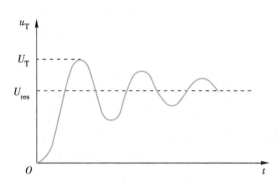

图 9-13　变压器上实际电压的典型波形

因此，缩短避雷器与变压器间的距离，降低雷电侵入波的陡度，对降低变压器上的过电压都是有利的。变电所的母线上氧化锌避雷器（电站型）与主变压器的电气距离不宜大于附录表 68 所列数值。如各架空接线均有电缆段，可降低雷电波陡度，则氧化锌避雷器与主变压器的最大电气距离不受限制。

（三）变电所的进线段保护

变电所的进线段保护是对雷电侵入波保护的一个重要前提。保护方案的校验条件是保证 2km 外线路导线上出现雷电侵入波过电压时，不引起变电所电气设备绝缘损坏。当架空线路未沿全线架设避雷线时，应在变电所 1～2km 进线段架设避雷线；当沿全线架设避雷线时，则应提高这段线路的耐雷水平，以减少这段线路内绕击和反击的概率。进线段保护的作用在于限制流经避雷器的雷电流幅值和波头陡度。

未沿全线架设避雷线的 35～110kV 架空送电线路，当雷直击于变电所附近的导线时，流过避雷线的电流幅值可能超过 5kA，而陡度也会超过允许值，因此，在变电所的进线段架设避雷线是必要的。多回路避雷线保护角不宜大于 10°，单回路避雷线保护角不宜大于 25°。35～110kV 变电所的进线段保护接线如图 9-14 所示。在雷季，变电所 35～110kV 进

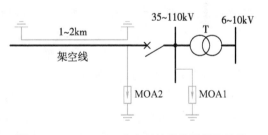

图 9-14　35～110kV 变电所的进线段保护接线

线的隔离开关或断路器可能经常断路运行，同时线路侧又带电，沿线袭来的雷电波在此末端开路处产生全反射，电压加倍，可能使开路的隔离开关或断路器对地放电，引起工频短路，因此，必须在靠近隔离开关或断路器处装设一组氧化锌避雷器。全线架设避雷线的 66～110kV 变电所，其进线的隔离开关或断路器与上述情况相同时，宜在靠近隔离开关或断路器处装设一组氧化锌避雷器。

35～110kV 变电所的 6～10kV 配电装置（包括电力变压器），应在每组母线和架空进线上装设氧化锌避雷器（分别采用电站和配电型避雷器）。架空进线全部在厂区内，且受到其他建筑物屏蔽时，可只在母线上装设氧化锌避雷器。有电缆段的架空线路，氧化锌避雷器应

装设在电缆头附近，其接地端应和电缆金属外皮相连。6～10kV配电装置雷电以侵入波的保护接线如图9-15所示。

氧化锌避雷器应以最短的接地导体与变配电所的主接地网连接（包括通过电缆金属外皮连接），同时，应在其附近装设集中接地装置。

（四）配电系统的雷电过电压保护

10～20kV配电变压器应装设氧化锌避雷器保护。避雷器应尽量靠近变压器装设，其接地应与变压器低压侧中性点接地（中性点不接地时则为中性点的击穿熔断器的接地端）以及金属外壳接地等连在一起，构成防雷等电位联结。

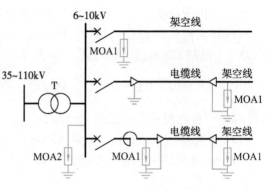

图9-15　6～10kV配电装置雷电侵入波的保护接线

10～35kV配电变压器宜在低压侧装设一组氧化锌避雷器，以防止反变换波和低压侧雷电侵入波击穿高压侧绝缘。

四、绝缘配合

为了保证供配电系统电气设备的安全，对于系统中出现的暂时和瞬态过电压应采取相应的保护，使其和设备的绝缘水平相配合。绝缘配合（insulation co-ordination）就是指考虑所采用的过电压保护措施后，根据可能作用的过电压、设备的绝缘特性及可能影响绝缘特性的因素，合理地确定设备绝缘水平的过程。

1. 工频运行电压和暂时过电压下的绝缘配合

工频运行电压下电气装置电瓷外绝缘的爬电距离应符合相应环境污秽分级条件下的爬电比距要求。变电所电气设备应能承受一定幅值和时间的工频过电压和谐振过电压，以电气设备的短时（1min）工频耐受电压来表征。所谓短时工频耐受电压是指在规定的条件和时间进行试验时，设备耐受的工频电压有效值。

2. 操作过电压下的绝缘配合

110kV及以下电气装置一般应能承受操作过电压的作用。在需用金属氧化物避雷器限制某些操作过电压的场合，则以避雷器的相应保护水平为基础进行绝缘配合（对操作冲击的配合系数一般取不小于1.15）。110kV及以下架空线路和变电所绝缘子串、空气间隙的操作过电压要求的绝缘水平，以计算用最大操作过电压为基础进行绝缘配合。

3. 雷电过电压下的绝缘配合

110kV及以下变电所中电气设备、绝缘子串和空气间隙的雷电冲击强度，以避雷器雷电保护水平为基础进行配合。根据我国情况，对雷电过电压的配合系数取1.4，以电气设备的额定雷电冲击耐受电压来表征。所谓雷电冲击耐受电压是指在一定条件下，不造成设备击穿、具有一定波形和极性的最高雷电冲击电压峰值。

海拔不超过1000m地区的110kV及以下架空线路绝缘子串及空气间隙不应小于附录表69所列数值。在进行绝缘配合时，应考虑尺寸及施工误差、横担变形等不利因素，使空气间隙留有一定裕度。海拔不超过1000m地区的110kV变电所工频电压、操作过电压及雷电过电压要求的最小空气间隙见附录表 70。6 ~ 20kV 高压配电装置的最小户外、户内的相对地、相间空气间隙见附录表 71。电气设备的雷电冲击耐受电压及短时工频耐受电压值标准见附录表 72。

设计者应根据系统标称电压及中性点接地方式合理选择变压器和开关设备的绝缘水平。高海拔地区（ > 1000m）的架空线路、变电所绝缘子串及空气间隙和变电所电气设备的绝缘配合条件，应按海拔进行校正，采取加强绝缘或选用高原型电器。

五、低压电气装置的过电压保护

低压电气装置中可能出现两种危及设备安全或人身安全的过电压，一种是 20kV 及以下变电所高压侧接地故障在低压电气装置内引起的暂时过电压，另一种是雷电在低压电气装置中引起的瞬态过电压。雷电在低压电气装置中引起的瞬态过电压又有两种情况：一是远处对地雷击时地面瞬变电磁场在架空电源线路上感应产生的瞬态过电压，当其沿电源线路进入建筑物电气装置内时，可能导致电气设备绝缘击穿事故；另一种为建筑物直接被雷击或建筑物附近落雷时，强大的瞬变电磁场直接在电气装置内感应产生的雷击电磁脉冲，严重威胁到建筑物电子信息系统的安全。

（一）防暂时过电压

低压电气装置的暂时过电压包括：高压系统与地之间故障引起的工频过电压、TN 和 TT 系统中性导体开路引起的应力电压、线导体与中性导体间短路引起的应力电压、IT 系统意外接地引起的应力电压。以下仅介绍第一种工频过电压。

20kV 及以下变电所高压侧接地故障时，故障电流 I_d 会在变电所接地电阻 R_B 上产生故障电压，此故障电压传导到低压系统会引起暂时工频过电压。视不同的低压系统接地型式，有的可能会危及人身安全，有的可能会危及设备安全，因此必须进行防护。

高压电网为不接地系统或谐振接地时，变电所低压系统无须采取措施防范幅值不大的工频过电压的危害。

高压电网为低电阻接地系统时，若变电所和低压用户在同一建筑物内，由于总等电位联结的作用，无须采取措施防范低压电气装置内这一工频过电压的危害。若变电所和低压用户不在同一建筑物内而不能实施总等电位联结时，最有效的防护措施是在变电所分设两个接地极，即变电所高低压设备的保护接地与低压系统中性点接地分开设置（两者间距 > 10m）。否则，应采取下列措施：

1）TN 系统低压用户建筑物内应实施总等电位联结。总等电位联结作业区以外部分应采用局部 TT 系统。

2）TT 系统低压用户应注意降低配电变电所保护接地的接地电阻 R_B，并限制高压侧接地故障电流 I_d，使 I_d 与 R_B 的乘积小于 1200V，以防低压电气装置内绝缘击穿事故的发生。

（二）防瞬态过电压

低压电气装置的瞬态过电压值取决于供配电系统的类型（地下或架空），电气装置的电源进线端的来电侧装有低压保护器件的可能性和供配电系统中设备的耐压水平。

1. 耐冲击类别

耐冲击类别是根据对设备预期不间断供电和能承受的事故后果来区分设备适用性的不同等级。通过对设备耐冲击水平的选择，使整个电气装置达到绝缘配合，将故障的危害性降到允许的水平，以提供一个抑制过电压的基础。低压电气设备耐冲击类别的划分见表9-5。

2. 固有过电压抑制

当自电网引来的低压电源线路全部为埋地电缆或架空的屏蔽层接地的电缆时，如果建筑物低压电气装置内的设备已具有表9-5所规定的耐冲击过电压水平，只要采取等电位联结与保护接地措施，一般无须装设防此类瞬态过电压的电涌保护器（SPD）。

3. 保护过电压抑制

当低压电源线路全部或部分为架空线路时，除采取等电位联结与保护接地措施外，还需在电源进线处装设Ⅰ级试验（10/350μs波形）的电涌保护器来防范沿电源线路侵入的雷电脉冲过电压（即雷电波侵入）。

当Yyn0或Dyn11联结的配电变压器设在本建筑物内或附设于外墙处时，应在变压器高压侧装设避雷器；在低压侧的配电屏上，当有线路引出本建筑物至其他有独自敷设接地装置的配电装置时，应在母线上装设Ⅰ级试验的电涌保护器；当无线路引出本建筑物时，可在母线上装设Ⅱ级试验（8/20μs波形）的电涌保护器。

第四节　电气装置的接地与等电位联结

一、接地的有关概念

（一）接地与接地装置

能供给或接收大量电荷可用来作为参考零电位的地球及其所有自然物质称为大地（earth）。埋入土壤或特定的导电介质（例如混凝土或焦炭）中、与大地有电接触的可导电部分称为接地极（earth electrode）。大地与接地极有电接触的部分称为局部地（local earth），其电位不一定等于零。接地（earth）就是指在系统、装置或设备的给定点与局部地之间进行电连接。

接地极有人工接地极和自然接地极之分。自然接地极是指兼作接地极用的直接与大地有电接触的可导电部分，如各种金属构件、金属管道、建（构）筑物和设备基础的钢筋等。人工接地极则是为了接地而专门装设的接地极，按敷设方式的不同，又可分为垂直接地极和水平接地极两种。若干接地极在地中相互连接组成的总体称为接地网（earth-electrode network）。在系统、装置或设备的给定点与接地极或接地网之间提供导电通路或部分导电通路的导体称为接地导体（earth conductor）。系统、装置或设备的接地所包含的所有电气连接件和器件称为接地配置（earthing arrangement，在我国习惯称为接地装置），包括接地极或接地网、接地导体、总接地端子或总接地母线等。总接地端子或总接地母线用于多个接地导体的电气连接，也可用作总等电位联结端子或母线。

（二）接地的分类

根据接地的不同作用，其一般分类有以下几种：

1. 功能接地

功能接地（functional earthing）是出于电气安全之外的目的，将系统、装置或设备的一点或多点接地，如电力系统的中性点接地（系统接地）。

2. 保护接地

保护接地（protective earthing）是为了电气安全，将系统、装置或设备的一点或多点接地。例如：

1）防电击保护接地：为故障防护而将电气装置或设备的外露可导电部分进行接地。电气装置或设备的外露可导电部分可通过保护导体或保护中性导体与系统中性点接地端相连接（如低压 TN 系统），也可采用独立于系统接地的接地装置（如低压 TT 系统、IT 系统）。

2）防雷保护接地：为防止雷电过电压而将雷电流或电涌电流泄入大地而设置的接地。

3）防静电接地：为消除静电危害将静电导入大地而设置的接地。

3. 电磁兼容性接地

电磁兼容性（Electromagnetic Compatibility，EMC）是指使设备或系统在其电磁环境中能正常工作且不对该环境中任何事物构成不能承受的电磁骚扰的能力。为此目的所做的接地称为电磁兼容性接地，如屏蔽接地。

（三）对地电压、接触电压和跨步电压

电气设备在发生接地故障时，入地故障电流 I_E 将通过接地极以半球形向大地中散开，如图 9-16 所示。在距离接地极越远的地方，半球的球面积越大，其流散电阻越小，相对于接地极处的电位就越低。试验表明，在距单根接地极或接地故障点20m 左右的地方，流散电阻值已很小，此处电位接近参考零电位，称为参考地（reference earth）。

电气设备接地点和接地极与参考地之间的电压 U_E，称为电气设备接地故障时对地电压（voltage to earth during an earth fault）。大地表面某一指定点与参考地之间的电压，称为地面对地电压（earth-surface voltage to earth）。由图 9-16 可知，在接地故障点附近，地面对地电压分布不均匀。人若在接地故障点附近，将会因预期接触电压和跨步电压而遭受电击。所谓预期接触电压（prospective touch voltage）是指人尚未触及但可能被同时触及的可导电部分之间的电压。跨步电压（step voltage）则是指大地表面相距1m（约为人的步距）的两点之间的电压。因此，在布置接地装置时，应采取措施降低预期接触电压和跨步电压，如利用网状接地系统作等电位联结，或将外露导电部件绝缘、设置警示牌和限制人身活动范围。

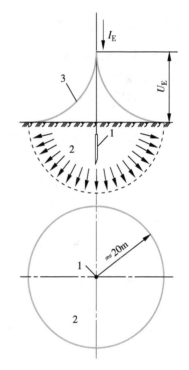

图 9-16　接地电流、对地电压示意图
1—接地极　2—流散电场　3—地面对地电压

二、接地电阻及要求

接地电阻（resistance to earth）是指在给定频率下，系统、装置或设备的指定点与参考地之间的电阻。包括接地导体、接地极（网）的电阻与接地极周围土壤的流散电阻。一般接地导体和接地极（网）的电阻值较小，可忽略不计。因此，接地电阻主要是接地极周围土壤的流散电阻，它与接地极（网）的形式及结构尺寸、土壤电阻率等有关。

决定土壤电阻率的因素主要有土壤的类型、含水量、温度、在土壤水分中化合物的种类

和浓度、土壤的颗粒大小及分布、密集性和压力、电晕作用等。土壤电阻率一般应以实测值作为设计依据，也可参考附录表73。

按通过接地极流入地中工频交流电流求得的接地电阻称为工频接地电阻；按通过接地极流入地中冲击电流（雷电流）求得的接地电阻称为冲击接地电阻。雷电流从接地极流入土壤时，接地极附近形成很强的电场，将土壤击穿并产生火花，相当于增加了接地极的截面积，减小了接地电阻。另一方面雷电流有高频特性，使接地极本身电抗增大。一般情况下后者影响较小，即冲击接地电阻一般小于工频接地电阻。

按国际惯例，供电部门（发电、输电、变配电）和用电部门（工业与民用供配电或建筑物电气装置）遵循各自的标准。不同电压等级不同性质的交流电气装置对接地电阻的要求是不同的。附录表74、75分别给出了35~110kV独立变电所和建筑物（低压）电气装置的接地电阻要求。

三、接地装置的设计

（一）接地装置的布置

1. 一般要求

独立变电所的接地装置，除利用自然接地极外，应敷设以水平接地极为主的人工接地网。人工主接地网的外缘应闭合，外缘各角应做成圆弧形，圆弧的半径不宜小于均压带间距的一半。主接地网内应敷设水平均压带。主接地网均压带可采用等间距或不等间距布置，可构成长孔形或方孔形接地网。变电所接地网边缘经常有人出入的走道处，应铺设砾石、沥青路面或在地下深埋两条与接地网相连的帽檐式均压带，以降低接触电位差与跨步电位差。防雷装置应设置集中接地装置，以便雷电流快速泄入大地。集中接地装置的布置应防止出现高电位反击。

建筑物电气装置的接地装置应优先利用建筑物钢筋混凝土基础内的钢筋。当有钢筋混凝土地梁时，宜将地梁内的钢筋焊接连成环形接地装置；当无钢筋混凝土地梁时，可在建筑物周边的无钢筋的闭合条形混凝土基础内，直接敷设40×4镀锌扁钢，形成环形接地。当利用建筑物钢筋混凝土基础内的钢筋、金属管道等作自然接地体时，应估算或实测其接地电阻。如接地电阻大于规定值时，还应补设人工接地极。人工接地极宜采用以水平接地极为主的闭合环形接地网，敷设在建筑物四周基础槽坑外沿，并应在防雷引下线处与建筑物基础钢筋网相连接。

电气装置应设置总接地端子（总接地母线），并应与接地导体、保护导体、等电位联结导体相连接。为保证接地导体的连接牢固可靠，总接地端子（总接地母线）应采用不少于两根导体在不同地点与接地网相连接，连接处采用焊接并做防腐。电气装置的每个接地部分应以单独的接地导体与总接地端子（总接地母线）相连接，严禁在一个接地导体中串接几个需要接地的部分。否则，会因其中某个部分接地不可靠，而导致该部分以后的接地均不可靠。

2. 共用接地装置（共用接地系统）

由于多个用于不同目的的接地装置，使分开接地方式不同电位所带来的不安全因素日益严重，不同接地导体间的耦合影响又难以避免，会引起相互干扰，因此产生共用接地装置（共用接地系统）的方式。共用接地装置的接地电阻必须按接入设备中要求的最小值确定。

变电所保护接地和功能接地共用接地装置时，应满足保护接地的各项要求。保护中性导体应采取防止杂散电流（stray current）（因有意或无意的接地，在大地中或埋在地下的金属物体中产生的泄漏电流）的绝缘措施。为防止正常运行时出现杂散电流带来不必要的电气危害，低压系统的中性点不应在各台变压器或发电机处就近接地，而应在低压总配电屏PEN 母线上一点接地，如图 9-17 所示。当低压系统中性点接地与变电所保护接地分开时，应采用绝缘电缆接至单设的接地极。而 PE 母线正常运行时不承载工作电流，可多点接地。

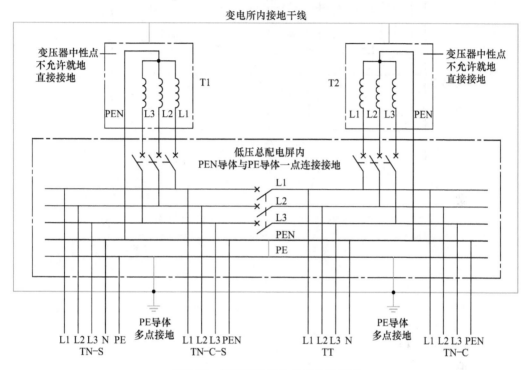

图 9-17　低压系统中性点接地的实施

每幢建筑物的防雷接地、电源系统接地、安全保护接地、等电位联结接地以及配电线路和信号线路的电涌保护器接地等应采用共用接地系统，其构成如图 9-18 所示。电子信息系统的功能接地一般是直接接大地或与已接地机壳相连接，因此应与防雷接地、电源系统接地及保护接地共用接地装置，并采取等电位联结措施。电子信息系统的各种箱体、壳体、机架等金属组件与建筑物的共用接地系统的等电位联结应采用 S 型星形结构或 M 型网形结构。建筑物的共用接地系统包括外部防雷装置，为获得低电感及网状接地系统，建筑物内金属装置和导电物体的等电位联结也应接入共用接地系统。

当互相邻近的建筑物之间有电气和电子信息系统的线路连通时，宜将其接地装置互相连接，并构成网状的接地系统。

（二）人工接地装置的规格尺寸

对于人工接地极，水平敷设的可采用圆钢、扁钢，垂直敷设的可采用角钢、钢管等。所有人工接地极、接地导体应采用镀锌件，使其耐腐蚀。按机械强度要求的接地装置导体尺寸应符合附录表 76 所列规格。

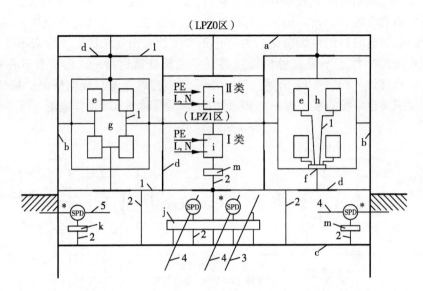

图 9-18　接地、等电位联结和共用接地系统的构成

a——防雷装置的接闪器以及可能是建筑物空间屏蔽的一部分，如金属屋顶；

b——防雷装置的引下线以及可能是建筑物空间屏蔽的一部分，如金属立面、墙内钢筋；

c——防雷装置的接地装置（接地体网络、共用接地体网络）以及可能是建筑物空间屏蔽的一部分，如基础内钢筋和基础接地体；

d——内部导电物体，在建筑物内及其上不包括电气装置的金属装置，如电梯轨道、起重机、金属地面、金属门框架，各种服务性设施的金属管道，金属电缆桥架，地面、墙和天花板的钢筋；

e——局部电子系统的金属组件，如箱体、壳体、机架；

f——代表局部等电位联结带单点连接的接地基准点（ERP）；

g——局部电子系统的 M 型网形等电位联结结构；

h——局部电子系统的 S 型星形等电位联结结构；

i——固定安装引入 PE 导体的 I 类设备和不引入 PE 导体的 II 类设备；

j——主要供电子系统等电位联结用的环形等电位联结带、水平等电位联结导体，在特定情况下采用金属板，也可用作共用等电位联结带。用接地导体多次接到接地系统上作等电位联结，宜每隔 5m 连一次；

k——主要供电气系统作等电位联结用的总接地带、总接地母线、总等电位联结带，也可用作共用等电位联结带；

m——局部等电位联结带；

1——等电位联结导体；

2——接地导体；

3——服务性设施的金属管道；

4——电子系统的线路或电缆；

5——电气系统的线路或电缆；

*——进入 LPZ1 区处，用于管道、电气和电子系统的线路或电缆等外来服务性设施的等电位联结。

人工垂直接地极的长度宜为 2.5m，减小长度时，流散电阻增加较多，但增加长度时，流散电阻却减小较少。为减少相邻接地极的屏蔽作用（相互之间磁场影响电流散流效果的现象），人工垂直接地极间的距离及人工水平接地极间的距离不宜小于 5m，当受地方限制时可适当减小。为减少外界温度、湿度变化对流散电阻的影响，人工接地极在土壤中的埋设深度一般为 0.6~0.8m。

根据热稳定条件，未考虑腐蚀时，接地导体的最小截面积应按下式要求进行校验：

$$S_E \geq \frac{I_E}{K}\sqrt{t_E} \tag{9-12}$$

式中　S_E——接地导体的最小截面积（mm²）；

I_E——流过接地导体的短路电流稳定值（A）；

t_E——接地短路的等效持续时间（s），取后备保护动作时间与断路器开断时间之和；

K——接地导体材料的热稳定系数，对于裸钢导体，取 70；对于裸铜导体，取 210；对于绝缘铜导体，见附录表 32。

（三）接地电阻的计算

1. 人工接地极工频接地电阻的计算

人工接地极的工频接地电阻，可采用表 9-8 所列理论计算公式。工程应用时，也可采用表 9-10 所列公式简易计算人工接地极的工频接地电阻。

表 9-8　人工接地极工频接地电阻的理论计算

接地极类型	接地电阻（Ω）的理论计算式	符号说明
单根垂直接地极	$R_v = \frac{\rho}{2\pi l}\left(\ln\frac{8l}{d}-1\right)$	R_v——垂直接地极的接地电阻（Ω） l——垂直接地极的长度（m）
不同形状水平接地极	$R_h = \frac{\rho}{2\pi L}\left(\ln\frac{L^2}{hd}+K\right)$	d——接地极的直径或等效直径（m），对扁钢为其宽度的 1/2，对等边角钢为其边长的 0.84 ρ——土壤电阻率（Ω·m） R_h——水平接地极的接地电阻（Ω） L——水平接地极的总长度（m） h——水平接地极的埋设深度（m）
水平接地极为主边缘闭合的复合接地极（接地网）	$R = a_1 R_e$ $a_1 = \left(3\ln\frac{L_0}{\sqrt{S}}-0.2\right)\frac{\sqrt{S}}{L_0}$ $R_e = 0.213\frac{\rho}{\sqrt{S}}(1+B)+\frac{\rho}{2\pi L}\left(\ln\frac{S}{9hd}-5B\right)$ $B = \frac{1}{1+4.6\frac{h}{\sqrt{S}}}$	K——水平接地极的形状系数，见表 9-9 R——任意形状边缘闭合接地网的接地电阻（Ω） R_e——等值（即等面积、等水平接地极总长度）方形接地网的接地电阻（Ω） S——接地网的总面积（m²） L_0——接地网的外缘边线总长度（m）

表 9-9　水平接地极的形状系数 K

水平接地极的形状	—	L	Y	○	+	□	X	X	*	*
K	-0.6	-0.18	0	0.48	0.89	1	2.19	3.03	4.71	5.65

283

表 9-10　人工接地极工频接地电阻的简易计算

接地极类型	接地电阻（Ω）简易计算式	备　注
单根垂直接地极	$R_v \approx 0.3\rho$	1）单根垂直接地极长度为 3m 左右
单根水平接地极	$R_h \approx 0.03\rho$	2）单根水平接地极长度为 60m 左右 3）复合接地极（接地网）中，S 为大于 100m^2 的闭
复合接地极（接地网）	$R \approx 0.5\dfrac{\rho}{\sqrt{S}} = 0.28\dfrac{\rho}{r}$　或 $R \approx \dfrac{\sqrt{\pi}}{4}\dfrac{\rho}{\sqrt{S}} + \dfrac{\rho}{L} = \dfrac{\rho}{4r} + \dfrac{\rho}{L}$	合接地网的面积；r 为与接地网面积 S 等值圆的半径，即等效半径（m）；L 为接地网水平接地极和垂直接地极总长度（m） 4）ρ 为土壤电阻率（Ω·m）

2. 冲击接地电阻计算

单独接地极的冲击接地电阻可用下式计算：

$$R_p = \alpha R \tag{9-13}$$

式中　R——单独接地极的工频接地电阻（Ω）；

　　　R_p——单独接地极的冲击接地电阻（Ω）；

　　　α——单独接地极的冲击系数，一般小于 1，具体数值可查有关设计手册。

水平接地极连接的 n 根垂直接地极组成的接地装置，其冲击接地电阻可按下式计算：

$$R_p = \dfrac{\dfrac{R_{vp}}{n} \times R_{hp}}{\dfrac{R_{vp}}{n} + R_{hp}} \times \dfrac{1}{\eta_p} \tag{9-14}$$

式中　R_p——接地装置的冲击接地电阻（Ω）；

　　　R_{vp}——垂直接地极的冲击接地电阻（Ω）；

　　　R_{hp}——水平接地极的冲击接地电阻（Ω）；

　　　η_p——多根接地极的冲击利用系数（因屏蔽作用致使接地电阻增大的系数），见附录表 77。

自然接地极接地电阻的估算可参阅有关设计手册。在实际工程中，往往采用实地测量的方法来确定建筑物钢筋混凝土基础接地极的接地电阻。

计算接地电阻时，还应考虑土壤受干燥、冻结等季节变化的影响，从而使接地电阻在各季节均能保证达到所要求的值。高土壤电阻率地区应采取降低接地电阻的措施，如外引接地、采用井式或深井式接地极、土壤置换、利用降阻剂等。

四、等电位联结安装

等电位联结是指为达到等电位，多个可导电部分间的电连接。为安全目的进行的等电位联结又称为保护等电位联结，包括总等电位联结、局部等电位联结和辅助等电位联结。前已叙述，一般工业与民用建筑物电气装置为防止间接接触电击和改善电磁兼容性的需要，均应设总等电位联结。公寓式办公楼和酒店式办公楼内的卫生间、住宅中设洗浴设备的卫生间还应设局部等电位联结或辅助等电位联结。

为保证等电位联结的可靠性，等电位联结导体的截面积应满足附录表 78 的要求。等电位联结端子板的截面积应满足机械强度的要求，且不得小于所接联结导体的截面积。防雷等电位联结导体的最小截面积要求见附录表 79。防雷等电位联结端子板（铜或热镀锌钢）的截面积不应小于 50mm²。

进行等电位联结导体安装时，金属管道上的阀门、仪表等装置需加跨接线连成电气通路。煤气管入户处应插入一绝缘段（如在法兰盘间插入绝缘板），并在此绝缘段两端跨接火花放电间隙（由煤气公司实施）。导体间的连接应可靠，可根据实际情况采用焊接或螺栓连接。

在具体工程设计与施工时，应参照国家建筑标准设计图集 D501-2《等电位联结安装》。

例 9-1　某 10/0.38kV 变电所安装有两台变压器，容量均为 1000kV·A，Dyn11 联结。已知变压器 10kV 侧工作于不接地系统，计算用的单相接地故障电流不大于 10A，当地土质为砂质粘土。已知流过接地线的低压侧单相接地短路电流最大为 19kA，高压后备保护动作时间为 0.5s。试设计该变电所的共用人工接地装置。

解：（1）确定该变电所的接地电阻允许值

查附录表 74，对于高压侧工作于不接地系统，配电变压器保护接地与低压系统中性点接地共用接地的装置，其工频接地电阻 R 要求为

$$R \leqslant \frac{50}{I} \text{且} \leqslant 4\Omega$$

将计算用的单相接地故障电流 10A 代入上式，得 $R \leqslant 4\Omega$。此接地电阻也满足防雷接地要求。

（2）接地装置布置

本工程利用建筑物基础钢筋自然接地极和敷设人工接地极相结合，如图 9-19a 所示。将建筑物基础梁上下两层主筋沿建筑物外圈焊接成环形，并与主轴线上的基础梁内的上下两层主筋相互焊接构成自然接地极。人工接地极以水平接地极为主，沿建筑物四周 2.5m 外敷设成闭合环形接地网，在建筑物防雷引下线处，与建筑物基础钢筋自然接地极相连接，连接点处增设垂直接地极，以便于雷电流快速泄入大地。为降低接触电压和跨步电压，接地网敷设有水平均压带，主要出入口处敷设帽檐式均压带。接地网接地极、水平均压带埋深 0.8m，帽檐式均压带埋深 1.3m 和 1.8m。

在配电装置室内设置总接地端子和母线，总接地母线采用环形导体，布置在配电装置室内四周电缆沟内，如图 9-19b 所示。总接地端子 MET 共有三处采用接地导体与接地网连接。配电装置外露可导电部分、所有进出变电所的金属管道、金属构件等就近采用导体与总接地母线相连。为防止杂散电流，低压系统的中性点在总配电屏内将 PEN 母线上一点接地，可采用单芯电缆接至总接地端子或母线。为便于高压开关柜内的避雷器快速泄放雷电冲击波电流，在高压配电室内设置 1 只接地端子 MET，该接地端子直接与室外集中接地装置相连。

（3）人工接地装置的规格尺寸

本工程的垂直接地极采用 L50×50×5、长 2.5m 的热镀锌角钢，水平接地极、均压带、总接地导体（预埋板）采用 -50×5 热镀锌扁钢，室内总接地母线、配电装置保护接地导体采用 -40×4 热镀锌扁钢。材料规格满足规范要求。

低压系统的中性点接地导体选择见表 9-11。选择结果满足要求。

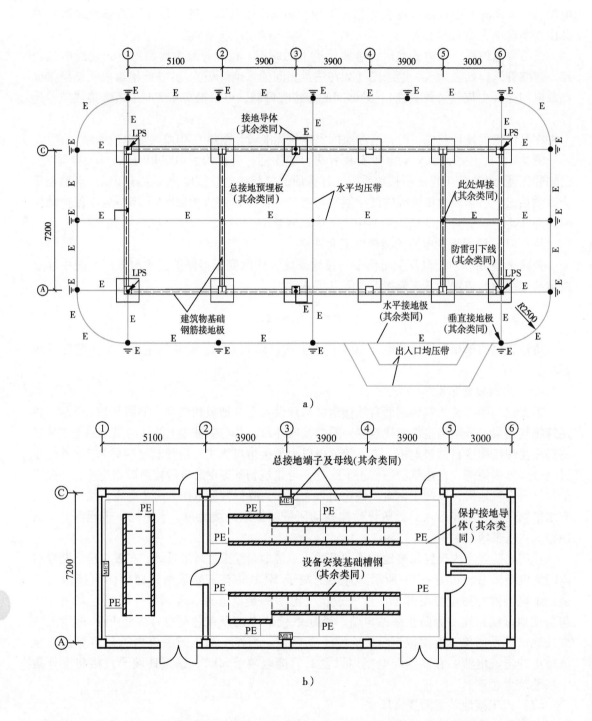

图 9-19 变电所接地平面布置图

a）接地网平面布置图   b）变电所一层接地平面布置图

表 9-11 低压系统的中性点接地导体选择

接地导体材料	流过接地线的短路电流 I_E/A	接地短路等效持续时间 t_E/s	接地线热稳定系数 K	最小允许截面积 S_E/mm^2 $S_E \geqslant \dfrac{I_E}{K}\sqrt{t_E}$	选择结果
YJV 电缆	19×10^3	$0.5s + 0.1s$ $= 0.6s$	143	$S_E \geqslant \dfrac{19 \times 10^3}{143} \times \sqrt{0.6} = 102.9$	采用 ZBYJV-0.6/1-1 × 120 电缆
扁钢			70	$S_E \geqslant \dfrac{19 \times 10^3}{70} \times \sqrt{0.6} = 210.2$	采用镀锌扁钢 -50 × 5

（4）接地电阻计算

由图 9-19 可知，本工程人工复合接地网的面积 $S = 335m^2$，接地网水平接地极和垂直接地极总长度 $L = 169m$。查附录表 73，计算用的土壤电阻率取 $\rho = 100\Omega \cdot m$。根据表 9-10 提供的简易计算公式得

$$R \approx \frac{\sqrt{\pi}}{4}\frac{\rho}{\sqrt{S}} + \frac{\rho}{L} = \left(\frac{\sqrt{\pi}}{4} \times \frac{100}{\sqrt{335}} + \frac{100}{169}\right)\Omega = 3.0\Omega$$

再计及自然接地极的接地电阻，本工程接地网的工频接地电阻不大于 3Ω，满足要求。

思考题与习题

9-1 试述雷电放电的基本过程及各阶段的特点。

9-2 雷电流的波形有何特点？如何表征其参数？

9-3 雷电波在传播过程中，为什么会出现折射与反射现象？对防雷设计有何指导意义？

9-4 雷电作用的形式有哪些？雷电侵入波与电涌有何异同？

9-5 建筑物的防雷装置有哪些？

9-6 什么是雷击电磁脉冲？建筑物电气和电子系统如何防范雷击电磁脉冲？

9-7 什么是电涌保护器？它有哪些类型？如何选用？

9-8 在交流电气装置中，限制雷电过电压破坏作用的基本措施是什么？这些防雷设备各起什么保护作用？

9-9 变电所进线段保护的作用是什么？如何实施？

9-10 如何选择避雷器？为什么要求避雷器应尽可能靠近变压器安装？

9-11 低压电气装置如何防范高压系统与地之间故障引起的工频过电压？

9-12 接地有哪些类型？各有何用途？

9-13 何为跨步电压与接触电压？可采取哪些措施降低或防范其危害？

9-14 什么是接地电阻？对接地电阻有何要求？如何计算？

9-15 独立变电所接地装置的布置要求有哪些？独立避雷针的接地装置如何防止雷电反击？

9-16 为什么建筑物内各种接地应采用共用接地系统？

9-17 变电所变压器中性点接地不当会出现什么问题？应如何选择变压器中性点接地导体？

9-18 等电位联结安装有何要求？

9-19 某城市拟建一座大型超市，为钢筋混凝土框架结构，建筑物长 128m、宽 78m、高 19m。已知当地年平均雷暴日数为 35d，超市周边在 2 倍扩大宽度范围内无其他建筑物。试计算该建筑物年预计雷击次数，并确定其防雷类别。

9-20 有一座第三类防雷建筑物，高 12m，其屋顶最远的一角距离高 50m 的水塔 10m 远，水塔上装有

一支高 2m 的避雷针。试验算此避雷针能否保护这座建筑物。

9-21　某 110kV 变电所配电构架高 11m、宽 10.5m，拟在构架侧旁装设独立避雷针进行保护，避雷针距构架至少 5m。试计算避雷针最低高度。

9-22　某独立避雷针集中接地装置设置了 3 根 L50×50×5、长 2.5m 的热镀锌角钢作垂直接地极，利用 -50×5 热镀锌扁钢相连。已知当地土质为粘土，雷电流为 40kA 时冲击系数为 0.6。试计算该集中接地装置的冲击接地电阻。

9-23　某 110kV 变电所的 110kV 配电装置采用 AIS 户外布置，采用复合式方孔接地网，网孔间距为 5.5m。接地网外围闭合尺寸约为 40m×80m。已知当地土质为沙质粘土，试估算该接地网的工频接地电阻。

参 考 文 献

[1]　莫岳平，翁双安. 供配电工程 [M]. 北京：机械工业出版社，2011.

[2]　吴广宁. 高电压技术 [M]. 2 版. 北京：机械工业出版社，2014.

[3]　全国雷电防护标准化技术委员会. GB/T 21714.1—2015/IEC 62305-1：2010 雷电防护 第 1 部分 总则 [S]. 北京：中国标准出版社，2015.

[4]　全国雷电防护标准化技术委员会. GB/T 21714.3—2015/IEC 62305-3：2010 雷电防护 第 3 部分 建筑物的物理损坏和生命危险 [S]. 北京：中国标准出版社，2015.

[5]　全国雷电防护标准化技术委员会. GB/T 21714.4—2015/IEC 62305-4：2010 雷电防护 第 4 部分 建筑物内电气和电子系统 [S]. 北京：中国标准出版社，2015.

[6]　中国机械工业联合会. GB 50057—2010 建筑物防雷设计规范 [S]. 北京：中国计划出版社，2010.

[7]　中国电力企业联合会. GB/T 50064—2014 交流电气装置的过电压保护与绝缘配合设计规范 [S]. 北京：中国计划出版社，2014.

[8]　中国电力企业联合会. GB/T 50065—2011 交流电气装置的接地设计规范 [S]. 北京：中国计划出版社，2011.

[9]　中国电器工业协会. GB/T 18802.12—2014/IEC 61643-12：2008 低压电涌保护器（SPD）第 12 部分：低压配电系统的电涌保护器 选择和使用导则 [S]. 北京：中国标准出版社，2014.

[10]　全国建筑物电气装置技术委员会. GB/T 16895.10—2010/IEC 60364-4-44：2007 低压电气装置 第 4-44 部分：安全防护 电压骚扰和电磁骚扰防护 [S]. 北京：中国标准出版社，2011.

[11]　全国建筑物电气装置标准化技术委员会. GB 16895.3—2017/IEC 60364-5-54：2011 低压电气装置 第 5-54 部分：电气设备的选择和安装 接地配置和保护导体 [S]. 北京：中国标准出版社，2017.

第十章　电能质量的提高

第一节　电能质量标准与频率调整

一、电能质量标准

电能质量（power quality）从普遍意义上讲是指优质供电，包括电压质量、电流质量、供电质量和用电质量。电压质量即实际电压与标称电压间在幅值、波形和相位上的偏差，反映供电企业向用户供给的电力是否合格；电流质量即对用户取用电流提出恒定频率、正弦波形的要求，并使电流波形与供电电压同相位，保证系统高功率因数运行，有助于降低电能损耗；供电质量包括电压质量及供电可靠性（技术含义）和服务质量（非技术含义）；用电质量包括电流质量（技术含义）和用户义务（非技术含义）。

一般地，电能质量可以定义为：导致用电设备故障或不能正常工作的电压、电流或频率的偏差，其内容包括频率偏差、电压偏差、电压波动与闪变、三相不平衡、暂时或瞬态过电压、波形畸变（谐波），以及电压暂降、中断、暂升和供电连续性等。在现代电力系统中，电压暂降和中断已成为最重要的电能质量问题。

电力系统供电的电能质量是电力工业产品的重要指标，涉及发、供、用各方面的权益。优良的电能质量对保证电网和广大用户的电气设备和各种用电器具的安全经济运行，保障国民经济各行各业的正常生产和产品质量以及提高人民生活质量具有重要意义。同时，电能质量有些指标受某些用电负荷干扰影响较大，全面保障电能质量是电力企业和用户共同的责任和义务。自1990年起，我国相继发布并修订了八项电能质量国家标准：GB/T 12325—2008《电能质量 供电电压偏差》、GB/T 12326—2008《电能质量 电压波动和闪变》、GB/T 14549—1993《电能质量 公用电网谐波》、GB/T 24337—2009《电能质量 公用电网间谐波》、GB/T 15543—2008《电能质量 三相电压不平衡》、GB/T 15945—2008《电能质量 电力系统频率偏差》、GB/T 18481—2001《电能质量 暂时过电压和瞬态过电压》和 GB/T 30137—2013《电能质量 电压暂降与短时中断》。以上电能质量标准分别从发电、供电、用电对电能质量提出了要求，这些标准的发布无疑为提高我国的电能质量水平起了促进作用。

二、电力系统的频率调整

电力系统频率偏差（frequency deviation for power system）是电力系统频率的实际值与标称值之差。电力系统频率偏差主要反映发电有功功率和消耗的有功功率（包括负荷、厂用电以及电网中有功功率损耗）之间的平衡关系，同时也反映频率控制的技术水平。电网容量越大，负荷相对变化越小，则频率控制越容易。

电力系统中的发电与用电设备只有在额定频率附近运行时，才能发挥最好的功能。系统频率过大的变动，对用户和发电厂的运行都将产生不利的影响。系统频率变化对用户的不利影响主要有三个方面：①频率变化将引起电动机转速的变化。由这些电动机驱动的纺织、造纸等机械的产品质量将受到影响，甚至出现残、次品；②电力系统频率降低将使电动机的转速和功率降低，导致传动机械的出力降低，影响生产效率；③工业和科技部门使用的测量、控制等电子设备将受系统频率的波动而影响其准确性和工作性能，频率过低时甚至无法工作。电力系统频率降低时，会对发电厂和系统的安全运行带来影响，严重时出现频率或电压崩溃现象，会使整个系统瓦解，造成大面积停电。

GB/T 15945—2008《电能质量 电力系统频率偏差》规定：电力系统正常运行条件下频率偏差限值为 ±0.2Hz。当系统容量较小时，偏差限值可以放宽到 ±0.5Hz。用户冲击负荷引起的系统频率变化一般不得超过 ±0.2Hz，根据冲击负荷性质和大小以及系统的条件也可适当变动，但应保证近区电力网、发电机组和用户的安全、稳定运行以及正常供电。系统频率由各级电力调度部门进行日常监督、控制和统计，并作为各个电网主要的考核指标之一。

电力系统频率的变化主要是由有功负荷变化引起的。系统负荷变化有三种情况：第一种是变化幅度很小，变化周期短，变动有很大偶然性；第二种是变化幅度较大，变化周期较长；第三种是变化缓慢的持续变动。根据负荷的变动进行电力系统的频率调整，分为一次、二次、三次调整。频率的一次调整是由发电机组的调速器进行的，是对第一种负荷变动引起的频率偏移所作的调整。频率的二次调整是由发电机组的调频器进行的，是对第二种负荷变动引起的频率偏移所作的调整。三次调整是对第三种负荷变动在有功功率平衡的基础上，按照最优化的原则在系统中各发电厂之间进行负荷的经济分配，实际上是实行系统经济运行问题的调整。

如果电力系统发生短路故障，或用电负荷突然大幅度增加时，电网频率将显著降低，致使电力系统不能正常运行，这时候也可以通过设置低频低压减载装置来使电力系统的频率得到有效的恢复。频率自动减载装置由频率测量元件、时间元件和执行元件三部分组成。频率测量元件是装置的起动元件，其整定值低于工频 50Hz。当系统频率下降到频率测量元件的整定频率时，频率测量元件动作，起动时间元件，整定时限到后，由执行元件动作切除装置所安装的线路负荷。如果在整定时限到达之前，系统频率恢复到整定频率以上，装置将自动返回。

第二节　供电电压偏差及其调节

一、电压偏差的含义

电压偏差（voltage deviation）$\delta U\%$ 是系统某点的实际运行电压相对于系统标称电压的偏差相对值，以百分数表示，即

$$\delta U\% = \frac{U_{re} - U_n}{U_n} \times 100 \tag{10-1}$$

式中　U_{re}——系统某点的实际运行电压；

　　　U_n——系统的标称电压。

产生电压偏差主要是由正常的负荷电流或故障电流在系统各元件上流过时所产生的电压损失所引起的。

实际电压偏高或偏低，对运行中的电气设备会造成不良的影响。当加于照明灯上的实际电压高于其额定电压时，增加了光通量，但其使用寿命会降低；相反，如果实际电压低于其额定电压时，灯泡的发光效率会降低，影响工作人员的视力健康。对电动机而言，电压降低时，转矩会下降，电流会增加，引起温度升高，造成电动机转速降低，线圈发热，甚至烧毁电动机；而当电压过高时，电动机、变压器等设备的铁心会出现饱和，铁耗增大，励磁电流增大也会导致电动机发热。对于其他电气设备，电压的变化也将使其运行性能发生变化，甚至造成设备和人身事故。而对电子设备来说，电压过高或过低都将使电子元件的特性改变，影响到整台设备的正常运行，甚至损坏设备。

二、变压器对电压偏差的影响

降压变压器的一次侧，根据电压等级的不同都设有若干个分接头。我国现行的有载调压变压器分接头为：110kV 为 $\pm 8 \times 1.25\%$（17 个分接位置），35kV 为 $\pm 3 \times 2.5\%$（7 个分接位置），10（6）kV 为 $\pm 4 \times 2.5\%$（9 个分接位置）。普通无励磁调压变压器分接头为 $\pm 2 \times 2.5\%$（5 个分接位置）或 $\pm 5\%$（3 个分接位置），在投入运行前选择一个合适的分接头。

由变压器分接头选择而引入的电压偏差量可按下式进行计算：

$$\delta U_t\% = \left(\frac{U_{20}}{U_{2n}} - 1 \right) \times 100 = \left(\frac{U_{r2.T} U_{1n}}{U_t U_{2n}} - 1 \right) \times 100 \tag{10-2}$$

式中　$\delta U_t\%$——当在变压器一次侧分接头上所加电压为系统标称电压时，二次侧空载电压对系统标称电压的电压偏差百分数；

U_{1n}、U_{2n}——变压器一次侧、二次侧系统标称电压；

U_t——变压器一次侧分接头电压，$U_t = (1 + t) U_{1n}$，t 为一次侧分接头所对应的电压增减量；

U_{20}——变压器二次侧的空载电压（分接头任意位置）；

$U_{r2.T}$——变压器二次侧的额定电压（分接头标准位置，$t = 0$）。

例如，对 $10 \pm 2 \times 2.5\%/0.4kV$ 配电变压器而言，设一次侧电压为其系统标称电压 10kV。由变压器分接头选择而引入的电压偏差量见表 10-1。可见，变压器分接头位置不同对二次侧电压的提升作用大小不一样。

表 10-1　$10 \pm 2 \times 2.5\%/0.4kV$ 配电变压器分接头与二次侧电压偏差的关系

分接头位置	-5%	-2.5%	0	+2.5%	+5%
一次侧电压/kV			10		
二次侧空载电压/kV	0.42	0.41	0.4	0.39	0.38
二次侧电压偏差/%	10.5	8.0	5	2.6	0

变压器中的电压损失 $\Delta U_T\%$ 可按下式计算：

$$\Delta U_T\% = \frac{PR_T + QX_T}{10 U_n^2} = \frac{P u_a\% + Q u_r\%}{S_{r.T}} = \beta (u_a\% \cos\varphi + u_r\% \sin\varphi) \tag{10-3}$$

式中　P、Q——变压器二次侧负荷有功功率（kW）、无功功率（kvar）；

　　R_T、X_T——变压器的等值电阻和电抗（Ω）；

　　　$S_\mathrm{r.T}$——变压器的额定容量（kV·A）；

　　$u_\mathrm{a}\%$——变压器阻抗电压百分值 $U_\mathrm{k}\%$ 的有功分量，$u_\mathrm{a}\% = \dfrac{100\Delta P_\mathrm{k}}{S_\mathrm{r.T}}$；

　　$u_\mathrm{r}\%$——变压器阻抗电压百分值 $U_\mathrm{k}\%$ 的无功分量，$u_\mathrm{r}\% = \sqrt{(U_\mathrm{k}\%)^2 - (u_\mathrm{a}\%)^2}$；

　　　β——变压器的负荷率；

　　$\cos\varphi$——负荷的功率因数。

于是，变压器负载时的二次电压为

$$U_2 = \left(U_1 - \frac{\Delta U_\mathrm{T}\%}{100}U_{1n}\right)\frac{U_\mathrm{r2.T}}{U_\mathrm{t}} = U_1\frac{U_\mathrm{r2.T}}{U_\mathrm{t}} - \frac{\Delta U_\mathrm{T}\%}{100}U_{2n} \tag{10-4}$$

将式（10-4）代入式（10-1），得到当 $U_1 = U_{1n}$ 时，由变压器本身所产生的总电压偏差量为

$$\delta U_\mathrm{T}\% = \frac{U_2 - U_{2n}}{U_{2n}} \times 100 = \delta U_\mathrm{t}\% - \Delta U_\mathrm{T}\% \tag{10-5}$$

三、电压偏差的计算

如图 10-1 所示，设供电电源母线上的电压偏差量为 $\delta U_\mathrm{A}\%$，高压线路 W1 的电压损失为 $\Delta U_\mathrm{W1}\%$，变压器引起的电压偏差量为 $\delta U_\mathrm{T}\%$，低压线路 W2 的电压损失为 $\Delta U_\mathrm{W2}\%$，则 B、C、D 各点的电压偏差分别为

$$\delta U_\mathrm{B}\% = \delta U_\mathrm{A}\% - \Delta U_\mathrm{W1}\%$$

$$\delta U_\mathrm{C}\% = \delta U_\mathrm{A}\% - \Delta U_\mathrm{W1}\% + \delta U_\mathrm{T}\%$$

$$\delta U_\mathrm{D}\% = \delta U_\mathrm{A}\% - \Delta U_\mathrm{W1}\% + \delta U_\mathrm{T}\% - \Delta U_\mathrm{W2}\%$$

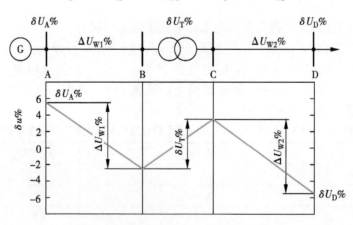

图 10-1　供配电系统的电压偏差计算示意图

将上述概念推广到任一供配电系统，如果由供电电源到某指定地点 E 有多级电压或装有调压设备，则指定地点的电压偏差 $\Delta U_\mathrm{E}\%$ 可由下式计算

$$\Delta U_E\% = \Sigma\delta U\% - \Sigma\Delta U\% \tag{10-6}$$

式中　$\Sigma\delta U\%$——由电源到指定点中所有电压偏差之和;

　　　$\Sigma\Delta U\%$——由电源到指定点中所有电压损失之和。

四、电压偏差限值及其调节

(一) 电压偏差限值

GB/T 12325—2008《电能质量 供电电压偏差》中规定,供电部门与用户的产权分界处或供用电协议规定的电能计量点的供电电压偏差限值为:

35kV 及以上供电电压正、负偏差绝对值之和不超过标称电压的 10%;

20kV 及以下三相供电电压偏差不超过标称电压的 ±7%;

220V 单相供电电压偏差为标称电压的 +7%, -10%。

对供电点短路容量较小、供电距离较长以及对供电电压偏差有特殊要求的用户,由供、用电双方协议确定。

用户内部供配电系统用电设备端子电压偏差限值见表 10-2。

表 10-2　用电设备端子电压偏差限值

名　称	电压偏差限值(%)	名　称	电压偏差允许值(%)
电动机: 　正常情况下	+5 ~ -5	照明: 　一般工作场所	+5 ~ -5
		远离变电所的小面积一般工作场所	+5 ~ -10
		应急照明、安全特低电压供电的照明	+5 ~ -10
		道路照明	+5 ~ -10

注:本表根据 GB 50052—2009《供配电系统设计规范》、GB 50034—2013《建筑照明设计标准》、CJJ 45—2015《城市道路照明设计标准》以及 GB 755—2008《旋转电机 定额和性能》编制。

因此,必须通过电压调节来保持各供电点的电压偏差不超过规定值。

(二) 电压调节的方式

电力系统中,供电的负荷点很多,很难对各点的电压进行监视,通常选择地区内负荷较大的区域变电所作为电压中枢点,对中枢点的电压进行监视和调节。

如图 10-2 所示,中枢点调压方式有常调压和逆调压两种。所谓常调压,就是不管中枢点的负荷怎样变动,都要保持中枢点的电压偏差为恒定值;所谓逆调压,就是在最大负荷时,升高母线电压,在最小负荷时,降低母线电压。

从图 10-2 可以看出,常调压既很困难,也不经济,只有在线路长度、负荷都比较理想的情况下,才能达到;对于逆调压方式,距离电源母线不同位置的变配电所,都能借助选择合适的变压器分接头,达到改善电压偏差的目的。因此,目前中枢点常用的调压方式为逆调压。

(三) 电压调节的方法

对于用户的供配电系统,电压偏差调节主要从降低线路电压损失和调整变压器分接头两方面入手。

1. 减少线路的电压损失

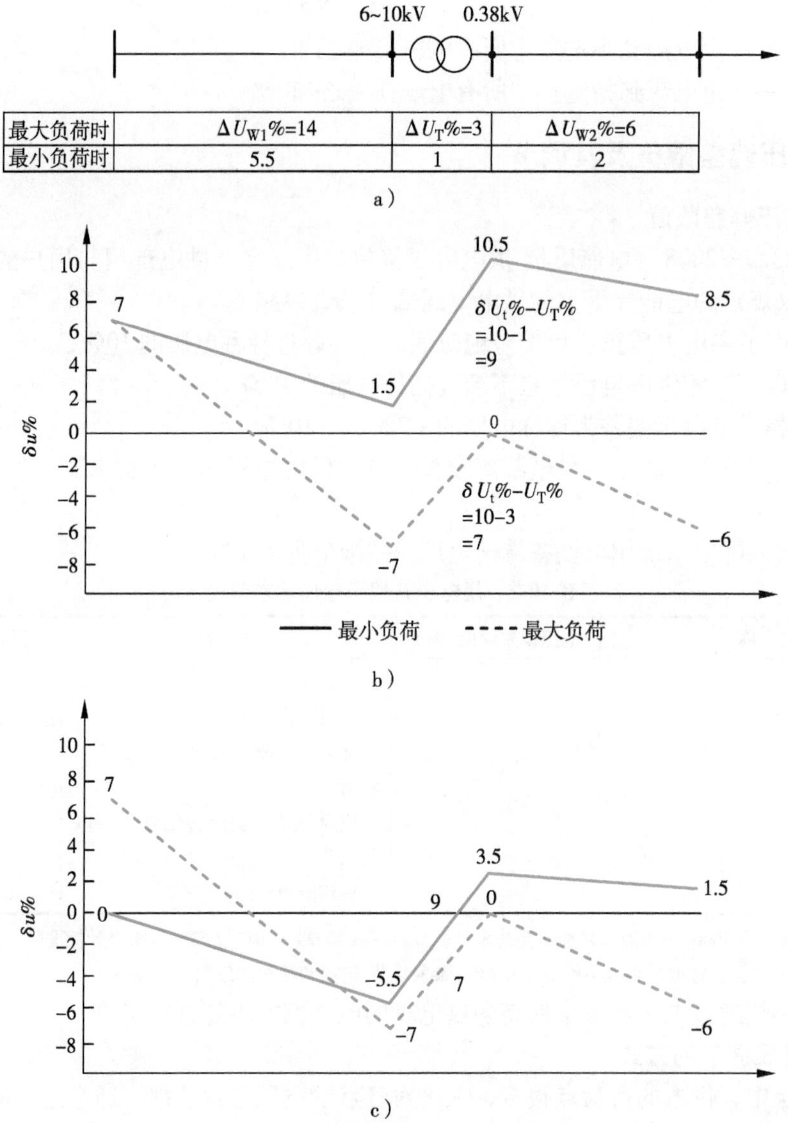

最大负荷时	$\Delta U_{W1}\%=14$	$\Delta U_T\%=3$	$\Delta U_{W2}\%=6$
最小负荷时	5.5	1	2

a）

图 10-2　电压偏差调节示意图
a）系统图　b）常调压方式　c）逆调压方式

在进行供配电系统设计时，应尽量降低系统的阻抗（如增大电线电缆的截面积；尽量使配电变压器深入负荷中心，缩短低压配电距离；采用多回路并联供电等），采取无功功率补偿、提高配电电压等措施减少线路电压损失，缩小电压偏差的范围。另外，宜使系统三相负荷平衡，减少中性点电位偏移产生的电压偏差。

2. 合理选择变压器的分接头

在用户降压变电所中，变压器的一次电压及变压器中电压损失随负荷大小而变，若变压器高压侧的实际电压，在最大负荷时为 U_{1max}，最小负荷时为 U_{1min}，变压器中归算到高压侧的电压损失，在最大负荷时为 $\Delta U_{Tmax}\%$，最小负荷时为 $\Delta U_{Tmin}\%$，则变压器低压侧的实际电压在最大和最小负荷下分别为

$$U_{2\max} = \left(U_{1\max} - \frac{\Delta U_{T\max}\%}{100} U_{1n} \right) \frac{U_{r2.T}}{U_t}$$

$$U_{2\min} = \left(U_{1\min} - \frac{\Delta U_{T\min}\%}{100} U_{1n} \right) \frac{U_{r2.T}}{U_t}$$

设在最大负荷时，要求变压器二次侧电压不低于 $U_{2\max.al}$，在最小负荷时不高于 $U_{2\min.al}$，则按式（10-3）和式（10-4）可求得合理的分接头电压范围。

最大负荷时：
$$U_{t\max} \leqslant \frac{U_{r2.T}\left(U_{1\max} - \dfrac{\Delta U_{T\max}\%}{100} U_{1n} \right)}{U_{2\max.al}} \tag{10-7}$$

最小负荷时：
$$U_{t\min} \geqslant \frac{U_{r2.T}\left(U_{1\min} - \dfrac{\Delta U_{T\min}\%}{100} U_{1n} \right)}{U_{2\min.al}} \tag{10-8}$$

$U_{t\max}$ 和 $U_{t\min}$ 分别为最大负荷和最小负荷下对分接头的电压要求，应就近选取标称值。如果降压变压器为无励磁调压变压器，则不能在带电的情况下改变分接头，这时只能采取与 $U_{t\max}$ 和 $U_{t\min}$ 的平均值相接近的分接头后再作校验。

合理选择无励磁调压变压器的电压分接头或采用有载调压变压器可将供配电系统的电压调整在合理的水平上，但这只能改变系统电压水平而不能缩小系统的电压偏差范围。

例 10-1 某用户 10/0.38kV 变电所安装有 1 台 SCB10-1000/10 干式配电变压器，电压比为 $10 \pm 2 \times 2.5\%/0.4$kV。已知变压器最大负荷率为 0.85，最小负荷率为 0.5，负荷功率因数为 0.90。变压器高压侧的实际电压，在最大负荷时为 10.2kV，最小负荷时为 10.4kV。若变压器分接头位置处于"0"，则变压器低压母线的电压偏差值在最大负荷时和最小负荷时各为多少？现要求变压器低压母线的电压偏差，在最大负荷时不低于 0，最小负荷时不大于 5。试选择配电变压器的分接头。

解：（1）计算配电变压器的电压损失

查附录表 15 可得，SCB10-1000/10 干式配电变压器在 F 级绝缘耐热等级下的 $\Delta P_k = 8.13$kW、$U_k\% = 6$，则

变压器阻抗电压百分值 $U_k\%$ 的有功分量为
$$u_a\% = \frac{100\Delta P_k}{S_{r.T}} = \frac{100 \times 8.13\text{kW}}{1000\text{kV} \cdot \text{A}} = 0.813$$

变压器阻抗电压百分值 $U_k\%$ 的无功分量为
$$u_r\% = \sqrt{(U_k\%)^2 - (u_a\%)^2} = \sqrt{6^2 - 0.813^2} = 5.945$$

变压器中归算到高压侧的电压损失为

最大负荷时：
$$\Delta U_{T.\max}\% = \beta_{\max}(u_a\%\cos\varphi + u_r\%\sin\varphi) = 0.85 \times (0.813 \times 0.9 + 5.945 \times 0.436) = 2.83$$

最小负荷时：
$$\Delta U_{T.\min}\% = \beta_{\min}(u_a\%\cos\varphi + u_r\%\sin\varphi) = 0.5 \times (0.813 \times 0.9 + 5.945 \times 0.436) = 1.66$$

（2）计算配电变压器低压母线的电压偏差值

最大负荷时：

$$\Delta U_{2\text{max}}\% = \Delta U_{1\text{max}}\% + \delta U_{t}\% - \Delta U_{T\text{max}}\% = 0 + 5 - 2.83 = 2.17$$

最小负荷时：

$$\Delta U_{2\text{min}}\% = \Delta U_{1\text{min}}\% + \delta U_{t}\% - \Delta U_{T\text{min}}\% = 4 + 5 - 1.66 = 7.34$$

可见，配电变压器低压母线的电压偏高，超出标准规定的电压偏差限值（±7）。

（3）选择配电变压器的分接头

在最大负荷时，要求变压器二次侧电压不低于 $U_{2\text{max.al}} = （1 + 0）\times 0.38\text{kV} = 0.38\text{kV}$，在最小负荷时不高于 $U_{2\text{min.al}} = （1 + 0.05）\times 0.38\text{kV} = 0.40\text{kV}$。由式（10-7）和式（10-8）得

最大负荷时：

$$U_{t\text{max}} \leqslant \frac{U_{t2.T}\left(U_{1\text{max}} - \dfrac{\Delta U_{T\text{max}}\%}{100}U_{1n}\right)}{U_{2\text{max.al}}} = \frac{0.4\text{kV} \times \left(10.2\text{kV} - \dfrac{2.83}{100} \times 10\text{kV}\right)}{0.38\text{kV}} = 10.44\text{kV}$$

最小负荷时：

$$U_{t\text{min}} \geqslant \frac{U_{t2.T}\left(U_{1\text{min}} - \dfrac{\Delta U_{T\text{min}}\%}{100}U_{1n}\right)}{U_{2\text{min.al}}} = \frac{0.4\text{kV} \times \left(10.4\text{kV} - \dfrac{1.66}{100} \times 10\text{kV}\right)}{0.4\text{kV}} = 10.23\text{kV}$$

结论：选择 +2.5% 分接头，分接头电压为（1 + 0.025）×10kV = 10.25kV。

第三节　电压波动和闪变及其降低

一、基本概念

（一）电压波动

电压波动（voltage fluctuation）是指系统电压方均根值（有效值）一系列的变动或连续的改变。电压波动用电压变动值 d 和电压变动频度 r 来综合衡量。

电压变动值（relative voltage change）d 是指电压方均根值曲线上相邻两个极值电压之差，以系统标称电压的百分数表示，即

$$d = \frac{\Delta U}{U_{n}} \times 100\% \tag{10-9}$$

式中　ΔU——电压方均根值曲线上相邻两个极值电压之差；

　　　　U_{n}——系统的标称电压。

电压变动频度（rate of occurrence of voltage changes）r 是指单位时间内电压变动的次数（电压由大到小或由小到大各算一次变动）。不同方向的若干次变动，如间隔时间小于 30ms，则算一次变动。

电压波动是由波动负荷所引起的。所谓波动负荷（fluctuating load）是指生产（或运行）过程中周期性或非周期性地从供电网中取用变动功率的负荷，例如炼钢电弧炉、轧钢机、电弧焊机等。波动负荷在系统阻抗上引起电压降的波动，导致系统公共连接点的电压出现波动

现象。当负荷波动时，系统阻抗越大（或短路容量越小），则其所导致的电压波动越大，这决定于供电系统的容量，供电电压，用户负荷的位置、类型，以及大功率用电设备的起动频度等。

电压波动的危害表现在：①照明灯光闪烁引起人的视觉不适和疲劳，影响工效；②可使电子设备和电子计算机无法正常工作；③电动机转速不均匀，影响使用寿命和产品质量；④影响对电压波动较敏感的工艺或试验结果。

（二）闪变

闪变（flicker）是指电压波动引起灯光照度不稳定造成的视（觉）感（受）。短时间闪变值 P_{st} 是衡量短时间（若干分钟）内闪变强弱的一个统计值，短时间闪变的基本记录周期为 10min。长时间闪变值 P_{lt} 由短时间闪变值 P_{st} 推算出，反映长时间（若干小时）闪变强弱的量值，长时间闪变的基本记录周期为 2h。

P_{st} 值和 P_{lt} 值一般采用闪变仪（一种测量闪变的专用仪器）进行测量。

（三）电压变动和闪变的限值

任何一个波动负荷用户在电力系统公共连接点（point of common coupling）产生的电压变动，其限值和电压变动频度、电压等级有关。对于电压变动频度较低（例如 $r \leqslant 1000$ 次/h）或规则的周期性电压波动，可通过测量电压方均根值曲线 $U(t)$ 确定其电压变动频度和电压变动值。按 GB/T 12326—2008《电能质量 电压波动和闪变》规定，电力系统公共连接点的电压变动限值见表 10-3。

表 10-3 电压变动限值

r/（次/h）	d/%		r/（次/h）	d/%	
	LV, MV	HV		LV, MV	HV
$r \leqslant 1$	4	3	$10 < r \leqslant 100$	2	1.5
$1 < r \leqslant 10$	3 *	2.5 *	$100 < r \leqslant 1000$	1.25	1

注：1. 很少的变动频率 r（每日少于 1 次），电压变动限值 d 还可以放宽，但不在本标准中规定。

2. 对于随机性不规则的电压波动，如电弧炉负荷引起的电压波动，表中标有"*"的值为其限值。

3. 参照 GB/T 156—2017，本标准中系统标称电压 U_n 等级按以下划分：

低压（LV）：$U_n \leqslant 1kV$；中压（MV）：$1kV < U_n \leqslant 35kV$；高压（HV）：$35kV < U_n \leqslant 220kV$。

电力系统公共连接点，在系统正常运行的较小方式下，以一周（168h）为测量周期，所有长时间闪变值都应满足表 10-4 对闪变限值的要求。

表 10-4 闪变限值

系统电压等级/kV	长时间闪变值 P_{lt}
$\leqslant 110$	1.0
> 110	0.8

波动负荷单独引起的闪变值根据用户负荷大小、其协议用电容量占总供电容量的比例以及电力系统公共连接点的状况，分别按三级作不同的处理（详见 GB/T 12326—2008）。

对低压和中压用户，若满足表 10-5 的规定，可以不经闪变核算即允许接入电网。满足 $P_{lt} < 0.25$ 的单个波动负荷，或符合 GB 17625.2—2007 和 GB/Z 17625.3—2000 有关电磁兼容限值的低压用电设备，均可以不经闪变核算即允许接入电网。

表 10-5　LV 和 MV 用户第一级限值

$r/$（次/min）	$r < 10$	$10 \leqslant r \leqslant 200$	$200 < r$
$k = (\Delta S/S_k)_{max} \times 100\%$	0.4	0.2	0.1

注：表中 ΔS 为波动负荷视在功率的变动；S_k 为公共连接点的短路容量。

二、电压波动的测量和估算

当电压变动频度较低且具有周期性时，可通过电压方均根值曲线 $U(t)$ 的测量，对电压波动进行评估。单次电压变动可通过系统和负荷参数进行估算。

当已知三相负荷的有功功率和无功功率的变化量分别为 ΔP_i（MW）和 ΔQ_i（Mvar）时，可用下式计算：

$$d = \frac{R_L \Delta P_i + X_L \Delta Q_i}{U_n^2} \times 100\% \qquad (10\text{-}10)$$

式中　R_L，X_L——分别为电网阻抗的电阻、电抗分量（Ω）；

　　　　U_n——系统的标称电压（kV）。

在高压电网中，一般 X_L 远大于 R_L，则

$$d \approx \frac{\Delta Q_i}{S_k} \times 100\% \qquad (10\text{-}11)$$

式中　S_k——考察点（一般为公共连接点）在正常较小方式下的短路容量（MV·A）。

在无功功率的变化量为主要成分时（例如大容量电动机起动），可按下式计算：

$$d \approx \frac{\Delta S_i}{S_k} \times 100\% \qquad (10\text{-}12)$$

式中　ΔS_i——三相负荷的变化量（kV·A）。

当缺正常较小方式下的短路容量时，设计所取的系统短路容量可以用投产时的系统最大短路容量乘以系数 0.7 进行计算。

三、电压波动和闪变的降低

降低电压波动和闪变的主要措施有以下几种：

1. 采用合理的接线方式

如对波动负荷采用专线供电；与其他负荷共用配电线路时，降低配电线路阻抗；较大功率的波动负荷或波动负荷群与对电压波动、闪变敏感的负荷分别由不同的变压器供电；对于大功率电弧炉的炉用变压器由短路容量较大的电网供电等。

2. 采用静止无功补偿器

静止无功补偿器（SVC）是无功功率快速补偿的新技术，可以减少无功功率冲击引起的电压变动。这种装置在调节的快速性、功能的多样性、工作的可靠性、投资和运行费用的经济性等方面具有显著的优点。

静止无功补偿器由特殊电抗器和电容器组成，有的是两者之一为可控的，有的是两者都是可控的，是一种并联连接的无功功率发生器和吸收器。供配电系统中主要应用的静止补偿器有自饱和电抗器型（Self-saturation Reactor，SR）和晶闸管控制电抗器型（Thyristor Controlled Reactor，TCR）两种。其中，晶闸管控制的并联静止补偿器，又分为两种类型：固定连接电容器（Fixed Capacitor，FC）加晶闸管控制的电抗器（FC-TCR）（见图10-3）和晶闸管开关操作的电容器（Thyristor Switched Capacitor，TSC）加晶闸管控制的电抗器（TSC-TCR）（见图10-4）。

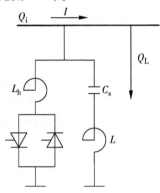

图 10-3 FC-TCR 补偿器的原理接线图

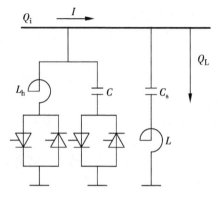

图 10-4 TSC-TCR 补偿器的原理接线图

自饱和电抗器型（SR）静止无功补偿器的原理接线图如图10-5所示。自饱和电抗器不需要外加控制调节设备，它实际上是一种大容量的磁饱和稳压器。自饱和电抗器 L 具有如下特性：

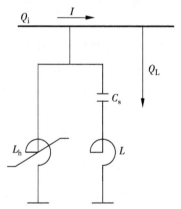

1）电压低于额定电压时，铁心不饱和，呈现很大感抗值，基本上不消耗无功功率，整个装置由并联的固定电容器组 C 发出无功功率，使母线电压回升。

2）当电压达到或略超过额定电压时，铁心急剧饱和，回路感抗接近于零，从外界大量吸收无功功率，使母线电压降低。

3）在额定电压附近，电抗器吸收的无功功率，随电压敏捷地变化，从而达到稳定电压的目的。自饱和电抗器通常与有载调压变压器联合运行，前者在一定范围内对电压的快速变化进行调节；后者可对电压的慢速变化进行调节，并使自饱和电抗器运行在合适的工作点。

图 10-5 自饱和电抗器型静止补偿器的原理接线图

SR 静止无功补偿器的补偿效果最好，其电子元件少，可靠性高、维修方便，且我国一般变压器厂均能制造，所以发展迅速。

3. 采用静止无功发生器

静止无功发生器（SVG）是在静止型无功补偿器（SVC）的基础上发展起来的。由于静止型无功补偿器（SVC）其内部的电力电子开关元件多为晶闸管。晶闸管在导通期间处于失控状态，这使 SVC 每步补偿时间间隔至少约达工频的半个周期。若被补偿的负荷为急剧波动的干扰性负荷时，常用的 SVC 因固有的时间延迟使其响应不够快。静止无功发生器（SVG）是基于自换相的电力电子桥式变流器来进行动态无功补偿的装置，与以 TCR 型为代表的 SVC 装置相比，SVG 采用 IGBT 或 IGCT 等大功率电力电子开关器件，调节速度更快，运行范围宽，而且在采取多重化、多电平或脉冲宽度调制（PWM）技术等措施后可大大减少补偿电流中谐波的含量。更重要的是，SVG 使用的电抗器和电容元件比 SVC 中使用的要小，这将大大缩小装置的体积和成本。

SVG 的基本原理就是将自换相桥式电路通过电抗器或者直接并联在电网上，适当地调节桥式电路交流侧输出电压的幅值和相位，或者直接控制其交流侧电流就可以使该电路吸收或者发出满足要求的无功电流，实现动态无功补偿的目的。SVG 抑制电压波动和闪变的性能约为同容量 SVC 的 2~3 倍，是改善电能质量的有效手段。

4. 采用动态电压调节装置

动态电压调节装置（Dynamic Voltage Regulator，DVR），也称为动态电压恢复装置（dynamic voltage restorer），是一种基于柔性交流输电技术（FACTS）原理的新型电能质量调节装置，主要用于补偿供电电网产生的电压跌落、闪变和谐波等，有效抑制电网电压波动对敏感负载的影响，从而保证电网的供电质量。

串联型动态电压调节器是配电网络电能质量控制调节设备中的代表。DVR 装置串联在系统与敏感负荷之间，当供电电压波形发生畸变时，DVR 装置迅速输出补偿电压，使合成的电压动态维持恒定，保证敏感负荷感受不到系统电压波动，确保对敏感负荷的供电质量。

与以往的无功补偿装置（如自动投切电容器组装置和 SVC）相比，DVR 具有如下特点：

1）响应时间更快。以往的无功补偿装置响应时间为几百毫秒至数秒，而 DVR 仅为几毫秒。

2）抑制电压闪变或跌落，对畸变输入电压有很强的抑制作用。

3）抑制电网产生的谐波。

4）控制灵活简便，电压控制精准，补偿效果好。

5）具有自适应功能，既可以断续调节，也可以连续调节被控系统的参数，从而实现了动态补偿。

四、电动机起动时的电压下降

电动机起动时，在其供电端子处及配电系统中要引起电压下降。但其端子电压应能保证机械要求的起动转矩，且在配电系统中引起的电压下降不应妨碍其他用电设备的工作。电动机起动时，配电母线上的电压应符合下列规定：

1）在一般情况下，电动机频繁起动时不宜低于系统标称电压的 90%；电动机不频繁起动时，不宜低于标称电压的 85%。

2）配电母线上未接照明或其他对电压波动较敏感的负荷，且电动机不频繁起动时，不应低于标称电压的 80%。

3）配电母线上未接其他用电设备时，可按保证电动机起动转矩的条件决定；对于低压电动机，尚应保证接触器线圈的电压不低于释放电压。

对供配电系统而言，电力系统可视为无限大容量电源。图 10-6 为电动机全压起动时的供电系统示意图，为简化计算，忽略电动机绕组及电源线路电阻，对其他负荷只计及无功功率 Q_c（Mvar）。

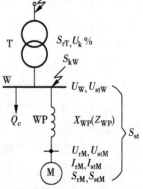

图 10-6 电动机全压起动时的供电系统示意图

设配电母线电压为 U_{W}（kV），电动机额定容量为 S_{rM}（MV·A），电动机额定起动电流倍数为 k_{st}，则其额定起动容量 $S_{\mathrm{stM}} = k_{\mathrm{st}} S_{\mathrm{rM}} = U_{\mathrm{W}}^2 / X_{\mathrm{st.M}}$（MV·A）。起动回路的额定输入容量 S_{st}（MV·A）为

$$S_{\mathrm{st}} = \cfrac{1}{\cfrac{1}{S_{\mathrm{stM}}} + \cfrac{X_{\mathrm{WP}}}{U_{\mathrm{W}}^2}} \tag{10-13}$$

式中　X_{WP}——电动机配电线路的电抗（Ω），当计及线路电阻影响时，可用其阻抗 Z_{WP} 代替。

配电母线短路容量可按下式计算：

$$S_{\mathrm{kW}} = \cfrac{1}{\cfrac{1}{S_{\mathrm{k}}} + \cfrac{U_{\mathrm{k}}\%}{100 S_{\mathrm{rT}}}} \tag{10-14}$$

式中　S_{k}——供电变压器一次侧短路容量（MV·A）；

S_{rT}——供电变压器的额定容量（MV·A）；

S_{kW}——母线短路容量（MV·A）；

$U_{\mathrm{k}}\%$——供电变压器的阻抗电压有分值。

电动机起动时配电母线电压下降为 U_{stW}（kV），与配电母线标称电压的相对值 u_{stW} 为

$$u_{\mathrm{stW}} = u_{\mathrm{W}} \frac{S_{\mathrm{kW}}}{S_{\mathrm{kW}} + Q_{\mathrm{c}} + S_{\mathrm{st}}} \tag{10-15}$$

式中　u_{W}——电动机起动前配电母线电压与其标称电压的相对值，即 $u_{\mathrm{W}} = U_{\mathrm{W}}/U_{\mathrm{n}}$，一般取 1。

电动机起动时其电源端子处电压下降为 U_{stM}（kV），与配电母线标称电压的相对值 u_{stM} 为

$$u_{\mathrm{stM}} = u_{\mathrm{stW}} \frac{S_{\mathrm{st}}}{S_{\mathrm{stM}}} \tag{10-16}$$

电动机全压起动简单方便，起动转矩大且起动时间短。因此，在配电设计中，对绝大多数通用机械的低压笼型异步电动机，只要起动时配电母线的电压不低于额定电压的85%，就应采用全压起动。若以此为约束条件，可以得出各类电源容量下允许全压起动的电动机最大功率，见表10-6。

表10-6　按电源容量估算的允许全压起动的电动机最大功率

电动机连接处电源容量的类别	允许全压起动的电动机最大功率/kW
配电网络连接处的三相短路容量 S_{k}（kV·A）	$(0.02 \sim 0.03)\,S_{\mathrm{k}}$
10（6）/0.4kV 配电变压器的额定容量 S_{rT}（kV·A）（假定变压器一次侧短路容量 $\geqslant 50 S_{\mathrm{rT}}$）	经常起动——$0.2 S_{\mathrm{rT}}$ 不经常起动——$0.3 S_{\mathrm{rT}}$
小型发电机功率 P_{rG}（kW）	$(0.12 \sim 0.15)\,P_{\mathrm{rG}}$

注：此表摘自《工业与民用供配电设计手册》（第四版）。

301

第四节　公用电网的谐波及其抑制

一、谐波的产生与危害

谐波分量（harmonic component）是一个非正弦周期电气量的傅里叶级数式中阶次大于1的分量，其频率为基波（周期量的傅里叶级数的一次分量）频率的整倍数，也称为高次谐波。

随着现代工业的高速发展，电力系统的非线性负荷日益增多，如各种换流设备、变频装置、电弧炉、电气化铁道等非线性负荷遍及全系统；电视机、节能灯等家用电器的使用越来越广泛。这些非线性负荷产生的谐波电流注入电网，使公用电网的电压波形产生畸变，严重地污染了电网的环境，威胁着电网中各种电气设备的安全经济运行。

电网的谐波污染所产生的后果较为严重，概括起来主要有以下几个方面：

1）可能使电力系统的继电保护和自动装置产生误动或拒动，直接危及电网的安全运行。

2）使各种电气设备产生附加损耗和发热，缩短其寿命；使电机产生机械振动、噪声；使中性导体过电流。

3）谐波电流在电网中流动，从而增加损耗，影响电网线损率。

4）电网中谐波通过电磁感应、电容耦合以及电气传导等方式，对周围的通信系统产生干扰，降低信号的传输质量，破坏信号的正常传递，甚至损坏通信设备。

5）谐波使电网中广泛使用的各种仪表，如电压表、电流表、有功及无功功率表、功率因数表、电能表等产生附加误差，影响电气量的测量和计量的准确性。

6）增加了电网中发生谐波谐振的可能，会造成很高的谐波过电压或过电流而引起事故的危险性。

二、谐波评价与限值

电网中谐波的严重程度按 GB/T 14549—1993《电能质量　公用电网谐波》规定，通常用单次谐波含有率和总谐波畸变率来表示。第 h 次谐波电压含有率（HRU_h）和第 h 次谐波电流含有率（HRI_h）按下式计算：

$$\begin{cases} HRU_h = \dfrac{U_h}{U_1} \times 100\% \\[2mm] HRI_h = \dfrac{I_h}{I_1} \times 100\% \end{cases} \tag{10-17}$$

式中　U_h——第 h 次谐波电压（方均根值）；

　　　U_1——基波电压（方均根值）；

　　　I_h——第 h 次谐波电流（方均根值）；

　　　I_1——基波电流（方均根值）。

谐波电压总含量（U_H）和谐波电流总含量（I_H）按下式计算：

$$\begin{cases} U_H = \sqrt{\sum_{h=2}^{\infty}(U_h)^2} \\ I_H = \sqrt{\sum_{h=2}^{\infty}(I_h)^2} \end{cases} \tag{10-18}$$

电压总谐波畸变率（THD_u）和电流总谐波畸变率（THD_i）按下式计算：

$$\begin{cases} THD_u = \dfrac{U_H}{U_1} \times 100\% \\ THD_i = \dfrac{I_H}{I_1} \times 100\% \end{cases} \tag{10-19}$$

系统谐波限值用于保证不因过大的谐波畸变而使系统所连接的设备丧失功能或发生故障。根据 GB/T 14549—1993 规定，公共电网谐波电压（相电压）限值见表 10-7。公共连接点的全部用户向该点注入的谐波电流分量（方均根值）不应超过表 10-8 中规定的允许值。

表 10-7　公共电网谐波电压（相电压）限值

电网标称电压（kV）	电压总谐波畸变率（%）	各次谐波电压含有率（%）	
		奇次	偶次
0.38	5.0	4.0	2.0
6 ~ 10	4.0	3.2	1.6
35 ~ 66	3.0	2.4	1.2
110	2.0	1.6	0.8

表 10-8　注入公共连接点的谐波电流限值

标准电压/kV	基准短路容量/MV·A	谐波次数及谐波电流允许值（A）																							
		2	3	4	5	6	7	8	9	10	11	12	13	14	15	16	17	18	19	20	21	22	23	24	25
0.38	10	78	62	39	62	26	44	19	21	16	28	13	24	11	12	9.7	18	8.6	16	7.8	8.9	7.1	14	6.5	12
6	100	43	34	21	34	14	24	11	11	8.5	16	7.1	13	6.1	6.8	5.3	10	4.7	9.0	4.3	4.9	3.9	7.4	3.6	6.8
10	100	26	20	13	20	8.5	15	6.4	6.8	5.1	9.3	4.3	7.9	3.7	4.1	3.2	6.0	2.8	5.4	2.6	2.9	2.3	4.5	2.1	4.1
35	250	15	12	7.7	12	5.1	8.8	3.8	4.1	3.1	5.6	2.6	4.7	2.2	2.5	1.9	3.6	1.7	3.2	1.5	1.8	1.4	2.7	1.3	2.5
66	500	16	13	8.1	13	5.4	9.3	4.1	4.3	3.3	5.9	2.7	5.0	2.3	2.6	2.0	3.8	1.8	3.4	1.6	1.9	1.5	2.8	1.4	2.6
110	750	12	9.6	6.0	9.6	4.0	6.8	4.0	3.2	2.4	4.3	2.0	3.7	1.7	1.9	1.5	2.8	1.3	2.5	1.2	2.4	1.1	2.1	1.0	1.9

当电网公共连接点的最小短路容量不同于表 10-8 中的基准短路容量时，应按照下式修正表中的谐波电流限值：

$$I_h = \frac{S_{k.min}}{S_d} I_d \tag{10-20}$$

式中　$S_{k.min}$——公共连接点的最小短路容量（MV·A）；

　　　S_d——基准短路容量（MV·A）；

　　　I_d——表 10-8 中第 h 次谐波电流限值（A）；

I_h——短路容量为 $S_{\text{k. min}}$ 时的第 h 次谐波电流限值（A）。

电网谐波电流往往由多个谐波源共同作用产生。两个谐波源的同次谐波电流在一条线路的同一相上叠加，当相位角已知时，按下式计算：

$$I_h = \sqrt{I_{h1}^2 + I_{h2}^2 + 2I_{h1}I_{h2}\cos\theta_h} \qquad (10\text{-}21)$$

式中 I_{h1}、I_{h2}——谐波源 1、谐波源 2 的第 h 次谐波电流（A）；

　　　θ_h——谐波源 1 和谐波源 2 的第 h 次谐波电流之间的相位角。

但是，实际电网中同次谐波电流相位关系受多种因素影响而具有一定的随机性。当相位角不确定时，按下式计算：

$$I_h = \sqrt{I_{h1}^2 + I_{h2}^2 + k_h I_{h1}I_{h2}} \qquad (10\text{-}22)$$

式中的 k_h 系数按表 10-9 选取。

表 10-9　系数 k_h 的取值

h	3	5	7	11	13	9｜>13｜偶次
k_h	1.62	1.28	0.72	0.18	0.08	0

两个以上同次谐波电流叠加时，首先将两个谐波电流叠加，然后再与第三个谐波电流相叠加，以此类推。

同一公共连接点的每个用户向电网注入的谐波电流允许值按此用户在该点的协议容量与其公共连接点的供电设备容量之比进行分配，分配的计算方法如下：

$$I_{hi} = I_h \left(\frac{S_i}{S_t}\right)^{\frac{1}{\alpha}} \qquad (10\text{-}23)$$

式中 I_h——按式（10-20）换算的第 h 次谐波电流限值（A）；

　　　S_i——第 i 个用户的用电协议容量（MV·A）；

　　　S_t——公共连接点的供电设备容量（MV·A）；

　　　α——相位叠加系数，按表 10-10 取值。

表 10-10　系数 α 的取值

h	3	5	7	11	13	9｜>13｜偶次
α	1.1	1.2	1.4	1.8	1.9	2

例 10-2　某企业 35kV 变电所采用 1 路 35kV 电源供电，已知变电所 35kV 侧最小短路容量为 500MV·A、10kV 侧最小短路容量为 150MV·A。该变电所 10kV 母线上接有 2 组整流设备，整流器采用三相全控桥式，已知 1#整流器 10kV 侧 5 次谐波电流为 20A，2#整流器 10kV 侧 5 次谐波电流为 30A，试计算该变电所 10kV 侧和 35kV 侧的 5 次谐波电流值。若该用户的用电协议容量为 16MV·A，而 35kV 侧公共连接点的供电设备容量为 50MV·A，试判断该用户注入 35kV 电网中的谐波电流是否超出标准规定。

解：两个谐波源的 5 次谐波电流在 10kV 母线上叠加，由于相位角不确定，故总的 5 次谐波电流按下式计算：

$$I_{5.10\text{kV}} = \sqrt{I_{5.1}^2 + I_{5.2}^2 + k_5 I_{5.1} I_{5.2}} = \sqrt{20^2 + 30^2 + 1.28 \times 20 \times 30}\,\text{A} = 45.4\text{A}$$

换算至 35kV 侧的 5 次谐波电流为

$$I_{5.35kV} = \frac{I_{5.10kV}}{K_T} = \frac{45.4A}{\left(\dfrac{35}{10.5}\right)} = 13.6A$$

查表 10-8，标准允许注入 35kV 电网的 5 次谐波电流限值为 12A（对应短路容量 250MV·A），当短路容量为 500MV·A 时，35kV 电网的 5 次谐波电流限值按式（10-20）修正为 $I_5 = \frac{500}{250} \times 12A = 24A$。35kV 侧公共连接点有多个用户，允许该用户向电网注入的谐波电流允许值按式（10-23）计算为

$$I_{5.1} = I_5 \left(\frac{S_i}{S_t}\right)^{\frac{1}{\alpha}} = 24 \times \left(\frac{16}{50}\right)^{\frac{1}{1.2}} A = 9.3A$$

而本工程 35kV 侧的 5 次谐波电流值为 13.6A，超出标准规定。

三、并联电容器对谐波的放大作用

在供配电系统中，并联电容器作为无功补偿设备已得到了广泛的应用。系统中的电容器，一方面由于其谐波阻抗小，系统高次谐波电压会在其中产生谐波含有率更高的高次谐波电流，使电容器过热，严重影响其使用寿命；同时电容器的切入使用也可能引起系统谐波严重放大。

因此，在含有谐波的供电系统中，应注意适当选择其电容器的参数，防止其出现过电流和过电压，同时也为了兼顾无功补偿的要求和消除谐波放大，可在电容器支路串联电抗器，通过选择电抗器值使电容器回路在最低次谐波频率下呈现出感性，就可消除谐波的放大现象，如图 10-7 所示。

电抗器的电感量 L 应满足下式关系：

$$h_{min}\omega_0 L - \frac{1}{h_{min}\omega_0 C} > 0$$

即

$$X_{LR} > \frac{X_C}{h_{min}^2} \qquad (10\text{-}24)$$

式中　X_{LR}——串联电抗器等效基波电抗，$X_{LR} = \omega_0 L$；

X_C——并联电容器等效基波容抗，$X_C = 1/(\omega_0 C)$。

考虑到电抗器和电容器的制造误差，通常取

$$X_{LR} = (1.3 \sim 1.5)\frac{X_C}{h_{min}^2} \qquad (10\text{-}25)$$

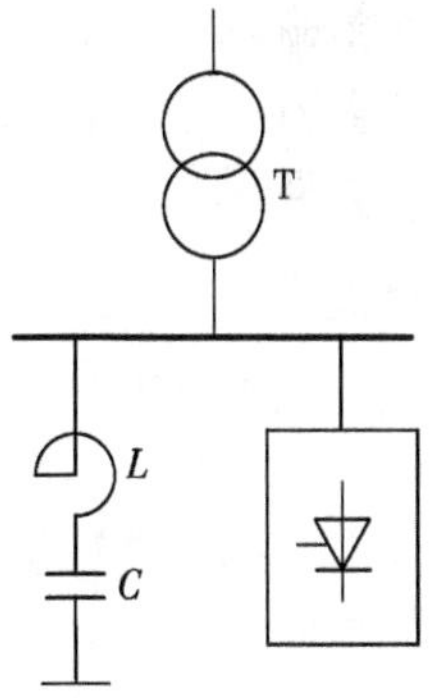

图 10-7　串联电抗器防止谐波放大

对于 6 相整流装置，$h_{min} = 5$ 则可取 $X_{LR} = (5\% \sim 6\%) X_C$；对于含有三次谐波的系统，可取 $X_{LR} = (14\% \sim 16\%) X_C$。

并联电容器回路串接电抗器后，电容器在基波频率下仍呈容性。但电容器回路电流、电容器端电压以及电容器回路向负荷提供的无功功率放大了 $X_C/(X_C - X_{LR})$ 倍。

由于串接电抗器后，电容器端电压有所提高，因此应选择电容器的额定电压高于电网的额定电压，以确保并联电容器能够长期安全运行。

四、谐波的抑制

1. 减少大功率静止变流器产生的谐波

对于大功率静止变流器,应采取下列措施抑制谐波:

1) 提高整流变压器二次侧的相数和增加变流器的脉动数。

2) 使用多台相数相同的整流装置,使整流变压器的二次侧有适当的相角差。

这是抑制高次谐波的基本和常用方法之一,其效果相当显著。

2. 装设无源电力谐波滤波器

无源电力谐波滤波器由电力电容器、电抗器和电阻器按一定方式连接而成,如图 10-8 所示,常用的有单调谐滤波器、二阶高通滤波器和 C 型高通滤波器。

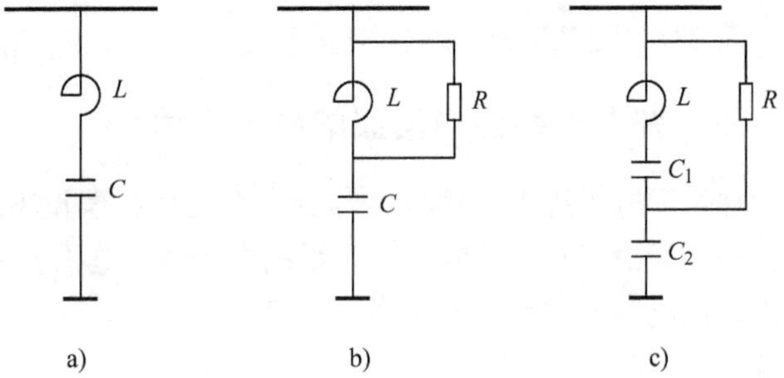

单调谐滤波器是最简单实用的滤波电路,其优点是在调谐频率点阻抗近似为零,在此频率下滤波效果显著。缺点是在低于调谐频率的某些频率与网络形成高阻抗的并联谐振,低次单调谐滤波器基波有功功率损耗较大。负载在某些频率点谐波电流大,频率点附近无间谐波,可以选用单调谐滤波器。

图 10-8 无源电力滤波器的常用接线方式

a) 单调谐滤波器 b) 二阶高通滤波器 c) C 型高通滤波器

二阶高通滤波器对于调谐频率点以及高于此频率的其他频率有较好的滤波效果。它一般适合于 4 次及以上更高次谐波电流的滤波。二阶高通滤波器基波有功损耗较小,其并联电阻器的谐波有功损耗较大。

电弧炉、电焊机、循环换流器等负荷不仅产生整数次谐波电流,而且产生间谐波电流,高品质因数的单调谐滤波器可能会使间谐波放大,低品质因数的单调谐滤波器基波有功损耗大。因此在要求高阻尼且调谐频率低于、等于 4 次的谐波滤波器常选用 C 型高通滤波器。

当负载有多个频率的谐波电流发生或无功变化较大时,需要 2 个或 2 个以上滤波器同时运行或分组投切。滤波装置组合原则是在满足无功补偿、谐波滤波和电压波动指标的前提下,力求滤波器数量最少。滤波装置典型组合案例参见 GB/T 26868—2011《高压滤波装置设计与应用导则》。

3. 装设有源电力滤波器

前述的无源电力滤波器有不少缺点,例如:①有效材料消耗多,体积大;②滤波要求和无功补偿、调压要求有时难以协调;③滤波效果不够理想,只能做成对某几次谐波有滤波效果,而很可能对其他几次谐波有放大作用;④在某些条件下可能和系统发生谐振,引发事故;⑤当谐波源增大时,滤波器负担加重,可能因谐波过载不能运行。

随着电力电子技术的发展,人们开发了新型谐波抑制装置——有源电力滤波器(Active Power Filter, APF),它以实时检测的谐波电流为补偿对象,具有良好的补偿效果和通用性。

有源电力滤波器根据与补偿对象连接的方式不同而分为并联型和串联型两种,实际应用中多为并联型或串—并联混合型。并联型有源电力滤波器是一种向电网注入补偿谐波电流,以抵消负荷所产生的谐波电流的滤波装置，其主要电路由静态功率变流器（逆变器）构成，故具有半导体功率变流器的高可控性和快速响应性。对于有源电力滤波器，为了能与交流侧交换能量，以达到补偿目的，逆变器的直流侧必须具有储能元件，该元件既可以是直流电感，也可以是直流电容。因此，有源电力滤波器的主要电路也就分为直流侧采用电容的电压型（见图10-9a）和直流侧采用电感的电流型（见图10-9b）两种。

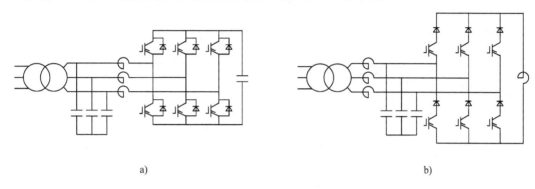

a) b)

图 10-9 两种类型的有源电力滤波器

a）电压型 b）电流型

有源电力滤波器补偿原理接线图如图 10-10 所示。图 10-11 所示是个一典型的电流波形例子。设负荷电流 i_L 是方波电流（见图 10-11a），其中所含的高次谐波分量为 i_H（见图 10-11b）。有源电力滤波器如果产生一个如图 10-11c 所示的与图 10-11b 所示的幅值相等且相位相反的电流 i_F，则 i_F 和 i_L 综合后，电源侧的电流 i_S 就变成如图 10-11d 所示的正弦波形。为了实现上述功能，有源电力滤波器应由高次谐波电流的检测、调节

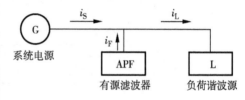

图 10-10 有源电力滤波器补偿原理接线图

和控制器、脉宽调制器（PWM）的逆变器和直流电源等主要环节组成，其原理结构图如图10-12 所示，由于电压型有源电力滤波器在输出功率容量较小时，其自身损耗较小，效率较高，故目前国内外大多数有源电力滤波器采用了电压型结构。

五、公用电网间谐波简介

间谐波分量（interharmonic component）是指对周期性交流量进行傅里叶级数分解，得到频率不等于基波频率整数倍的分量。

常见的间谐波干扰源主要有以下几种：

（1）变流装置 目前，大量变流装置应用于供配电系统中，一般产生典型特征谐波频谱。考虑到三相负荷的不对称性及触发角的误差，变流器运行过程中还将产生一些非典型特征谐波频谱。

（2）交流电弧炉 交流电弧炉不仅属于典型的谐波污染源、闪变发生源，同时也是典型的间谐波发生源。一般来说，交流电弧炉电流的频谱属于连续频谱。实际上，一般冲击性负荷均产生间谐波。

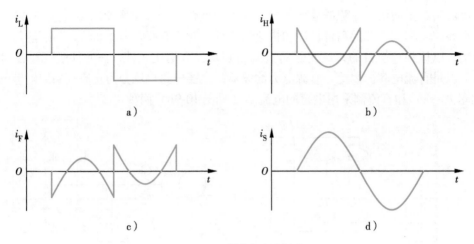

图 10-11　谐波电流的补偿

a）负荷电流　b）高次谐波分量电流　c）有源电力
滤波器产生的电流　（d）补偿后的电流

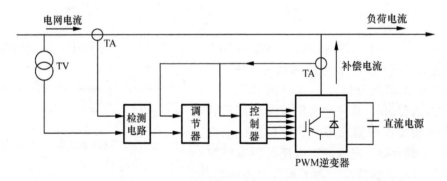

图 10-12　有源电力滤波器的结构原理图

（3）通断控制的电气设备　各种对设备工作电压进行通断控制、电压调整的电气设备工作过程中将产生间谐波，如电烤箱、熔炉、火化炉、点焊机、通断控制的调压器等。

间谐波具有谐波引起的所有危害。一般来说其危害主要表现在：产生闪变；导致显示器闪烁；造成滤波器谐振、过负荷；引起通信干扰；引起电动机发电机附加转矩；引起过零点监测误差；引起感应线圈噪声；影响脉冲接收器正常工作。

我国根据 IEC 相关标准发布的国家标准 GB/T 24337—2009《电能质量 公用电网间谐波》已于 2010 年 6 月 1 日开始实施。该规定对间谐波的含量、测量方法和测量仪器的准确度作了相关规定。

第五节　三相电压不平衡及其补偿

一、基本概念

电力系统正常运行时三相电路经常出现一些不平衡状态，这是由于三相负荷的不平衡以及电力系统元件参数三相不对称所致。这类不平衡有别于不对称故障状态。电力系统在发生故障时，一般通过继电保护和自动装置迅速加以消除，而正常运行时的不平衡，则允许长期存在或在相当长的一段时间内存在。

电压不平衡（voltage unbalance）是指三相电压在幅值上不同或相位差不是120°，或兼而有之。在电力系统中，三相电压不平衡会造成许多危害：

1）当电机承受三相不平衡电压时，将产生和正序相反的旋转磁场，在转子中感应出两倍频电压，从而引起定子、转子铜损和转子铁损的增加，使电机附加发热，并引起二倍频的附加振动转矩，危及安全运行和正常出力。

2）三相电压不平衡将引起以负序分量为起动元件的多种保护发生误动作（特别是当电网中同时存在谐波时）。

3）电压不平衡使换流设备产生附加的谐波电流（非特征谐波），而这种设备一般设计上只允许2%的不平衡。

4）变压器的三相负荷不平衡不仅使负荷较大的一相线圈绝缘过热导致寿命缩短，还会由于磁路不平衡，大量漏磁通流经箱壁使其严重发热，造成附加损耗。

5）在低压配电线路中，由于三相电压不平衡还会引起照明灯的寿命缩短、电视机的损坏、中性线过载等。

6）对于供配电系统，负荷不平衡时，将引起线损及配电线路电压损失增大。

7）对于通信系统，电力负荷三相不平衡时，会增大对它的干扰，影响正常通信质量。

二、不平衡度的表示及限值

不平衡度（unbalance factor）指三相电力系统中三相不平衡的程度，用电压、电流负序基波分量或零序基波分量与正序基波分量的方均根百分比表示。电压的负序不平衡度 ε_{U2} 和零序不平衡度 ε_{U0} 的表达式为

$$\begin{cases} \varepsilon_{U2} = \dfrac{U_2}{U_1} \times 100\% \\ \varepsilon_{U0} = \dfrac{U_0}{U_1} \times 100\% \end{cases} \tag{10-26}$$

式中 U_1、U_2、U_0——分别表示三相电压的正序、负序、零序分量方均根值（V）。

将式（10-26）中 U_1、U_2、U_0 换为 I_1、I_2、I_0，则为相应的电流负序不平衡度 ε_{I2} 和零序不平衡度 ε_{I0}。

在没有零序分量的三相系统中，当已知三相量 a、b、c 时，也可以用下式求负序不平衡度：

$$\varepsilon_2 = \sqrt{\frac{1 - \sqrt{3 - 6L}}{1 + \sqrt{3 - 6L}}} \times 100\% \tag{10-27}$$

式中，$L = (a^4 + b^4 + c^4) / (a^2 + b^2 + c^2)$。

GB/T 15543—2008《电能质量 三相电压不平衡》有如下规定：

1）电力系统公共连接点正常电压不平衡度限值为：电网正常运行时，负序电压不平衡度不超过2%，短时不得超过4%；低压系统零序电压限值暂不作规定，但各相电压必须满

足 GB/T 12325—2008 的要求。

2）接于公共连接点的每个用户引起的该点负序电压不平衡度允许值一般为 1.3% ，短时不超过 2.6% 。根据连接点的负荷状况以及邻近发电机、继电保护和自动装置的安全运行要求，该允许值可作适当变动，但必须满足上述 1）条的规定。

三、三相不平衡的补偿

产生三相不平衡的原因，主要是单相负荷在三相系统中的容量和位置分布不合理。因此，220V 或 380V 单相用电设备接入 220/380V 三相系统时，宜使三相平衡；由地区公共低压电网供电的 220V 负荷，线路电流小于等于 60A 时，可采用 220V 单相供电；大于 60A 时，宜采用 220/380V 三相四线制供电。如采用合理分布方法达不到要求时，可采取以下措施：

1）将不平衡负荷尽量连接在短路容量较大的系统。

2）对不平衡负荷采用单独的变压器供电。

3）采用平衡电抗器和电容器组成的电流平衡装置。如图 10-13 所示，设 a、b 间接有单相用电设备，先将其功率因数进行补偿，使 $\cos\varphi = 1$ （或纯阻性负荷），此时该负荷可以用纯阻性导纳 G_{ab} 代表，而后在 c、a 间接入感性电纳 $B_{ca} = -jG_{ab}/\sqrt{3}$ ，在 b、c 间接入容性电纳 $B_{bc} = jG_{ab}/\sqrt{3}$ ，从而使三相负荷能达到平衡。

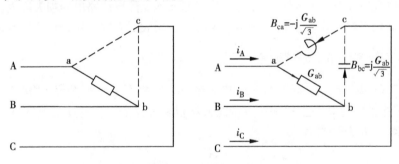

图 10-13 采用平衡电抗器和电容器组成的电流平衡装置

4）采用特殊接线的变压器。对于大容量且较恒定的单相负荷，可以采用高电压大容量的平衡变压器，这是一种用于三相—两相并兼有降压及换相两种功能的变压器，它能帮助系统起到三相平衡的作用。

5）采用有源三相电压平衡装置。DVR、SVC、SVG 三者都可以实现三相电压不平衡的治理。DVR 串联在线路上，对电压的控制最直接，效果也最明显。SVG 相对于 SVC 有显著优势，其原理主要是检测电网电压中的负序分量，并控制 SVG 输出负序电流来改变电网电压，抵消由于三相不平衡负载引起的三相电压不平衡。

思考题与习题

10-1 衡量电能质量的标准主要有哪些？

10-2 电力系统中频率的调整措施有哪些？

10-3 什么叫电压偏差？产生电压偏差的主要原因是什么？

10-4 供配电系统中减小电压偏差的措施有哪些？

10-5　为什么采取无功功率补偿可以降低供配电系统的电压损失？

10-6　为什么说调节变压器的分接头只能改变供配电系统电压水平而不能缩小系统的电压偏差范围？

10-7　什么叫电压波动？减小电压波动的措施有哪些？

10-8　谐波产生的原因是什么？有哪些危害？

10-9　为什么说电力电容器对谐波具有放大作用？怎样抑制？

10-10　有源电力滤波器与无源电力滤波器在滤波原理和效果上有什么不同？

10-11　供配电系统的三相电压不平衡是由什么原因产生的？怎样补偿？

10-12　某用户 10/0.38kV 变电所安装有 1 台 S11-1000/10 干式配电变压器，电压比为 $10 \pm 2 \times 2.5\%$/0.4kV。已知变压器最大负荷率为 0.85，最小负荷率为 0.5，负荷功率因数为 0.90。变压器高压侧的实际电压，在最大负荷时为 9.8kV，最小负荷时为 10.2 kV。若变压器分接头位置处于"0"，则变压器低压母线的电压偏差值在最大负荷时和最小负荷时各为多少？现要求变压器低压母线的电压偏差，在最大负荷时不低于 0，最小负荷时不大于 5。试选择配电变压器的分接头。

10-13　某企业 35kV 变电所 35kV 侧最小短路容量为 500MV·A、10kV 侧最小短路容量为 150MV·A。有一周期性工作负载，在起动初始阶段，无功功率变动量为 4MV·A。试计算该波动负荷在变电所 35kV 侧和 10kV 侧引起的电压变动值是多少？根据标准规定，该波动负荷的变动频率不宜超过多少？

10-14　某企业 35kV 变电所采用 1 路 35kV 电源供电，已知变电所 35kV 侧最小短路容量为 500MV·A，10kV 侧最小短路容量为 200MV·A。该变电所 10kV 母线上接有 2 组非线性负荷，已知 1#非线性负荷产生的 7 次谐波电流为 20A，2#非线性负荷产生的 7 次谐波电流为 15A，两者相位差为 60°。试计算该变电所 10kV 侧和 35kV 侧的 7 次谐波电流值。若该用户的用电协议容量为 20MV·A，而 35kV 侧公共连接点的供电设备容量为 80MV·A，试判断该用户注入 35kV 电网中的谐波电流是否超出标准规定。

参 考 文 献

[1]　莫岳平，翁双安. 供配电工程 [M]. 北京：机械工业出版社，2011.

[2]　同向前，余建明，苏文成. 供电技术 [M]. 5 版. 北京：机械工业出版社，2017.

[3]　全国电压电流等级和频率标准化技术委员会. 电能质量标准汇编 [S]. 北京：中国标准出版社，2013.

[4]　刘屏周. 工业与民用供配电设计手册 [M]. 4 版. 北京：中国电力出版社，2016.

[5]　卞铠生. 注册电气工程师执业资格考试专业考试习题集（供配电专业）[M]. 北京：中国电力出版社，2008.

[6]　中国机械工业联合会. GB 50055—2011 通用用电设备配电设计规范 [S]. 北京：中国计划出版社，2011.

[7]　中国机械工业联合会. GB 50052—2009 供配电系统设计规范 [S]. 北京：中国计划出版社，2010.

附 录

附录表 1　工厂用电设备组的需要系数及功率因数值

用电设备组名称	K_d	$\cos\varphi$	$\tan\varphi$
单独传动的金属加工机床			
小批生产的金属冷加工机床	0.12 ~ 0.16	0.50	1.73
大批生产的金属冷加工机床	0.17 ~ 0.20	0.50	1.73
小批生产的金属热加工机床	0.20 ~ 0.25	0.55 ~ 0.60	1.51 ~ 1.33
大批生产的金属热加工机床	0.25 ~ 0.28	0.65	1.17
锻锤、压床、剪床及其他锻工机械	0.25	0.60	1.33
木工机械	0.20 ~ 0.30	0.50 ~ 0.60	1.73 ~ 1.33
液压机	0.30	0.60	1.33
生产用通风机	0.75 ~ 0.85	0.80 ~ 0.85	0.75 ~ 0.62
卫生用通风机	0.65 ~ 0.70	0.80	0.75
泵、活塞型压缩机、空调设备送风机、电动发电机组	0.75 ~ 0.85	0.80	0.75
冷冻机组	0.85 ~ 0.90	0.80 ~ 0.90	0.75 ~ 0.48
球磨机、破碎机、筛选机、搅拌机等	0.75 ~ 0.85	0.80 ~ 0.85	0.75 ~ 0.62
电阻炉（带调压器或变压器）			
非自动装料	0.60 ~ 0.70	0.95 ~ 0.98	0.33 ~ 0.20
自动装料	0.70 ~ 0.80	0.95 ~ 0.98	0.33 ~ 0.20
干燥箱、电加热器等	0.40 ~ 0.60	1.00	0
工频感应电炉（不带无功补偿设备）	0.80	0.35	2.68
高频感应电炉（不带无功补偿设备）	0.80	0.60	1.33
焊接和加热用高频加热设备	0.50 ~ 0.65	0.70	1.02
熔炼用高频加热设备	0.80 ~ 0.85	0.80 ~ 0.85	0.75 ~ 0.62
表面淬火电炉（带无功补偿装置）			
电动发电机	0.65	0.70	1.02
真空管振荡器	0.80	0.85	0.62
中频电炉（中频机组）	0.65 ~ 0.75	0.80	0.75
氢气炉（带调压器或变压器）	0.40 ~ 0.50	0.85 ~ 0.90	0.62 ~ 0.48
真空炉（带调压器或变压器）	0.55 ~ 0.65	0.85 ~ 0.90	0.62 ~ 0.48
电弧炼钢炉变压器	0.90	0.85	0.62
电弧炼钢炉的辅助设备	0.15	0.50	1.73
点焊机、缝焊机	0.35	0.60	1.33
对焊机	0.35	0.70	1.02
自动弧焊变压器	0.50	0.50	1.73
单头手动弧焊变压器	0.35	0.35	2.68
多头手动弧焊变压器	0.4	0.35	2.68

（续）

用电设备组名称	K_d	$\cos\varphi$	$\tan\varphi$
单头直流弧焊机	0.35	0.60	1.33
多头直流弧焊机	0.70	0.70	1.02
金属、机修、装配车间、锅炉房用起重机车（$\varepsilon=100\%$）	0.15～0.30	0.50	1.73
铸造车间用起重机（$\varepsilon=100\%$）	0.25～0.60	0.50	1.73
联锁的连续运输机械	0.65	0.75	0.88
非联锁的连续运输机械	0.50～0.60	0.75	0.88
一般工业用硅整流装置	0.50	0.70	1.02
电镀用硅整流装置	0.50	0.75	0.88
电解用硅整流装置	0.70	0.80	0.75
红外线干燥设备	0.85～0.90	1.00	0
电火花加工装置	0.50	0.60	1.33
超声波装置	0.70	0.70	1.02
X光设备	0.30	0.55	1.52
电子计算机主机	0.60～0.70	0.80	0.75
电子计算机外部设备	0.40～0.50	0.50	1.73
试验设备（电热为主）	0.20～0.40	0.80	0.75
试验设备（仪表为主）	0.15～0.20	0.70	1.02
磁粉探伤机	0.20	0.40	2.29
铁屑加工机械	0.40	0.75	0.88
排气台	0.50～0.60	0.90	0.48
老炼台	0.60～0.70	0.70	1.02
陶瓷隧道窑	0.80～0.90	0.95	0.33
拉单晶炉	0.70～0.75	0.90	0.48
赋能腐蚀设备	0.60	0.93	0.40
真空浸渍设备	0.70	0.95	0.33

注：此表摘自《工业与民用供配电设计手册》（第四版）。

附录表2　照明设备的需要系数

建筑类别	K_d	建筑类别	K_d
生产厂房（有天然采光）	0.80～0.90	体育馆	0.70～0.80
生产厂房（无天然采光）	0.90～1.00	集体宿舍	0.60～0.80
办公楼	0.70～0.80	医院	0.50
设计室	0.90～0.95	食堂、餐厅	0.80～0.90
科研楼	0.80～0.90	商店	0.85～0.90
仓库	0.50～0.70	学校	0.60～0.70
锅炉房	0.90	展览馆	0.70～0.80
托儿所、幼儿园	0.80～0.90	旅馆	0.60～0.70
综合商业服务楼	0.75～0.85		

注：1. 气体放电灯灯具或线路的功率因数应规定补偿至0.9。

　　2. 此表摘自《工业与民用供配电设计手册》（第四版）。

附录表3　民用建筑用电设备组的需要系数及功率因数值

负荷名称	规模（台数）	需要系数 K_d	功率因数	备　注
照明	面积 < 500m²	1 ~ 0.9	0.9 ~ 1.0	含插座容量，荧光灯就地补偿或采用电子镇流器
	500 ~ 3000m²	0.9 ~ 0.7	0.9	
	3000 ~ 15000m²	0.75 ~ 0.55		
	> 15000m²	0.7 ~ 0.4		
冷冻机房 锅炉房	1 ~ 3 台	0.9 ~ 0.7	0.8 ~ 0.85	
	> 3 台	0.7 ~ 0.6		
热力站、水泵房、 通风机	1 ~ 5 台	0.95 ~ 0.8	0.8 ~ 0.85	
	> 5 台	0.8 ~ 0.6		
电梯		0.5 ~ 0.2		此系数用于选择变压器容量的计算
洗衣机房 厨房	≤ 100kW	0.4 ~ 0.5	0.8 ~ 0.9	
	> 100kW	0.3 ~ 0.4		
窗式空调	4 ~ 10 台	0.8 ~ 0.6	0.8	
	10 ~ 50 台	0.6 ~ 0.4		
	50 台以上	0.4 ~ 0.3		
舞台照明	≤ 200kW	1 ~ 0.6	0.9 ~ 1	
	> 200kW	0.6 ~ 0.4		

注：1. 此表摘自《全国民用建筑工程设计技术措施—电气》（2009 年版）。

　　2. 电梯负荷计算见《供配电工程设计指导》第十章第三节。

附录表4　住宅用电负荷的需要系数（同时系数）

按单相配电计算时 所连接的基本户数	按三相配电计算时 所连接的基本户数	需要系数
1 ~ 3	3 ~ 9	1 ~ 0.9
4 ~ 8	12 ~ 24	0.9 ~ 0.65
9 ~ 12	27 ~ 36	0.65 ~ 0.50
13 ~ 24	39 ~ 72	0.5 ~ 0.45
25 ~ 124	75 ~ 372	0.45 ~ 0.40
125 ~ 259	375 ~ 777	0.40 ~ 0.30
260 ~ 300	780 ~ 900	0.30 ~ 0.26

注：此表摘自 GB/T 36040—2018《居民住宅小区电力配置规范》。

附录表5　工厂用电设备组的利用系数及功率因数值

用电设备组名称	K_u	$\cos\varphi$	$\tan\varphi$
一般工作制小批生产用金属切削机床（小型车、刨、插、铣、钻床，砂轮机等）	0.1~0.12	0.5	1.73
一般工作制大批生产金属切削机床	0.12~0.14	0.5	1.73
重工作制切削机床（冲床、自动车床、六角车床，粗磨、铣齿、大型车床，刨、铣、立车、镗床）	0.16	0.55	1.51
小批生产金属热加工机床（锻锤传动装置、锻造机、拉丝机、清理转磨筒、碾磨机等）	0.17	0.60	1.33
大批生产金属热加工机床	0.20	0.65	1.17
生产用通风机	0.55	0.80	0.75
卫生用通风机	0.50	0.80	0.75
泵、空气压缩机及电动发电机组	0.55	0.80	0.75
移动式电动工具	0.05	0.50	1.73
不联锁的连续运输机械（提升机、传动带运输机、螺旋运输机等）	0.35	0.75	0.88
联锁的连续运输机械	0.50	0.75	0.88
起重机及电动葫芦（$\varepsilon=100\%$）	0.15~0.20	0.50	1.73
电阻炉、干燥箱、加热设备	0.55~0.65	0.95	0.33
试验室用的小型电热设备	0.35	1.00	0.00
10t以下电弧炼钢炉	0.65	0.80	0.75
单头直流弧焊机	0.25	0.60	1.33
多头直流弧焊机	0.50	0.70	1.02
单头弧焊变压器	0.25	0.35	2.67
多头弧焊变压器	0.30	0.35	2.67
自动弧焊机	0.30	0.50	1.73
点焊机、缝焊机	0.25	0.60	1.33
对焊机、铆钉加热机	0.25	0.70	1.02
工频感应电炉	0.75	0.35	2.67
高频感应电炉（用电动发电机组）	0.70	0.80	0.75
高频感应电炉（用真空管振荡器）	0.65	0.65	1.17

注：此表摘自《工业与民用供配电设计手册》（第四版）。

附录表6　用电设备组的最大系数 K_m

n_{eq} ＼ K_u	0.1	0.15	0.2	0.3	0.4	0.5	0.6	0.7	0.8	0.9
4	3.43	3.11	2.64	2.14	1.87	1.65	1.46	1.29	1.14	1.05
5	3.23	2.87	2.42	2.00	1.76	1.57	1.41	1.26	1.12	1.04
6	3.04	2.64	2.24	1.88	1.66	1.51	1.37	1.23	1.10	1.04
7	2.88	2.48	2.10	1.80	1.58	1.45	1.33	1.21	1.09	1.04
8	2.72	2.31	1.99	1.72	1.52	1.40	1.30	1.20	1.08	1.04
9	2.56	2.20	1.90	1.65	1.47	1.37	1.28	1.18	1.08	1.03
10	2.42	2.10	1.84	1.60	1.43	1.34	1.26	1.16	1.07	1.03

（续）

n_{eq} \ K_u	0.1	0.15	0.2	0.3	0.4	0.5	0.6	0.7	0.8	0.9
12	2.24	1.96	1.75	1.52	1.36	1.28	1.23	1.15	1.07	1.03
14	2.10	1.85	1.67	1.45	1.32	1.25	1.20	1.13	1.07	1.03
16	1.99	1.77	1.61	1.41	1.28	1.23	1.18	1.12	1.07	1.03
18	1.91	1.70	1.55	1.37	1.26	1.21	1.16	1.11	1.06	1.03
20	1.84	1.65	1.50	1.34	1.24	1.20	1.15	1.11	1.06	1.03
25	1.71	1.55	1.40	1.28	1.21	1.17	1.14	1.10	1.06	1.03
30	1.62	1.46	1.34	1.24	1.19	1.16	1.13	1.10	1.05	1.03
35	1.56	1.41	1.30	1.21	1.17	1.15	1.12	1.09	1.05	1.02
40	1.50	1.37	1.27	1.19	1.15	1.13	1.12	1.09	1.05	1.02
45	1.45	1.33	1.25	1.17	1.14	1.12	1.11	1.08	1.04	1.02
50	1.40	1.30	1.23	1.16	1.14	1.11	1.10	1.08	1.04	1.02
60	1.32	1.25	1.19	1.14	1.12	1.11	1.09	1.07	1.03	1.02
70	1.27	1.22	1.17	1.12	1.10	1.10	1.09	1.06	1.03	1.02
80	1.25	1.20	1.15	1.11	1.10	1.10	1.08	1.06	1.03	1.02
90	1.23	1.18	1.13	1.10	1.09	1.09	1.08	1.05	1.02	1.02
100	1.21	1.17	1.12	1.10	1.08	1.08	1.07	1.05	1.02	1.02
120	1.19	1.16	1.12	1.09	1.07	1.07	1.07	1.05	1.02	1.02
160	1.16	1.13	1.10	1.08	1.05	1.05	1.05	1.04	1.02	1.02
200	1.15	1.12	1.09	1.07	1.05	1.05	1.05	1.04	1.01	1.01
240	1.14	1.11	1.08	1.07	1.05	1.05	1.05	1.03	1.01	1.01

注：1. 此表摘自《工业与民用供配电设计手册》（第四版）。

2. 表中数据适用于较小截面的绝缘电线和电缆。对于变电所低压母线或较大截面配电干线来说，达到稳定温升的持续时间 t 可能在 1~2h。最大系数应按公式 $K_{m(t)} \leqslant 1 + \dfrac{K_m - 1}{\sqrt{2t}}$ 进行修正。

附录表 7　不同行业的年最大负荷利用小时数 T_{max} 与年最大负荷损耗小时数 τ

行业名称	T_{max}/h	τ/h	行业名称	T_{max}/h	τ/h
有色电解	7000	5800	汽车农机制造	5000	3400
化工	7300	6375	食品工业	4500	2900
石油	7000	5800	农村企业	3500	2000
有色冶炼	6800	5500	农业灌溉	2800	1600
钢铁冶炼	6000	4500	城市商场	2500	1250
纺织	6000	4500	农村照明	1500	750
有色采选	5800	4350	电器制造	4300	

注：此表摘自《工业与民用供配电设计手册》（第四版）。

附录表 8　各类建筑物的单位面积功率

建 筑 类 别	单位面积功率/（W/m²）	建 筑 类 别	单位面积功率/（W/m²）
公寓	30～50	医院	40～70
旅馆	40～70	高等学校	20～40
办公	30～70	中小学	12～20
商业	一般：40～80	展览馆	50～80
	大中型：60～120		
体育	40～70	演播室	250～500
剧场	50～80	汽车库	8～15

注：1. 此表摘自《全国民用建筑工程设计技术措施—电气》（2009 年版）。

　　2. 表中所列用电指标的上限值是按空调采用电动压缩机制冷时的数值。当空调冷水机组采用直燃机时，用电指
标一般比采用电动压缩机制冷时的指标降低 25～35W/m²。

附录表 9（1）　全国普通住宅每户的用电指标

套　　型	建筑面积 S/m²	用电指标（kW/户）最低值	单相电能表规格/A
A	$S \leqslant 60$	6	5（60）
B	$60 < S \leqslant 90$	8	5（60）
C	$90 < S \leqslant 140$	10	5（60）

注：此表摘自 GB/T 36040—2018《居民住宅小区电力配置规范》。

附录表 9（2）　江苏省住宅每户的用电指标

套　　型	建筑面积 S/m²	用电指标（kW/户）最低值	单相电能表规格/A
A	$S \leqslant 120$	8	10（40）
B	$120 < S \leqslant 150$	12	15（60）
C	$150 < S \leqslant 200$	16	20（80）

注：此表摘自 DGJ 32/J 11—2016《居住区供配电设施建设标准》。

附录表 10　相间负荷换算相负荷的功率换算系数

功率换算系数	负荷功率因数								
	0.35	0.4	0.5	0.6	0.65	0.7	0.8	0.9	1.0
p_{AB-A}、p_{BC-B}、p_{CA-C}	1.27	1.17	1.0	0.89	0.84	0.8	0.72	0.64	0.5
p_{AB-B}、p_{BC-C}、p_{CA-A}	-0.27	-0.17	0	0.11	0.16	0.2	0.28	0.36	0.5
q_{AB-A}、q_{BC-B}、q_{CA-C}	1.05	0.86	0.58	0.38	0.3	0.22	0.09	-0.05	-0.29
q_{AB-B}、q_{BC-C}、q_{CA-A}	1.63	1.44	1.16	0.96	0.88	0.8	0.67	0.53	0.29

附录表 11　自愈式低压并联电力电容器的主要技术数据

产品型号	额定容量/kvar	总电容量/μF	额定电流/A	产品型号	额定容量/kvar	总电容量/μF	额定电流/A
BSMJ0.4—30-3	30	597	43	BSMJ0.4—14-3	14	279	20
BSMJ0.4—25-3	25	497	36	BSMJ0.4—12-3	12	239	17
BSMJ0.4—20-3	20	398	29	BSMJ0.4—10-3	10	199	14
BSMJ0.4—18-3	18	358	26	BSMJ0.4—7.5-3	7.5	149	11
BSMJ0.4—16-3	16	318	23	BSMJ0.4—5-3	5	99	7
BSMJ0.4—15-3	15	298	22	BSMJ0.4—3-3	3	60	4

附录表 12　外壳防护等级的分类代号

项目	代号组成格式
代号含义说明	I P □ □ 防水浸入的代号（第二位特征数字） 防固体浸入的代号（第一位特征数字） 外壳防护的代号（特征字母） 注：只用于单一防水或防固体异物要求时，则另一特征数字用字母 X 代替。第二位特征数字之后还可选择字母表示相关内容（略）。

特征数字	含义说明	
	第一位特征数字	第二位特征数字
0	无防护	无防护
1	防大于 50mm 的固体异物	防滴（垂直滴水对设备无有害影响）
2	防大于 12mm 的固体异物	15°防滴（倾斜 15°，垂直滴水无有害影响）
3	防大于 2.5mm 的固体异物	防淋水（倾斜 60°以内淋水无有害影响）
4	防大于 1mm 的固体异物	防溅水（任何方向溅水无有害影响）
5	防尘（尘埃进入量不致妨碍正常运转）	防喷水（任何方向喷水无有害影响）
6	尘密（无尘埃进入）	防猛烈喷水（任何方向猛烈喷水无有害影响）
7		防短时浸水影响（浸入规定压力水中经规定时间后外壳进水量不致达到有害影响）
8		防持续潜水影响（持续潜水后外壳进水量不致达到有害影响）

注：此表摘自 GB/T 4208—2017《外壳防护等级（IP 代码）》。

附录表13　三相线路电线电缆单位长度每相阻抗值

类　别		导体截面积 / mm²											
		6	10	16	25	35	50	70	95	120	150	185	240
导体类型	导体温度/℃	每相电阻 r /Ω·km⁻¹											
铝	20	—	—	1.798	1.151	0.822	0.575	0.411	0.303	0.240	0.192	0.156	0.121
LJ 绞线	55	—	—	2.054	1.285	0.950	0.660	0.458	0.343	0.271	0.222	0.179	0.137
LGJ 绞线	55	—	—	—	—	0.938	0.678	0.481	0.349	0.285	0.221	0.181	0.138
铜	20	2.867	1.754	1.097	0.702	0.501	0.351	0.251	0.185	0.146	0.117	0.095	0.077
BV 导线	60	3.467	2.040	1.248	0.805	0.579	0.398	0.291	0.217	0.171	0.137	0.112	0.086
VV 电缆	60	3.325	2.035	1.272	0.814	0.581	0.407	0.291	0.214	0.169	0.136	0.110	0.085
YJV 电缆	80	3.554	2.175	1.359	0.870	0.622	0.435	0.310	0.229	0.181	0.145	0.118	0.091
导线类型	线距/mm	每相电抗 x /Ω·km⁻¹											
LJ 裸铝绞线	800	—	—	0.381	0.367	0.357	0.345	0.335	0.322	0.315	0.307	0.301	0.293
	1000	—	—	0.390	0.376	0.366	0.355	0.344	0.335	0.327	0.319	0.313	0.305
	1250	—	—	0.408	0.395	0.385	0.373	0.363	0.350	0.343	0.335	0.329	0.321
LGJ 钢芯铝绞线	1500	—	—	—	—	0.39	0.38	0.37	0.35	0.35	0.34	0.33	0.33
	2000	—	—	—	—	0.403	0.394	0.383	0.372	0.365	0.358	0.35	0.34
	3000	—	—	—	—	0.434	0.424	0.413	0.399	0.392	0.384	0.378	0.369
BV 导线	明敷 100	0.300	0.280	0.265	0.251	0.241	0.229	0.219	0.206	0.199	0.191	0.184	0.178
	明敷 150	0.325	0.306	0.290	0.277	0.266	0.251	0.242	0.231	0.223	0.216	0.209	0.200
	穿管敷设	0.112	0.108	0.102	0.099	0.095	0.091	0.087	0.085	0.083	0.082	0.081	0.080
VV 电缆 (1kV)		0.093	0.087	0.082	0.075	0.072	0.071	0.070	0.070	0.070	0.070	0.070	0.070
YJV 电缆	1kV	0.092	0.085	0.082	0.082	0.080	0.079	0.078	0.077	0.077	0.077	0.077	0.077
	10kV	—	—	0.133	0.120	0.113	0.107	0.101	0.096	0.095	0.093	0.090	0.087

注：1. 本表根据《工业与民用配电设计手册》（第三版）编制。

　　2. 计算线路功率损耗与电压损失时取导线实际工作温度推荐值下的电阻值，计算线路三相最大短路电流时取导线在 20℃ 时的电阻值。

附录表14　10/0.4kV 三相双绕组无励磁调压油浸式电力变压器的技术数据

额定容量 S_r/kV·A	空载损耗 ΔP_0/kW	负载损耗 ΔP_k/kW	空载电流 I_0 （%）	阻抗电压 U_k （%）	额定容量 S_r/kV·A	空载损耗 ΔP_0/kW	负载损耗 ΔP_k/kW	空载电流 I_0 （%）	阻抗电压 U_k （%）
160	0.28	2.30/2.20	1.0		630	0.81	6.20	0.6	
200	0.34	2.73/2.60	1.0		800	0.98	7.50	0.6	
250	0.40	3.20/3.05	0.9	4.0	1000	1.15	10.30	0.6	4.5
315	0.48	3.83/3.65	0.9		1250	1.36	12.00	0.5	
400	0.57	4.52/4.30	0.8		1600	1.64	14.50	0.5	
500	0.68	5.41/5.15	0.8		2000	1.94	18.30	0.4	5.0

注：1. 本表根据 GB/T 6451—2015《油浸式电力变压器技术参数和要求》和 GB 20052—2013《三相配电变压器能效限定值及能效等级》编制。损耗值对应的是最高限值（3级能效）。

　　2. 对于容量在 500kV·A 及以下的变压器，表中斜线上方的负载损耗值适用于 Dyn11 或 Yzn11 联结，表中斜线下方的负载损耗值适用于 Yyn0 联结。

附录表15 10/0.4kV 三相双绕组无励磁调压干式电力变压器的技术数据

额定容量 $S_r/kV \cdot A$	空载损耗 $\Delta P_0/kW$	负载损耗 $\Delta P_k/kW$	空载电流 $I_0\%$	阻抗电压 $U_k\%$	额定容量 $S_r/kV \cdot A$	空载损耗 $\Delta P_0/kW$	负载损耗 $\Delta P_k/kW$	空载电流 $I_0\%$	阻抗电压 $U_k\%$
160	0.54	2.13/2.28	1.3		630	1.30	5.96/6.40	0.85	
200	0.62	2.53/2.71	1.1		800	1.52	6.96/7.46	0.85	
250	0.72	2.76/2.96	1.1		1000	1.77	8.13/8.76	0.85	
315	0.88	3.47/3.73	1.0	4.0	1250	2.09	9.69/10.37	0.85	6.0
400	0.98	3.99/4.28	1.0		1600	2.45	11.73/12.58	0.85	
500	1.16	4.88/5.23	1.0		2000	3.05	14.45/15.56	0.7	
630	1.34	5.88/6.29	0.85		2500	3.60	17.17/18.45	0.7	

注：1. 本表根据 GB/T 10228—2015《干式电力变压器技术参数和要求》和 GB 20052—2013《三相配电变压器能效限定值及能效等级》编制。损耗值对应的是最高限值（3 级能效）。

2. 表中斜线上方的负载损耗值适用于 F 级绝缘耐热等级（120℃），表中斜线下方的负载损耗值适用于 H 级绝缘耐热等级（145℃）。

附录表16 低压铜母线单位长度每相阻抗及相-保护导体阻抗值 （单位：mΩ/m）

母线规格/mm × mm	65℃相电阻 $r_{65°}$	20℃相电阻 r	相-保护导体电阻 $r_{L-PE} = r_L + r_{PE}$	相电抗 x $D = 125mm$	相-保护导体电抗 x_{L-PE} $D_{PEN} = 125mm$
4 [2 (125 × 10)]	0.011	0.009	0.019	0.105	0.238
3 [2 (125 × 10)] + 125 × 10	0.011	0.009	0.028	0.105	0.238
4 (125 × 10)	0.022	0.019	0.037	0.105	0.238
3 (125 × 10) + 80 × 10	0.022	0.019	0.045	0.105	0.260
4 [2 (100 × 10)]	0.013	0.011	0.022	0.116	0.260
3 [2 (100 × 10)] + 100 × 10	0.013	0.011	0.033	0.116	0.260
4 (100 × 10)	0.026	0.022	0.044	0.116	0.260
3 (100 × 10) + 63 × 10	0.026	0.022	0.055	0.116	0.283
4 [2 (80 × 10)]	0.016	0.013	0.026	0.127	0.271
3 [2 (80 × 10)] + 80 × 10	0.016	0.013	0.039	0.127	0.282
4 (80 × 10)	0.031	0.026	0.052	0.127	0.282
3 (80 × 10) + 63 × 8	0.031	0.026	0.066	0.127	0.296
4 [2 (100 × 8)]	0.016	0.013	0.026	0.118	0.264
3 [2 (100 × 8)] + 100 × 8	0.016	0.013	0.039	0.118	0.264
4 (100 × 8)	0.031	0.026	0.053	0.118	0.264
3 (100 × 8) + 80 × 6.3	0.031	0.026	0.066	0.118	0.277
4 [2 (80 × 8)]	0.019	0.016	0.031	0.129	0.287

（续）

母线规格/mm×mm	65℃相电阻 $r_{65°}$	20℃相电阻 r	相-保护导体电阻 $r_{L-PE}=r_L+r_{PE}$	相电抗 x $D=125mm$	相-保护导体电抗 x_{L-PE} $D_{PEN}=125mm$
3 [2 (80×8)] +80×8	0.019	0.016	0.047	0.129	0.287
4 (80×8)	0.037	0.031	0.063	0.129	0.287
3 (80×8) +63×6.3	0.037	0.031	0.084	0.129	0.301
4 (80×6.3)	0.047	0.040	0.080	0.131	0.290
3 (80×6.3) +50×6.3	0.047	0.040	0.101	0.131	0.317
4 (63×6.3)	0.062	0.053	0.105	0.143	0.315
3 (63×6.3) +50×5	0.062	0.053	0.126	0.143	0.329
4 (50×5)	0.087	0.074	0.147	0.157	0.343
3 (50×5) +40×4	0.087	0.074	0.161	0.157	0.356
4 (40×4)	0.103	0.087	0.175	0.170	0.370

注：1. 本表根据《工业与民用配电设计手册》（第三版）相关公式计算编制。

2. 母线竖放，相邻相母线中心间距 D 按125mm计；当PEN母线与相母线并列放置时，PEN线在边位，与相邻相母线中心间距 D_N 按125mm计。

3. 两根母线并联时相电阻减半，相电抗近似不变。

附录表17 低压密集绝缘铜母线槽单位长度每相阻抗及相-保护导体阻抗值

（单位：mΩ/m）

型号规格		65℃相电阻 $r_{65°}$	20℃相电阻 r	相-保护导体电阻 $r_{L-PE}=r_L+r_{PE}$	相电抗 x	相-保护导体电抗 x_{L-PE}
额定电流/A	相母线规格/mm×mm					
200	6.3×30	0.111	0.094	0.188	0.030	0.080
400	6.3×40	0.084	0.071	0.142	0.027	0.072
630	6.3×50	0.066	0.056	0.112	0.025	0.067
800	6.3×70	0.047	0.040	0.080	0.023	0.061
1000	6.3×80	0.041	0.035	0.070	0.018	0.048
1250	6.3×125	0.027	0.023	0.046	0.014	0.037
1600	6.3×150	0.022	0.019	0.038	0.010	0.027
2000	6.3×200	0.017	0.014	0.028	0.008	0.021

注：1. 本表根据某国产CCX母线槽样本技术数据计算编制，仅供参考。实际工程中应按具体产品生产厂家提供的数据进行计算。

2. 相导体母线与中性导体、保护导体母线包以绝缘无间距并列放置，中性导体、保护导体母线在边位。当额定电流为2000A及以下，中性导体、保护导体母线与相导体母线等截面。

附录表18　低压铜芯电线电缆单位长度相-保护导体阻抗值　　（单位：mΩ/m）

$$r_{L\text{-}PE} = 1.5(r_L + r_{PE})$$

保护导体截面积/mm² $S_{PE}=S$	6	10	16	25	35	50	70	95	120	150	185	240
铜芯	8.601	5.262	3.291	2.106	1.503	1.053	0.753	0.555	0.438	0.351	0.285	0.231
保护导体截面积/mm² $S_{PE}\approx 0.5S$				16	16	25	35	50	70	70	95	120
铜芯				2.699	2.397	1.580	1.128	0.804	0.596	0.552	0.420	0.335

$$X_{L\text{-}PE}$$

导体截面积 S/mm²			6	10	16	25	35	50	70	95	120	150	185	240
绝缘导线明敷	线距150mm	$S_{PE}=S$	0.681	0.643	0.611	0.583	0.563	0.537	0.517	0.493	0.478	0.464	0.448	0.428
		$S_{PE}\approx 0.5S$				0.597	0.587	0.559	0.539	0.516	0.498	0.491	0.470	0.452
	线距100mm	$S_{PE}=S$	0.631	0.591	0.561	0.533	0.513							
		$S_{PE}\approx 0.5S$				0.547	0.537							
绝缘导线穿管敷设		$S_{PE}=S$	0.26	0.26	0.25	0.23	0.24	0.21	0.22	0.23	0.21	0.20		
		$S_{PE}\approx 0.5S$				0.25	0.25	0.22	0.23	0.21	0.21			
YJV/VV 电力电缆		$S_{PE}=S$	0.200	0.188	0.174	0.164	0.160	0.158	0.156	0.158	0.152	0.152	0.152	0.152
		$S_{PE}\approx 0.5S$				0.192	0.191	0.187	0.178	0.186	0.161	0.161	0.179	0.179

注：本表根据《工业与民用配电设计手册》（第三版）编制。

附录表19　CV1系列户内高压真空断路器的主要技术参数

项　目		单位	参　数
额定电压		kV	12
额定绝缘水平	1min 工频耐压（有效值）	kV	42
	雷电冲击耐受电压（峰值）	kV	75
额定频率		Hz	50
额定电流		A	630、1250、1600、2000、2500、3150
额定短路开断电流（有效值）		kA	25、31.5、40
额定峰值耐受电流		kA	63、80、100
额定短路关合电流		kA	63、80、100
额定短时耐受电流（有效值）		kA	25、31.5、40
额定短路持续时间		s	4
额定背对背电容器组开断电流（有效值）		A	400
额定背对背电容器组关合涌流（峰值）		kA	20（频率4250Hz）
额定操作顺序			自动重合闸：O—0.3s—CO—180s—CO
			非自动重合闸：O—180s—CO—180s—CO
合闸和分闸装置额定电源电压		V	AC：110、230；DC：110、220
辅助回路额定电源电压		V	AC：110、230；DC：110、220
机械寿命	相间距210mm 断路器	次	20000
	相间距150mm 及275mm 断路器		10000

注：本表数据由常熟开关制造有限公司提供。

附录表 20　XRNT3、XRNP3 型高压限流熔断器的主要技术数据

型　号	额定电压 /kV	熔断器额定电流 /A	熔体额定电流 /A	额定开断电流 /kA
XRNT3 – 12/□ – 50	12	63	6.3、10、16、20、25、31.5、40、50、63	50
		125	80、100、125	
		200	160、200	
XRNP3 – 12/□ – 50	12	16	0.5、1、2、3.15、6.3、10、16	50
XRNC3 – 12/□ – 50	12	16	8、10、16	50
		63	20、25、31.5、40、50、63	
		125	80、100、125	

附录表 21　XRNT3-12 型高压限流熔断器熔体电流与 10kV 电力变压器容量的配合表

变压器容量/kV·A	50	100	125	160	200	250	315	400	500	630	800	1000	1250
熔体额定电流/A	6.3	10	10	16	20	25	31.5	40	50	63	80	100	125

附录表 22　FL（R）N36B-12D 型户内高压 SF₆ 负荷开关、负荷开关—熔断器组合电器的主要技术参数

项　目		单位	参　数	
			FLN36B – 12D	FLRN36B – 12D
额定电压		kV	12	
额定绝缘水平	1min 工频耐压（有效值）	kV	42	
	雷电冲击耐受电压（峰值）	kV	75	
额定频率		Hz	50	
额定电流		A	630	125
额定有关负荷开断电流（有效值）		A	630	
额定电缆充电开断电流		A	10	
额定峰值耐受电流		kA	50	125
额定短路关合电流		kA	50	125
额定短时耐受电流（有效值）		kA	20	20
额定短路持续时间		s	4	4
额定转移开断电流（有效值）		kA	—	1700
额定短路开断电流		kA	—	50
熔断器最大额定电流		A		125
额定有功负荷开断电流次数		次	100	
机械寿命		次	3000	

注：本表数据由常熟开关制造有限公司提供。

附录表23　LZZBJ12-10A系列高压电流互感器的主要技术参数

额定电流比/A	级次组合	准确级及额定输出/V·A				保护级		额定短时热电流/kA	额定动稳定电流/kA
		0.2	0.5	1	3	额定输出/V·A	准确级及准确限值系数		
10/5						30	5P10, 10P10	2	5
10/5						15	5P15, 10P15		
15/5						30	5P10, 10P10	3	7.5
15/5						15	5P15, 10P15		
20/5						30	5P10, 10P10	4	10
20/5						15	5P15, 10P15		
30/5						30	5P10, 10P10	6	15
30/5						15	5P15, 10P15		
40/5						30	5P10, 10P10	8	20
40/5						15	5P15, 10P15		
50/5	0.2/5P 0.2/10P 0.5/5P 0.5/10P	10	20	—	—	30	5P10, 10P10	10	25
50/5						15	5P15, 10P15		
75/5						30	5P10, 10P10	21	52.5
75/5						15	5P15, 10P15		
100/5						30	5P10, 10P10	31.5	80
100/5						15	5P15, 10P15		
150, 200/5						30	5P10, 10P10	45	112.5
150, 200/5						15	5P15, 10P15		
300/5						25		50	120
400/5						30			
500, 600/5							10P15		
800/5		15	30					80	160
1000, 1200/5						40			
1500/5			40					100	180
2000, 3000/5									

附录表24　JDZ（X）12-10系列高压电压互感器的主要技术参数

型号	额定电压比/kV	准确级组合	准确级及额定输出/V·A				极限输出/V·A
			0.2	0.5	1.0	3	
JDZ12-10	10/0.1	0.2；0.5	30	80	—	—	400
JDZX12-10	10/√3/0.1/√3/0.1/3	0.5/6P	30	80	—	100	400

附录表 25　CW2 系列智能型万能式断路器的主要技术参数

型　号	CW2-1600	CW2-2000	CW2-2500	CW2-4000
壳架等级额定电流/A	1600	2000	2500	4000
额定工作电流 I_n/A	200，400，630，800，1000，1250，1600	630，800，1000，1250，1600，2000	1250，1600，2000，2500	2000，2500，2900，3200，3600，4000
过载长延时整定电流 I_{r1}/A	L25 型：$(0.6 \sim 1.0)$ I_n，按每级 5% I_n 递增 M25 型、M26 型、H26 型：$(0.4 \sim 1.0)$ I_n，按每级 10A 递增			
短路短延时整定电流 I_{r2}/A	L25 型：$(1.5 \sim 10)$ I_{r1}，按 1.5、2、3、4、5、6、8、10 倍 I_{r1} 递增 M25 型、M26 型、H26 型：$(0.4 \sim 15)$ I_n，按每级 20A 递增			
短路瞬时整定电流 I_{r3}/A	L25 型：$(3 \sim 15)$ I_{r1}，按 3、4、5、6、8、10、12、15 倍 I_{r1} 递增 M25 型、M26 型、H26 型：1.6 ~ 35kA（CW2-1600）/2.0 ~ 50kA（CW2-2000）/2.5 ~ 50kA（CW2-2500）/4.0 ~ 65kA（CW2-4000） 按每级 100A 递增			
接地短延时整定电流 I_{r4}/A	M26 型、H26 型配置：CW2-1600 为 0.4 I_n ~ 0.8 I_n 或 1000A（取小者）； CW2-2000/2500 为 0.2 I_n 或 160A（取大者）~ 0.8 I_n 或 1200A（取小者）； CW2-4000 为 0.2 I_n ~ 0.6 I_n 或 1600A（取小者）			
额定工作电压/V	400、690（50Hz）			
额定绝缘电压 /V	1000			
额定冲击耐受电压/kV	12			
1min 工频耐受电压/V	3500			
极数	3、4			
中性极额定电流/A	50% I_n、100% I_n			
额定极限短路分断能力（有效值）/kA　AC 400V	50	80	85	100
额定极限短路分断能力（有效值）/kA　AC 690V	25	50	50	75
额定运行短路分断能力（有效值）/kA　AC 400V	50	80	85	100
额定运行短路分断能力（有效值）/kA　AC 690V	25	50	50	75
额定短路接通能力（峰值）/kA　AC 400V	105	176	187	220
额定短路接通能力（峰值）/kA　AC 690V	52.5	105	105	165
额定短时耐受电流（有效值）(0.5s)/kA　AC 400V	42	60	65	85
额定短时耐受电流（有效值）(0.5s)/kA　AC 690V	25	40	50	75
全分断时间（无附加延时）/ms	25 ~ 30			
闭合时间/ms	最大 70			
智能控制器	L25 型、M25 型、M26 型、H26 型			
操作性能　电气寿命　AC 400V	2500	2000	1500	1500
操作性能　电气寿命　AC 690V	1500	1000	2000	1000
操作性能　机械寿命　免维护	8000	8000	8000	5000
操作性能　机械寿命　有维护	20000	20000	20000	10000

注：1. CW2 整定电流连续可调。

2. 本表数据由常熟开关制造有限公司提供。

附录表 26 CM2 系列、CM2Z 系列塑壳式断路器的主要技术参数

壳架等级额定电流/A		125			225		
型号		CM2-125L	CM2-125M	CM2-125H	CM2-225L	CM2-225M	CM2-225H
			CM2Z-125M	CM2Z-125H		CM2Z-225M	CM2Z-225H
额定电流 I_n/A	CM2	16、20、25、32、40、50、63、80、100、125			125、140、160、180、200、225		
	CM2Z	32、63、125			225		
过载长延时整定电流 I_{r1}/A	CM2	$(0.8-0.9-1.0)$ I_n			$(0.8-0.9-1.0)$ I_n		
	CM2Z[2]	32（16~32）、63（32~63）、125（63~125）			225（125~225）		
短路瞬时整定电流 I_{r3}/A	CM2	$I_n<63A$：$10I_n$ $I_n\geqslant63A$：$(5-6-7-8-9-10)$ I_n			$(5-6-7-8-9-10)$ I_n		
	CM2Z[2]	$(4~14)$ I_{r1}，调整步长为 1A					
短路短延时整定电流 I_{r2}/A	CM2Z[2]	$(2~12)$ I_{r1}，调整步长为 1A；短延时动作时间 t_2 取 0.1s、0.2s、0.3s、0.4s					
接地短延时整定电流 I_{r4}/A	CM2Z[2]	$(0.5~1)$ I_n，调整步长为 1A；短延时动作时间 t_4 取 0.1s、0.2s、0.3s、0.4s					
极数		3，4					
额定绝缘电压/V		AC 800					
额定冲击耐受电压/V		8000					
额定工作电压/V		AC 400					
飞弧距离/mm		≯50 （0[1]）			≯50 （0[1]）		
额定极限短路分断能力/kA	AC 400V	50	70	85	50	70	85
额定运行短路分断能力/kA	AC 400V	35	50	70	35	50	70
操作性能/次	通电	1500			1000		
	不通电	8500			7000		

（续）

壳架等级额定电流/A		400			630		
型号		CM2-400L	CM2-400M	CM2-400H	CM2-630L	CM2-630M	CM2-630H
			CM2Z-400M	CM2Z-400H		CM2Z-630M	CM2Z-630H
额定电流 I_n/A	CM2	225、250、315、350、400			400、500、630		
	CM2Z	400			630		
过载长延时整定电流 I_{r1}/A	CM2	$(0.8-0.9-1.0)\,I_n$			$(0.8-0.9-1.0)\,I_n$		
	CM2Z④	400（200~400）			630（315~630）		
短路瞬时整定电流 I_{r3}/A	CM2	$(5-6-7-8-9-10)\,I_n$					
	CM2Z	$(4~14)\,I_{r1}$，调整步长为1A					
短路短延时整定电流 I_{r2}/A	CM2Z	$(2~12)\,I_{r1}$，调整步长为1A；短延时动作时间 t_2 取0.1s、0.2s、0.3s、0.4s					
接地短延时整定电流 I_{r4}/A	CM2Z	$(0.5~1)\,I_n$，调整步长为1A；短延时动作时间 t_4 取0.1s、0.2s、0.3s、0.4s					
极数		3，4					
额定绝缘电压/V		AC 800					
额定冲击耐受电压/V		8000					
额定工作电压/V		AC 400					
飞弧距离/mm		≯100（0③）			≯100（0③）		
额定极限短路分断能力/kA	AC 400V	50	70	100	50	70	100
额定运行短路分断能力/kA	AC 400V	50	70	75	50	70	75
操作性能/次	通电	1000			1000		
	不通电	4000			4000		

注：1. CM2Z-400 的额定短时耐受电流（1s）为5kA，CM2Z-630 的额定短时耐受电流（1s）为8kA。

　　2. 本表数据由常熟开关制造有限公司提供。

① 选装高为5mm、6mm 的零飞弧罩，实现零飞弧。

② CM2Z 整定电流连续可调。

③ 选装高为10.5mm、11.5mm 的零飞弧罩，实现零飞弧。

④ CM2Z 整定电流连续可调。

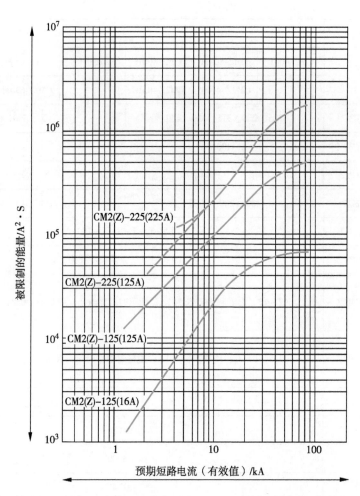

附录表 26 图　CM2（Z）-125、CM2（Z）-225 的允通容量 I^2t 特性

附录表 27　NT 系列高分断熔断器的主要技术数据及时间电流特性

型　号	额定电压/V	额定电流/A		极限分断能力（kA） /cosφ
		熔断器	熔　体	
NT0-160	380	160	4、6、10、16、20、25、32、36、40、50、63、80、100、125、160	120/0.1～0.2
NT1-250		250	80、100、125、160、200、224、250	
NT2-400		400	125、160、200、224、250、300、315、355、400	
NT3-630		630	315、355、400、425、500、630	
NT4-800		800	630、800	

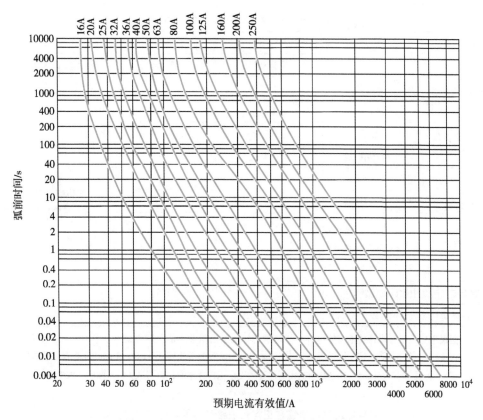

附录表27图　NT系列高分断熔断器的时间—电流特性

附录表28　绝缘材料的耐热分级

ATE 或 RTE/℃		耐热等级/℃	字母表示
≥90	<105	90	Y
≥105	<120	105	A
≥120	<130	120	E
≥130	<155	130	B
≥155	<180	155	F
≥180	<200	180	H

注：本表依据 GB/T 11021—2014《电气绝缘　耐热性和表示方法》编制。

附录表29　架空裸导线的最小允许截面积

线 路 类 别		导线最小截面积/mm²		
		铝及铝合金	钢芯铝线	铜绞线
35kV 及以上线路		35	35	35
3～10kV 线路	居民区	35	25	25
	非居民区	25	16	16
低压线路	一般	16	16	16
	与铁路交叉跨越档	35	16	16

注：DL/T 599—2016《中低压配电网改造技术导则》规定，中压架空铝绞线分支线的最小允许截面积为50mm²，低压架空铝绞线分支线的最小允许截面积为35mm²。这是从城市电网发展需要考虑的，而不是从机械强度要求考虑的。

附录表 30　绝缘导线的最小允许截面积

线 路 类 别			导线最小截面积/mm²		
			铜芯软线	铜芯线	PE 线和 PEN 线（铜芯线）
照明用灯头引下线	室内		0.75	1.0	有机械保护时为 2.5 无机械性的保护时为 4
	室外		1.0	1.0	
移动式设备线路	生活用		0.75	—	
	生产用		1.0	—	
敷设在绝缘子上的绝缘导线（L 为支持点间距）	室内	L≤2m	—	1.5	
	室外	L≤2m	—	1.5	
	室内外	2m<L≤6m		2.5	
		6m<L≤16m		4	
		16m<L≤25m		6	
穿管敷设或在槽盒中敷设的绝缘导线			—	1.5	
沿墙明敷的塑料护套线			—	1.5	

注：《全国民用建筑工程设计技术措施电气》规定铜芯导线截面积最小值：进户线不小于 10mm²，动力、照明配电箱的进线不小于 6mm²，控制箱进线不小于 6mm²，动力、照明分支线不小于 2.5mm²，动力、照明配电箱的 N、PE、PEN 进线不小于 6mm²。这是从负荷发展需要和安全运行考虑的，而不是从机械强度要求考虑的。

附录表 31　裸导体及高压电缆在正常和短路时的最高允许温度及热稳定系数

电线电缆种类和材料		最高允许温度/℃		热稳定系数 K
		额定负荷时	短路时	/（A·$\sqrt{s}$/mm²）
裸母线或裸绞线	铜	70	300	171
	铝	70	200	87
1~110kV 交联聚乙烯绝缘电力电缆	铜芯	90	250	137
1~35kV 聚氯乙烯绝缘电力电缆	铜芯	70	160	115

注：本表摘自《工业与民用供配电设计手册》（第四版）。

附录表 32　低压电线电缆的最高允许温度及热稳定系数 K

项 目	导体绝缘材料						
	聚氯乙烯		乙丙橡胶/交联聚乙烯绝缘	橡胶		矿物质	
	≤300mm²	≥300mm²		60℃	85℃	带聚氯乙烯	裸的
初始温度/℃	70	70	90	60	80	70	105
最终温度/℃	160	140	250	200	200	160	250
铜导体 K 值	115	103	143	141	134	115	135

注：本表摘自 GB 50054—2011《低压配电设计规范》。

附录表 33　电线电缆环境温度的选择

敷 设 场 所	有无机械通风	选取的环境温度
土中直埋		埋深处的最热月平均地温
室外空气中，电缆沟内		最热月的日最高温度平均值
有热源设备的厂房	有	通风设计温度
	无	最热月的日最高温度平均值加 5℃
一般性厂房，室内	有	通风设计温度
	无	最热月的日最高温度平均值
室内电缆沟	无	最热月的日最高温度平均值加 5℃

注：此表根据 GB 50054—2011《低压配电设计规范》和 GB 50217—2018《电力工程电缆设计标准》编制。

附录表 34　450/750V 型 BV 绝缘电线穿管敷设时的载流量

敷设方式	B1 类：绝缘电线穿管明敷在墙上或暗敷在墙内											
导体工作温度/℃	70											
环境温度/℃	25			30			35			40		
芯线截面 /mm²	不同带负荷导线根数的载流量/A											
	2	3	4	2	3	4	2	3	4	2	3	4
1.5	18	15	13	17	15	13	15	14	12	14	13	11
2.5	25	22	20	24	21	19	22	19	17	20	18	16
4	33	29	26	32	28	25	30	26	23	27	24	21
6	43	38	33	41	36	32	38	33	30	35	31	27
10	60	53	47	57	50	45	53	47	42	49	43	39
16	80	72	63	76	68	60	71	63	56	66	59	52
25	107	94	84	101	89	80	94	83	75	87	77	69
35	132	116	106	125	110	100	117	103	94	108	95	87
50	160	142	127	151	134	120	141	125	112	131	116	104
70	203	181	162	192	171	153	180	160	143	167	148	133
95	245	219	196	232	207	185	218	194	173	201	180	160
120	285	253	227	269	239	215	252	224	202	234	207	187

注：1. 此表根据 GB/T 16895.6—2014《低压电气装置　第 5-52 部分：电气设备的选择和安装　布线系统》编制或根据其计算得出。

2. 管材可以是金属管或塑料管，墙体可以是砖墙或木质类墙。

附录表 35　450/750V 型 RV 等绝缘电线明敷时的载流量

敷设方式	C 类：绝缘电线明敷在墙上、天花板下或暗敷在墙内							
导体工作温度/℃	70							
环境温度/℃	25		30		35		40	
电缆型号	RV、RVV、RVB、RVS、RFB、RFS、BVV、BVNVN							
芯线截面 /mm²	不同电缆芯数的载流量/A							
	2	3	2	3	2	3	2	3
0.5	10	7.4	9.5	7	9	6.6	8	6
0.75	13	9.5	12.5	9	12	8.5	11	7.8
1.0	16	12	15	11	14	10	13	9.6
1.5	20	18	19	17	18	16	17	15
2.0	23	20	22	19	20	18	19	17
2.5	29	25	27	24	25	23	24	21
4	38	34	36	32	34	30	31	28
6	50	44	47	41	44	39	41	36
10	69	60	65	57	61	54	57	50

注：此表摘自《工业与民用供配电设计手册》（第四版）。

附录表 36　450/750V 型 BYJ 绝缘电线穿管敷设时的载流量

敷设方式	B1 类：绝缘电线穿管明敷在墙上或暗敷在墙内											
导体工作温度/℃	90											
环境温度/℃	25			30			35			40		
芯线截面 /mm²	不同带负荷导线根数的载流量/A											
	2	3	4	2	3	4	2	3	4	2	3	4
1.5	24	21	19	23	20	18	22	19	17	21	18	16
2.5	32	29	26	31	28	25	30	27	24	28	25	23
4	44	38	34	42	37	33	40	36	32	38	34	30
6	56	50	45	54	48	43	52	46	41	47	44	39
10	78	69	61	75	66	59	72	63	57	68	60	54
16	104	92	82	100	88	79	96	84	76	91	80	72
25	138	122	109	133	117	105	128	112	101	121	106	96
35	171	150	135	164	144	130	157	138	125	149	131	118
50	206	182	164	198	175	158	190	168	152	180	159	144
70	263	231	208	253	222	200	242	213	192	230	202	182
95	318	280	252	306	269	242	294	258	232	278	245	220
120	368	324	292	354	312	281	340	300	270	322	284	256

注：1. 此表根据 GB/T 16895.6—2014《低压电气装置　第 5-52 部分：电气设备的选择和安装　布线系统》编制或根据其计算得出。

　　2. 管材可以是金属管或塑料管，墙体可以是砖墙或木质类墙。

　　3. 若导线敷设在人可触及处时，应放大一级截面选择。

附录表 37　450/750V 型 BYJ 绝缘电线明敷时的载流量

敷设方式	G 类：绝缘电线有间距敷设在自由空气中								
导体工作 温度/℃	90								
芯线截面 /mm²	不同环境温度的载流量/A				芯线截面 /mm²	不同环境温度的载流量/A			
	25℃	30℃	35℃	40℃		25℃	30℃	35℃	40℃
1.5	31	30	29	27	70	367	353	339	321
2.5	42	40	38	36	95	447	430	413	391
4	55	53	51	48	120	520	500	480	455
6	72	69	66	63	150	600	577	554	525
10	98	94	90	86	185	687	661	635	602
16	136	131	126	119	240	812	781	750	711
25	189	182	175	166	300	938	902	866	821
35	235	226	217	206	400	1128	1085	1042	987
50	286	275	264	250	500	1303	1253	1203	1140

注：1. 此表摘自《工业与民用供配电设计手册》（第四版）。

　　2. 当导线垂直排列时，表中载流量乘以 0.9。

　　3. 若导线敷设在人可触及处时，应放大一级截面选择。

附录表 38　0.6/1kV 型 VV 电缆明敷和埋地敷设时的载流量

电缆带负荷芯数		3~4 芯							单芯			
敷设方式		E 类：多芯电缆敷设在自由 空气中或在有孔托盘、梯架上				D 类：多芯电缆直接 埋地或穿管埋地敷设			F 类：单芯电缆相互接触敷设在 自由空气中或在有孔托盘、梯架上			
导体工作 温度/℃		70										
芯线截面/mm²		不同环境温度的载流量/A										
相线	中性线	25℃	30℃	35℃	40℃	20℃	25℃	30℃	25℃	30℃	35℃	40℃
1.5		20	18	17	16	18	17	16				
2.5		27	25	24	22	24	23	21				
4	4	36	34	32	30	31	29	28				
6	6	46	43	40	37	39	37	35				
10	10	64	60	56	52	52	49	46				
16	16	85	80	75	70	67	64	60				
25	16	107	101	95	88	86	82	77	117	110	103	96
35	16	134	126	118	110	103	98	92	145	137	129	119
50	25	162	153	144	133	122	116	109	177	167	157	145
70	35	208	196	184	171	151	143	134	229	216	203	188

（续）

芯线截面/mm²		不同环境温度的载流量/A										
相线	中性线	25℃	30℃	35℃	40℃	20℃	25℃	30℃	25℃	30℃	35℃	40℃
95	50	252	238	224	207	179	170	159	280	264	248	230
120	70	293	276	259	240	203	193	181	326	308	290	268
150	70	338	319	300	278	230	219	205	377	356	335	310
185	95	386	364	342	317	258	245	230	434	409	384	356
240	120	456	430	404	374	298	283	265	514	485	456	422
300	150	527	497	467	432	336	319	299	595	561	527	488
400									695	656	617	571
500									794	749	704	652
630									906	855	804	744

注：1. 此表根据 GB/T 16895.6—2014《低压电气装置 第5-52 部分：电气设备的选择和安装 布线系统》编制或根据其计算得出。

2. 当电缆靠墙明敷时，表中载流量乘以 0.94。

3. 单芯电缆有间距垂直排列明敷时，表中载流量乘以 0.9。

4. 埋地敷设时，设土壤热阻系数为 2.5K·m/W。

附录表 39　0.6/1kV 型 YJV 电缆明敷和埋地敷设时的载流量

电缆带负荷芯数		3~4 芯			3~4 芯			单芯			
敷设方式		E 类：多芯电缆敷设在自由空气中或在有孔托盘、梯架上			D 类：多芯电缆直接埋地或穿管埋地敷设			F 类：单芯电缆相互接触敷设在自由空气中或在有孔托盘、梯架上			
导体工作温度/℃		90									
芯线截面/mm²		不同环境温度的载流量/A									
相线	中性线	25℃	30℃	35℃	40℃	20℃	25℃	30℃	25℃	30℃	35℃	40℃
1.5		24	23	22	21	22	21	20				
2.5		33	32	29	29	29	28	27				
4	4	44	42	40	38	37	36	34				
6	6	56	54	52	49	46	44	43				
10	10	78	75	72	68	61	59	57				
16	16	104	100	96	91	79	76	73				
25	16	132	127	122	116	101	97	94	147	141	135	128
35	16	164	158	152	144	122	117	113	183	176	169	160
50	25	210	192	184	175	144	138	134	225	216	207	197
70	35	269	246	236	224	178	171	166	290	279	268	254

（续）

芯线截面/mm²		不同环境温度的载流量/A										
相线	中性线	25℃	30℃	35℃	40℃	20℃	25℃	30℃	25℃	30℃	35℃	40℃
95	50	326	298	286	271	211	203	196	356	342	328	311
120	70	378	346	332	315	240	230	223	416	400	384	364
150	70	436	399	383	363	271	260	252	483	464	445	422
185	95	498	456	438	415	304	292	283	554	533	512	485
240	120	588	538	516	490	351	337	326	659	634	609	585
300	150	678	621	596	565	396	380	368	765	736	707	670
400									903	868	833	790
500									1038	998	958	908
630									1197	1151	1105	1047

注：1. 此表根据 GB/T 16895.6—2014《低压电气装置　第5-52部分：电气设备的选择和安装　布线系统》编制或根据其计算得出。

2. 当电缆靠墙明敷时，表中载流量乘以 0.94。

3. 单芯电缆有间距垂直排列明敷时，表中载流量乘以 0.9。

4. 埋地敷设时，设土壤热阻系数为 2.5K·m/W。

附录表40　6～35kV 型 YJV 电缆明敷和埋地敷设时的载流量

电压等级	6/6kV，8.7/10kV			26/35kV		6/6kV，8.7/10kV				26/35kV	
电缆芯数	3 芯		单芯	3 芯	单芯	3 芯			单芯	3 芯	单芯
敷设方式	E 类：多芯电缆敷设在自由空气中或在有孔托盘、梯架上					D 类：多芯电缆直接埋地或穿管埋地敷设					
导体工作温度/℃	90										
芯线截面 /mm²	不同环境温度的载流量/A										
	25℃	30℃	35℃	30℃	30℃	30℃	20℃	25℃	30℃	25℃	25℃
35	181	174	167	193	179	199	121	115	108	136	118	140
50	208	200	191	226	206	233	144	137	129	160	141	165
70	255	245	235	279	252	287	175	166	157	195	171	201
95	315	303	290	348	312	358	210	199	188	233	205	240
120	362	348	333	402	358	414	240	228	215	266	235	274
150	409	393	376	457	405	470	270	256	241	296	264	305
185	469	451	432	527	465	543	305	289	273	325	298	345
240	551	529	506	623	545	642	355	337	318	375	347	386
300	631	606	580	718	624	740	401	380	359	422	391	435
400	740	711	681	843	732	868	455	432	407	477	445	491

注：1. 此表摘自《工业与民用供配电设计手册》（第四版）或根据其计算编制。

2. 当电缆采用无孔托盘明敷时，表中载流量乘以 0.93。

3. 埋地敷设时，设土壤热阻系数为 2.5K·m/W。

附录表 41　涂漆矩形铜母线（TMY）的载流量（交流）

导体工作温度/℃						70
母线尺寸	每相 1 片		每相 2 片并联		每相 3 片并联	
（宽×厚）	不同环境温度的载流量/A（平放/竖放）					
/mm×mm	25℃	40℃	25℃	40℃	25℃	40℃
40×4	603/632	489/512				
40×5	681/706	552/572				
50×4	755/770	595/624				
50×5	831/869	673/704				
63×6.3	1141/1193	924/966	1766/1939	1430/1571	2340/2644	1895/2142
80×6.3	1415/1477	1146/1196	2162/2372	1751/1921	2773/3142	2246/2545
100×6.3	1686/1758	1366/1424	2526/2771	2046/2245	3237/3671	2651/2974
125×6.3	2047/2133	1658/1728	2991/3278	2423/2655	3764/4265	3049/3455
63×8	1302/1359	1055/1101	2036/2230	1649/1806	2651/2903	2147/2351
80×8	1598/1668	1295/1351	2440/2672	1976/2164	3124/3524	2530/2854
100×8	1897/1979	1536/1603	2827/3095	2290/2507	3608/4074	2923/3810
125×8	2294/2390	1858/1936	3333/3647	2700/2954	4127/4663	3343/3777
63×10	1465/1531	1187/1240	2290/2503	1855/2027	2987/3343	2420/2708
80×10	1811/1891	1467/1532	2760/3011	2236/2439	3521/3954	2852/3203
100×10	2174/2265	1761/1835	3128/3419	2534/2770	3889/4375	3150/3544
125×10	2555/2662	2070/2156	3674/4019	2976/3255	4556/5130	3690/4155

注：1. 此表摘自《工业与民用供配电设计手册》（第四版）或根据其计算编制。适用于户内。

　　2. 交流母线相间距取 250mm；每相 2 片、3 片并联时，导体净距离皆为母线宽度。

附录表 42　LJ、LGJ 型裸铝绞线的载流量

导体类型	LJ 型铝绞线				LGJ 型钢芯铝绞线			
导体工作温度/℃				70				
导线截面	不同环境温度的载流量/A							
/mm²	25℃	30℃	35℃	40℃	25℃	30℃	35℃	40℃
16	105	99	92	85	104	98	92	85
25	135	127	119	109	135	127	119	110
35	170	160	150	138	169	159	149	138
50	214	202	189	174	220	207	194	179
70	264	249	233	215	275	259	242	224
95	324	305	286	247	334	315	295	273
120	373	352	330	304	379	357	334	309
150	439	414	387	356	443	418	391	362
185	499	470	440	405	513	484	453	419
240	609	574	536	494	609	574	537	497
300	679	640	597	550	698	658	616	570

注：1. 此表摘自《工业与民用供配电设计手册》（第四版）。

　　2. 本表载流量按室外架设考虑，无日照，海拔在 1000m 以下。

附录表 43　环境空气温度不等于 30℃时的校正系数（用于敷设在空气中的电缆载流量）

环境温度/℃	绝　缘			
	聚氯乙烯	交联聚乙烯、乙丙橡胶	矿物绝缘	
			聚氯乙烯外护层和易于接触的裸护套70℃	不允许接触的裸护套105℃
10	1.22	1.15	1.26	1.14
15	1.17	1.12	1.20	1.11
20	1.12	1.08	1.14	1.07
25	1.06	1.04	1.07	1.04
35	0.94	0.96	0.93	0.96
40	0.87	0.91	0.85	0.92
45	0.79	0.87	0.77	0.88
50	0.71	0.82	0.67	0.84
55	0.61	0.76	0.57	0.80
60	0.50	0.71	0.45	0.75

注：此表摘自 GB/T 16895.6—2014《低压电气装置　第5-52部分：电气设备的选择和安装　布线系统》。

附录表 44　埋地敷设时环境温度不同于 20℃时的校正系数

埋地环境温度/℃	绝　缘		埋地环境温度/℃	绝　缘	
	聚氯乙烯	交联聚乙烯、乙丙橡胶		聚氯乙烯	交联聚乙烯、乙丙橡胶
10	1.10	1.07	35	0.84	0.89
15	1.05	1.04	40	0.77	0.85
25	0.95	0.96	45	0.71	0.80
30	0.89	0.93	50	0.63	0.76

注：此表摘自 GB/T 16895.6—2014《低压电气装置　第5-52部分：电气设备的选择和安装　布线系统》。

附录表 45　土壤热阻系数不同于 2.5K·m/W 时的载流量校正系数

土壤热阻系数/（K·m/W）		1.0	1.2	1.5	2.0	2.5	3.0
载流量校正系数	电缆穿管埋地	1.18	1.15	1.10	1.05	1.00	0.96
	电缆直接埋地	1.50	1.40	1.28	1.12	1.00	0.90

注：此表摘自 GB/T 16895.6—2014《低压电气装置　第5-52部分：电气设备的选择和安装　布线系统》。

附录表 46　多回路管线或多根多芯电缆成束敷设时的校正系数

序号	排列（电缆相互接触）	回路数或多芯电缆数											
		1	2	3	4	5	6	7	8	9	12	16	20
1	成束敷设在空气中，沿墙、嵌入式封闭式敷设	1.00	0.80	0.70	0.65	0.60	0.57	0.54	0.52	0.50	0.45	0.41	0.38

（续）

序号	排列 （电缆相互接触）	回路数或多芯电缆数											
		1	2	3	4	5	6	7	8	9	12	16	20
2	单层敷设在墙、地板或无孔托盘上	1.00	0.85	0.79	0.75	0.73	0.72	0.72	0.71	0.70	多于9个回路或9根多芯电缆不再减小校正系数		
3	单层直接固定在木质天花板下	0.95	0.81	0.72	0.68	0.66	0.64	0.63	0.62	0.61			
4	单层敷设在水平或垂直的有孔托盘上	1.00	0.88	0.82	0.77	0.75	0.73	0.73	0.72	0.72			
5	单层敷设在梯架或线夹上	1.00	0.87	0.82	0.80	0.80	0.79	0.79	0.78	0.78			

注：1. 此表摘自 GB/T 16895.6—2014《低压电气装置　第5-52部分：电气设备的选择和安装　布线系统》。

2. 这些系数适用于均匀和等负荷电缆束。

3. 相邻电缆水平间距超过了2倍电缆外径则不需要降低。

4. 下列情况使用同一系数：由2根或3根单芯电缆组成的电缆束；多芯电缆。

5. 假如系统中同时有2芯和3芯电缆，以电缆总数作为回路数，2芯电缆作为两根带负荷导体，3芯电缆作为3根带负荷导体，查取表中相应系数。

6. 假如电缆束中含有 n 根单芯电缆，它可考虑为 $n/2$ 回两根负荷导体回路，或 $n/3$ 回3根负荷导体回路。

附录表47　多回路直埋电缆的校正系数

回路数	电缆间的间距				
	无间距（电缆相互接触）	一根电缆外径	0.125m	0.25m	0.5m
2	0.75	0.80	0.85	0.90	0.90
3	0.65	0.70	0.75	0.80	0.85
4	0.60	0.60	0.70	0.75	0.80
5	0.55	0.55	0.65	0.70	0.80
6	0.50	0.55	0.60	0.70	0.80

注：1. 此表摘自 GB/T 16895.6—2014《低压电气装置　第5-52部分：电气设备的选择和安装　布线系统》。

2. 此表所给值适于埋地深度0.7m，土壤热阻系数为2.5K·m/W。

附录表48　多回路多芯电缆穿管埋地敷设时的校正系数

回路数	电缆间的间距			
	无间距（电缆相互接触）	0.25m	0.5m	1.0m
2	0.85	0.90	0.95	0.95
3	0.75	0.85	0.90	0.95
4	0.70	0.80	0.85	0.90
5	0.65	0.80	0.85	0.90
6	0.60	0.80	0.80	0.90

注：1. 此表摘自 GB/T 16895.6—2014《低压电气装置　第5-52部分：电气设备的选择和安装　布线系统》。

2. 此表所给值适于埋地深度0.7m，土壤热阻系数为2.5K·m/W。

附录表 49　敷设在自由空气中多根多芯电缆束的校正系数

敷设方法		托盘数	电缆数					
桥架形式	电缆排列		1	2	3	4	6	9
水平安装的有孔托盘（注3）	相互接触	1	1.00	0.88	0.82	0.79	0.76	0.73
		2	1.00	0.87	0.80	0.77	0.73	0.68
		3	1.00	0.86	0.79	0.76	0.71	0.66
	有间距	1	1.00	1.00	0.98	0.95	0.91	—
		2	1.00	0.99	0.96	0.92	0.87	—
		3	1.00	0.98	0.95	0.91	0.85	—
垂直安装的有孔托盘（注4）	相互接触	1	1.00	0.88	0.80	0.78	0.73	0.72
		2	1.00	0.88	0.81	0.76	0.71	0.70
	有间距	1	1.00	0.91	0.89	0.88	0.87	—
		2	1.00	0.91	0.88	0.87	0.85	—
水平安装的梯架夹板等（注3）	相互接触	1	1.00	0.87	0.82	0.80	0.79	0.78
		2	1.00	0.86	0.80	0.78	0.76	0.73
		3	1.00	0.85	0.79	0.76	0.73	0.70
	有间距	1	1.00	1.00	1.00	1.00	1.00	—
		2	1.00	0.99	0.98	0.97	0.96	—
		3	1.00	0.98	0.97	0.96	0.93	—

注：1. 此表摘自 GB/T 16895.6—2014《低压电气装置　第5-52 部分：电气设备的选择和安装　布线系统》。

　　2. 这些降低系数只适于单层成束敷设电缆，不适用于多层相互接触的成束电缆，多层敷设的校正系数见附录表52。

　　3. 所给值用于两个托盘间垂直距离为 300mm 而托盘与墙之间间距不少于 20mm 的情况，小于这一距离时校正系数应当减小。

　　4. 所给值是假定托盘背靠安装，水平距离为 225mm，当小于这一距离时校正系数应减小。

附录表 50　多芯电缆在托盘、梯架内多层敷设时的校正系数

桥架形式	电缆排列	电缆层数	校正系数	桥架形式	电缆排列	电缆层数	校正系数
有孔托盘	紧靠排列	2	0.55	梯架	紧靠排列	2	0.65
		3	0.50			3	0.55

注：1. 此表摘自《工业与民用供配电设计手册》（第四版）。

　　2. 此表计算条件是按电缆束中 50% 电缆通过额定电流，另 50% 电缆空载或全部电缆通过 85% 的额定电流。

附录表 51　敷设在自由空气中单芯电缆多回路成束敷设时的校正系数

敷设方法		托盘数	三相回路数（注3）			对以下情况的额定值作倍数使用
桥架形式	电缆排列		1	2	3	
水平安装的有孔托盘（注4）	相互接触	1	0.98	0.91	0.87	水平排列的 3 根电缆
		2	0.96	0.87	0.81	
		3	0.95	0.85	0.78	

（续）

敷设方法		托盘数	三相回路数（注3）			对以下情况的额定值作倍数使用
桥架形式	电缆排列		1	2	3	
垂直安装的有孔托盘（注5）	相互接触	1	0.96	0.86		垂直排列的3根电缆
		2	0.95	0.84		
梯架和夹板等（注4）	相互接触	1	1.00	0.97	0.96	水平排列的3根电缆
		2	0.98	0.93	0.89	
		3	0.97	0.90	0.86	
水平安装的有孔托盘（注4）	有间距	1	1.00	0.98	0.96	
		2	0.97	0.93	0.89	
		3	0.96	0.92	0.86	
垂直安装的有孔托盘（注5）	有间距	1	1.00	0.91	0.89	三角形排列的3根电缆
		2	1.00	0.90	0.86	
水平安装的梯架夹板等（注4）	有间距	1	1.00	1.00	1.00	
		2	0.97	0.95	0.93	
		3	0.96	0.94	0.90	

注：1. 此表摘自 GB/T 16895.6—2014《低压电气装置 第5-52部分：电气设备的选择和安装 布线系统》。

2. 表列值为单层排列（或三角形排列）电缆的校正系数，但不适用于多层相互接触排列的电缆。

3. 每相有多根电缆并联的回路时，由这些导体组成的每个三相回路使用此表时应作为一回路考虑。

4. 表中所给的数值是假定两托盘之间的垂直距离为300mm，小于这一距离时校正系数应当减小。

5. 表中所给的值是假定两托盘背靠背安装，水平距离为225mm，托盘与墙的间距不小于20mm，小于这一距离时校正系数应当减小。

附录表 52　低压母线槽的额定电流等级

型　式	各类母线槽的额定电流等级/A
密集绝缘	250，400，630，800，1000，1250，1600，2000，2500，3150，4000，5000，6300
空气绝缘	100，160，200，250，315，400，630，800
空气附加绝缘	250，315，400，630，800，1000，1250，1600，2000，2500，3150
滑接式	50，60，80，100，125，140，160，200，250，315，400，630，800，1000，1250

注：此表摘自《工业与民用供配电设计手册》（第四版）。

附录表 53　配电用低压断路器过电流脱扣器的反时限动作特性

脱扣器额定电流/A	约定不脱扣电流	约定脱扣电流	约定时间/h	周围空气温度/℃
$I_n \leq 63$	$1.05I_{r1}$（冷态）	$1.30I_{r1}$（热态）	1	热式脱扣器：30 ± 2
$I_n > 63$	$1.05I_{r1}$（冷态）	$1.30I_{r1}$（热态）	2	除热式外：−5 ~ 40

注：此表摘自 GB 14048.2—2008《低压开关设备和控制设备 第2部分 断路器》。

附录表 54　电动机保护用低压断路器过电流脱扣器和过载继电器的反时限动作特性

脱扣级别	$1.0I_{rl}$（冷态）约定电流的不脱扣时间/h	$1.20I_{rl}$（热态）约定电流的脱扣时间/h	$1.50I_{rl}$（热态）约定电流的脱扣时间/min	$7.2I_{rl}$（冷态）约定电流的脱扣时间/s	适用范围
10A	2	2	2	2 ~ 10	轻载起动
10A	2	2	4	4 ~ 10	一般负载
20A	2	2	8	6 ~ 20	一般负载到重载
30A	2	2	12	9 ~ 30	重载起动

注：此表摘自 GB 14048.4—2010《低压开关设备和控制设备 第 4 - 1 部分 机电式接触器和电动机起动器》。

附录表 55　g 类熔断体的约定时间和约定电流

额定电流 I_n/A	约定时间/h	约定不熔断电流	约定熔断电流
$I_n < 16$	1	a	a
$16 \leqslant I_n \leqslant 63$	1		
$63 < I_n \leqslant 160$	2	$1.25I_n$	$1.60I_n$
$160 < I_n \leqslant 400$	3		
$I_n > 400$	4		

注：1. 此表摘自 GB13539.1—2015《低压熔断器 第 1 部分 基本要求》。

　　2. a 表示在考虑中。

附录表 56　照明线路保护断路器过电流脱扣器的可靠系数

低压断路器过电流脱扣器类型	可靠系数	白炽灯、卤钨灯	荧光灯、高压钠灯、金属卤化物灯	LED 灯
长延时过电流脱扣器	K_1	1.0	1.0	1.0
瞬时过电流脱扣器	K_3	10 ~ 12	3 ~ 5	10 ~ 12

注：1. 此表摘自《工业与民用供配电设计手册》（第四版）。

　　2. 由于白炽灯、卤钨灯的灯丝冷态电阻很低，因而光源起动时峰值电流很大。

附录表 57　照明线路熔断体选择的计算系数 K_m

熔断器型号	熔断体的额定电流/A	K_m		
		白炽灯、卤钨灯、荧光灯	高压钠灯、金属卤化物灯	LED 灯
RL7、NT	≤63	1.0	1.2	1.2
RL6	≤63	1.0	1.5	1.3

注：此表摘自《工业与民用供配电设计手册》（第四版）。

附录表 58　熔断体允许通过的电动机起动电流

熔断体额定电流/A	允许通过的起动电流/A		熔断体额定电流/A	允许通过的起动电流/A	
	"aM" 类熔断器	"gG" 类熔断器		"aM" 类熔断器	"gG" 类熔断器
2	13	5	63	395	235
4	25	12	80	505	330
6	38	14	100	630	420
			125	790	550
10	63	27	160	1010	720
16	100	39	200	1260	970
20	125	63	250	1575	1100
			315	1985	1700
25	158	85	400	2520	2100
32	200	115	500	3150	2800
40	250	135	630	3969	3600
50	315	195	800	5040	5100

注：1. 此表摘自《工业与民用供配电设计手册》（第四版）。

　　2. 此表按电动机轻载和一般负载起动编制。对于重载起动、频繁起动和制动的电动机，按表中数据查得的熔断体电流宜加大一级。

附录表 59　"gG" 类熔断体 0.01s 的弧前 I^2t 值

熔断体额定电流 /A	I^2t 最小值 $10^3 \times$ （$A^2 \cdot s$）	I^2t 最大值 $10^3 \times$ （$kA^2 \cdot s$）	熔断体额定电流 /A	I^2t 最小值 $10^3 \times$ （$A^2 \cdot s$）	I^2t 最大值 $10^3 \times$ （$kA^2 \cdot s$）
16	0.3	1.0	125	46.0	140.0
20	0.5	1.8	160	86.0	250.0
25	1.0	3.0	200	140.0	400.0
32	1.8	5.0	250	250.0	760.0
40	3.0	9.0	315	400.0	1300.0
50	5.0	16.0	400	760.0	2250.0
63	9.0	27.0	500	1300.0	3800.0
80	16.0	46.0	630	2250.0	7500.0
100	27.0	86.0			

注：1. 此表摘自 GB 13539.1—2015/IEC 60259—1：2009《低压熔断器 第 1 部分：基本要求》。

　　2. 制造厂家按标准规定的 I^2t 值应在此表范围内。

附录表 60　无延时型 RCD 对于交流剩余电流的最大分断时间标准值

额定剩余动作电流 $I_{\Delta n}$/A	最大分断时间标准值/s			
	$I_{\Delta n}$	$2I_{\Delta n}$	$5I_{\Delta n}^a$	$>5I_{\Delta n}^b$
任何值	0.3	0.15	0.04	0.04

a　对于 $I_{\Delta n} \leqslant 0.030A$ 的 RCD，可用 0.25A 代替 $5I_{\Delta n}$

b　在相关的产品标准中规定

注：此表摘自 GB/T 6829—2017《剩余电流动作保护电器（RCD）的一般要求》。

附录表 61　延时型 RCD 对于交流剩余电流的分断时间标准值

额定延时/s		分断时间标准值和不驱动时间/s			
		$I_{\Delta n}$	$2I_{\Delta n}$	$5I_{\Delta n}$	$>5I_{\Delta n}$
0.06	最大分断时间	0.5	0.2	0.15	0.15
	最小不驱动时间	b	0.06	b	b
其他额定延时	最大分断时间	a，b	b	b	b
	最小不驱动时间	b	额定延时	b	b

a　为确保故障保护，最大动作时间应按 GB 16895.21—2011

b　由相关的产品标准或制造商规定

注：1. 此表摘自 GB/T 6829—2017《剩余电流动作保护电器（RCD）的一般要求》。

　　2. 额定延时优选值为 0.06s、0.1s、0.2s、0.3s、0.4s、0.5s、1s。

附录表 62　220/380V 线路单位长度的泄漏电流（mA/km）

绝缘材质	导体截面/mm²												
	4	6	10	16	25	35	50	70	95	120	150	185	240
聚氯乙烯	52	52	56	62	70	70	79	89	99	109	112	116	127
橡皮	27	32	39	40	45	49	49	55	55	60	60	60	61
聚乙烯	17	20	25	26	29	33	33	33	33	38	38	38	39

注：此表摘自《工业与民用供配电设计手册》（第四版）。

附录表 63　电动机的泄漏电流

电动机的额定功率/kW	1.5	2.2	5.5	7.5	11	15	18.5	22	30	37	45	55	75
正常运行的泄漏电流/mA	0.15	0.18	0.29	0.38	0.5	0.57	0.65	0.72	0.87	1.00	1.09	1.22	1.48

注：此表摘自《工业与民用供配电设计手册》（第四版）。

附录表 64　常用电器的泄漏电流

设备名称	泄漏电流/mA
计算机	1～2
打印机	0.5～1
小型移动电器	0.5～0.75
电能复印机	0.5～1
复印机	0.5～1.5
滤波器	1
荧光灯安装在金属构件上	0.1
荧光灯安装在非金属构件上	0.02

注：1. 此表摘自《工业与民用供配电设计手册》（第四版）。

　　2. 计算不同电器总泄漏电流需按 0.7/0.8 的因数修正。

附录表 65　避雷针、避雷带（网）以及用作接闪器的建筑物金属屋面的材料、规格

类　别	条　件	材料	规　格
避雷针	针长 1m 以下	圆钢	直径≥12mm
		钢管	直径≥20mm
	针长 1～2m	圆钢	直径≥16mm
		钢管	直径≥25mm

（续）

类　别	条　件	材料	规　格	
避雷带（网）		圆钢	直径≥8mm	
		扁钢	截面≥48mm² （厚度≥4mm）	
金属屋面做接闪器	金属屋面下面无易燃物品时	钢板	厚度≥0.5mm	搭接长度≥100mm
	金属屋面下面有易燃物品时	钢板	厚度≥4mm	
		铜板	厚度≥5mm	
		铝板	厚度≥7mm	

注：此表根据 GB 50057—2010《建筑物防雷设计规范》编制。

附录表 66　防雷引下线的材料、规格

类别	材料	规　格	备　注
暗敷	圆钢	直径≥8mm	
	扁钢	截面≥48mm² （厚度≥4mm）	
明敷	圆钢	直径≥10mm	在易受机械损坏和防人身接触的地方，地面上1.7m至地面下0.3m的一段接地线应采取暗敷或镀锌角钢、改性塑料管或橡胶管等保护设施
	扁钢	截面≥80mm² （厚度≥4mm）	

注：此表根据 GB 50057—2010《建筑物防雷设计规范》编制。

附录表 67　SPD 连接线的最小截面积

防护等级	SPD 的类型	导线截面积/mm²	
		SPD 连接相线铜导线	SPD 接地端连接铜导线
第一级	开关型或限压型	6	10
第二级	限压型	4	6
第三级	限压型	2.5	4
第四级	限压型	2.5	4

注：本表摘自 GB 50343—2012《建筑物电子信息系统防雷技术规范》。

附录表 68　氧化锌避雷器至主变压器间的最大电气距离

系统标称电压/kV	进线段避雷线长度/km	雷季经常运行的进线路数			
		1	2	3	≥4
10（6）	0	15	20	25	30
35	1	25	40	50	55
	1.5	40	55	65	75
	2	50	75	90	105

注：1. 此表摘自 GB 50064—2014《交流电气装置的过电压保护和绝缘配合设计规范》。

2. 简易保护接线的变电所35kV侧，阀式避雷器与主变压器或电压互感器间的最大电气距离不宜超过10m。

3. 本表也适用于有串联间隙的金属氧化物避雷器的情况。

附录表 69　110kV 及以下线路绝缘子串的最少片数和最小空气间隙

系统标称电压/kV	3～20	35	66	110
雷电过电压间隙 /cm	35	45	65	100
操作过电压间隙 /cm	12	25	50	70

（续）

系统标称电压/kV	3～20	35	66	110
工频电压间隙/cm	5	10	20	25
悬垂绝缘子串的绝缘子个数	2	3	5	7

注：此表摘自 GB 50064—2014《交流电气装置的过电压保护和绝缘配合设计规范》。

附录表70　35～110kV 变电所工频电压、操作过电压及雷电过电压要求的最小空气间隙（cm）

系统标称电压/kV	工频电压		操作过电压		雷电过电压	
	相对地	相间	相对地	相间	相对地	相间
35	15	15	40	40	40	40
66	30	30	65	65	65	65
110	30	50	90	100	90	100

注：此表摘自 GB 50064—2014《交流电气装置的过电压保护和绝缘配合设计规范》。

附录表71　6～20kV 高压配电装置的最小户外、户内空气间隙

系统标称电压 /kV		6	10	20
空气间隙/cm	户外	20	20	30
	户内	10	12.5	18

注：此表摘自 GB 50064—2014《交流电气装置的过电压保护和绝缘配合设计规范》。

附录表72　110kV 及以下电气设备选用的耐受电压

系统标称电压 /kV	设备最高电压 /kV	设备类别	雷电冲击耐受电压（峰值）/kV				短时（1min）工频耐受电压（有效值）/kV			
			相对地	相间	断口		相对地	相间	断口	
					断路器	隔离开关			断路器	隔离开关
6	7.2	变压器	60（40）	60（40）	—	—	25（20）	25（20）	—	—
		开关	60（40）	60（40）	60	70	30（20）	30（20）	30	34
10	12	变压器	75（60）	75（60）	—	—	35（28）	35（28）	—	—
		开关	75（60）	75（60）	75（60）	85（70）	42（28）	42（28）	42（28）	49（35）
20	24	变压器	125（95）	125（95）	—	—	55（50）	55（50）	—	—
		开关	125	125	125	145	65	65	65	79
35	40.5	变压器	185/200	185/200	—	—	80/85	80/85	—	—
		开关	185	185	185	215	95	95	95	118
66	72.5	变压器	350	350	—	—	150	150	—	—
		开关	325	325	325	375	155	155	155	197
110	126	变压器	450/480	450/480	—	—	185/200	185/200	—	—
		开关	450、550	450、550	450、550	520、630	220、230	220、230	220、230	225、265

注：1. 此表摘自 GB 50064—2014《交流电气装置的过电压保护和绝缘配合设计规范》。

2. 分子、分母数据分别对应外绝缘和内绝缘。

3. 括号内和括号外数据分别对应是和非低电阻接地系统。

附录表73 土壤电阻率参考值

类别	名称	电阻率近似值 /Ω·m	不同情况下电阻率的变化范围/Ω·m		
			较湿时 (一般地区、多雨区)	较干时 (沙漠地区、少雨区)	地下水 含盐碱时
土	陶粘土	10	5~20	10~100	3~10
	泥碳、泥灰岩、沼泽地	20	10~30	50~300	3~30
	捣碎的木炭	40	—	—	—
	黑土、园田土、陶土	50	30~100	50~300	10~30
	粘土	60	30~100	50~300	10~30
	砂质粘土	100	30~300	80~1000	10~80
	黄土	200	100~200	250	30
	含砂粘土、砂土	300	100~1000	1000 以上	30~100
	河滩中的砂	—	300	—	—
	多石土壤	400	—	—	—
砂	砂、砂砾	1000	250~1000	1000~2500	
岩石	砾石、碎石、多岩山地	5000	—	—	—
	花岗岩	200000	—	—	—
混凝土	在水中	40~55	—	—	—
	在湿土中	100~200	—	—	—
	在干土中	500~1300	—	—	—
	在干燥的大气中	12000~18000	—	—	—

注：此表摘自《工业与民用供配电设计手册》（第四版）。

附录表74 35~110kV 独立变电所的接地电阻

接地类别	接地的电气装置特点	接地电阻要求/Ω
安全保护接地	有效接地系统和低电阻接地系统中的变电所电气装置保护接地的接地电阻（与站用变低压 TN 系统中性点接地共用接地，采用总等电位联结）	$R \leqslant \dfrac{2000}{I_G}$
	不接地、谐振接地和高电阻接地系统中变电所电气装置保护接地的接地电阻（与站用变低压 TN 系统中性点接地共用接地，采用总等电位联结）	$R \leqslant \dfrac{120}{I_g}$ 且$\leqslant 4$
雷电保护接地	独立避雷针（含悬挂独立避雷线的架构）的接地电阻	$R_p \leqslant 10$ （冲击电阻）
	在变压器门型架构上装设避雷针时，变电所接地电阻（不包括架构基础的接地电阻）	$R \leqslant 4$ （工频电阻）

注：1. 本表根据 GB/T 50065—2011《交流电气装置的接地设计规范》和 GB 50064—2014《交流电气装置的过电压保护和绝缘配合设计规范》编制。

2. 表中 I_G 为计算用经接地网入地的最大故障不对称电流有效值（A），该电流应采用设计水平年系统最大运行方式确定，并应考虑系统中各接地中性点间的短路电流分配，以及避雷线中分走的接地短路电流。计算参见 GB/T 50065—2011 的附录 B。

3. 表中 I_g 为计算用的接地网入地对称电流（A）。

附录表 75　建筑物（低压）电气装置的接地电阻

接地类别	接地的电气装置特点	接地电阻要求/Ω
配电变压器安全保护接地与低压系统中性点接地共用接地装置	高压侧工作于低电阻接地系统，配电变压器保护接地与低压 TN 系统中性点接地共用接地装置，并作总等电位联结	$R \leqslant \dfrac{2000}{I}$ 且 $\leqslant 4$
	高压侧工作于低电阻接地系统，配电变压器保护接地无法与低压 TT 系统中性点接地分开	$R \leqslant \dfrac{1200}{I}$[注3] 且 $\leqslant 4$
	高压侧工作于不接地、谐振接地和高电阻接地系统，配电变压器保护接地与低压系统中性点接地共用接地装置，并作总等电位联结	$R \leqslant \dfrac{50}{I}$ 且 $\leqslant 4$
雷电保护接地	第一类防雷建筑物防直击雷接地装置电阻	$R_{\mathrm{p}} \leqslant 10$（冲击电阻）
	第一、二类防雷建筑物防感应雷接地装置电阻	$R \leqslant 10$（工频电阻）
	第二类防雷建筑物防直击雷接地装置电阻	$R_{\mathrm{p}} \leqslant 10$（冲击电阻）
	第三类防雷建筑物防直击雷接地装置电阻	$R_{\mathrm{p}} \leqslant 30$（冲击电阻）
共用接地装置		按接入设备中要求的最小值确定

注：1. 本表根据 GB/T 50065—2011《交流电气装置的接地设计规范》、GB/T 16895. 10—2010《低压电气装置　第4-44 部分：安全防护　电压骚扰和电磁骚扰防护》和 GB 50057—2010《建筑物防雷设计规范》编制。

2. 表中 I 为计算用的单相接地故障电流，对谐振接地系统为故障点残余电流。

3. 依据 GB/T 16895. 10—2010 标准，TT 系统中性点接地电阻地电位升高不应超过 1200V，满足低压用电设备的绝缘配合要求。

4. 高压配电电压通常为 6～20kV，也有采用 35kV 直配的个别情况。

附录表 76　接地装置导体最小规格尺寸

种　类	最　小　尺　寸			
	直径/mm	截面积/mm²	厚度/mm	镀层厚度/μm
圆钢（浅埋）	10			50
扁钢		90	3	70
角钢		90	3	70
钢管	25		2	55

注：本表根据 GB/T 50065—2011《交流电气装置的接地设计规范》、GB 50057—2010《建筑物防雷设计规范》编制。

附录表 77　人工接地极的冲击利用系数

接地极的类型	接地极的根数	冲击利用系数 η_{p}		备　　注
		$D/L = 2$	$D/L = 3$	
水平接地极连接的 n 根垂直接地极	2	0. 80	0. 85	D——垂直接地极间距 L——垂直接地极长度
	3	0. 70	0. 80	
	4	0. 70	0. 75	
	6	0. 65	0. 70	

注：1. 此表摘自 GB/T 50065—2011《交流电气装置的接地设计规范》。

2. 人工接地极的工频利用系数 $\eta = \eta_{\mathrm{p}}/0. 9$。

附录表 78　等电位联结导体的截面积

取值 ＼ 类别	总等电位联结导体	局部等电位联结导体	辅助等电位联结导体	
一般值	不小于电源进线 PE（PEN）线截面的 1/2	不小于局部场所最大 PE 线截面的 1/2	两电气设备外露导电部分	较小 PE 线截面
			电气设备与装置外导电部分	PE 线截面的 1/2
最小值	6mm² 铜导体	有机械防护时用 2.5mm² 铜导体；无机械防护时用 4mm² 铜导体		
	50mm² 钢导体	16mm² 钢导体		
最大值	25mm² 铜导体	—		

注：此表根据 GB 50054—2011《低压配电设计规范》和国家建筑标准设计图集 D501-2《等电位联结安装》编制。

附录表 79　防雷等电位联结线的最小截面积

材料 ＼ 不同部位	总等电位联结处 LPZ0$_B$ 与 LPZ1 交界处	局部等电位联结处 LPZ1 与 LPZ2 交界处及以下交界处
铜导体	16mm²	6mm²
钢导体	50 mm²	16mm²

注：此表根据 GB 50343—2012《建筑物电子信息系统防雷技术规范》编制。